有限群と有限幾何

有限群と有限幾何

都筑俊郎著

岩波書店

故 中山正 先生(1912-1964)に捧ぐ

序

‘図形の対称’とか‘対称移動’という概念はすでに小学校の算数の課程の中に現われてくるが，これが‘群’と‘幾何’とのかかわりあいのそもそもの始りである．対称移動はユークリッド空間における長さを変えない変換——合同変換——の一部であるが，合同変換全体のつくる群——ユークリッド空間の自己同型群——がユークリッド幾何を特徴づけている．これがいわゆるKleinのErlangen programの思想——群論的立場——で，多くの——とくに古典的な——幾何はこのように把握されているが，現在ではこの考え方は数学の各分野に普遍化し，およそ構造をもつ集合の研究においてその自己同型群の考察がしばしば重要な役割を演じることが知られている．

有限幾何の研究においても——その特別の場合として——自己同型群の考察が有力な手段となっている．有限幾何を与えるとその自己同型群として有限群が得られるが，今までに面白い幾何構造から面白い有限群が得られていることもあって，有限群研究の立場からみても新しい有限幾何の構成の問題，有限群を与えてそれに対応する有限幾何を構成する問題など，有限幾何と関連する分野にはこれからの研究対象として興味のひかれるいくつかの問題が存在する．

本書は，有限群の立場から，このような有限群と有限幾何との関係の基礎的部分について述べようとするものである．この意味からは，本書はこの選書の中の1冊“群とデザイン”(永尾汎著)の続篇ともいえるものであり，したがって内容において上書との重複はできるだけさけたが，しかしその内容を仮定することなくself-containedなものとした．本書の構成は，最近おこなわれている射影変換群の置換群としての特徴づけの問題を念頭におき，この問題を理解するために必要となる事柄を用意するという形で，関連する分野の基礎的部分——初級から中級まで——の解説をおこない，最後に——‘あとがき’をふくめて——最近の結果の1,2について紹介した．

予備知識としては，高等学校までの数学のほかは線形代数などについての初歩的知識——それらについても第1章のはじめで簡単にふれてある——のみにとどめ，本書によって有限群と有限幾何の初歩からはじめて上記の話題までが十分に理解できるようにはかった．

1960年頃を境として，それ以後の有限群の研究の発展はきわめて急激，かつ多様である．そうした発展の現状からみれば，本書の内容は——有限幾何と関連する部分に限ってみても——そのごく一部の話題にかぎられており，決してその全貌を伝えるものではない．しかし，わずかではあっても本書が読者の中にこの方面への興味と関心をよびおこすきっかけとなれば幸いである．

本書の執筆は東京大学の岩堀長慶教授のおすすめによるものであり，また同教授ならびに大阪大学の永尾汎教授から本書の内容・構成等に関して有益な御助言をいただいた．さらに，北海道大学の同僚木村浩・岩崎史郎，小樽商科大学の和田倶幸の各氏は原稿あるいは校正刷に目を通して，多くの誤りや不備な点を指摘して下さった．また，本書の執筆に当っては岩波書店編集部の荒井秀男氏に終始お世話になり，いろいろ面倒をおかけした．ここにこれらを記して各氏の御好意に対して心から感謝いたします．

1976年3月

都筑俊郎

目　　次

第1章　序　　論

§1　記号および予備知識

この節では，本書において使用する記号・概念などの説明，証明なしに使用される事柄などについて述べ，本書の導入部とする．

$\boldsymbol{N}, \boldsymbol{Z}, \boldsymbol{Q}, \boldsymbol{R}, \boldsymbol{C}$ により，それぞれ自然数，(有理)整数，有理数，実数，複素数の全体を表わす．

$\boldsymbol{Z}$ の2元 m, n に対して，m が n の約数であることを $m|n$, $n\equiv 0 \pmod m$ 等で表わし，約数でないことを，$m\nmid n$, $n\not\equiv 0 \pmod m$ 等で表わす．素数 p に対して，$p^e|n$, $p^{e+1}\nmid n$ のとき $p^e \top n$ で表わし，この p^e を n_p, または $n(p)$ で表わす．π を素数からなる或る集合とするとき，$\boldsymbol{Z}$ の元 n に対して $n_\pi = \prod_{p\in\pi} n_p$ とおき，これを n の π-**成分**とよぶ．$n=n_\pi$, または $n=-n_\pi$ のとき，n を π-**数**とよぶ．1より大きい整数 n はいくつかの素数の積として $n=\prod_{p=\text{素数}} n_p = \prod_{p=\text{素数}, e_p\geq 1} p^{e_p}$ と分解されるが，これを n の**素因数分解**とよぶ．この分解の仕方は一意的である．$\boldsymbol{Z}$ の元 n に対して，$|n|$ により $n>0$ のときは n, $n<0$ のときは $-n$ を表わす．$\boldsymbol{Z}$ の2元 m, n に対して，その最大公約数(i. e. m, n 両方の約数となる最大の正の整数)を (m, n) で表わす．(m, n) は存在して一意的に定まる．$|m|=\prod p^{e_p}$, $|n|=\prod p^{e'_p}$ のとき，e_p, e_p' の小さい方(等しいときは任意の一方)を e''_p とすれば，$(m, n)=\prod p^{e''_p}$ である．また e_p, e_p' の大きい方(等しいときは任意の一方)を e'''_p とするとき，$\prod p^{e'''_p}$ は m, n の最小公倍数(i. e. m, n を約数とする最小の正の整数)である．

A を集合とするとき，$a\in A$(または $A\ni a$, 以下同様)により a が A の1元であること，$B\subseteq A$ により B が A の部分集合であることを示す．$a\notin A, B\nsubseteq A$ はその否定である．$B\subsetneqq A$ は $B\subseteq A$ かつ $B\neq A$ を意味する．いくつかの集合 A_i,

$i\in I$, に対して$\bigcup_{i\in I} A_i$, $\bigcap_{i\in I} A_i$により，それぞれこれらの集合の合併集合，共通集合を表わす．ϕは空集合を表わす．$\{x|\cdots\}$は条件…を満足するx全体の集合，$\{a, b, \cdots\}$は$a, b, \cdots$からなる集合を表わす．2つの集合A, Bの元の組の全体を$A\times B$で表わす，i.e. $A\times B=\{(a, b)|a\in A, b\in B\}$．これを$A$と$B$の**直積集合**とよぶ．$A$に入る元の個数を$|A|$で表わす．$2^A$により$A$の部分集合全体からなる集合を表わす．

"$\forall a\in A$"は"集合Aに属するすべての(または任意の)元a(に対して)"を意味し，"$\exists a\in A$"は"Aに属する或る元aに対して(または，或る元aがあって)"を意味する．同様に，たとえば"$\forall a, b\in A$"は"Aに属するすべての元aとすべての元bに対して"を意味する．"$a, b, \cdots(\neq)$"は$a, b, \cdots$がすべて相異なることを意味する．

P, Qを条件，命題などを表わすとし，"$P\Rightarrow Q$"により"Pが成立すればQも成立する"ことを示す．その否定を$P\not\Rightarrow Q$で表わす．また，たとえば"$P \underset{\text{定理10}}{\Rightarrow} Q$"は定理10により$P\Rightarrow Q$が得られることを意味する．"$P\Leftrightarrow Q$"により"$P\Rightarrow Q$かつ$Q\Rightarrow P$"を表わす．また，"$P\to Q$"により"$P$が成り立っている，従ってそれから$Q$が成り立つ"ことを意味する．"$P \underset{\text{定理10}}{\to} Q$"の意味，さらに，たとえば等式に対して"$A \underset{\text{定理10}}{=} B$"などの意味も，上の"$P \underset{\text{定理10}}{\Rightarrow} Q$"の意味と同様である．

$A\xrightarrow{f}B$または$f: A\to B$により，"fがAからBへの(一意)写像であること"を意味する．(上で記号"→"を用いているがそれは論理記号としてであり，混乱は起らない)．AからBへの写像全体を$M(A, B)$で表わす．$A\xrightarrow{f}B$のとき，$a\in A$のfによる像をa^f，または$f(a)$で表わす．$S\subseteq A$に対して$f(S)(=S^f)=\{f(a)|a\in S\}$，$T\subseteq B$に対して$f^{-1}(T)=\{a\in A|f(a)\in T\}$と表わし，$f(S)$を$S$の$f$による**像**，$f^{-1}(T)$を$T$の$f$による**逆像**とよぶ．$f(A)=B$のとき，$f$は**上への写像**，$|f^{-1}(b)|\leq 1\ (\forall b\in B)$のとき$f$を**1対1写像**とよぶ．$A\xrightarrow{f}B$，$B\xrightarrow{g}C$に対して$A\xrightarrow{fg}C$を$(fg)(a)=g(f(a))$，$a\in A$，により定義し，これを写像$f, g$の**積**とよぶ．$A\times A\xrightarrow{f}\{0, 1\}$で$f(a, b)=\begin{cases}0 & a\neq b\\ 1 & a=b\end{cases}$なる写像を$\delta(a, b)$，または$\delta_{a,b}$で表わす．

A_i, $i\in I$, がAの部分集合で，1) $A=\bigcup_{i\in I} A_i$，2) $i\neq j$に対してつねに$A_i\cap A_j=\phi$，を満たしているとき，Aを$\{A_i|i\in I\}$の(集合としての)**直和**とよび，$A=\sum_{i\in I} A_i$，(または，$I=\{1, 2, \cdots\}$のときは)$A=A_1+A_2+\cdots$などと表わす．このよ

うに集合 A をその部分集合 A_i, $i \in I$, の直和として表わすことを，A を(集合として)**直和分解**するといい，$\{A_i | i \in I\}$ を A の**類別**とよぶ．

$A \times A$ の部分集合 E を A の**関係**とよび，$(a, b) \in E$ のとき，$a \underset{E}{\sim} b$ または単に $a \sim b$ と記し，$(a, b) \notin E$ のとき $a \nsim b$ と記す．E と $\sim$ は内容的に同じであるから，E と共に $\sim$ をも A の**関係**とよぶ．$\sim$ を A の関係とし，それが

(i)　$a \sim a, \quad \forall a \in A$

(ii)　$a \sim b \Rightarrow b \sim a$

(iii)　$a \sim b, b \sim c \Rightarrow a \sim c$

を満たすとき，$\sim$ を**同値関係**という．このとき，$C_a = \{x \in A | a \sim x\}$ とおくと，$C_a \neq C_b$ のときは(ii), (iii)より $C_a \cap C_b = \phi$ となる．したがって $\{C_a | a \in A\}$ のうちの相異なるものをとり出して，それを $\{A_i | i \in I\}$ とすると，これは A の類別となる．各 A_i を $\sim$ による**同値類**とよぶ．逆に $\{A_i | i \in I\}$ を A の類別とするとき，$E = \bigcup_{i \in I} A_i \times A_i \subset A \times A$ を考えれば，この関係は同値関係となり，これから得られる A の類別が $\{A_i | i \in I\}$ に一致する．これにより A の類別と A の同値関係とは1対1に対応する．

$B \times A$ から A への写像 f を B の(または B から) A への**作用**とよぶ．このとき $(b, a) \in B \times A$ に対して，A の元 $f(b, a)$ を a^b，場合によって $ba, b \circ a \cdots$ 等で表わし(作用 f のもとでの) b による a の像，b の a への作用などとよぶ．A から A への作用を A における**演算**とよぶ．A にいくつかの演算が定義されているとき(さらに，場合によっては他の集合から A への作用が定義されているとき)，A をこれらの演算(および作用)による代数系である，または A は代数的構造をもつなどという．

さて本書では，高等学校までの数学の課程にふくまれているすべての事柄，および $\boldsymbol{C}$ 上の線形代数に関する基本的事柄は仮定される．たとえば，

(1)　n 次の正方行列 X に対してその行列式を $\det X$ で表わす．A, B がそれぞれ (n, m) 型，(m, n) 型の行列で $\det AB \neq 0$ ならば $n \leq m$ である．

(2)　n 次の正方行列 $X = (x_{ij})$ に対して，その対角線上の成分の和 $\sum_{i=1}^{n} x_{ii}$ を $\mathrm{trace}\, X$ で表わす．A, P をそれぞれ n 次の正方行列，P を正則(i. e. $\det P \neq 0$)とすると $\mathrm{trace}\, A = \mathrm{trace}\, P^{-1}AP$ となる．

(3)　A を n 次の正方行列とする．A に対して $\boldsymbol{C}$ の元 α，および $(n, 1)$ 型の 0

でない行列 B(i. e. 0 でない n 次の列ベクトル)が存在して，$AB=\alpha B$ となるとき，α を A の固有値，B を(α に対応する)A の固有ベクトルとよぶ．このとき α は $\boldsymbol{C}$ の元を係数とする n 次の代数方程式 $\det(xE-A)=0$ の根となっている．ここで E は単位行列，i. e 対角線上の成分が 1 で他が 0 の行列である．n 次の多項式 $\det(xE-A)$ を A の固有多項式とよぶ．$\det(xE-A)$ の x^{n-1} の係数は $-\mathrm{trace}\,A$，定数項は $(-1)^n \det A$ である．

(4) $\boldsymbol{Q}$-係数の多項式の全体 $\boldsymbol{Q}[x]$ は $\boldsymbol{Z}$ と似た性質をもつ．素数の代りに既約多項式(定数と異なる 2 つの Q-係数の多項式の積とならないような定数でない多項式)を考えることにより，素因数分解の類似が成り立ち，最大公約多項式，最小公倍多項式が定数を除いて一意的に定まる．

(5) $\boldsymbol{C}$ を係数とする n 次の代数方程式 $x^n+\lambda_1x^{n-1}+\cdots+\lambda_n=0$ は $\boldsymbol{C}$ で n 個の根をもつ．

(6) ……

このほか，円周等分多項式・代数的整数などについての多少の知識を必要とする．以下，それらについて簡単に説明する．

$m, n\in\boldsymbol{Z}$ とする．$(m, n)=1$ のとき，m は n に素である，m と n は**互いに素**である，などという．正の整数 n に対して，n 以下の正の整数で n と互いに素なものの個数を $\varphi(n)$ で表わし，これを **Euler の関数**とよぶ．$n=p_1^{e_1}\cdots p_r^{e_r}$ を素因数分解するとき，$\varphi(n)=\prod_{i=1}^{r}(p_i^{e_i}-p_i^{e_i-1})$ となる．これはよく知られた事柄であるが，基本的なことであるので説明を加える．

$a\in\boldsymbol{Z}$ に対して，$\boldsymbol{Z}$ の部分集合 $(a)_n$ を $(a)_n=\{x\in\boldsymbol{Z}\,|\,x\equiv a \pmod{n}\}$ と定義し，これを n を法とする剰余類，a をその代表とよぶ．n を法とする剰余類の全体を $\boldsymbol{Z}_n$ で表わす．$a, b\in\boldsymbol{Z}$ をそれぞれ n で割り算して $a=t_1n+s_1$，$b=t_2n+s_2$，$0\leq s_1, s_2<n$，とすると，$a\equiv b \pmod{n} \Leftrightarrow s_1=s_2$ となる．関係 $a\sim b$ を $a\equiv b \pmod{n}$ により定義すると，$\sim$ は同値関係となり，さらに，

(i) $\forall a\in\boldsymbol{Z}$ に対して，$0\leq i<n$ なる或る i があって $(a)_n=(i)_n$

(ii) $(a)_n\neq(b)_n \Rightarrow (a)_n\cap(b)_n=\phi$

(iii) $\boldsymbol{Z}_n=\{(0)_n, (1)_n, \cdots, (n-1)_n\}$

となることは容易に確かめられる．$(a, n)=1$ のとき，$(a)_n$ を素な剰余類とよぶ．$a\equiv b \pmod{n}$ のときは $(a, n)=(b, n)$ であるから，この定義は代表 a のとり方に

よらない．$\boldsymbol{Z}_n$ の素な剰余類の全体を $\boldsymbol{Z}_n{}^*$ で表わすと，(iii) より $\varphi(n)=|\boldsymbol{Z}_n{}^*|$ である．$n=n_1n_2$，$(n_1, n_2)=1$ とするとき，

(iv) $(a)_{n_1}\cap(b)_{n_2}\neq\phi$，$\forall a, b\in\boldsymbol{Z}$，したがって或る $c\in\boldsymbol{Z}$ があって $(c)_{n_1}=(a)_{n_1}$，$(c)_{n_2}=(b)_{n_2}$ となる

(v) $(a)_{n_1}\cap(a)_{n_2}=(a)_n$

(vi) $(a)_{n_1}, (a)_{n_2}$ が素な剰余類$\Leftrightarrow(a)_n$ が素な剰余類

が成り立つ．(実際，$(n_1, n_2)=1\to tn_1+sn_2=1\to(a-b)tn_1+(a-b)sn_2=a-b\to a+(b-a)tn_1=b+(a-b)sn_2\in(a)_{n_1}\cap(b)_{n_2}$，よって (iv) が成り立つ．$a+tn_1=a+sn_2\to tn_1=sn_2\to n_1|s\to s=rn_1\to a+sn_2=a+rn_1n_2\in(a)_n$． $\therefore$ $(a)_{n_1}\cap(a)_{n_2}\subseteq(a)_n$．$(a)_{n_1}\cap(a)_n\supseteq(a)_n$ は明らかである．よって (v) が成り立つ．(vi) は明らか．) (vi) より $\boldsymbol{Z}_n{}^*$ から $\boldsymbol{Z}_{n_1}{}^*\times\boldsymbol{Z}_{n_2}{}^*$ への写像 f を $f((a)_n)=((a)_{n_1}, (a)_{n_2})$ と定義する．(v) より $(a)_n\neq(b)_n\Rightarrow f((a)_n)\neq f((b)_n)$，また (iv) より $f(\boldsymbol{Z}_n{}^*)=\boldsymbol{Z}_{n_1}{}^*\times\boldsymbol{Z}_{n_2}{}^*$．したがって，$|\boldsymbol{Z}_n{}^*|=|\boldsymbol{Z}_{n_1}{}^*||\boldsymbol{Z}_{n_2}{}^*|$, i. e. $\varphi(n)=\varphi(n_1)\varphi(n_2)$．したがって $\varphi(n)=\varphi(p_1{}^{e_1})\cdots\varphi(p_r{}^{e_r})$ となる．素数 p に対して $(a, p)\neq1\Leftrightarrow p|a$ であり，p^r 以下の正の整数で p^r と素でないものは $p, 2p, \cdots, p^{r-1}\cdot p$ であるから $\varphi(p^r)=p^r-p^{r-1}$．したがって $\varphi(n)=\prod_{i=1}^{r}(p^{e_i}-p^{e_i-1})$ をうる．

$\boldsymbol{C}$ における $X^n-1=0$ の根を **1 の n 乗根**(または 1 の巾根) とよぶ．これは Gauss 平面での単位円周の n 等分点である．$\omega=e^{2\pi i/n}=\cos 2\pi/n+i\sin 2\pi/n$ は 1 の n 乗根であるが，$\omega, \omega^2, \cdots, \omega^{n-1}, \omega^n=1$ はすべて相異なり，したがって 1 の n 乗根はこの中にすべて現われる．このように，n 乗してはじめて 1 となる 1 の n 乗根を**原始 n 乗根**とよぶ．$\omega^m=1\Leftrightarrow m\equiv0 \pmod n$ であるから，$\omega^{md}=1\Leftrightarrow md\equiv0 \pmod n\Leftrightarrow d\equiv0 \pmod{n/(n, m)}$ より，ω^m が原始 n 乗根 $\Leftrightarrow(n, m)=1$ となる．したがって，1 の原始 n 乗根の個数は $\varphi(n)$ である．$d|n, 1\leq d<n$ なる d に対して X^d-1 は X^n-1 の約多項式であるから，$\{X^d-1|d|n, 1\leq d<n\}$ の最小公倍多項式を $f(X)$ とおくと，$f(X)$ は X^n-1 の約多項式である．$X^n-1=f(X)\cdot\Phi_n(X)$ とおき，$\Phi_n(X)$ を**円周 n 分多項式**とよぶ．$\Phi_n(X)$ は $\boldsymbol{Z}$ に係数をもつ最高次係数 1 の多項式で

$$\Phi_n(x)=\prod_{\substack{\omega_i\text{ は 1 の}\\ \text{原始 }n\text{ 乗根}}}(X-\omega_i)$$

となることは見易い．

$\boldsymbol{C}$ の元 α が $\boldsymbol{Q}$ の元を係数とする 0 でない或る代数方程式

$$a_0x^r+\cdots+a_r=0, \qquad a_0, \cdots, a_r \in \boldsymbol{Q}$$

の根となっているとき，α を**代数的数**とよぶ．α を根とする代数方程式のなかに $a_0=1$，$a_1, \cdots, a_n \in \boldsymbol{Z}$ なるものが存在するとき，α を**代数的整数**とよぶ．$\boldsymbol{Q}$ の元は代数的数，$\boldsymbol{Z}$ の元は代数的整数であることは明らかであるが，基本的な事柄として，つぎの補題が成り立つ．

補題 1.1　$\boldsymbol{Q}$ の元 α が代数的整数であれば α は $\boldsymbol{Z}$ に属する．

証明　$\boldsymbol{Z}$ に入らない $\boldsymbol{Q}$ の或る元 α が代数的整数であるとして矛盾を導く．$\alpha=m/n$，$(n, m)=1$，$n>0$ と表わすことができるが，$\alpha \notin \boldsymbol{Z}$ より $n>1$ である．α が代数的整数であるから，或る多項式 $f(x)=x^r+a_1x^{r-1}+\cdots+a_r$，$a_i \in \boldsymbol{Z}$，があって $f(\alpha)=0$ である．したがって

$$m^r+a_1m^{r-1}n+\cdots+a_{r-1}mn^{r-1}+a_rn^r=0$$

となるから $n|m^r$ となり，これは $(n, m)=1$ に反する．▌

補題 1.2　$y_1, \cdots, y_N, z$ を $\boldsymbol{C}$ の元で，$y_1, \cdots, y_N$ の少くとも 1 元は 0 でないとする．$\boldsymbol{Q}$ の元の集合 $\{a_{ij}|1\leq i, j\leq N\}$ があって

$$(1.1) \qquad zy_i=\sum_{j=1}^{N} a_{ij}y_j, \qquad 1\leq i\leq N$$

と表わされるならば，z は代数的数である．さらにすべての a_{ij} が $\boldsymbol{Z}$ の元であれば，z は代数的整数である．

証明　(1.1) は z が行列 $A=(a_{ij})$ の固有値であることを示している．したがって z は固有多項式 $f(x)$

$$\begin{aligned} f(x) &= \det(xE-A) \\ &= x^N+\alpha_1x^{N-1}+\cdots+\alpha_{N-1}x+\alpha_N \end{aligned}$$

の根である．ここで α_i は $\{a_{ij}|1\leq i, j\leq N\}$ の単項式の ±1 係数の 1 次結合となる．これより補題の主張は明らかである．▌

補題 1.3　代数的整数の和，積は代数的整数である．

証明　α, β を代数的整数とし，$x^n+\lambda_1x^{n-1}+\cdots+\lambda_n=0$，$x^m+\mu_1x^{m-1}+\cdots+\mu_m=0$，$\lambda_i, \mu_j \in \boldsymbol{Z}$，をそれぞれ α, β を根とする方程式とする．$y_{i,j}=\alpha^i\beta^j$，$0\leq i\leq n-1$，$0\leq j\leq m-1$ とおくと，

$$(\alpha+\beta)y_{i,j}=\begin{cases} y_{i+1,j}+y_{i,j+1} & i\leq n-2, j\leq m-2 \text{ のとき} \\ -\sum_{k=1}^{n}\lambda_k y_{n-k,j}+y_{n-1,j+1} & i=n-1, j\leq m-2 \text{ のとき} \\ y_{i+1,m-1}-\sum_{k=1}^{m}\mu_k y_{i,m-k} & i\leq n-2, j=m-1 \text{ のとき} \\ -\sum_{k=1}^{n}\lambda_k y_{n-k,m-1}-\sum_{k=1}^{m}\mu_k y_{n-1,m-k} & i=n-1, j=m-1 \text{ のとき} \end{cases}$$

となり，補題1.2により $\alpha+\beta$ は代数的整数となる．$\alpha\beta$ についても同様である．▌

多項式 $(X-x_1)\cdots(X-x_n)$ を展開すると

$$(X-x_1)(X-x_2)\cdots(X-x_n)=X^n-E_1X^{n-1}+\cdots+(-1)^nE_n$$

で，ここで $E_1=\sum_{i=1}^{n}x_i$，$E_2=\sum_{i<j}x_ix_j, \cdots$，$E_r=\sum_{i_1<\cdots<i_r}x_{i_1}\cdots x_{i_r}, \cdots$，$E_n=x_1x_2\cdots x_n$ となる．$E_1, \cdots, E_n$ は $x_1, \cdots, x_n$ の任意のいれかえ(置換)により不変であるが，これらを $x_1, \cdots, x_n$ の**基本対称式**とよぶ．一般に $\boldsymbol{C}$-係数の多項式 $f(x_1, \cdots, x_n)$ が $x_1, \cdots, x_n$ の任意の置換により不変であるとき，$f(x_1, \cdots, x_n)$ を**対称式**とよぶ.

補題 1.4　任意の対称式 $f(x_1, \cdots, x_n)$ に対して，或る多項式 $g(y_1, \cdots, y_n)$ があって $f(x_1, \cdots, x_n)=g(E_1, \cdots, E_n)$ と書ける．ここで $g(y_1, \cdots, y_n)$ は，その係数が $f(x_1, \cdots, x_n)$ の係数の整係数の多項式となっているようにとれる.

証明　単項式 $\lambda x_1^{r_1}\cdots x_n^{r_n}$，$0\neq\lambda\in\boldsymbol{C}$，に対して $\sum_{i=1}^{n}r_i$ をこの単項式の**次数**とよぶ．$f(x_1, \cdots, x_n)$ に現われる次数 r の単項式の和を $f_r(x_1, \cdots, x_n)$ とおくと，$f(x_1, \cdots, x_n)=\sum f_r(x_1, \cdots, x_n)$ と書け，各 $f_r(x_1, \cdots, x_n)$ は対称式となる．したがって $f(x_1, \cdots, x_n)=f_r(x_1, \cdots, x_n)$ のとき(このようなとき，f を r **次の斉次多項式**とよぶ)に証明すればよい．$f(x_1, \cdots, x_n)$ に現われる単項式の1つを $M=M(x_1, \cdots, x_n)$ とすると，M から $x_1, \cdots, x_n$ の任意の置換で得られる単項式はすべて $f(x_1, \cdots, x_n)$ に現われるが，それらの和 $f_0(x_1, \cdots, x_n)$ は対称式である．したがって $f(x_1, \cdots, x_n)=f_0(x_1, \cdots, x_n)$ の場合に証明すればよい．$M(x_1, \cdots, x_n)$ を適当にとることにより

$$M(x_1, \cdots, x_n)=\lambda_0(x_1\cdots x_l)^a(x_{l+1}\cdots x_m)^b\cdots(x_{p+1}\cdots x_{p+q})^t, \qquad \lambda_0\in\boldsymbol{C}.$$

ここで $a>b>\cdots>t$ とできる．さて定理の証明を (r, a, l) の辞書式順序による帰納法(i. e. $(r, a, l)>(r_1, a_1, l_1)$ を，(i) $r>r_1$，(ii) $r=r_1, a>a_1$，または，(iii) r

$=r_1, a=a_1, l>l_1$ により定義して，この順序による帰納法)で証明する．$r=1$ のときは明らかに $f(x_1, \cdots, x_n)=\lambda_0 E_1$ となり定理が成り立つ．$r>1$ とする．もし $x_1, \cdots, x_n$ がすべて $M(x_1, \cdots, x_n)$ に現われる場合は，$f(x_1, \cdots, x_n)=E_n \cdot f_1(x_1, \cdots, x_n)$ となり帰納法の仮定より主張をうる．したがって $p+q<n$ としてよい．$a=1$ のときは $f(x_1, \cdots, x_n)=\lambda_0 E_r$，となることは見易い．したがって，$a>1$ とする．このとき，$f_2(x_1, \cdots, x_n)$ を $M_2(x_1, \cdots, x_n)=\lambda_0(x_1 \cdots x_l)^{a-1}(x_{l+1} \cdots x_m)^b \cdots (x_{p+1} \cdots x_{p+q})^t$ から $x_1, \cdots, x_n$ のすべての置換により得られる単項式の和とすると，

$$E_l f_2(x_1, \cdots, x_n) = (\sum x_1 \cdots x_l)(\sum (x_1 \cdots x_l)^{a-1}(x_{l+1} \cdots x_{l+m})^b \cdots (x_{p+1} \cdots x_{p+q})^t)$$

を展開することにより，$E_l \cdot f_2(x_1, \cdots, x_n)=f(x_1, \cdots, x_n)+f_3(x_1, \cdots, x_n)$ と書けて，$f_2(x_1, \cdots, x_n)$，$f_3(x_1, \cdots, x_n)$ には帰納法の仮定を適用できる．したがって $f(x_1, \cdots, x_n)$ に対して定理の主張をうる．▌

補題 1.5 (Gauss) $\boldsymbol{Z}$-係数の多項式 $f(x)$ が $\boldsymbol{Q}[x]$ の元として可約，i.e. $\boldsymbol{Q}[x]$ の次数が1以上の多項式 $\tilde{g}(x), \tilde{h}(x)$ があって $f(x)=\tilde{g}(x)\tilde{h}(x)$ と書ける，とすると，$\boldsymbol{Z}$-係数の次数が1以上の多項式 $g(x), h(x)$ で $f(x)=g(x)h(x)$ となるものが存在する．

証明 $f(x)$ の係数の最大公約数が1の場合に証明すればよい(このような性質の $\boldsymbol{Z}$-係数の多項式を原始多項式とよぶ)．$\tilde{g}(x), \tilde{h}(x)$ の係数を分数で表わし，そのすべての分母の積を $f(x)=\tilde{g}(x)\tilde{h}(x)$ の両辺に掛けて，さらに適当に約分することにより，$\boldsymbol{Z}$-係数の次数が1以上の原始多項式 $g(x), h(x)$ と $\boldsymbol{Z}$ の元 a, b があって，$af(x)=bg(x)h(x)$ と書ける．したがってこのとき，$|a|=|b|$，i.e. $g(x)h(x)$ が原始多項式となることを示せばよい．$g(x)h(x)$ が原始多項式でないとし，p を $g(x)h(x)$ の係数の最大公約数の素因数の1つとする．$g(x), h(x)$ は原始多項式であるから，$g(x)=a_m x^m+a_{m-1}x^{m-1}+\cdots+a_0$，$h(x)=b_n x^n+b_{n-1} \cdot x^{n-1}+\cdots+b_0$ とするとき，$a_{i_0} \not\equiv 0 \pmod p$, $a_i \equiv 0 \pmod p$, $\forall i<i_0$ なる i_0 および $b_{j_0} \not\equiv 0 \pmod p$，$b_j \equiv 0 \pmod p$，$\forall j<j_0$ なる j_0 が存在する．$g(x)h(x)$ の $x^{i_0+j_0}$ の係数は $\sum_{i+j=i_0+j_0} a_i b_j = a_{i_0} b_{j_0} + \sum_{\substack{i<i_0,\ \text{又は}\ j<j_0 \\ i+j=i_0+j_0}} a_i b_j \not\equiv 0 \pmod p$ となり矛盾．▌

§2　群

この節では群の定義，用語の説明など基本的事柄についてのべる．

2.1　群，部分群，剰余類

集合 G に演算 f が定義され――$G\ni a, b$ に対して $f(a, b)$ を ab で表わし，a と b の**積**とよぶ――，それが

(i)　G の任意の3元 a, b, c に対して $(ab)c=a(bc)$ が成り立つ――**結合律**――，

(ii)　G の任意の元 a に対して $ae=ea=a$ が成り立つような特定な元 $e\in G$ が存在する――**単位元の存在**――，

(iii)　G の各元 a に対して $ab=ba=e$ となる G の元 b が存在する――**逆元の存在**――，

の3条件を満たすとき，G はこの演算に関して**群**であるという．条件(ii)における e は一意的に定まる．(∵　$e'\in G$ も(ii)を満たすとすると，$e'=ee'=e$ となる．）この e を G の**単位元**とよび，1で表わす．(iii)の b は a に対して一意的に定まる．(∵　$b'\in G$ も(iii)の b と同じ条件を満たすとすると，$b'=b'e=b'(ab)=(b'a)b=eb=b$.）この b を a の**逆元**とよび，a^{-1} で表わす．$|G|$ を G の**位数**とよび，位数が有限の群を**有限群**，位数が有限でない群を**無限群**とよぶ．条件(i)より G の元 a_1, a_2, a_3 に対して $a_1(a_2a_3)=(a_1a_2)a_3$ となるが，これを単に $a_1a_2a_3$ と表わす．G の元 $a_1, a_2, \cdots, a_n$, $n\geq 4$ に対して帰納的に $a_1a_2\cdots a_n=(a_1\cdots a_{n-1})a_n$ と定義すると，$1\leq m<n$ に対して直ちに $(a_1\cdots a_m)(a_{m+1}\cdots a_n)=a_1a_2\cdots a_n$ が成り立つことは容易にたしかめられる．いいかえれば，G の元 $a_1, \cdots, a_n$ の積についてはその並べ方をきめておけば，どのような仕方(i. e. 括弧のつけ方)で結合してもその結果は同じになることを意味する．この事実を**一般結合律**とよぶ．これは上の説明からわかるように，条件(ii), (iii)に関係なく，(i)のみから導かれる．したがって，つぎの定理が得られる．

定理 2.1　代数系 G に定義されている演算に対して条件(i)――結合律――が成り立てば，一般結合律も成り立つ．――

群 G の元 a の n 個の積 $\underbrace{a\cdots a}_{n}$ を a^n で表わす．容易に $(a^{-1})^n=(a^n)^{-1}$ となることがわかるが，これを a^{-n} で表わす．G の部分集合 S, T に対して

$$ST=\{xy \mid x\in S,\ y\in T\}$$

を S と T の**積**とよぶ．G の部分集合 $S_1,\cdots,S_n$, $n\geq 3$ に対しても帰納的にその積を $S_1\cdots S_n=(S_1\cdots S_{n-1})S_n$ により定義する．また，たとえば S が1元 a のみからなる集合の場合には，ST の代りに aT と表わす．また，G の部分集合 S に対して $S^{-1}=\{a^{-1}\mid a\in S\}$ を定義する．G の部分集合 S,T に対して $(ST)^{-1}=T^{-1}S^{-1}$ となることは見易い．

群 G において，さらに

(iv)　G の任意の2元 a,b に対して $ab=ba$,

が成り立つとき，G を**可換群**，または **Abel 群**とよぶ．可換群の場合，その演算を ab の代りに $a+b$ で表わすことがあるが，その場合 $a+b$ を a と b の**和**とよび，G を**加法群**，または**加群**とよぶ．このとき，G の単位元のことを**零元**とよぶことが多い．加法群と対比させる場合，積による群を**乗法群**とよぶ．

群 G の部分集合 $H(\neq\phi)$ が G の演算で閉じていて(i. e. $a,b\in H\Rightarrow ab\in H$，これはまた，集合の積の記号を用いると $HH\subseteq H$ と表わされる)，しかも H 自身がこの演算により群となるとき，H を G の**部分群**とよび，$G\geq H$ で表わす．$G\geq H$ で，かつ $G\neq H$ のとき，H を G の**真の部分群**とよび $G\gneq H$ または $G>H$ で表わす．G 自身，および単位元のみからなる部分集合は明らかに G の部分群であるが，これらを G の**自明な部分群**とよぶ．H を G の部分群とすると，G の演算で閉じていることから，$HH\subseteq H$，また逆元の存在より $a\in H\Rightarrow a^{-1}\in H$，いいかえれば $H^{-1}\subseteq H$ となる．逆に G の空でない部分集合 H が，$HH\subseteq H$，$H^{-1}\subseteq H$ を満たせば，H が群となることは容易に確かめられる．したがって

定理 2.2　H を G の部分集合とする．H が G の部分群であるための必要十分条件は $HH\subseteq H, H^{-1}\subseteq H$ を満たすことである．

$G\supseteq S$ に対して $\bigcap_{G\geq H\supseteq S} H$ は明らかに G の部分群で，しかも S をふくむ G の部分群のうちで最小のものとなる．これを **S で生成される G の部分群**とよび，$\langle S\rangle$ で表わす．また S をその**生成系**とよぶ．とくに S が1元 a からなるとき，$\langle S\rangle=\langle a\rangle$ と書き，これを a で**生成される巡回群**とよび，a をその**生成元**とよぶ．$\langle a\rangle=\{a^n\mid n\in \boldsymbol{Z}\}$ となることは見易い．$|\langle a\rangle|$ を a の**位数**とよび，$|a|$ で表わす．

例　$\boldsymbol{Z},\boldsymbol{Q},\boldsymbol{R},\boldsymbol{C}$ はいずれも普通の加法に関して加法群である．§1 で定義した $\boldsymbol{Z}_n$ は，その2元 $\alpha=(a)_n$，$\beta=(b)_n$ の和 $\alpha+\beta$ を $\alpha+\beta=(a+b)_n$ と定義すると，

これは代表 a, b のとり方によらず α, β により一意的に定まり，この和により $\boldsymbol{Z}_n$ が加法群となることは見易い．$\boldsymbol{Q}, \boldsymbol{R}, \boldsymbol{C}$ から 0 を除いた集合(それぞれ $\boldsymbol{Q}^\sharp$, $\boldsymbol{R}^\sharp, \boldsymbol{C}^\sharp$ で表わす)はいずれも普通の乗法で可換群となる．$\boldsymbol{Z}^\sharp=\boldsymbol{Z}-\{0\}$ は普通の乗法により閉じていて(i. e. $a, b\in\boldsymbol{Z}^\sharp\Rightarrow ab\in\boldsymbol{Z}^\sharp$)，結合律は成り立ち，単位元は存在するが，一般に逆元は存在せず，したがって $\boldsymbol{Z}^\sharp$ は乗法によって群にはならない．$\boldsymbol{Z}_n{}^*$(これは $\boldsymbol{Z}_n-\{(0)\}$ ではなく§1の定義による，i. e. $\boldsymbol{Z}_n$ の素な剰余類の全体を表わす)の2元 $\alpha=(a)_n, \beta=(b)_n$ に対してその積を $\alpha\beta=(ab)_n$ により定義するとこれは代表元 a, b のとり方によらず定まり，これにより $\boldsymbol{Z}_n{}^*$ は群となることは見易い．$\boldsymbol{Z}_n, \boldsymbol{Z}_n{}^*$ は有限群，その他はすべて無限群である．$|\boldsymbol{Z}_n|=n$, $|\boldsymbol{Z}_n{}^*|=\varphi(n)$ で，とくに素数 p に対して $|\boldsymbol{Z}_p|=p$, $|\boldsymbol{Z}_p{}^*|=p-1$ である．$\boldsymbol{Z}, \boldsymbol{Z}_n$ は巡回群であるが，$\boldsymbol{Q}, \boldsymbol{R}, \boldsymbol{C}, \boldsymbol{Q}^\sharp, \boldsymbol{R}^\sharp, \boldsymbol{C}^\sharp$ はいずれも巡回群ではなく，有限個からなる生成系すらもたない．$\boldsymbol{Q}, \boldsymbol{R}, \boldsymbol{C}$ には単位元($=0$)以外に有限部分群は存在しないが，$\boldsymbol{Q}^\sharp, \boldsymbol{R}^\sharp, \boldsymbol{C}^\sharp$ には単位元($=1$)以外に有限部分群が存在する(たとえば $\{1, -1\}$ は位数2の部分群である)．

ここで $\boldsymbol{C}^\sharp$ の有限部分群はすべて，巡回群であることを示そう．G を $\boldsymbol{C}^\sharp$ の有限部分群とする．$a\in G$ に対して $|a|=m=m_1m_2$, $(m_1, m_2)=1$ とする．ここで $|a|$ は $\boldsymbol{C}$ の元としての a の絶対値ではなくて，G の元としての a の位数である．$t_1m_1+t_2m_2=1$, $t_i\in\boldsymbol{Z}$, より $a=a^{t_1m_1+t_2m_2}=a^{t_1m_1}a^{t_2m_2}$ と分解するが，$a_1=a^{t_2m_2}$, $a_2=a^{t_1m_1}$ とおくと，$a_1, a_2\in G$, $|a_1|=m_1$, $|a_2|=m_2$, $a=a_1a_2=a_2a_1$ となる．したがってこれをくりかえし適用することにより，m の素因数分解を $m=p_1{}^{e_1}\cdots p_r{}^{e_r}$ とすると，$a=a_1\cdots a_r$, $a_i\in G, |a_i|=p_i{}^{e_i}$, $i=1, \cdots, r$, と分解する．$G\ni a, b$ に対して $|a|=m, |b|=n$, m または n を割る素因数の全体を $p_1, \cdots, p_t$, $m=p_1{}^{e_1}\cdots p_t{}^{e_t}$, $n=p_1{}^{f_1}\cdots p_t{}^{f_t}$, $e_i, f_i\geq 0$ とし，上述のように $a=a_1\cdots a_t$, $b=b_1\cdots b_t$, $a_i, b_i\in G$, $|a_i|=p_i{}^{e_i}$, $|b_i|=p_i{}^{f_i}$, $i=1, \cdots, t$ と分解する(ただし，$e_i=0$ または $f_i=0$ のときは，それに従って $a_i=1$, または $b_i=1$ とおく)．c_i を a_i, b_i の位数の大きい方(位数の等しいときは，そのいずれか)とし，$c=c_1\cdots c_r$ とおくと，$c\,(\in G)$ の位数 $|c|$ は m, n の最小公倍数と一致する．$|G|<\infty$ より，これを G の2元についてくりかえすことにより，G の元の位数の最小公倍数を位数とする G の元 d が存在する，i. e. $G\ni\forall a$ に対して $|a|\,\big|\,|d|$ であり，したがって $a^{|d|}=1$, $\forall a\in G$, である．$\langle d\rangle\leq G$ より $|d|\leq|G|$ であるが，もし $|d|<|G|$ とすると，方程式 $X^{|d|}-1=0$

は$\boldsymbol{C}$で$|d|$個より多くの根をもつことになりおかしい．したがって$|d|=|G|$, i.e. $\langle d\rangle=G$となる．同じ論法を用いて，素数pに対して$\boldsymbol{Z}_p{}^*$が巡回群となることが示される．まず$\boldsymbol{Z}$-係数の多項式全体を$\boldsymbol{Z}[X]$で表わすとき，

補題 2.3　$f(X)\in\boldsymbol{Z}[X]$, $a\in\boldsymbol{Z}$とする．

(1)　$f(a)\equiv 0 \pmod p \Rightarrow f(X)=(X-a)g(X)+m$, $\exists g(X)\in Z[X]$, $\exists m\in\boldsymbol{Z}$, $m\equiv 0 \pmod p$と表わされる．

(2)　$(a_1)_p,\cdots,(a_r)_p$を$\boldsymbol{Z}_p{}^*$の相異なる元とし，$f(a_i)\equiv 0 \pmod p$, $i=1,\cdots,r$とすると

$$f(X)=(X-a_1)\cdots(X-a_r)h(X)+u(X)$$

と表わされる．ここで$h(X), u(X)\in\boldsymbol{Z}[X]$, $u(X)$の係数はすべて$\equiv 0 \pmod p$となる．

証明　(1)　$f(X)$を$X-a$で割り算して，商を$g(X)\in Z[X]$，余りを$m\in\boldsymbol{Z}$とする($X-a$が1次式より，余りは0次式，i.e. $m\in\boldsymbol{Z}$となる)．$f(a)=m$より$m\equiv 0 \pmod p$.

(2)　rについての帰納法による．$r=1$のときが(1)である．$r-1$まで正しいとすると，$f(X)=(X-a_1)\cdots(X-a_{r-1})g_{r-1}(X)+u_{r-1}(X)$, $g_{r-1}(X)$, $u_{r-1}(X)\in\boldsymbol{Z}[X]$, $u_{r-1}(X)$の係数はすべて$\equiv 0 \pmod p$と表わされる．$f(a_r)=(a_r-a_1)\cdots(a_r-a_{r-1})g_{r-1}(a_r)+u_{r-1}(a_r)$であるが，$f(a_r)\equiv 0$, $u_{r-1}(a_r)\equiv 0 \pmod p$より$(a_r-a_1)\cdots(a_r-a_{r-1})g_{r-1}(a_r)\equiv 0 \pmod p$. 仮定より$a_r-a_i\not\equiv 0 \pmod p$, $i=1,\cdots,r-1$, 従って$g_{r-1}(a_r)\equiv 0 \pmod p$. よって(1)より$g_{r-1}(X)=(X-a_r)g_r(X)+m_r$, $g_r(X)\in\boldsymbol{Z}[X]$, $m_r\equiv 0 \pmod p$となり，これを先の$f(X)$の式の$g_{r-1}(X)$に代入すると求める式をうる．▌

さて，$f(X)\in\boldsymbol{Z}[X]$に対して$(a)_p\in\boldsymbol{Z}_p$が$f(a)\equiv 0 \pmod p$を満足するとき，$(a)_p$を$f(X)$の$\bmod p$での根とよぶ．これは$(a)_p$の代表元aのとり方によらないことは明らか．上の補題の(2)は$f(X)$の次数がnであれば，$f(X)$の$\bmod p$での根は高々n個であることを意味する．$\boldsymbol{Z}_p{}^*$の元の位数の最小公倍数をtとすると，$\boldsymbol{C}^*$の有限部分群Gの場合と同様に$\boldsymbol{Z}_p{}^*$の元αで位数がtのものが存在し，$\boldsymbol{Z}_p{}^*\ni\forall\beta$に対して$|\beta|\,|\,t$である．(実際，$\boldsymbol{C}^*$での論法において，$G$が有限 Abel 群であることのみを使っている．) $|\boldsymbol{Z}_p{}^*|=p-1$であったが，もし$t<p-1$とすると，$X^t-1$は$\bmod p$で$p-1$個の根(i.e. t個より多くの根)をもつこ

とになりおかしい．したがって$t=p-1$となり，$\boldsymbol{Z}_p{}^*$は巡回群となる．以上まとめると

定理 2.4 (1) $\boldsymbol{C}^*$の有限部分群は巡回群である．

(2) 素数pに対して，$\boldsymbol{Z}_p{}^*$は位数$p-1$の巡回群となる．——

$G\geq H, K$に対してGの部分集合Ha, aK, HaKをそれぞれGのHによる**左剰余類**，Kによる**右剰余類**，H-Kによる**両側剰余類**とよび，aをその**代表元**とよぶ．Hによる左剰余類の全体の集合を$H\backslash G$で表わし，$H\backslash G$の各元から一つずつ代表元をとり出してできる集合をGのHによる**左代表系**とよぶ．同様に，G/K, $H\backslash G/K$によりそれぞれGのKによる右剰余類全体の集合，H-Kによる両側剰余類全体の集合を表わし，またGのKによる右代表系，H-Kによる両側代表系も同様に定義される．$x\in Ha$とすると$x=ya$, $\exists y\in H$, と書け，$Hx=Hya=Ha$となる．したがって$G\ni a, b$に対して$Ha\neq Hb$ならば，$Ha\cap Hb=\phi$となり，Gの(集合としての)直和分解

$$G=\sum_{Ha\in H\backslash G} Ha$$

をうる．これをGのHによる**左剰余類分解**とよぶ．同様にKによる右剰余類分解$G=\sum_{aK\in G/K} aK$, H-Kによる両側剰余類分解$G=\sum_{HaK\in H\backslash G/K} HaK$をうる．$G\ni a, b$に対して

$$aH=bH \Leftrightarrow Ha^{-1}=((aH)^{-1}=(bH)^{-1}=)Hb^{-1}$$

なることより，$\{a_\nu | \nu\in I\}$をHによる右代表系とすると，$\{a_\nu{}^{-1} | \nu\in I\}$は$H$による左代表系となり，したがって$|G/H|=|H\backslash G|$を得る．この値を$H$の$G$における**指数**とよび，$|G:H|$で表わす．また，$ax=ay \Leftrightarrow x=y$より$|H|=|aH|$．したがって

定理 2.5 (Lagrange) Gを有限群とする．

(1) $G\geq H$に対して$|G|=|G:H|\,|H|$.

(2) とくに$G\ni a$に対して$|a|\,\big|\,|G|$.

2.2 共役，正規部分群，剰余群

a, bをGの元，S, TをGの部分集合とするとき，

$$b^a=a^{-1}ba, \qquad S^a=\{x^a\,|\,x\in S\}, \qquad S^T=\bigcup_{x\in T} S^x$$

とおく．Gの部分集合S_1, S_2に対してGの元aがあって$S_1{}^a=S_2$となるとき，

S_1とS_2は**G–共役**(またはGの元aによる共役)であるといい，$S_1 \underset{G}{\sim} S_2$(または$S_1 \underset{a}{\sim} S_2, S_1 \sim S_2$など)で表わす．この関係$\sim$は明らかに$2^G$における同値関係となっているが，これによる類別を**G–共役による類別**，その各類を**G–共役類**とよぶ．とくに$\sim$を$G\,(\subset 2^G)$に制限することによりGにおける同値律；$a\sim b \Leftrightarrow c^{-1}ac=b\,(\exists c\in G)$が定義される．$G$をこれにより類別するとき，その各類を$G$の**共役類**とよび，共役類の個数を$G$の**類数**とよぶ．

Gの部分集合Sに対して

$$\mathscr{N}_G(S) = \{a\in G \mid S^a = S\}, \qquad \mathscr{C}_G(S) = \{a\in G \mid x^a = x\ (\forall x\in S)\}$$

とおくと，これらはGの部分群となる．$\mathscr{N}_G(S)$をSの(Gにおける)**正規化群**，$\mathscr{C}_G(S)$をSの(Gにおける)**中心化群**とよぶ．とくに$S=\{a\}$のとき，$\mathscr{N}_G(S)=\mathscr{C}_G(S)$でありこれを$\mathscr{C}_G(a)$と書く．$S^x=S^y \Leftrightarrow xy^{-1}\in\mathscr{N}_G(S)$より$S$と$G$–共役な$G$の部分集合の個数は$|G:\mathscr{N}_G(S)|$に一致する．とくに$G$の元$a$をふくむ共役類に入る元の個数は$|G:\mathscr{C}_G(a)|$となる．

$H\leq G$に対して$\mathscr{N}_G(H)=G$が成り立つとき，HをGの**正規部分群**とよび$H\trianglelefteq G$で表わす．$\{1\}$およびGは明らかにGの正規部分群であるが，これらをGの**自明な正規部分群**とよぶ．Gが$\{1\}$およびG以外に正規部分群をふくまないとき，Gを**単純群**とよぶ．可換群の部分群はすべて正規部分群であり，したがって単純な可換群は素数位数の群であることがわかる．また，$H, K\leq G$で$K\leq\mathscr{N}_G(H)$のとき，HはKで**正規化**されるといい，$H \rtimes K$で表わす．

$H\trianglelefteq G$のとき，G/Hの2元aH, bHに対して

$$aH\cdot bH = abb^{-1}HbH = abHH = abH$$

となりG/Hの元abHが一意的に定まる．したがって，G/Hの2元aH, bHの積をabHと定義すればこれは代表元a, bのとり方に関係なく定まり，この積によりG/Hが群となることは見易い．これをGのHによる**剰余群**という．単位元はH，またaHの逆元は$a^{-1}H$である．

$\mathscr{C}_G(G)$をGの**中心**とよび$Z(G)$で表わす．定義より明らかに$Z(G)\trianglelefteq G$である．$Z(G)=Z^{(1)}(G)$とおき，自然数iに対して帰納的に$Z^{(i)}(G)\geq Z^{(i-1)}(G)$で

$$Z(G/Z^{(i-1)}(G)) = Z^{(i)}(G)/Z^{(i-1)}(G), \qquad i\geq 2$$

を満たすGの部分群$Z^{(i)}(G)$は一意的に定まる．$Z^{(i)}(G)$をGの**第i中心**，$Z^{(1)}(G), Z^{(2)}(G), \cdots$を$G$の**昇中心列**とよぶ．明らかに$G\trianglerighteq Z^{(i)}(G)$である．

Gの部分集合Sに対して$\bigcap_{S\subset H\trianglelefteq G} H$は$S$を含む$G$の正規部分群のうちで最小のものとなる．これを$\langle\langle S\rangle\rangle$で表わし$S$で**生成される**$G$**の正規部分群**という．また$S$をその**生成系**とよぶ．$\langle\langle S\rangle\rangle=\langle S^G\rangle$となることは見易い．

$a,b\in G$に対して，$a^{-1}b^{-1}ab=a^{-1}a^b$をaとbの**交換子**といい$[a,b]$で表わす．また，$a,b,c\in G$に対して$[[a,b],c]=[a,b,c]$とおく．つぎの関係式は基本的である．

定理 2.6　x,y,zをGの元とする．このとき，つぎの関係式が成り立つ．

(1)　$[xy,z]=[x,z]^y[y,z]$,　　$[x,yz]=[x,z][x,y]^z$

(2)　$[x,y^{-1},z]^y[y,z^{-1},x]^z[z,x^{-1},y]^x=1$

証明　(1)　$[xy,z]=y^{-1}x^{-1}z^{-1}xyz=y^{-1}(x^{-1}z^{-1}xz)y(y^{-1}z^{-1}yz)=[x,z]^y\cdot[y,z]$，$[x,yz]$についても全く同様である．

(2)　$[x,y^{-1},z]^y=y^{-1}[x^{-1}yxy^{-1},z]y=y^{-1}(yx^{-1}y^{-1}xz^{-1}x^{-1}yxy^{-1}z)y=(x^{-1}y^{-1}xz^{-1}x^{-1})(yxy^{-1}zy)=(xzx^{-1}yx)^{-1}(yxy^{-1}zy)$，同様に$[y,z^{-1},x]^z=(yxy^{-1}zy)^{-1}(z,yz^{-1}xz)$，$[z,x^{-1},y]^x=(zyz^{-1}xz)^{-1}(xzx^{-1}yx)$となり，これら3式より求める等式は明らか．▌

Gの部分集合H,Kに対して

$$[H,K]=\langle\{[a,b]\mid a\in H, b\in K\}\rangle$$

とおき，これをHとKの**交換子群**という．とくに$[G,G]$をG**の交換子群**とよび，$D(G)$とも書く．$[a,b]^c=[a^c,b^c]$より$G\trianglerighteq D(G)$となる．$D(G)=D^{(1)}(G)$とおき，自然数iに対してGの部分群$D^{(i)}(G)$を帰納的に$D^{(i)}(G)=D(D^{(i-1)}(G))$により定義し，これを$G$の**第$i$交換子群**という．$[G,G]$が$\{[a,b]=a^{-1}b^{-1}ab\mid a,b\in G\}$で生成される$G$の部分群であることから，直ちに

定理 2.7　$G\trianglerighteq H$とする．このとき

$$G/H\text{が可換群}\Leftrightarrow H\geq[G,G]$$

が得られる．——

群G_1から群G_2への写像fが条件

$$f(ab)=f(a)f(b)$$

を満たすとき，fをG_1からG_2への**準同型写像**といい，$G_1\overset{f}{\simeq}G_2$または単に$G_1\simeq G_2$と記す．$f(1)=1$，$f(a^{-1})=f(a)^{-1}$となることは見易い．$f$が上への準同型写像のとき，すなわち$f(G_1)=G_2$のとき$G_2$は$G_1$に**準同型**であるという．$f$が

上への1対1準同型写像のとき，f は G_1 から G_2 の上への**同型写像**，G_2 は G_1 に同型，G_1 と G_2 は**同型**であるなどといい

$$G_1 \overset{f}{\simeq} G_2,\ \text{または単に}\quad G_1 \simeq G_2$$

で表わす．$G_1 \overset{f}{\to} G_2$ のとき，G_2 の単位元1の逆像 $f^{-1}(1)$，i.e.

$$f^{-1}(1) = \{a \in G \mid f(a)=1\}$$

を $\mathrm{Ker}\, f$ とおき，これを f の**核**とよぶ．$f(a)=1 \Rightarrow f(b^{-1}ab)=f(b^{-1})f(a)f(b)=f(b^{-1})f(b)=1$ に注意すれば，$\mathrm{Ker}\, f$ は G_1 の正規部分群となる．$f(G_1)$ は G_2 の部分群であることは見易い．

N を G の正規部分群とするとき，G から剰余群 G/N への写像 f を

$$G \ni a \to aN \in G/N$$

により定義すると，f が，G から G/N の上への準同型写像となることは見易い．これを G から G/N への**自然な準同型写像**とよぶ．またこのとき，$\mathrm{Ker}\, f = N$ となっている．

さて，つぎの定理は基本的である．

定理 2.8(準同型定理)　f を G_1 から G_2 への準同型写像とすると

$$G_1/\mathrm{Ker}\, f \simeq f(G_1).$$

証明　$a \in G_1, b \in \mathrm{Ker}\, f_1$ に対して $f(ab)=f(a)f(b)=f(a)$ となるから，$G_1/\mathrm{Ker}\, f$ の元 $a\mathrm{Ker}\, f$ に対して $f(G_1)$ の元 $f(a)$ は(代表 a のとり方によらず $a\mathrm{Ker}\, f$ により)一意的に定まる．$\tilde{f}(a\mathrm{Ker}\, f)=f(a)$ によって定義される $G_1/\mathrm{Ker}\, f$ から $f(G_1)$ への写像 $\tilde{f}$ が，両者の間の同型対応を与えていることは見易い．▍

この定理より直ちにつぎの系をうる．

系 2.9(同型定理)　N を G の正規部分群，K を G の部分群とするとき，

(1)　KN は G の部分群，$K \cap N$ は K の正規部分群

(2)　$KN/N \simeq K/K \cap N$

が成り立つ．

証明　(1)　N は G の正規部分群であるから $KN = \bigcup_{x \in K} xN = \bigcup_{x \in K} Nx = NK$. これより $(KN)(KN)=(KK)(NN)=KN$，$(KN)^{-1}=N^{-1}K^{-1}=NK=KN$ となり，定理2.2より KN は G の部分群となる．$K \cap N$ が K の正規部分群となることは見易い．

(2)　K から KN/N への写像 f を $f(a)=aN$ により定義すると，f は上への準同型写像で $f(a)=N \Leftrightarrow a \in K \cap N$ より $\mathrm{Ker}\, f=K \cap N$. したがって定理2.8より求める同型対応をうる. ▌

G を群とする. G から G の上への同型写像を G の**自己同型写像**とよぶ. G の自己同型写像の全体を $\mathrm{Aut}\, G$ で表わす. $\mathrm{Aut}\, G$ の2元に対してその積を写像の積により定義すれば $\mathrm{Aut}\, G$ は群となる. これを G の**自己同型群**とよぶ. $G \ni a$ に対して，G から G への写像 σ_a を $x^{\sigma_a}=a^{-1}xa, x \in G$, により定義すると σ_a は G の自己同型写像となる. これを a による G の**内部自己同型写像**または**共役写像**とよぶ. $G \ni a, b$ に対して $\sigma_{ab}=\sigma_a\sigma_b$, $(\sigma_a)^{-1}=\sigma_{a^{-1}}$ となるから，G の内部自己同型写像全体 $\mathrm{Inn}(G)=\{\sigma \in \mathrm{Aut}\, G \mid \sigma=\sigma_a, \exists a \in G\}$ は $\mathrm{Aut}\, G$ の部分群となる. これを G の**内部自己同型群**とよぶ. $\mathrm{Aut}\, G \ni \tau$, $\mathrm{Inn}\, G \ni \sigma=\sigma_a$ に対して $\tau^{-1}\sigma_a\tau=\sigma_{a^\tau}$ となることから $\mathrm{Aut}\, G \trianglerighteq \mathrm{Inn}\, G$ をうる. 剰余群 $\mathrm{Aut}\, G/\mathrm{Inn}\, G$ を G の**外部自己同型群**とよび $\mathrm{Out}\, G$ で表わす. G から $\mathrm{Inn}\, G$ への写像 $a \to \sigma_a$ は上への準同型写像となるが，G の元 x に対して $x^{\sigma_a}=1 \Leftrightarrow a^{-1}xa=x$ となることからその核は G の中心 $Z(G)$ に一致する. したがって $G/Z(G) \simeq \mathrm{Inn}\, G$ となる. G の部分群 H が $\mathrm{Aut}\, G$ の任意の元 τ によりつねに $H^\tau=H$ のとき，H を G の**特性部分群**とよび $G \trianglerighteq H$ と表わす. たとえば $Z^{(i)}(G), D^{(i)}(G)\,(i=1, 2, \cdots)$ はすべて G の特性部分群である. $\mathrm{Aut}\, G \geq \mathrm{Inn}\, G$ より G の特性部分群は G の正規部分群である. また，$G \trianglerighteq H, H \trianglerighteq K$ とすると，G の元による共役作用は H の自己同型写像であることから $G \trianglerighteq K$ となる. 具体的に自己同型群をきめる例として，位数 p の群の自己同型群を決定する. G を位数 p の群とする. すでに注意したように G は単純な巡回群で，G の生成元を α とすると $G=\{1, \alpha, \cdots, \alpha^{p-1}\}$ で，その積は $\alpha^i\alpha^j=\alpha^{i+j}=\alpha^k$, ここで k は $i+j$ を p で割ったときの余りであるから，p を定めると位数 p の群 G は一意的に定まる.（したがってそれは加法群 $\boldsymbol{Z}_p$ と同型となる.）$f \in \mathrm{Aut}\, G$ に対して $f(\alpha)=\alpha^i$ とおく. $\alpha^i=\alpha^j$ とすると，$\alpha^{i-j}=1$, i. e. $i \equiv j \pmod{p}$. もちろん $i \not\equiv 0 \pmod{p}$ であるから，f に対して $\boldsymbol{Z}_p{}^*$ の元 $a=(i)_p$ が一意的に定まる. この f を f_a と書く. $\forall b=(j)_p \in \boldsymbol{Z}_p{}^*$ に対して，G から G への写像 f を $f(\alpha^r)=\alpha^{rj}$ により定義すれば，これは $\mathrm{Aut}\, G$ の元で $f=f_b$ となる. $\boldsymbol{Z}_p{}^* \ni a, b$ に対して $f_af_b=f_{ab}$ であり，$f_a=1 \Leftrightarrow a=(1)_p$ は見易い. したがって対応 $f_a \leftrightarrow a$ により $\mathrm{Aut}\, G \simeq \boldsymbol{Z}_p{}^*$ をうる. $\mathrm{Inn}\, G=1$ より，$\mathrm{Aut}\, G=$

Out G である．したがって

定理 2.10　G を位数 p の巡回群とすると，

$$\mathrm{Aut}\,G \simeq \boldsymbol{Z}_p{}^* \quad (= \text{位数 } p-1 \text{ の巡回群})$$

となる．Inn $G=1$ であるから，Out $G=$Aut G である．——

以下しばらく G を有限群とする．π を素数の或る集合とし，G の位数を割る素数がすべて π にふくまれるとき，いいかえれば $|G|=\pi$-数のとき，G を **π-群**とよぶ．とくに $\pi=\{p\}$ のとき **p-群**とよぶ．π にふくまれない素数の全体を π'（とくに $\pi=\{p\}$ のときは p'）で表わす．一般に G の部分群 H が π-群で，$|G:H|$ が π'-数のとき，H を G の **Hall π-部分群**とよぶ．とくに $\pi=\{p\}$ の場合は **Sylow p-部分群**とよぶ．G が Hall π-部分群 H，Hall π'-部分群 K をふくむとき，K を H の **π-補群**であるという．H_1, H_2 を G の正規な π-部分群とすると，H_1H_2 は G の正規部分群で定理 2.5，系 2.9 によって π-部分群となる．（∵ $H_1H_2/H_2 \simeq H_1/H_1\cap H_2$ は π-群，$|H_1H_2|=|H_1H_2:H_2|\,|H_2|$ は π-数，したがって H_1H_2 は π-群.）したがって G には最大正規 π-部分群が存在するが，それを $O_\pi(G)$ または単に O_π で表わす．Aut $G\ni\sigma$ に対して $O_\pi{}^\sigma$ も π-群で，かつ $O_\pi{}^\sigma \trianglelefteq G^\sigma=G$ であるから $O_\pi{}^\sigma=O_\pi$．したがって $O_\pi \,\underline{\lhd}\, G$ となる．π_1, π_2 をそれぞれ素数の集合とし，f を G から $\bar{G}=G/O_{\pi_1}$ への自然な準同型写像とするとき，G の部分群 $f^{-1}(O_{\pi_2}(\bar{G}))$ を O_{π_1,π_2} と表わす．$O_{\pi_1,\pi_2} \,\underline{\lhd}\, G$ となることは見易い．帰納的に，素数の集合 $\pi_1, \cdots, \pi_r$ に対して G の特性部分群 $O_{\pi_1,\pi_2,\cdots,\pi_r}$ が定義される．つぎに H_1, H_2 が G の正規部分群で，$G/H_1, G/H_2$ が共に π-群とすると，$H_1\cap H_2$ も G の正規部分群であり，定理 2.5，系 2.9 より $G/H_1\cap H_2$ は π-群となる．したがって G には G/N が π-群となるような最小の正規部分群 N が存在する．この N を $O^\pi(G)$，または O^π で表わす．定義より $O^\pi \,\underline{\lhd}\, G$ となることは明らかである．O_π の場合の考察と同様にして，G の特性部分群 $O^{\pi_1,\cdots,\pi_r}$ が定義される．

2.3　置換群と置換表現

集合 Ω から Ω の上への1対1写像を Ω の**置換**とよび Ω の置換全体の集合を S^Ω で表わす．$S^\Omega\ni\sigma,\tau$ に対してその積 $\sigma\tau$ を写像の積として，すなわち $a^{\sigma\tau}=(a^\sigma)^\tau$，$a\in\Omega$，により定義すれば，$\sigma\tau\in S^\Omega$ となり S^Ω はこの積により群となる．この群 S^Ω を **Ω 上の対称群**とよび，S^Ω の部分群を **Ω 上の置換群**とよぶ．Ω が有限集合で $|\Omega|=n$ のとき，S^Ω を S_n とも書きこれを **n 次の対称群**とよび，Ω 上

の置換群を n **次の置換群**とよぶ．S^{Ω} の単位元は Ω から Ω への恒等写像であるがそれを 1_{Ω} で表わす．

群 G から S^{Ω} への準同型写像 f が与えられたとき，G は Ω 上で**置換表現**をもつ，または G は Ω 上の**作用**である，などといい，(G,Ω) で表わす．このとき，Ω の元を**点**とよび，$|\Omega|$ をこの置換表現の**次数**とよぶ．G の元 σ に対して $f(\sigma)$ による Ω の点 a の像 $a^{f(\sigma)}$ を，f を省いて単に a^{σ} で表わす．Ω の部分集合 $\varDelta$ に対して，σ による $\varDelta$ の点の像全体を $\varDelta^{\sigma}$ で表わす；$\varDelta^{\sigma}=\{a^{\sigma}\,|\,a\in\varDelta\}$．

Ω 上の置換群 G は f として恒等写像をとることにより，Ω 上の作用と考えられる．したがって Ω 上の置換群 G を表わすのに Ω 上の作用と同じ記号を用いて，置換群 (G,Ω) と書く．たとえば G を群，N をその正規部分群とするとき，G の元 σ に対して σ による G の内部自己同型写像は N の置換をひきおこすが，これは G の N 上での置換表現となっている．このように G の元 σ による内部自己同型作用でひきおこされる N 上の作用を σ による**共役作用**とよぶ．また，G の部分群 H による左剰余類全体を Ω とし，$G\ni\sigma$ の Ω 上の作用を $(Hx)^{\sigma}=Hx\sigma$ で定義すると，これにより G の置換表現をうる．これを G の H による**右-置換表現**とよび $(G,H\backslash G)$ で表わす．同様に，Ω を H による右-剰余類全体 G/H とし，$G\ni\sigma$ の Ω 上の作用を $(xH)^{\sigma}=\sigma^{-1}xH$ と定義することにより G の H による**左-置換表現** $(G,G/H)$ が定義される．とくに $H=\{1\}$ のとき，それぞれ**右-正則置換表現**，**左-正則置換表現**とよぶ．

群 G を Ω 上の作用とする．Ω における関係 $a\sim b$ を $a^{\sigma}=b,\exists\sigma\in G$, により定義すれば，これは Ω における同値関係をあたえる．これによる同値類を G の(Ω における)軌道，または G-**軌道**とよぶ．$\Omega\ni a$ をふくむ G の軌道は $a^{G}=\{a^{\sigma}\,|\,\sigma\in G\}$ と書けて G はその上の作用となる．Ω における G の相異なる軌道の全体を $\{\Omega_1,\cdots,\Omega_r\}$ とすると，Ω はこれらの(集合としての)直和 $\Omega=\sum_{i=1}^{r}\Omega_i$ となるが，これを G による Ω の**軌道分解**，または G-軌道分解とよぶ．軌道分解は一意的にきまる．Ω 自身が G の軌道となっているとき，(G,Ω) は**可移**であるという．これは，定義から容易にわかるように，Ω の任意の2元 a,b に対して $a^{\sigma}=b$ となる G の元 σ がつねに存在することと同等である．Ω における G の軌道 Ω_i に対して，(G,Ω_i) は可移であるが，これを (G,Ω) の**可移成分**とよぶ．$\Omega\ni a$ に対して

$$G_a = \{\sigma \in G \mid a^\sigma = a\}$$

は G の部分群となる．これを a の**固定部分群**とよぶ．Ω の部分集合 Δ に対して，G の部分群 $G_\Delta = \bigcap_{a \in \Delta} G_a$ を Δ の**点ごとの固定部分群**とよぶ．また $\{\sigma \in G \mid \Delta^\sigma = \Delta\}$ は G の部分群となるが，これを $G_{\langle \Delta \rangle}$ で表わし，Δ の**集合としての固定部分群**とよぶ．

定理 2.11 有限群 G が Ω に作用しているとき，Ω の元 a をふくむ G の軌道を Δ とすると，$|G| = |\Delta|\,|G_a|$.

証明 (G, Δ) の可移なること，および $G \ni \sigma, \tau$ に対して $a^\sigma = a^\tau \Leftrightarrow \sigma\tau^{-1} \in G_a \Leftrightarrow G_a\sigma = G_a\tau$ なることより明らか．▌

$\Omega \supseteq \Delta$ が G のすべての元により不変，すなわち $\Delta^\sigma = \Delta\ (\forall \sigma \in G)$ が成り立つとき，Δ を G の**不変域**という．明らかに G は Δ 上の作用となるが，(G, Δ) を (G, Ω) の **Δ-成分**とよぶ．軌道は不変域であり，不変域はいくつかの軌道の直和となる．

2つの置換表現 (G, Ω), (H, Γ) に対して，G から H への準同型写像 $f: \sigma \to \tilde{\sigma}$, Ω から Γ への写像 $\varphi: a \to \tilde{a}$ があって

$$\widetilde{a^\sigma} = \tilde{a}^{\tilde{\sigma}} \qquad \forall \sigma \in G, \quad \forall a \in \Omega$$

が成り立つとき，$(G, \Omega) \simeq (H, \Gamma)$ と書き，(f, φ) を (G, Ω) から (H, Γ) への**準同型写像**とよぶ．とくに f が G から H の上への同型写像，φ が Ω から Γ の上への1対1写像のとき，(G, Ω) と (H, Γ) は同型であるといい，$(G, \Omega) \simeq (H, \Gamma)$ と記す．簡単な注意として，つぎの定理をあげておく．

定理 2.12 S^Ω の部分群 H_1, H_2 に対して

$$(H_1, \Omega) \simeq (H_2, \Omega) \Leftrightarrow H_1 \underset{S^\Omega}{\sim} H_2.$$

証明 $\Rightarrow$: $(H_1, \Omega) \simeq (H_2, \Omega)$ が H_1 と H_2 の間の同型対応 f, Ω と Ω の間の1対1対応 φ(i. e. $\in S^\Omega$) で与えられているとすれば H_1^φ と H_2 の間の同型対応 $I_{\varphi^{-1}} \cdot f$, Ω の恒等写像 $1_\Omega\,(\in S^\Omega)$ により $(H_1^\varphi, \Omega) \simeq (H_2, \Omega)$ となることは見易い．これは S^Ω の部分群として $H_1^\varphi = H_2$ を意味する．

$\Leftarrow$ は明らか．▌

可移な作用 (G, Ω) において，さらに Ω の1点 a の固定部分群 G_a が $\Omega - \{a\}$ 上の作用として可移のとき，(G, Ω) を**2重可移な作用**とよぶ．これは a のとり方によらずに定まる性質である．

2.4 自由群，生成元と基本関係式

最後に群の例として，また最も一般的な群として自由群について説明する．

$a_1, \cdots, a_n$ を n 個の文字とし，これに対して可算個の記号の集合 $\Lambda=\{a_i^{n_i} \mid n_i \in \boldsymbol{Z},\ i=1, \cdots, n\}$ を導入する．$r \geq 0$ に対して Λ の r 個の直積の部分集合 $\Lambda^{(r)}$ を

$r>0$ に対して $\Lambda^{(r)}=\{(x_1^{n_1}, \cdots, x_r^{n_r}) \mid x_i \neq x_{i+1}, i=1, \cdots, r-1, n_i \in \boldsymbol{Z}\}$

$r=0$ に対して $\Lambda^{(0)}=\{1\}$

と定義し，$F(n)=\bigcup_{r=0}^{\infty} \Lambda^{(r)}$ とおく．以下，$\Lambda^{(r)}$ の元 $(x_1^{n_1}, \cdots, x_r^{n_r})$ を $x_1^{n_1} \cdots x_r^{n_r}$ と書く．$F(n)$ の 2 元 α, β に対して，その積 $\alpha\beta$ を

(i) $\alpha=1$ のときは $\alpha\beta=\beta$，$\beta=1$ のときは $\alpha\beta=\alpha$.

(ii) α, β が共に 1 でないとき，$\alpha=x_1^{n_1} \cdots x_r^{n_r}, \beta=y_1^{m_1} \cdots y_t^{m_t}$ とすると

$r=t$ で $x_r^{n_r} \cdots x_1^{n_1}=y_1^{-m_1} \cdots y_t^{-m_t}$ のときは $\alpha\beta=1$

$r<t$ で $x_r^{n_r} \cdots x_1^{n_1}=y_1^{-m_1} \cdots y_t^{-m_r}$ のときは $\alpha\beta=y_{r+1}^{m_{r+1}} \cdots y_t^{m_t}$

$r>t$ で $x_r^{n_r} \cdots x_{r-t+1}^{n_{r-t+1}}=y_1^{-m_1} \cdots y_t^{-m_t}$ のときは $\alpha\beta=x_1^{n_1} \cdots x_{r-t}^{n_{r-t}}$

上記以外の場合，$x_r^{n_r} \cdots x_{r-i+1}^{n_{r-i+1}}=y_1^{-m_1} \cdots y_i^{-m_i}$ で $x_{r-i}^{n_{r-i}} \neq y_{i+1}^{-m_{i+1}}$ となる $i(\geq 0)$ が存在するが，このとき

$x_{r-i} \neq y_{i+1}$ のときは

$$\alpha\beta=x_1^{n_1} \cdots x_{r-i}^{n_{r-i}} y_{i+1}^{m_{i+1}} \cdots y_t^{m_t}$$

$x_{r-i}=y_{i+1}, n_{r-i} \neq -m_{i+1}$ のときは

$$\alpha\beta=x_1^{n_1} \cdots x_{r-i-1}^{n_{r-i-1}} x_{r-i}^{n_{r-i}+m_{i+1}} y_{i+2}^{m_{i+2}} \cdots y_t^{m_t}$$

と定義すると，これにより $F(n)$ が群となることは見易い．単位元は 1，$x_1^{n_1} \cdots x_t^{n_t}$ に対してその逆元は $x_t^{-n_t} \cdots x_1^{-n_1}$ である．この $F(n)$ を n 個の元からなる**生成系** $\{a_1, \cdots, a_n\}$ **をもつ自由群**とよぶ．

G を n 個の元からなる生成系 $\{b_1, \cdots, b_n\}$ をもつ群とする．a_i に対して b_i を対応させることにより $F(n)$ から G の上への写像が定義されるが，これが準同型写像となることは見易い．この準同型写像の核を N とおくと，準同型定理により $F(n)/N \simeq G$ となるが，N の ($F(n)$ の正規部分群としての) 任意の生成系 $\{f_i(a_1, \cdots, a_n) \mid i \in I\}$ (i.e. $N=\langle\langle \{f_i(a_1, \cdots, a_n) \mid i \in I\} \rangle\rangle$) を与えたとき，$\{f_i(b_1, \cdots, b_n)=1 \mid i \in I\}$ を G の生成系 $\{b_1, \cdots, b_n\}$ に関する**基本関係式**とよぶ．G はその生成系と基本関係式を与えれば，一意的に定まるが，G に対してその生成系，基

本関係式のえらび方はもちろん一意的でない．$F(n)$の任意の部分集合$M=\{g_i(a_1, \cdots, a_n) | i \in J\}$に対して，$N=\langle\langle M\rangle\rangle$とおくと，$G=F(n)/N$は$n$個の生成系$\{b_1, \cdots, b_n\}$と基本関係式$g_i(b_1, \cdots, b_n)=1$，$i \in J$，をもつ群である．$H$がやはり$n$個の生成系$\{c_1, \cdots, c_n\}$をもつ群で，$g_i(c_1, \cdots, c_n)=1$，$\forall i \in J$，を満たせば，$a_i \to c_i$，$1 \leq \forall i \leq n$でひきおこされる$F(n)$から$H$への準同型写像の核は$N$をふくみ，したがって$G$から$H$の上への自然な準同型写像が得られる．

§3 代数的構造

集合Rにいくつかの演算，および他の集合からの作用，が定義されているとき，Rはこれらの演算および作用により**代数的構造**をもつ，またはRは**代数系**であるなどという．群の概念は基本的な代数的構造の１つであるが，この節では，本書で必要となるその他の基本的な代数的構造についての準備をする．

3.1 代数的構造とベクトル空間

集合Rに和，積とよばれる２つの演算が定義されていて――$R \ni a, b$の和を$a+b$，積をabで表わす――，

(i) Rは和に関して可換群をなす，

(ii) $(a+b)c=ac+bc$，$c(a+b)=ca+cb$，　$\forall a, b, c \in R$，

を満たすとき，Rを**分配環**とよぶ．さらに

(iii) $a(ab)=(aa)b$，$(ba)a=b(aa)$，　$\forall a, b \in R$，

を満たすとき，Rを**交代環**とよび，さらに

(iv) $a(bc)=(ab)c$，　$\forall a, b, c \in R$――結合律――，

を満たすとき，Rを**結合環**とよぶ．これらがさらに，

(v) Rが積に関して単位元をもち，かつRの０でない元が(この単位元に関して)つねに逆元をもつ，

を満たすとき，それぞれ**分配体**，**交代体**，**結合体**という．

以上のそれぞれの代数系において

(vi) $ab=ba$，　$\forall a, b \in R$，

が成り立つとき，Rは**可換**であるという．以下において，結合環を単に**環**，結合体を**斜体**，可換な結合体を**体**とよぶ．またRが有限個の元からなるとき，

“有限”をつけて，たとえば**有限環**などとよぶ．一般に結合環 R において，R のすべての元 a に対して $ae=ea=a$ となる R の元 e を(もし存在すれば) R の**単位元**とよぶ．群の場合と同様に，単位元は存在すれば一意的に定まることがわかる．一般に，単位元を1で表わす．単位元が存在する場合，$R\ni a$ に対して $ab=ba=1$ となる b が存在するとき，b を a の**逆元**とよぶ．R が結合環の場合，(群の場合と同様にして)逆元は存在すれば一意的に定まることがわかる．a の逆元を一般に a^{-1} で表わす．

また，集合 R が(i),(iv),(v)および

(vii)　$(a+b)c=ac+bc,\quad \forall a, b, c\in R,$

を満たすとき，R を**準体**(near field)とよぶ．結合環，準体においては，積について一般結合律が成り立つ(定理2.1)．

群における部分群の概念に対応して，これらの代数系に関しても自然に部分代数系が定義される．たとえば，S を斜体 R の部分集合とし，

(1)　$S\ni\forall a, b$ に対して，$a+b$，ab は共に S に入る，i.e. S は R の演算で閉じている，

(2)　S はこの和，積により斜体である，

となっているとき，S を R の**部分斜体**，R を S の**拡大斜体**とよぶ．

$\boldsymbol{C}$ は(普通の)和と積により体となっている．$\boldsymbol{R}, \boldsymbol{Q}$ はいずれも $\boldsymbol{C}$ の演算で閉じていて，$\boldsymbol{C}$ の部分体となっていることは見易い．$\boldsymbol{Z}$ も $\boldsymbol{C}$ の演算で閉じてはいるが，しかし部分体とはならない(一般に逆元が存在しない)．しかし $\boldsymbol{C}$ を環と考えれば，$\boldsymbol{Z}$ はその部分環である．

R を環，S をその部分集合とするとき，S のすべての元と(積に関して)可換となる R の元の全体を $V_R(S)$ と書く；

$$V_R(S) = \{a\in R \mid ax=xa, \forall x\in S\}.$$

$V_R(S)$ が R の部分環となることは見易いが，これを S の R における**可換子環**とよぶ．$V_R(R)$ を R の**中心**とよび $Z(R)$ で表わす．これは R の可換な部分環である．R が斜体のとき，R の任意の部分集合 S に対して $V_R(S)$ も斜体となることは見易い．

H, K を Abel 群とし，$\mathrm{Hom}(H, K)$ により H から K への準同型写像の全体を表わす．$\mathrm{Hom}(H, K)$ の2元 f, g に対して H から K への写像 $f+g$ を

$$(f+g)(a) = f(a)g(a), \qquad \forall a \in H$$

と定義すると，K の可換性より

$$(f+g)(ab) = f(ab)g(ab) = f(a)f(b)g(a)g(b) = f(a)g(a)f(b)g(b)$$
$$= (f+g)(a)\cdot(f+g)(b)$$

となり，$f+g$ は $\mathrm{Hom}(H, K)$ の元となる．この演算により $\mathrm{Hom}(H, K)$ は加法群となっている(実際，結合律は K の結合律より得られる．単位元(加法群であるから零元) f_0 は $f_0(a)=1$, $\forall a \in H$, を満たす写像として，また $f \in \mathrm{Hom}(H, K)$ の逆元 g は $g(a)=f(a)^{-1}$ を満たす写像としていずれも $\mathrm{Hom}(H, K)$ の中に得られる．また，可換性は K の可換性より明らかである)．さらに，$H=K$ の場合には，$\mathrm{Hom}(H, H)$ の 2 元 f, g に対して H から H への写像 fg を

$$(fg)(a) = g(f(a)), \qquad \forall a \in H$$

で定義すると

$$(fg)(ab) = g(f(ab)) = g(f(a)f(b)) = g(f(a))g(f(b))$$
$$= (fg)(a)(fg)(b)$$

となり，fg は $\mathrm{Hom}(H, H)$ の元となる．$\mathrm{Hom}(H, H)$ はこの和，積により環となることは見易い．単位元は H の恒等変換 1_H, i.e. $1_H(a)=a$, $a \in H$, である．これを Abel 群 H の**自己準同型環**とよぶ．たとえば，H が位数 p の群のとき，$\mathrm{Hom}(H, H)$ の 0 でない元 f は，H が単純群であることから，H の自己同型写像となっていることは見易いが，これより $\mathrm{Hom}(H, H)-\{0\}=\mathrm{Aut}\,H$ となり，これは位数 $p-1$ の可換群(定理 2.10)，したがって，$\mathrm{Hom}(H, H)$ は p 個の元をもつ体となる．

V を加法群とする．可換環 R がその上に作用していて——その作用を λv $(\lambda \in R, v \in V)$ で表わし，スカラー積とよぶ——，それが，

(i)　$\lambda(v+v') = \lambda v + \lambda v'$

(ii)　$(\lambda+\mu)v = \lambda v + \mu v$

(iii)　$(\lambda\mu)v = \lambda(\mu v)$

(iv)　もし R が単位元 1 をふくむ場合は $1v=v$ （ここで，$\lambda, \mu \in K, v, v' \in V$）

を満たすとき，V を **R-加群**，または **R-ベクトル空間**とよぶ．V の元 $v_1, \cdots, v_r$, R の元 $\lambda_1, \cdots, \lambda_r$ に対して，V の元 $\lambda_1 v_1 + \cdots + \lambda_r v_r$ をそれらの 1 次結合，または V の元 $v_1, \cdots, v_r$ の R1 次結合とよぶ．V, W を R-加群とするとき，

$$\mathrm{Hom}_R(V, W) = \{f \in \mathrm{Hom}(V, W) \mid f(\lambda a) = \lambda f(a), \forall \lambda \in R, \forall a \in V\}$$

とおくと，これは $\mathrm{Hom}(V, W)$ の部分加群となることは見易いが，さらに $\mathrm{Hom}_R(V, W) \ni f, R \ni \lambda$ に対して

$$(\lambda f)(a) = \lambda(f(a)) \quad , \quad \forall a \in V$$

と定義すれば，$\lambda f \in \mathrm{Hom}_R(V, W)$ となり，これにより $\mathrm{Hom}_R(V, W)$ が R-加群の条件(i)-(iv)を満たすことは容易にたしかめられる．以後，$\mathrm{Hom}_R(V, W)$ をつねにこのようにして R-加群と考えることとする．とくに $V=W$ とするとき，$\mathrm{Hom}_R(V, V)$ の2元 f, g に対して

$$(fg)(\lambda a) = g(f(\lambda a)) = g(\lambda f(a)) = \lambda(gf(a)) = \lambda((fg)(a))$$

となるから，$fg \in \mathrm{Hom}_R(V, V)$, i.e. $\mathrm{Hom}_R(V, V)$ は $\mathrm{Hom}(V, V)$ の部分環となる．$f, g \in \mathrm{Hom}_R(V, W), \lambda \in R$ に対して

$$\begin{aligned}(\lambda(fg))(a) &= \lambda((fg)(a)) = (fg)(\lambda a) \\ &= g(f(\lambda a)) = g((\lambda f)(a)) = ((\lambda f)g)(a), \qquad \forall a \in V\end{aligned}$$

となり，これより $\lambda(fg)=(\lambda f)g$. 同様に $\lambda(fg)=f(\lambda g)$ をうる．一般に T を環，R を可換環とし，加法群としての T が R-加群となっていて，さらに

$$\lambda(fg) = (\lambda f)g = f(\lambda g), \qquad \forall \lambda \in R, \quad \forall f, g \in T$$

が成り立つとき，T を R-**多元環**とよぶ．上にのべた $\mathrm{Hom}_R(V, V)$ は R-多元環である．

可換環 R の元の nm 個の組 $\begin{bmatrix} \lambda_{11}, \cdots, \lambda_{1m} \\ \lambda_{21}, \cdots, \lambda_{2m} \\ \vdots \quad\quad \vdots \\ \lambda_{n1}, \cdots, \lambda_{nm} \end{bmatrix}$ を R の元を成分とする (n, m) **型の行列**とよび，簡単のため，これを (λ_{ij}) で表わす．λ_{ij} をこの行列の (i, j)-成分とよぶ．R の元を成分とする (n, m) 型行列全体を $(R)_{(n,m)}$ と記す．$(R)_{(n,m)}$ の2元 $\alpha=(\lambda_{ij}), \beta=(\mu_{ij})$, R の元 λ に対して，$\boldsymbol{C}$ の元を成分とする行列の場合と同様に，

$$\alpha+\beta = (\nu_{ij}) \qquad \nu_{ij} = \lambda_{ij}+\mu_{ij}$$
$$\lambda\alpha = (\nu_{ij}') \qquad \nu_{ij}' = \lambda\nu_{ij}$$

により，2元の和 $\alpha+\beta$ およびスカラー積 $\lambda\alpha$ を定義すれば，これにより $(R)_{(n,m)}$ は R-加群となる．$(R)_{(n,1)}, (R)_{(1,n)}$ の元をそれぞれ列ベクトル，行ベクトルとよび，$(R)_{(n,1)}$ を R^n, $(R)_{(1,n)}$ を ${}^nR$ とも表わす．

また，$n=m$ のとき，$(R)_{(n,n)}=(R)_n$ とおき，それに属する元を n **次の**(正方)

行列とよぶ．$(R)_n$ の2元 $\alpha=(\lambda_{ij})$，$\beta=(\mu_{ij})$ に対して積 $\alpha\beta$ を

$$\alpha\beta=(\nu_{ij})\qquad \nu_{ij}=\sum_{k=1}^{n}\nu_{ik}\mu_{kj}$$

により定義すると，先に定義した和，スカラー積，およびこの積により $(R)_n$ は R–多元環となる．これを R 上の n 次の**完全行列環**とよぶ．$R\ni 1$(単位元)の場合，(λ_{ij})，$\lambda_{ij}=\delta_{ij}$，は $(R)_n$ の単位元である．

R–多元環の重要な例として，群環(group ring)を定義する．G を有限群，R を単位元をもつ可換環とする．G の元を添字とする R の元の組 $(\lambda_\sigma|\sigma\in G)$ の全体を $R(G)$ で表わし，$R(G)$ の元 $\alpha=(\lambda_\sigma|\sigma\in G)$，$\beta=(\mu_\sigma|\sigma\in G)$，および $\lambda\in R$ に対して

$$\alpha+\beta=(\lambda_\sigma+\mu_\sigma|\sigma\in G)\qquad \lambda\alpha=(\lambda\lambda_\sigma|\sigma\in G)$$
$$\alpha\beta=(\nu_\sigma|\sigma\in G,\nu_\sigma=\sum_{\tau\rho=\sigma}\lambda_\tau\mu_\rho)$$

により，和 $\alpha+\beta$，積 $\alpha\beta$，スカラー積 $\lambda\alpha$ を定義するとこれにより $R(G)$ が R–多元環となることは容易にたしかめられる．これを G の R 上の**群環**とよぶ．$R(G)$ の元 $\alpha=(\lambda_\sigma|\sigma\in G)$ に対して λ_σ を α における σ の**係数**とよぶ．$R(G)$ の元で，G の1元 σ の係数が1で，他の G の元の係数が0であるものを，同じ記号 σ で表わすことにすると，$R(G)$ の任意の元 $\alpha=(\lambda_\sigma|\sigma\in G)$ は先の和とスカラー積の定義を適用することにより，$\alpha=\sum_{\sigma\in G}\lambda_\sigma\sigma$ と一意的に表わされる．G の元 σ に $R(G)$ の元 σ を対応させることにより，G は $R(G)$ の部分集合で，$R(G)$ の積に関して群をなしているものと考えることができる．$R(G)$ の中心 $Z(R(G))$ は可換な R–多元環となっている．$Z(R(G))$ の構造は G の共役類により完全に決定される．G の類数を r，$K_1,\cdots,K_r$ を G の共役類とするとき，$R(G)$ の元 $\sum_{\sigma\in K_i}\sigma$ を $\bar{K}_i$ で表わす．$\forall\tau\in G$ に対して，$\tau\bar{K}_i=\bar{K}_i\tau$ であるから，$\bar{K}_i$ は $Z(R(G))$ の元となる．他方 $\alpha=\sum\lambda_\sigma\sigma$ を $Z(R(G))$ の元とすると，$\forall\tau\in G$ に対して，$\alpha=\tau^{-1}\alpha\tau$．したがって $\sum\lambda_\sigma\sigma=\sum\lambda_\sigma\tau^{-1}\sigma\tau$ $(\forall\tau\in G)$ となることから，同じ共役類に入る元の係数はすべて一致し，$\alpha=\sum_{i=1}^{r}\lambda_i\bar{K}_i$，$\lambda_i=\lambda_\sigma$，$\sigma\in K_i$ と書ける．したがって，$Z(R(G))=\{\sum_{i=1}^{r}\lambda_i\bar{K}_i|\lambda_i\in R\}$．$G$ の共役な2元 σ，$\sigma^\tau=\tau^{-1}\sigma\tau$ に対して，$xy=\sigma\Leftrightarrow x^\tau y^\tau=\sigma^\tau$ $(x,y\in G)$ であるから，$\sigma\in K_k$ に対して $|\{(x,y)|\in K_i\times K_j,\ xy=\sigma\}|$ は σ のとり方によらず K_k により一意的に定まる．これを c_{ijk} と表わせば，定義より $\bar{K}_i\bar{K}_j=\sum c_{ijk}\bar{K}_k$ となることは見易い．

3.2 環とイデアル

R_1, R_2 を環とする．R_1 から R_2 への写像 f が

$$f(a+b) = f(a)+f(b), \qquad f(ab) = f(a)f(b), \qquad \forall a, b \in R$$

を満足するとき，f を R_1 から R_2 への**準同型写像**とよび，$R_1 \fallingdotseq R_2$ で表わす．さらに f が R_1 から R_2 の上への1対1写像であるとき，f を**同型写像**，R_1 と R_2 は**同型**であるといい，$R_1 \simeq R_2$ で表わす．環 R から R の上への環としての同型写像を R の**自己同型写像**とよぶ．R の自己同型写像の全体は写像の積を演算として群となる．これを R の**自己同型群**とよび $\mathrm{Aut}\, R$ で表わす．

R を環とする．R の部分集合 T が R における演算により環となっているとき，T を R の**部分環**，R を T の**拡大環**とよぶ．R の部分集合 S に対して，S をふくむすべての部分環の共通集合は R の部分環となる．これを S で生成される R の部分環とよび，$\langle S \rangle$ で表わす．R の部分環 T が

$$ax \in T, \qquad xa \in T, \qquad \forall x \in R, \quad \forall a \in T$$

を満たすとき，T を R の**イデアル**とよぶ．R の部分集合 S に対して，S をふくむすべてのイデアルの共通集合は R のイデアルとなる．これを S で生成される R の**イデアル**とよび (S) で表わす．とくに1元で生成されるイデアルを**単項イデアル**とよぶ．たとえば，R を単位元をもつ可換環とするとき，R の元 a で生成されるイデアルは $\{xa \mid x \in R\}$，R の2元 a, b で生成されるイデアルは $\{xa+yb \mid x, y \in R\}$ となることは見易い．R のイデアル $\mathfrak{p}$ に対して，R の加法群としての剰余群 $R/\mathfrak{p}$ の2元 $\bar{a}=a+\mathfrak{p}$，$\bar{b}=b+\mathfrak{p}$ に対して，$R/\mathfrak{p}$ の元 $ab+\mathfrak{p}$ は代表元 a, b のとり方によらずに $R/\mathfrak{p}$ の2元 $\bar{a}, \bar{b}$ により一意的に定まる．これを $\bar{a}, \bar{b}$ の積 $\bar{a}\bar{b}$ と定義すれば，$R/\mathfrak{p}$ は環となる．この環を R のイデアル $\mathfrak{p}$ による**剰余環**とよぶ．

R_1, R_2 を環，f を R_1 から R_2 への準同型写像とすると，$f(R_1)$ は R_2 の部分環，$\mathrm{Ker}\, f\, (=f^{-1}(0))$ は R_1 のイデアルとなり，加法群としての同型 $R_1/\mathrm{Ker}\, f \simeq f(R_1)$ が環としての同型となることは見易い．したがって

定理 3.1(準同型定理) f が環 R_1 から環 R_2 への準同型写像とすると，f は環としての同型

$$R_1/\mathrm{Ker}\, f \simeq f(R_1)$$

をひきおこす．——

体 R のイデアルは $\{0\}$ と R にかぎる．逆に単位元をもつ可換環 R のイデアルが $\{0\}$ と R にかぎるとすると，$R^{\#}\ni a$ に対して a が生成されるイデアルは R に一致し，したがって $ab=ba=1$ となる R の元 b が存在して R は体となる．故に，

定理 3.2　単位元をもつ可換環が体となるための必要十分条件はそのイデアルが $\{0\}$ と自分自身にかぎることである．——

R の真のイデアル $\mathfrak{p}$ に対して，$\mathfrak{a}\supseteq\mathfrak{p}$ なる R のイデアル $\mathfrak{a}$ が $\mathfrak{p}$ と R にかぎるとき，$\mathfrak{p}$ を極大イデアルであるという．R のイデアル $\mathfrak{p}$ による剰余環 $R/\mathfrak{p}$ のイデアル $\tilde{\mathfrak{a}}$ に対して，$\mathfrak{a}=\{a\in R\,|\,a+\mathfrak{p}\in\tilde{\mathfrak{a}}\}$ は R のイデアルで $\mathfrak{a}\supseteq\mathfrak{p}$ となる．したがって

定理 3.3　単位元をもつ可換環 R のイデアル $\mathfrak{p}$ が極大であるための必要十分条件は $R/\mathfrak{p}$ が体となることである．——

$\boldsymbol{Z}$ のイデアルはすべて単項イデアルである．実際，$\mathfrak{a}$ を $\boldsymbol{Z}$ のイデアルとするとき，$\mathfrak{a}$ にふくまれる正の整数で最小のものを n とする．$\mathfrak{a}$ の任意の元 a を n で割り算して，$a=nb+c$，$0\leq c<n$ とおくと，$c=a-nb\in\mathfrak{a}$ となり $c=0$，i.e. $a=nb$ となり $\mathfrak{a}$ は1元 n で生成される．$\boldsymbol{Z}$ のイデアル (n) による剰余環は $\boldsymbol{Z}_n$ で，その和，積は§1で $\boldsymbol{Z}_n$ に定義された和，積と一致する．とくに n が素数 p のとき，$\boldsymbol{Z}_p{}^*=\boldsymbol{Z}_p-\{0\}$ は可換群で，したがって $\boldsymbol{Z}_p$ は p 個の元からなる体となる．先に，位数 p の群 H の自己準同型環 $\mathrm{Hom}(H,H)$ は p 個の元からなる体であることを示したが，$\mathrm{Hom}(H,H)$ と $\boldsymbol{Z}_p$ は同型となることがわかる．実際，H の生成元の1つを定めそれを a とする．$a^i=a^j\Leftrightarrow i+(p)=j+(p)$ であるから，$\mathrm{Hom}(H,H)$ の元 f に対して，$f(a)=a^i$ により，$\boldsymbol{Z}_p$ の元 $i+(p)$ が一意的に定まるが，f に $i+(p)$ を対応させる対応が $\mathrm{Hom}(H,H)$ と $\boldsymbol{Z}_p$ の同型対応をあたえていることは見易い．

3.3　体と多項式

K を体とする．0および自然数を添字とする K の元の列 $(\lambda_i)=(\lambda_0,\lambda_1,\cdots)$ で有限個の成分を除いて0となるものの全体を $\tilde{K}$ で表わす；

$$\tilde{K}=\{(\lambda_i)\,|\,\exists n,\ \lambda_{n+1}=\lambda_{n+2}=\cdots=0\}.$$

$\tilde{K}$ の2元 $(\lambda_i),(\mu_i)$ および K の元 λ に対して

$$(3.1)\quad \begin{cases}(\lambda_i)+(\mu_i)=(\lambda_i+\mu_i)=(\lambda_0+\mu_0,\lambda_1+\mu_1,\cdots,\lambda_n+\mu_n,\cdots),\\ (\lambda_i)(\mu_i)=(\nu_i),\qquad \nu_i=\displaystyle\sum_{k+l=i}\lambda_k\mu_l,\\ \lambda(\lambda_i)=(\lambda\lambda_i)=(\lambda\lambda_0,\lambda\lambda_1,\cdots)\end{cases}$$

はすべて$\tilde{K}$の元となり，これにより$\tilde{K}$がK-多元環となることは見易い．$\tilde{K}$の零元は$(0,0,\cdots)$，単位元は$(1,0,\cdots)$でそれぞれ0，1で表わす．$x=(0,1,0,\cdots)$とおくと，容易に$x^2=(0,0,1,0,\cdots)$，一般に$x^n=(\mu_i)$, $\mu_i=\delta_{i,n}$, となる．ただし$x^0=1$と定義する．したがって(3.1)を適用すると，$(\lambda_0,\lambda_1,\cdots,\lambda_n,\cdots)=\lambda_0+\lambda_1x+\cdots+\lambda_nx^n+\cdots$(ただし，有限個の和)となり，$\tilde{K}$の元は$\lambda_0+\lambda_1x+\cdots+\lambda_nx^n$, $\lambda_i\in K$, と表わされる．このような表わし方をしたとき，$\tilde{K}$を$K[x]$と書き，これをK上のxの**多項式環**とよび，xをその**変数**とよぶ．また$K[x]$の元を変数xの**K-係数の多項式**とよび，$f(x)=\sum_{i=0}^{n}\lambda_ix^i$のように表わす．定義から$\sum_{i=0}^{n}\lambda_ix^i=0\Leftrightarrow\lambda_0=\cdots=\lambda_n=0$である．$K[x]$の$K$-多元環としての演算は，$K[x]$の2元$f(x)=\sum_{i=0}^{n}\lambda_ix^i$，$g(x)=\sum_{i=0}^{n}\mu_ix^i$(適当に係数0の項をつけ加えて，加える項の個数を同じにしてよい)，$\lambda\in K$に対して

$$f(x)+g(x)=\sum_i(\lambda_i+\mu_i)x^i,\qquad f(x)g(x)=\sum_k\Big(\sum_{i+j=k}\lambda_i\mu_j\Big)x^k$$
$$\lambda f(x)=\sum\lambda\lambda_ix^i$$

となる．$K[x]\ni f(x)=\lambda_0+\lambda_1x+\cdots+\lambda_nx^n$, $\lambda_n\neq0$のとき，λ_nを$f(x)$の最高次係数，nを$f(x)$の次数とよび，$n=\deg f(x)$と書く．最高次係数$=1$の多項式を**モニック**であるという．$f(x)\in K[x]$に対して，$g_1(x),g_2(x)\in K[x]$があって，

$$f(x)=g_1(x)g_2(x),\qquad \deg g_1(x)\geq1,\qquad \deg g_2(x)\geq1$$

となるとき，$f(x)$は可約であるといい，$g_i(x)$を$f(x)$の約多項式，$f(x)$を$g_i(x)$の**倍多項式**とよぶ．可約でない多項式を**既約多項式**とよぶ．LをKの拡大体とし，$L\ni\alpha$, $K[x]\ni f(x)=\sum\lambda_ix^i$に対して，$f(\alpha)=\sum\lambda_i\alpha^i$とおき，これを$\alpha$の$x$への**代入**とよぶ．$f(\alpha)=0$のとき，$\alpha$は$f(x)$の$L$における**根**であるという．$f(\alpha)=0$であれば，$\lambda f(\alpha)=0\ (\forall\lambda\in K)$である．したがって，もし$\alpha$を根とする0でない$K[x]$の多項式が存在するとき，そのような多項式で次数が最小になるものの中にモニックな多項式が存在する．これをLの元αの$K[x]$における**最小多項式**とよぶ．

定理 3.4　Kを体，$K[x]$をK上の多項式環とする．

(1)　$f(x)$，$g(x)\in K[x]$の最高次係数をλ,μとすると，$f(x)g(x)$の最高次係数は$\lambda\mu$である．したがって$f(x)\neq0$，$g(x)\neq0$であれば，$\deg f(x)g(x)=\deg f(x)+\deg g(x)$である．

(2)　$K[x]\ni f(x),g(x)$(ただし$g(x)$は0でない)に対して，$K[x]\ni h(x),r(x)$で

$$f(x) = g(x)h(x)+r(x), \quad r(x) = 0 \quad \text{または} \quad \deg r(x) < \deg g(x)$$

を満たすものが一意的に存在する．

(3)　$K[x]\ni f(x)$，$K\ni\alpha$ とするとき，

$$f(\alpha) = 0 \Leftrightarrow f(x) = (x-\alpha)g(x), \quad \exists g(x)\in K[x].$$

とくに $f(x)=0$ の K における根の個数は高々 $f(x)$ の次数である．

(4)　$K[x]$のイデアルはすべて単項イデアルである．

(5)　L を K の拡大体とする．$L\ni\alpha$ に対して，もし α の $K[x]$における最小多項式が存在すれば一意的に定まる．それを $f_0(x)$ とすると，$f_0(x)$ は既約多項式で，α を根とする $K[x]$の多項式 $g(x)$ に対してつねに $g(x)=f_0(x)h(x)$ となる $K[x]$の多項式 $h(x)$ が存在する．

証明　(1)　明らか．

(2)　$f(x)=0$ のときは，$h(x)=r(x)=0$ とおけばよい．$\deg f(x)=n$ についての帰納法で示す．$n<\deg g(x)$ のときは，$h(x)=0$，$r(x)=f(x)$ とすればよい．よって $n\geq\deg g(x)$ とする．$f(x)=\lambda_0+\cdots+\lambda_n x^n, \lambda_n\neq 0, g(x)=\mu_0+\cdots+\mu_m x^m$, $\mu_m\neq 0$ とする．$n\geq m$ より，$\tilde{f}(x)=f(x)-\lambda_n\mu_m{}^{-1}x^{n-m}g(x)$ とおくと，$\deg\tilde{f}(x)<n$．よって帰納法の仮定より

$$\tilde{f}(x) = g(x)\tilde{h}(x)+\tilde{r}(x), \quad \tilde{r}(x) = 0 \quad \text{または} \quad \deg\tilde{r}(x) < \deg g(x)$$

となる $K[x]$の元 $\tilde{h}(x), \tilde{r}(x)$ が存在する．したがって

$$f(x) = g(x)h(x)+r(x), \quad h(x) = \lambda_n\mu_m{}^{-1}x^{n-m}+\tilde{h}(x), \quad r(x) = \tilde{r}(x)$$

は求める分解である．また，もし $f(x)$ が2通りに

$$f(x) = g(x)h_1(x)+r_1(x) = g(x)h_2(x)+r_2(x)$$

と表わされたとすると，$g(x)(h_1(x)-h_2(x))=r_2(x)-r_1(x)$ となり，もし $h_1(x)-h_2(x)\neq 0$ とすると(1)に矛盾する．よって $h_1(x)=h_2(x)$ となり，したがって $r_1(x)=r_2(x)$ も得られる．

(3)　(2)より明らか．

(4)　$\mathfrak{p}$ を $K[x]$のイデアルとする．$\mathfrak{p}=0$ のときは明らか．$\mathfrak{p}\neq 0$ とする．$\mathfrak{p}$ にふくまれる0でない多項式の中で次数最小のものを $g(x)$ とする．$\forall f(x)\in\mathfrak{p}$ に対して(2)より $f(x)=g(x)h(x)+r(x)$，$r(x)=0$ または $\deg r(x)<\deg g(x)$，となる $K[x]$の元 $h(x), r(x)$ が存在する．$r(x)=f(x)-g(x)h(x)\in\mathfrak{p}$ より，$r(x)=0$．したがって $\mathfrak{p}$ は $g(x)$ で生成される．

(5)　$\mathfrak{p}=\{f(x)|\in K[x], f(\alpha)=0\}$とおくと，$\mathfrak{p}$は$K[x]$のイデアルである．したがって(4)より明らか．▌

$K[x]$のイデアルはこの定理により単項であるが，その生成元は

$$(f(x))=(g(x))\Leftrightarrow f(x)=\lambda g(x),\qquad \exists\lambda\neq 0\in K$$

より，スカラー積を度外視して一意的に定まる．とくにモニックな生成元は一意的に定まる．$f_1(x),\cdots,f_r(x)\in K[x]$に対して，$f_1(x),\cdots,f_r(x)$で生成される$K[x]$のイデアルの生成元をこれらの**最大公約多項式**，また$K[x]$のイデアル$(f_1(x))\cap(f_2(x))\cap\cdots\cap(f_r(x))$の生成元をこれらの**最小公倍多項式**とよぶ．モニックな最大公約多項式，最小公倍多項式は一意的に定まる．$f(x)=g(x)\cdot h(x)$のとき，$f(x)$は$g(x)$の倍多項式，$g(x)$は$f(x)$の約多項式とよび，$g(x)|f(x)$で表わすことにする．定義から，つぎの定理3.5，3.6はほとんど明らかである．

定理 3.5　$K[x]\ni f_1(x),\cdots,f_r(x)$の最大公約多項式を$h_1(x)$，最小公倍多項式を$h_2(x)$とすると，$h(x)\in K[x]$に対して，

(1)　$h(x)|f_i(x)\quad(i=1,\cdots,r)\Leftrightarrow h(x)|h_1(x)$

(2)　$f_i(x)|h(x)\quad(i=1,\cdots,r)\Leftrightarrow h_2(x)|h(x)$.

定理 3.6　$f(x)\in K[x]$，$\mathfrak{p}=(f(x))$とすると，

$$\mathfrak{p}\text{が極大イデアル}\Leftrightarrow f(x)\text{が既約多項式}.$$

3.4　有限体

Kを有限斜体とし，$Z(K)$でKの中心を表わす；

$$Z(K)=\{a\in K|\,xa=ax, \forall x\in K\}.$$

$1\in Z(K)$であるから$Z(K)\neq\{0\}$で$Z(K)$はKの部分体となっている．$\{n1|\,n\in\boldsymbol{Z}\}$は$K$の部分集合で$K$は有限集合であるから，$\boldsymbol{Z}$の相異なる2元$n_1, n_2$があって，$n_11=n_21$となり，したがって$0\neq\exists n\in\boldsymbol{Z}$，$n1=0$となる．$\{n\in\boldsymbol{Z}|\,n>0, n1=0\}$のうちの最小元を$p$とおく．もし$p=q_1q_2, q_i\in\boldsymbol{Z}, q_i\gneq 1$とすると，分配律より$(q_11)(q_21)=(q_1q_2)1=p1=0$, したがって$q_11$または$q_21=0$となり$p$のとり方に反する．したがって$p$は素数となる．この$p$を体$K$の**標数**とよぶ．$\boldsymbol{Z}\ni n$に対して，$p|n$のときは$n=pm$とおくと$n1=(p1)(m1)=0$となる．また$p\nmid n$とすると，$p$と$n$は互いに素であるから$\boldsymbol{Z}$の元$t, s$があって$pt+ns=1$となり，したがって$1=(ns)1=(n1)(s1)$．よって$n1\neq 0$でありその逆元は$s1, \exists s\in\boldsymbol{Z}$，と書ける．

したがって$\{n1 \mid n \in \boldsymbol{Z}\} = \{0, 1, 2\cdot 1, \cdots, (p-1)\cdot 1\}$となり，これは$K$の部分体となる．これを$K$の**素体**とよぶ．素体は明らかに中心にふくまれる．素体は体の標数により一意的に定まる．実際$\boldsymbol{Z}$からKの素体への写像を$n \to n\cdot 1$により定義すると，これは上への準同型写像でその核は(p)，したがって定理3.1より，標数pの体の素体は$\boldsymbol{Z}/(p) = \boldsymbol{Z}_p$となる．$K \ni a \neq 0$に対して，$na = 0 \Leftrightarrow (n1)a = 0 \Leftrightarrow n1 = 0 \Leftrightarrow p \mid n$より，$K$の元$na$は$ra$，$0 \leq r < p$，という形に一意的に表わされる．

定理 3.7 Kを有限斜体，FをKの部分体とすると，$|K| = |F|^m$，$\exists m \in \boldsymbol{N}$，である．とくに$K$の標数を$p$とすると，$|K| = p^n, \exists n \in \boldsymbol{N}$，となる．$|K| = p^n, K$の部分体$F$について$|F| = p^d$とすると$d \mid n$である．

証明 $K \ni a_1, \cdots, a_r$に対して，$\{\sum_{i=1}^{r} \lambda_i a_i \mid \lambda_i \in F\}$は$K$の加法群としての部分加群となる．$|K| < \infty$より，これが$K$に一致するように$a_1, \cdots, a_r$をえらぶことができる．このような$r$のうちの最小値を$m$とする．すなわち，$K$の適当な$m$個の元$a_1, \cdots, a_m$により$K = \{\sum_{i=1}^{m} \lambda_i a_i \mid \lambda_i \in F\}$となり，$m$より少ない$K$の元では決してこのように表わされない．このとき，$K$の元は$\sum_{i=1}^{m} \lambda_i a_i$，$\lambda_i \in F$，と一意的に表わされる．(何故ならば；$\sum_{i=1}^{m} \lambda_i a_i = \sum_{i=1}^{m} \mu_i a_i$とすると$\sum_{i=1}^{m} (\lambda_i - \mu_i) a_i = 0$．もし$\lambda_i - \mu_i$のうちに0でないものがあったとして，たとえば$\lambda_m - \mu_m \neq 0$として，$\lambda_m - \mu_m$の$F$での逆元を$\nu$とすると，$\sum_{i=1}^{m-1} \nu(\lambda_i - \mu_i) a_i + a_m = 0$より$a_m = -\sum_{i=1}^{m-1} \nu(\lambda_i - \mu_i) a_i$となり，$K = \{\sum_{i=1}^{m-1} \nu_i a_i \mid \nu_i \in K\}$となって$m$のとり方に反する．) したがって$|K| = |F|^m$．$K$の素体を$F_0$とすると，$K \supseteq F \supseteq F_0$でいま示したことから$|F| = |F_0|^d = p^d, \exists d \in \boldsymbol{N}$．よって$|K| = p^{dm}$となる．▮

定理 3.8 (Wedderburn) 有限斜体は可換，すなわち有限体となる．

証明 Kを有限斜体，ZをKの中心とし，$K \neq Z$と仮定して矛盾をみちびく．乗法群$K^\# = K - \{0\}$の元の共役類への分解を考える．$K^\# \ni \alpha$をふくむ共役類をC_αとすると$|C_\alpha| = |K^\# : C_{K^\#}(\alpha)|$，ここで$C_{K^\#}(\alpha)$は$K^\#$における$\alpha$の中心化群である．$\alpha \in Z$の場合は$C_{K^\#}(\alpha) = K^\#$となり$|C_\alpha| = 1$，$\alpha \notin Z$の場合は，$K^\# \supsetneq C_{K^\#}(\alpha) = (V_K(\alpha))^\#$となる．$K$の標数を$p$とし$|Z| = p^r = q, |K| = q^n$とおくとき，$V_K(\alpha)$は$K$の部分斜体であって$V_K(\alpha) \supseteq Z$なることから$|V_K(\alpha)| = q^d, \exists d \in \boldsymbol{N}$，となり，$|C_\alpha| = (q^n - 1)/(q^d - 1)$である．$K^\#$の元を共役類に分けてその個数を計算すれば，

$$(3.2)\qquad q^n-1=|K^\sharp|=\sum_{C\text{は}K^\sharp\text{の共役類}}|C|=q-1+\sum_{\substack{1\le d<n\\ d|n}}{}' \frac{q^n-1}{q^d-1}$$

となる．(ここで $\sum'$ は条件を満たす d の一部についての重複をゆるした和であることを意味する．正確な形は必要でない．) $\Phi_n(X)$ を円周 n 等分多項式とすると，$1\le d<n, d|n$ に対して，$\Phi_n(X)|(X^n-1)/(X^d-1)$ より，$\Phi_n(q)|(q^n-1)/(q^d-1)$ となり，(3.2) より $\Phi_n(q)|q-1$．とくに $|\Phi_n(q)|\le q-1$．他方 $\Phi_n(q)=\prod(q-\omega_i)$で，各 ω_i は1の n 乗根で $\omega_i\neq 1$．したがって $|q-\omega_i|>q-1$．よって，$|\Phi_n(q)|=\prod|q-\omega_i|>q-1$ となり矛盾．▌

定理 3.9　K を体とする．$K^\sharp\,(=K-\{0\})$ の有限部分群は巡回群である．とくに K を有限体とすると，$K^\sharp$ は巡回群である．

証明　$K=\boldsymbol{C}, \boldsymbol{Z}_p$ の場合(定理 2.4)の証明と全く同じである．要点は，(i) 有限 Abel 群では，その元の位数のすべての最小公倍数を位数とする元が存在すること，および，(ii) 定理 3.4(3) による．▌

定理 3.10　p を素数，n を任意の自然数とするとき，$|K|=p^n$ となる有限体 K は一意的に存在する．

証明　$|K|=p^n$ となる有限体 K が存在すると仮定する．定理 3.9 より $K[x]$ の多項式 $x^{p^n-1}-1$ の根はすべて K で得られる．K の素体を F_0 とする．乗法群 $K^\sharp$ の生成元を α とすると α は $x^{p^n-1}-1$ の根となるが，α は K と異なる K の部分体に入らないことから，α は $x^{p^d-1}-1$，$d|n, d<n$，の根とはならない．したがって $x^{p^n-1}-1$ の約多項式であって，すべての $d|n, d<n$，に対して $x^{p^d-1}-1$ の約多項式とはならないものが存在するが，その中の既約な多項式を1つ任意にえらんで $\varphi(x)$ とする．$\varphi(x)$ のとり方より $\varphi(x)$ の根はすべて $K^\sharp$ に入り，それらはすべて $K^\sharp$ の生成元である．$\varphi(x)$ の根の1つを β とすると，$F_0[x]$ から K への写像：$f(x)\to f(\beta)$ は $F_0[x]$ から K の上への準同型写像で，その核は $(\varphi(x))$ となり，定理 3.1 より $K\simeq F_0[x]/(\varphi(x))$．$\varphi(x)$ のとり方から，これにより $|K|=p^n$ となる体 K が存在すれば一意的であることがわかる．また $\varphi(x)$ の次数は n である．次に任意に素数 p と自然数 n を与えて $|K|=p^n$ なる有限体 K の存在を示す．標数 p の体 L が与えられたとき，$\alpha, \beta\in L$ を $x^{p^n}-x$ の根とすると，$(\alpha\beta)^{p^n}=\alpha^{p^n}\beta^{p^n}=\alpha\beta$，$(\alpha+\beta)^{p^n}=\sum\binom{p^n}{i}\alpha^i\beta^{p^n-i}=\alpha^{p^n}+\beta^{p^n}=\alpha+\beta$ (ここで $1\le i<p^n$ に対して $\binom{p^n}{i}\equiv 0 \pmod{p}$ に注意する) となり，$\alpha\beta, \alpha+\beta$ も x^{p^n}

$-x$ の根となる．したがって $\{\alpha\in L\,|\,\alpha^{p^n}=\alpha\}$ は L の部分体となる．したがって，$x^{p^n}-x$ の根がすべて L に存在すれば，L の部分体として $|K|=p^n$ なる体 K が得られる．もし $x^{p^n}-x$ の根が L の中ではすべてが得られないとすると，$x^{p^n}-x$ を $L[x]$ の多項式として分解したとき，2次以上の既約多項式が存在する．その1つを $\psi(x)$ とし，$M=L[x]/(\psi(x))$ とおく．定理3.3, 3.6により M は体であるが，$\bar{L}=\{\bar{\lambda}\in M\,|\,\lambda\in L, \bar{\lambda}=\lambda+(\psi(x))\}$ は，λ と $\bar{\lambda}$ を対応させることにより，L と同型な M の部分体となる．L と $\bar{L}$ を同一視することにより，M を L の拡大体とみる．これにより L–係数の多項式は M–係数の多項式と考えられる．M の元 $x+(\psi(x))$ を β とおくと，$\psi(\beta)=\psi(x)+(\psi(x))=0+(\psi(x))$ より $\psi(\beta)=0$ をうる．よって

$$\{\alpha\in L\,|\,\alpha^{p^n}=\alpha\}\subsetneq\{\alpha\in M\,|\,\alpha^{p^n}=\alpha\}$$

をうる．$L=F_0$ より出発して，この手順を有限回くりかえすことにより，$x^{p^n}-x$ の根がすべてそこで得られるような体を作ることができる．▌

元の個数が p^n, p は素数，である有限体を F_{p^n} で表わす．F_p は $\boldsymbol{Z}_p$ と一致する．

定理 3.11　F_{p^n} の自己同型群は位数が n の巡回群である．

証明　F_{p^n} の元 a に対して a^p を対応させる F_{p^n} から F_{p^n} への写像 σ は F_{p^n} の自己同型写像である．（∵　$(a+b)^p=\sum\binom{p}{i}a^ib^{p-i}=a^p+b^p$, $(ab)^p=a^pb^p$, $a^p=0\Leftrightarrow a=0$ より明らか．）$a^{\sigma^n}=a^{p^n}=a$, $\forall a\in F_{p^n}$, であるから $\sigma^n=1$, また $1\leq\forall l<n$ に対しては $x^{p^l}-x=0$ の根は高々 p^l 個しか存在しないから，$\sigma^l\neq1$. したがって $\langle\sigma\rangle$ は $\mathrm{Aut}\,F_{p^n}$ の位数 n の巡回部分群である．$F_{p^n}^{\#}$ の生成元を α とすると，定理3.10の前半において示したように α は F_p 上の n 次の既約多項式 $\varphi(x)$ の根となっている．τ を F_{p^n} の自己同型写像とすると，τ は F_p の各元を固定し（∵　$1^\tau=1$ であるから $i^\tau=(1+\cdots+1)^\tau=(1^\tau+\cdots+1^\tau)=i$, $0\leq i\leq p-1$, となる），したがって，α^τ は $\varphi(x)$ の根となる．したがって $|\mathrm{Aut}\,F_{p^n}|\leq n$ となり，$\mathrm{Aut}\,F_{p^n}=\langle\sigma\rangle$ をうる．▌

定理 3.12　K を有限体とする．K の任意の元 α は $\alpha=\beta^2+\gamma^2\,(\exists\beta,\gamma\in K)$ と書ける．とくに，a,b,c を K の0でない元とするとき，K の元の組 $(\alpha,\beta,\gamma)\neq(0,0,0)$ で $a\alpha^2+b\beta^2+c\gamma^2=0$ となるものが存在する．

証明　$|K|=q=p^n$ とする．$p=2$ のときは，$K^{\#}$ は位数が $q-1$ (＝奇数) の巡回群であるから，K のすべての元は K の元の2乗で表わされる．$p\neq2$ とする．$K^{\#2}$

$=\{\alpha^2|\alpha\in K^\sharp\}$とおく．$q-1=$偶数より，$[K^\sharp:K^{\sharp 2}]=2$．$\alpha\in K^{\sharp 2}$ならば定義より$\alpha=\beta^2, \beta\in K$，となる．$\alpha\notin K^{\sharp 2}$とする．もし，$K^{\sharp 2}\ni\alpha_0=\beta_0{}^2+\gamma_0{}^2, \exists\beta_0, \gamma_0\in K^\sharp$なる元$\alpha_0$が存在すれば，$\alpha\in K^{\sharp 2}\alpha_0$より，$\alpha=\beta^2+\gamma^2, \exists\beta, \gamma\in K^\sharp$，となる．よって，$K^{\sharp 2}$に入らない元は決して2元の2乗の和とならないと仮定して矛盾をひき出す．Kの部分集合$\{0\}\cup K^{\sharp 2}$をLとおく．$K^{\sharp 2}\ni\forall\alpha_1{}^2, \beta_1{}^2$に対して$\alpha_1{}^2+\beta_1{}^2\notin K^{\sharp 2}\alpha$より，$\alpha_1{}^2+\beta_1{}^2\in K^{\sharp 2}$となり，したがって$L$は$K$の部分体となるが，$|L|=1+\dfrac{q-1}{2}=\dfrac{q+1}{2}$ $\not\equiv 0 \pmod p$で矛盾．後半は前半よりほとんど明らか．▌

有限体の知識を用いて，あと(第2章補題10.16)で必要となる円周n分多項式$\Phi_n(X)$の$\boldsymbol{Q}[X]$での既約性を証明する．$\Phi_n(X)$が$\boldsymbol{Q}[X]$で既約でないとする．$\Phi_n(X)$は$\boldsymbol{Z}$-係数の多項式であるから，補題1.5より，$\Phi_n(X)=f_1(X)f_2(X)$，$f_1(X), f_2(X)$は共に最高次係数が1で次数が1以上の$\boldsymbol{Z}$-係数の多項式，$f_1(X)$は$\boldsymbol{Q}[X]$で既約，と分解できる．ωを$f_1(X)$の根の1つとすると，ωは1の原始n乗根で$\Phi_n(X)=\prod_{\substack{1\le l<n\\(l,n)=1}}(X-\omega^l)$であったから，$\omega^l$(ただし$1\le l<n$，$(l,n)=1$)の中で$f_1(X)$の根とならないものが存在するが，そのような$\omega^l$の中で$l$が最小となるものを$\omega^{l_0}$とする．定義より$l_0>1$であるから$p$を$l_0$の素因数の1つとする．$\omega^{l_0/p}$は$f_1(X)$の根で，$f_1(X)$は$\boldsymbol{Q}[X]$の既約多項式だから$\omega^{l_0/p}$を根とする$\boldsymbol{Q}[X]$の多項式は$f_1(X)$で割りきれる．とくに，$g(X)=f_2(X^p)$とおくと，$g(\omega^{l_0/p})=f_2(\omega^{l_0})=0$であるから$f_1(X)|g(X)$となる．

一般に$\boldsymbol{Z}$-係数の多項式$f(X)$に対して，その係数を$\bmod p$で考えてできるF_p-係数の多項式を$\overline{f(X)}$で表わす．F_pの元aに対して$a^p=a$となるから(定理3.9)，F_p-係数の多項式$\overline{f(X)}=a_nX^n+a_{n-1}X^{n-1}+\cdots+a_0, a_i\in F_p$，に対して$\overline{f(X)}^p=(a_nX^n+a_{n-1}X^{n-1}+\cdots+a_0)^p=a_n{}^pX^{pn}+a_{n-1}{}^pX^{p(n-1)}+\cdots+a_0{}^p=a_nX^{pn}+a_{n-1}X^{p(n-1)}+\cdots+a_0=\overline{f(X^p)}$となる．さて，$f_1(X)|g(X)$より，$\overline{f_1(X)}|\overline{g(X)}=\overline{f_2(X^p)}=\overline{f_2(X)}^p$．定理3.10の証明でみたように，$F_p$の拡大体$K$を適当につくって$\overline{f_1(X)}$が$K$で根$(=\alpha)$をもつようにでき，したがって$\alpha$は$\overline{f_1(X)}\overline{f_2(X)}$の重根となる．$X^n-1$は$F_p[X]$の多項式と考えると$\overline{f_1(X)}\overline{f_2(X)}$であるから，$\alpha$は$F_p[X]$の多項式$X^n-1$の重根となる．これは起りえないことであるが，それを示すためにはつぎの補題が必要である．

補題 3.13　Kを体とし，$K[X]$の元$f(X)$に対して

$$\tilde{f}(X, Y) = \frac{f(X+Y)-f(X)}{Y}, \quad f(X)' = \tilde{f}(X, 0)$$

とおき，$f(X)'$ を $f(X)$ の**微分**とよぶ．$f(X), g(X)\,(\in K[X])$ に対して

(i)　$(f(X)+g(X))' = f(X)'+g(X)'$,　$(f(X)g(X))' = f(X)'g(X)+f(X)g(X)'$

(ii)　$(a_mX^m+a_{m-1}X^{m-1}+\cdots+a_0)' = ma_mX^{m-1}+(m-1)a_{m-1}X^{m-2}+\cdots+a_1$

(iii)　α を $f(X)$ の重根とすると，α は $f(X)'$ の根でもある．

証明　(i), (ii) は定義にしたがって計算することにより容易に得られる．(iii) α が $f(X)$ の重根であるから，

$$f(X) = (X-\alpha)^2 g(X), \qquad g(X) \in K[X],$$

と書ける．

$$f(X)' = (X-\alpha)\{2g(X)+(X-\alpha)g(X)'\}$$

となり，α は $f(X)'$ の根となる．▌

もとにもどって α を X^n-1 の(標数 p の体で考えて)重根とすると，α は $(X^n-1)'=nX^{n-1}$ の根となる．一方，$(n, l_0)=1$ より $(n, p)=1$，したがって(標数 p の体で考えて) $n\alpha^{n-1}\neq 0$ となり矛盾．以上によりつぎの定理が得られる．

定理 3.14　円周 n 分多項式 $\Phi_n(X)$ は($\boldsymbol{Q}[X]$ における)既約多項式である．

3.5　交代環

R を交代環とする．R の任意の3元 x, y, z に対して $(xy)z-x(yz)$ を (x, y, z) で表わす．定義より直ちに得られる性質として

補題 3.15　(i)　$(x, x, y) = 0 = (x, y, y)$

(ii)　$(x, y, z) = -(y, x, z) = (y, z, x) = -(z, y, x)$

(iii)　x, y, z のうち2元が等しければ $(x, y, z) = 0$

(iv)　$x(y, z, u)-(xy, z, u)+(x, yz, u)-(x, y, zu)+(x, y, z)u = 0$

(v)　$(ab, b, c) = b(a, b, c)$.

証明　(i) は明らか．(ii) $0=(x+y, x+y, z)=(x, x, z)+(x, y, z)+(y, x, z)+(y, y, z)=(x, y, z)+(y, x, z)$．他の等号も同様に得られる．(iii) は (i), (ii) より明らか．(iv) は定義にもどって計算するだけで得られる．(v) は (iv) において，$x=a, y=z=b, u=c$ とおいた式，および $x=y=b, z=c, u=a$ とおいた式に (i), (ii), (iii) を適用して比較すればよい．▌

R の m 個の元 $x_1, \cdots, x_m$ の**単項式**(長さ m の**単項式**ともよぶ) $M(x_1, \cdots, x_m)$

$\in R$ を帰納的に次のように定義する.

(i) $M(x_1) = x_1$

(ii) $M(x_1, \cdots, x_{m_1}), M(x_{m_1+1}, \cdots, x_{m_1+m_2})$ をそれぞれ長さ m_1, m_2 の単項式とするとき，その R における積

$$M(x_1, \cdots, x_{m_1})M(x_{m_1+1}, \cdots, x_{m_1+m_2}) = M(x_1, \cdots, x_{m_1+m_2})$$

を長さ m_1+m_2 の単項式と定義する.

たとえば長さ 2 の単項式 $M(x_1, x_2)$ は x_1x_2, 長さ 3 の単項式 $M(x_1, x_2, x_3)$ は $(x_1x_2)x_3$, および $x_1(x_2x_3)$ である. S を R の部分集合とするとき，$x_1, \cdots, x_n \in S$ の場合には，$M(x_1, \cdots, x_n)$ を S の単項式とよぶ. R の部分集合 S に対して，

$$\langle S \rangle = \{\sum_{i=1}^{n} M_i \mid n \in \boldsymbol{N},\ M_i \text{ は } S \text{ の単項式}\} \cup \{0\}$$

とおくとき，$\langle S \rangle$ の 2 元の積，和はまた $\langle S \rangle$ に入り，$\langle S \rangle$ は R と同じ演算で交代環となる.

補題 3.16 S を交代環 R の部分集合で，$|S|=2$ とする. このとき，$\langle S \rangle$ は環となる.

証明 $\langle S \rangle$ は交代環であるから，積についての結合律を示せばよい. $\langle S \rangle$ の元は S の単項式の和であるから，S の単項式の積について結合律を示せばよいが，単項式の定義から，S の単項式 $M(x_1, \cdots, x_m)$ が $(x_1, \cdots, x_m)$ により一意的に定まることを示せば十分である. これを m についての帰納法で示す. $m=1$ のときは $M(x_1)=x_1$ で明らか. m より小さい長さの S の任意の単項式について正しいと仮定する. 定義より，$M(x_1, \cdots, x_m)$ は長さが m より小さい 2 つの単項式の積である;

$$M(x_1, \cdots, x_m) = M(x_1, \cdots, x_l)M(x_{l+1}, \cdots, x_m), \qquad 1 \leq l < m.$$

したがって，$l < m-1$ の場合に，$l < \exists l' \leq m-1$ で

$$M(x_1, \cdots, x_l)M(x_{l+1}, \cdots, x_m) = M(x_1, \cdots, x_{l'})M(x_{l'+1}, \cdots, x_m)$$

となる l' の存在を示せば，この手順をくりかえすことによって，$M(x_1, \cdots, x_m) = M(x_1, \cdots, x_{m-1})x_m$ となり，$M(x_1, \cdots, x_{m-1})$ の一意性から $M(x_1, \cdots, x_m)$ の一意性が証明される. 状態はつぎの 3 つの場合に分れる：(i) $x_l = x_{l+1}$ の場合，(ii) $x_l \neq x_{l+1}$ で $x_{l+1} = x_m$ の場合，(iii) $x_l \neq x_{l+1}$ で $x_{l+1} \neq x_m$ の場合. したがって $S=\{a, b\}$ とおくと，

(i)　$x_l = x_{l+1} = a$

(ii)　$x_l = b, \quad x_{l+1} = a = x_m$

(iii)　$x_l = b = x_m, \quad x_{l+1} = a$

の3つの場合について考えればよい．

(i)の場合：$M(x_1, \cdots, x_{l-1}) = x$，$M(x_{l+2}, \cdots, x_m) = y$ とおくと $M(x_1, \cdots, x_l) = xa$，$M(x_{l+1}, \cdots, x_m) = ay$．$(xa)y$ と $x(ay)$ は共に長さ $m-1$ の単項式 $M(x_1, \cdots, x_{l-1}, x_{l+1}, \cdots, x_m)$ であるから，帰納法の仮定により $(xa)y = x(ay)$，すなわち $(x, a, y) = 0$，一方，補題3.15，(v)より $(xa, a, y) = a(x, a, y)$ だから，$(xa, a, y) = 0$ となり，$(xa)(ay) = ((xa)a)y$ をうる．したがって

$$M(x_1, \cdots, x_l)M(x_{l+1}, \cdots, x_m) = M(x_1, \cdots, x_{l+1})M(x_{l+2}, \cdots, x_m)$$

となる．

(ii)の場合：$y = M(x_1, \cdots, x_l)$，$x = M(x_{l+2}, \cdots, x_{m-1})$ とおくと，$M(x_{l+1}, \cdots, x_m) = axa$．$(xa)y, x(ay)$ は長さ $m-1$ の単項式 $M(x_{l+2}, \cdots, x_m, x_1, \cdots, x_l)$ であるから $(x, a, y) = 0$．したがって $(xa, a, y) = 0$．補題3.15の(ii)により $(y, a, xa) = 0$．したがって $y(axa) = (ya)(xa)$ となり

$$M(x_1, \cdots, x_l)M(x_{l+1}, \cdots, x_m) = M(x_1, \cdots, x_{l+1})M(x_{l+2}, \cdots, x_m)$$

をうる．

(iii)の場合：$x = M(x_1, \cdots, x_{l-1})$，$y = M(x_{l+1}, \cdots, x_{m-1})$ とおくと，$M(x_1, \cdots, x_l) = xb$, $M(x_{l+1}, \cdots, x_m) = yb$．(i), (ii)と同様にして $(x, b, y) = 0$ より $(xb, b, y) = 0$．したがって，$(xb)(yb) = (xby)b$ となり，

$$M(x_1, \cdots, x_l)M(x_{l+1}, \cdots, x_m) = M(x_1, \cdots, x_{m-1})x_m$$

をうる．▌

系 3.17　$R \ni a$ の長さ m の単項式 $M(a, \cdots, a)$ は一意的に定まる．これを a^m で表わす．

定理 3.18 (Artin–Zorn)　有限交代体は有限体である．

証明　R を有限交代体とする．$|R| < \infty$ より，R の(有限)部分集合 S をとって，$R = \langle S \rangle$ とすることができる．$|S|$ の値についての帰納法により証明する．$|S| = 2$ ととることができれば，補題3.16により R は結合律を満たし，有限斜体となる．したがって定理3.8より R は有限体となる．$|S| = m > 2$ で，$S = \{a_1, \cdots, a_m\}$ とする．$S_1 = \{a_1, a_2\}$ とおき，$R_1 = \langle S_1 \rangle$ とする．$R_1 \ni a \neq 0$ に対して，$R_1 \ni a$,

$a^2, \cdots$より，$\exists k, l>0$ で $a^k=a^{k+l}$ となる．1を R の単位元とすると，系3.17より $a^k(1-a^l)=0$, i.e. $a^l=1$ となる．したがって R_1 は単位元をふくみ，0でない元は R_1 に逆元をもつ．したがって $R_1=\langle S_1\rangle$ は交代体で，$|S_1|=2$ よりすでに示したように R_1 は有限体となる．したがって $R_1^\#$ は巡回群でその生成元を b とすると，a_1, a_2 は b の巾で表わされる．したがって，$\tilde{S}=\{b, a_3, \cdots, a_m\}$ とおくと，$R=\langle\tilde{S}\rangle$，$|\tilde{S}|=m-1$ となり，帰納法の仮定より R は有限体となる．▌

§4　ベクトル空間

この節では体 K 上のベクトル空間(i.e. K-加群)の基本的性質について考察する．

4.1　次元と基

U が K-加群 V の加法群としての部分加群で，さらに

$$\lambda U \subseteq U, \quad \forall \lambda \in K$$

を満たすとき，U は K-加群となる．これを K-加群 V の**部分 K-加群**，または**部分ベクトル空間**とよぶ．このとき加法群としての剰余加法群 V/U の元 $\bar{v}=v+U$ に対して，$\lambda\bar{v}=\overline{\lambda v}\,(\lambda\in K, v\in V)$ によりスカラー積を定義すると，この作用は $\bar{v}$ の代表元 v のとり方に関係なく $\bar{v}$ により一意的に定まり，これにより V/U は K-加群となる．これを V の部分 K-加群 U による**剰余 K-加群**，または**商ベクトル空間**とよぶ．V の部分集合 T に対して T の元の K 1次結合の全体は V の部分 K-加群となる．これを $\langle T\rangle$ で表わし，T で**生成される部分 K-加群**とよぶ．

V_1, V_2 を K-加群とするとき，§2でみたように $\mathrm{Hom}_K(V_1, V_2)$ は K-加群である．$\mathrm{Hom}_K(V_1, V_2)$ の元 f を V_1 から V_2 への**線形写像**とよぶ．とくに $V_1=V_2=V$ のとき，f を V の**線形変換**とよぶ．

K-加群 V の元 $v_1, \cdots, v_m$ が

$$\sum \lambda_i v_i = 0, \ \lambda_i \in K \ \Rightarrow \ \lambda_1 = \cdots = \lambda_m = 0$$

という性質をもつとき，$v_1, \cdots, v_m$ は K に関して**1次独立**であるという．1次独立でないとき，**1次従属**であるという．$\{m \mid V$ には1次独立な m 個の元が存在する$\}$のうちの最大値を V の**次元**とよび $\dim_K V$ で表わす．最大値が存在し

ないとき，$\dim_K V=\infty$ とおく．V の元 $v_1, \cdots, v_n$ が1次独立で，V のすべての元が $v_1, \cdots, v_n$ の K の元を係数とする1次結合として表わされるとき，$v_1, \cdots, v_n$ を V の$(K$-$)$**基**とよぶ．

補題 4.1　$v_1, \cdots, v_n$ を K-加群 V の1次独立な元とする．$U=\langle v_1, \cdots, v_r\rangle$, $\exists r<n$, とすると，V/U の元 $\bar{v}_{r+1}, \cdots, \bar{v}_n$ は1次独立である．

証明　$\bar{v}_{r+1}, \cdots, \bar{v}_n$ が1次従属であるとすると，$K\ni\exists\lambda_{r+1}, \cdots, \lambda_n$(少くとも1つは0でない)があって，$\lambda_{r+1}\bar{v}_{r+1}+\cdots+\lambda_n\bar{v}_n=0$, i.e. $\lambda_{r+1}v_{r+1}+\cdots+\lambda_n v_n\in U$ となる．$U=\langle v_1, \cdots, v_r\rangle$ より $\lambda_1 v_1+\cdots+\lambda_r v_r=\lambda_{r+1}v_{r+1}+\cdots+\lambda_n v_n$, $\exists\lambda_1, \cdots, \lambda_r\in K$. したがって $v_1, \cdots, v_n$ の1次独立性より $\lambda_1=\cdots=\lambda_n=0$ となり矛盾．▌

定理 4.2　V が K-基 $v_1, \cdots, v_n$ をもてば $n=\dim_K V$.

証明　n についての帰納法で証明する．$n=1$ のときは明らか．$n-1$ まで正しいとする．次元の定義より $n\leq\dim_K V$ であるが，いま $n<\dim_K V$ と仮定すると，V は $n+1$ 個の1次独立な元 $u_1, \cdots, u_{n+1}$ をふくむ．$v_1, \cdots, v_n$ は V の基であるから，$u_1=\sum\lambda_i v_i$ と表わされ，その係数の少くとも1つ，たとえば λ_1, は0でない．これより $u_1, v_2, \cdots, v_n$ は V の基となる．V の部分加群 $U=\langle u_1\rangle=\{\lambda u_1 | \lambda\in K\}$ による剰余加群 $\bar{V}=V/U$ において，補題4.1により $\bar{v}_2, \cdots, \bar{v}_n$ は $\bar{V}$ の K-基，$\bar{u}_2, \cdots, \bar{u}_{n+1}$ は1次独立，したがって帰納法の仮定より $n\leq n-1$ となり矛盾．▌

次の補題はほとんど自明である．

補題 4.3　V を K-加群とする．

(1)　$\dim_K V=n$, $v_1, \cdots, v_n$ を1次独立な V の元とすると，$v_1, \cdots, v_n$ は V の基で，V の元は $v_1, \cdots, v_n$ の1次結合として，一意的に表わされる．

(2)　V の元 $v_1, \cdots, v_n$ があって，V のすべての元が $v_1, \cdots, v_n$ の1次結合として一意的に表わされれば，$v_1, \cdots, v_n$ は V の K-基で $n=\dim_K V$ である．

K-加群 V の基 $v_1, \cdots, v_n$ を1つ定めると，V の元 $v=\lambda_1 v_1+\cdots+\lambda_n v_n$ に対して，行ベクトル$(\lambda_1, \cdots, \lambda_n)$が一意的に対応し，これにより V と ${}^nK$ は K-加群として同型となることは見易い．v に対応する行ベクトル$(\lambda_1, \cdots, \lambda_n)$を v の(基 $v_1, \cdots, v_n$ による)**座標**，または**座標ベクトル**とよぶ．

V_1 を m 次元，V_2 を n 次元の K-加群とし，$\{v_1, \cdots, v_m\}$, $\{u_1, \cdots, u_n\}$ をそれぞれ V_1, V_2 の K-基とする．$\mathrm{Hom}_K(V_1, V_2)\ni f$ に対して，$v_i^f=\sum_{j=1}^{n}\lambda_{ij}u_j$ により

$(K)_{(m,n)}$の元(λ_{ij})が一意的に定まり，逆に$(K)_{(m,n)}\ni(\mu_{ij})$に対してV_1からV_2への写像gを$g(\sum_{i=1}^{m}\lambda_i v_i)=\sum_{j=1}^{n}(\sum_{i=1}^{m}\lambda_i\mu_{ij})u_j$により定義すると，$g$は$\mathrm{Hom}_K(V_1, V_2)$の元となる．これらが互いに逆の対応であることは見易い．これにより$\mathrm{Hom}_K(V_1, V_2)$と$(K)_{(m,n)}$の間には1対1の対応がつくが，これはK-加群としての$\mathrm{Hom}_K(V_1, V_2)$と$(K)_{(m,n)}$の同型対応であることは容易にたしかめられる．$\mathrm{Hom}_K(V_1, V_2)$の元fに対応する$(K)_{(m,n)}$の元をfの(与えられたV_1, V_2のK-基による)**行列表示**とよぶ．さらにV_3をl次元のK-加群とすると，$f\in\mathrm{Hom}_K(V_1, V_2)$，$g\in\mathrm{Hom}_K(V_2, V_3)$に対して，その写像の積$fg$は$\mathrm{Hom}_K(V_1, V_3)$の元となるが，$V_1, V_2, V_3$の$K$-基を定めてそれによる$f_1, f_2$の行列表示を$A, B$とすると，同じ基による$fg$の行列表示は$AB$となる．とくに$V=V_1=V_2=V_3$として考えると，$V$の$K$-基を1つ定めることにより定義される$\mathrm{Hom}_K(V, V)$と$(K)_n$の間の$K$-加群としての同型は，同時に環としての同型を与えている．一般に，K-多元環R_1からK-多元環R_2への写像が，K-加群として，かつ，環として準同型であるとき，K-多元環として準同型(写像)であるという．VのK-基を定めることにより，$\mathrm{Hom}_K(V, V)$と$(K)_n$の間にK-多元環としての同型写像が定義される．$1\leq i\leq m$，$1\leq j\leq n$に対して$(K)_{(m,n)}$の元e_{ij}を，(i,j)-成分が1で，他の成分はすべて0であるものとすると，$\{e_{ij}\mid 1\leq i\leq m,\ 1\leq j\leq n\}$は$(K)_{(m,n)}$の$K$-基となり，$\dim_K \mathrm{Hom}_K(V_1, V_2)=\dim_K(K)_{(m,n)}=mn$をうる．また$\mathrm{Hom}_K(V_1, V_2)$の元$f$に対応する行列はこの基による座標である．

群環$K(G)$をK-加群とみて，Gの元全体がその基となっているから，$\dim_K K(G)=|G|$である．また，$K(G)$の中心$Z(K(G))$の次元はGの類数である．実際，Gの共役類を$K_1,\cdots,K_r$とすると，$\bar{K}_1,\cdots,\bar{K}_r$が$Z(K(G))$の基であることは見易い．$K$-多元環$R$の$K$-加群としての次元が$n$で，その基を$v_1,\cdots,v_n$とするとき，$v_iv_j=\sum_{k=1}^{n}c_{ijk}v_k$により$n^3$個の$K$の元$\{c_{ijk}\mid 1\leq i,j,k\leq n\}$が定まり，結合律$(v_iv_j)v_k=v_i(v_jv_k)$より

$$\sum_{l=1}^{n}c_{ijl}c_{lkh}=\sum_{l=1}^{n}c_{ilh}c_{jkl},\qquad 1\leq i,j,k,h\leq n \tag{4.1}$$

が成り立つ．逆にn次元K-加群V, Vの基$v_1,\cdots,v_n$，および(4.1)を満たすn^3個のKの元$\{c_{ijk}\mid 1\leq i,j,k\leq n\}$を与えるとき，$V$の2元$\sum\lambda_iv_i$，$\sum\mu_iv_i$の

積を

$$(\sum \lambda_i v_i)(\sum \mu_j v_j) = \sum_k (\sum_{i,j} \lambda_i \mu_j c_{ijk}) v_k$$

と定義すれば，V は K–多元環となることは見易い．したがって，n 次元の K–多元環は(4.1)を満たす K の n^3 個の元の組により完全に定まる．(4.1)を満たす n^3 個の元の組を，それにより定まる K–多元環の**構造定数**とよぶ．

U_1, U_2 を K–加群 V の部分 K–加群とし，V が加法群として U_1 と U_2 の直和であるとき，V は部分 K–加群 U_1, U_2 の**直和**であるといい，$V=U_1 \oplus U_2$ で表わす．$v_1, \cdots, v_m$ を V の1次独立な元で $\langle v_1, \cdots, v_m \rangle \neq V$ なるものとすると，$V-\langle v_1, \cdots, v_m \rangle$ の任意の元 u に対して $v_1, \cdots, v_m, u$ は1次独立となることは見易い．したがって，もし V の次元が有限とすれば，$v_1, \cdots, v_m$ にさらに何個かの V の元を付け加えて，V の基 $v_1, \cdots, v_m, v_{m+1}, \cdots, v_n$ をつくることができる．このようにして V の基を作ることを $v_1, \cdots, v_m$ を V の基に拡張するという．$\langle v_1, \cdots, v_m \rangle \cap \langle v_{m+1}, \cdots, v_n \rangle = 0$ であるから，$V=\langle v_1, \cdots, v_m \rangle \oplus \langle v_{m+1}, \cdots, v_n \rangle$ となる．したがって，これよりつぎの主張はほとんど明らかである．

定理 4.4　V を K–加群とする．

(1)　W を V の部分 K–加群とすると，$\dim_K V \geq \dim_K W$.

(2)　W を V の部分 K–加群で $\dim_K V \gneqq \dim_K W$ とすると，V の部分 K–加群 W' で $V=W \oplus W'$ となるものが存在する．W' を W の**補部分 K–加群**とよぶ．またこのとき，$V/W \simeq W'$ (K–加群として)，$\dim_K V = \dim_K W + \dim_K W'$，となる．

(3)　W_1, W_2 を V の部分 K–加群とするとき

$$\dim_K(W_1+W_2)+\dim_K(W_1 \cap W_2) = \dim_K W_1 + \dim_K W_2$$

が成り立つ．

4.2　$\Gamma L(V)$，$GL(V)$，$SL(V)$

V を n 次元 K–加群とする．V から V への写像 f に対して K の自己同型写像 θ が定まり，

$$f(v+v') = f(v)+f(v'), \qquad f(\lambda v) = \lambda^\theta f(v) \qquad \forall \lambda \in K, \forall v, v' \in V$$

を満たすとき，f を V の(θ–)**半線形変換**とよび，θ を f に属する K の自己同型写像とよぶ．とくに f が上への1対1写像のとき，f を**正則な半線形変換**とよぶ．$\theta=1$ の場合が線形変換である．半線形変換全体を Γ とすると，$\Gamma \supseteq$

$\mathrm{Hom}_K(V, V)$であるが，Γは環となるとは限らない(実際，Γの2元の和はΓに入るとは限らない)．しかし，f, gをΓの2元とし，θ_1, θ_2をそれらに属するKの自己同型とすると，$(f_1f_2)(\lambda v)=\lambda^{\theta_1\theta_2}(f_1f_2)(v)$となり，$f_1f_2$は$\Gamma$の元となる．したがって，$V$の正則な半線形変換全体は積により群となる．これを$\Gamma L(V)$と書き，**一般半線形群**とよぶ．また，$V$の正則な線形変換全体$\Gamma L(V)\cap \mathrm{Hom}_K(V, V)$は$\Gamma L(V)$の部分群となるが，これを$GL(V)$と書き，**一般線形群**とよぶ．$\Gamma L(V)\ni f$に対して，$f$に属する$K$の自己同型写像$\theta$を対応させると，上にみたようにこれは$\Gamma L(V)$から$\mathrm{Aut}\, K$への準同型写像であり，その核が$GL(V)$，したがって$GL(V)\trianglelefteq \Gamma L(V)$をうる．$\mathrm{Aut}\, K\ni\theta$に対して，$V$の$K$-基$v_1, \cdots, v_n$を1つえらび，$V$から$V$への写像$f$を

$$f(\sum \lambda_i v_i) = \sum \lambda_i{}^{\theta} v_i, \qquad \lambda_i \in K$$

と定義すると，fは$\Gamma L(V)$の元で，θはfに属する自己同型である．したがって先に与えられた$\Gamma L(V)$から$\mathrm{Aut}\, K$への写像は上への写像となり，

$$\Gamma L(V)/GL(V) \simeq \mathrm{Aut}\, K$$

をうる．

$v_1, \cdots, v_n$をVのK-基とすると，それによる行列表示は$\mathrm{Hom}_K(V, V)$と$(K)_n$の間の同型対応を与えたが，この対応により$GL(V)$に対応する$(K)_n$の部分集合を$GL(n, K)$と書く．したがって$GL(n, K)$は行列の積を演算とする$GL(V)$と同型な群である．

この同型対応よりつぎのことは直ちにたしかめられる．まず群$GL(n, K)$の単位元(λ_{ij})は単位行列E, i. e. $\lambda_{ij}=\delta_{ij}$, $1\leq i, j\leq n$, である．また，$(K)_n\ni A$が$GL(n, K)$に入るための必要十分条件は，$(K)_n$の元Bで$BA=AB=E$となるものが存在することである．$1\leq r\neq s\leq n$と$K\ni\lambda\neq 0$に対して，$(K)_n$の元$A_{r,s:\lambda}=(\mu_{ij})$を

$$\mu_{ij} = \begin{cases} 1 & i=j\text{のとき} \\ \lambda & i=r, j=s\text{のとき} \\ 0 & \text{その他のとき} \end{cases}$$

により定義すると，$A_{r,s:\lambda}A_{r,s:-\lambda}=A_{r,s:-\lambda}A_{r,s:\lambda}=E$より$A_{r,s:\lambda}\in GL(n, K)$となる．$GL(n, K)$のこのような元で生成される部分群を$SL(n, K)$で表わす；

$$SL(n, K) = \langle \{A_{r,s:\lambda} \mid 1\leq r\neq s\leq n, \lambda\in K\}\rangle.$$

このとき，つぎのことが成り立つ．

(a)　$GL(n,K)$の任意の元Aに対して，$SL(n,K)$の元B_1, B_2, Kの元$\mu\neq 0$で

$$B_1AB_2 = P_\mu,\ \text{ここで}\quad P_\mu = (\mu_{ij}),\ \mu_{ij} = \begin{cases} 1 & i=j<n\ \text{のとき} \\ \mu & i=j=n\ \text{のとき} \\ 0 & \text{その他のとき} \end{cases}$$

となるものが存在する．何故ならば；まずはじめに$n\gneq 1$として，Aに対して$SL(n,K)$の元C_1, C_2があって

$$C_1AC_2 = (\nu_{ij}) \qquad \nu_{11}=1,\ \nu_{i1}=\nu_{1j}=0, \qquad \forall i,j\gneq 1$$

となることを示す．$A=(\lambda_{ij})$とする．$\lambda_{11}=1$のときは，$C_1=\prod_{i=2}^{n} A_{i,1:-\lambda_{i1}}$，$C_2=\prod_{i=2}^{n} A_{1,i:-\lambda_{1i}}$をとればよい．$\lambda_{11}\neq 1$で，或る$i$に対して$\lambda_{1i}\neq 0$のときは，$AA_{i,1:(1-\lambda_{11})/\lambda_{1i}}$の$(1,1)$成分は1で$\lambda_{11}=1$の場合に帰着される．$\lambda_{11}\neq 1$ですべての$i$について$\lambda_{1i}=0$のときは，$A\in GL(n,K)$なることから$\lambda_{11}\neq 0$で，したがって$AA_{1,2:1}$は$(1,1)$成分$\neq 1$，$(1,2)$成分$\neq 0$となり，上の場合に帰着される．この手続きをくりかえすことにより，(a)は得られる．このとき，$\mu\neq 0$である．実際，σをP_μに対応する$GL(V)$の元とすると，$V^\sigma=V$よりVの或る元$v=\sum_{i=1}^{n}\lambda_i v_i$に対して$v^\sigma=v_n$となるが，一方，$\sigma$が$P_\mu$に対応していることから，$v^\sigma=(\sum\lambda_i v_i)^\sigma=\sum_{i=1}^{n-1}\lambda_i v_i+\lambda_n\mu v_n$．したがって$\lambda_1=\cdots=\lambda_{n-1}=0$，$\lambda_n\mu=1$．故に$\mu\neq 0$.

(b)　$GL(n,K)$の任意の元Aは，$A=BP_\mu$，$B\in SL(n,K)$，$0\neq\mu\in K$，と表わされる．また，$GL(n,K)\trianglerighteq SL(n,K)$となる．何故ならば；(a)より，$SL(n,K)$の元$B_1, B_2, K$の元$\mu$があって，$A=B_1P_\mu B_2$と書ける．$SL(n,K)$の生成元$A_{i,j:\lambda}$に対して，

$$(*)\qquad P_\mu A_{i,j:\lambda} = \begin{cases} A_{i,n:\mu^{-1}\lambda}P_\mu & j=n\ \text{のとき} \\ A_{n,j:\mu\lambda}P_\mu & i=n\ \text{のとき} \\ A_{i,j:\lambda}P_\mu & \text{その他のとき} \end{cases}$$

となるから，$P_\mu B_2=B_3P_\mu$，$\exists B_3\in SL(n,K)$，となり

$$A = B_1P_\mu B_2 = B_1B_3P_\mu = BP_\mu$$

をうる．また$GL(n,K)\trianglerighteq SL(n,K)$は，上の関係式から，$SL(n,K)$の生成元の集合$\{A_{i,j:\lambda}\mid\lambda\in K\}$が$P_\mu$による共役の作用により不変となること，および前半から明らかである．

$GL(V)$の元には行列が対応したが，これはVの基のとり方に関係して定ま

り，基のとり方を変えると，対応する行列も変わる．$\{v_1, \cdots, v_n\}$，$\{u_1, \cdots, u_n\}$ を V の基とし，この基により，$GL(V)$ の元 f に対応する行列をそれぞれ $A=(\lambda_{ij})$，$B=(\mu_{ij})$ とする；

$$f(v_i) = \sum \lambda_{ij} v_j, \qquad f(u_i) = \sum \mu_{ij} u_j.$$

$\{v_1, \cdots, v_n\}$，$\{u_1, \cdots, u_n\}$ が共に V の基であることから，

$$u_i = \sum \nu_{ij} v_j, \qquad v_i = \sum \varepsilon_{ij} u_j$$

より行列 $P=(\nu_{ij})$，$Q=(\varepsilon_{ij})$ が定まる．これらの行列の間のつぎの関係は定義より直ちに得られる．

(i)　$PQ = QP = E$,　したがって　$P, Q \in GL(n, K)$,　$Q^{-1} = P$.

(ii)　$B = PAQ = Q^{-1}AQ$.

いいかえれば，基のとり方をかえると，対応する行列はその $GL(n, K)$ での共役元に変わる．(b) により $GL(n, K) \trianglerighteq SL(n, K)$ であるから，$SL(n, K)$ に対応する $GL(V)$ の部分群は基のとり方によらず一意的に定まる．これを $SL(V)$ と表わし，**特殊線形群**とよぶ．$SL(V)$（または $SL(n, K)$）の生成元に注意すれば，$GL(V)$ の中心は $\{\lambda 1_V \mid 0 \neq \lambda \in K\}$（$1_V$ は $GL(V)$ の単位元）となることは見易い．これを $Z(V)$ と書く．一般に中心は特性部分群であるから，$\Gamma L(V) \trianglerighteq GL(V)$ より $\Gamma L(V) \trianglerighteq Z(V)$ である．また $SL(V)$ の中心が $Z(V) \cap SL(V)$ となることは見易い．

さて，$K=\boldsymbol{C}$ の場合と全く同様に，一般に体 K の場合に $(K)_n$ の元の行列式が定義され，$GL(n, K)$ は行列式が 0 でないものの全体，$SL(n, K)$ は行列式が 1 となるものの全体に一致する．しかし，はじめに約束したように，行列，行列式に関しては $\boldsymbol{C}$-係数のもの以外は仮定しないという立場にたって，一般の体 K の場合に行列式を定義しなおす．ただ重複をさける意味で，Dieudonné による方法（これは，K=斜体の場合に行列式を定義することを目標として考えられたものであるが）により導入する．$(K)_n$ から K への写像 f_n が次の性質 (1), (2), (3) を満たすとき，これを**行列式写像**とよぶ；$\forall A \in (K)_n$, $\forall \mu \in K$ として，

(1)　$A = E$ とすると，$f_n(A) = 1$.

(2)　A の k 行を μ 倍した行列を X とすると，$f_n(X) = \mu f_n(A)$.

(3)　A の k 行に j 行 $(k \neq j)$ を加えてできる行列を X とすると $f_n(X) = f_n(A)$.

まず注意として，f_n が存在すれば，

(*) A の k 行と j 行 $(k \neq j)$ を交換してできる行列を X とすると，$f_n(X)=-f_n(X)$. (∵ A からその k 行に j 行を加えてできる行列を B, B からその k 行に -1 を掛けてできる行列を C, C からその j 行に k 行を加えてできる行列を D, D からその k 行に -1 を掛けてできる行列を F, F からその k 行に j 行を加えてできる行列を G, G からその j 行に -1 を掛けてできる行列を H とすると，$H=X$ であり $f_n(X)=-f_n(G)=-f_n(F)=f_n(D)=f_n(C)=-f_n(B)=-f_n(A)$.)

同様にして

(**) A の k 行に j 行の λ 倍 $(\lambda \in K)$ したものを加えてできる行列を X とすると $f_n(X)=f_n(A)$

も容易に得られる．さて，

定理 4.5 すべての $n \geq 1$ に対して，行列式写像 f_n は一意的に存在する．

証明 まずはじめに存在を n についての帰納法で示す．f_1 は $f_1((a))=a$, $(a) \in (K)_1$, と定義すればよい．f_{n-1} が定義されたと仮定する．$(K)_n \ni A$ が正則でないときは $f_n(A)=0$ と定義する．A が正則の場合，A の第 i 行の行ベクトルを $\mathfrak{a}_i$ と書くと，$\mathfrak{a}_1, \cdots, \mathfrak{a}_n$ は1次独立で，したがって $\sum \lambda_i \mathfrak{a}_i=(1, 0, \cdots, 0)$ を満たす K の元 $\lambda_1, \cdots, \lambda_n$ (すべては0ではない)が一意的に定まる．$\lambda_i \neq 0$ としたとき

$$f_n(A) = (-1)^{i+1}\lambda_i^{-1}f_{n-1}(A_i)$$

と定義する．ここで，A_i は A から第1列，第 i 行を除いてできる $n-1$ 次の行列とする．この f_n は(1), (2), (3)の条件を満たす．まずはじめに，A が正則の場合の定義が i のとり方によらないことを注意する(実際，$\lambda_j \neq 0$ とし，B を A の j 行を λ_j 倍した行列，C を B の j 行に $\sum_{\nu \neq i, j} \lambda_\nu \mathfrak{a}_\nu$ を加えてできる行列，D を A の j 行と i 行を交換してできる行列とする．$\sum_{\nu \neq i} \lambda_\nu \mathfrak{a}_\nu = -\lambda_i \mathfrak{a}_i$ に注意すれば，帰納法の仮定により，

$$\lambda_j f_{n-1}(A_i) = f_{n-1}(B_i) \underset{(**)}{=} f_{n-1}(C_i) = (-\lambda_i) f_{n-1}(D_i)$$
$$\underset{(*)}{=} (-\lambda_i)(-1)^{i-j-1} f_{n-1}(A_j).$$

よって

$$(-1)^{i+1}\lambda_i^{-1}f_{n-1}(A_i) = (-1)^{j+1}\lambda_j^{-1}f_{n-1}(A_j)$$

をうる)．$f_n(E)=1$，および正則でない A に対して(2), (3)の成立は明らか．A

を正則とする．(2)について；$\mu=0$のとき，Xは正則でない．よって$f_n(X)=0=\mu f_n(A)$．$\mu\neq 0$とすると，$\lambda_1, \cdots, \lambda_n$に対応して，$X$に対しては$\lambda_1, \cdots, \mu^{-1}\lambda_k, \cdots, \lambda_n$が定まる．$k\neq i$のときは，

$$f_n(X) = (-1)^{i+1}\lambda_i{}^{-1}f(X_i) = (-1)^{i+1}\lambda_i{}^{-1}\mu f_n(A_i) = \mu f_n(A).$$

$k=i$のときは，

$$f_n(X) = (-1)^{i+1}(\mu^{-1}\lambda_i)^{-1}f_{n-1}(A_i) = \mu f_n(A_i).$$

(3)についても同様にほとんど明らかである．一意性については，$GL(n, K)$の生成元$A_{r,s:\lambda}$, P_μに対して(1), (2), (3)の性質より容易に$f_n(A_{r,s:\lambda}A)=f_n(A)$, $f_n(P_\mu A)=\mu f_n(A)$が得られる．$GL(n, K)$の元Aは$A=BP_\mu$, $B\in SL(n, K)=\langle A_{r,s:\mu} | \mu\in K\rangle$と書けるから$f_n(A)=\mu$となり，$f_n$は一意的である．∎

さてこの考察は同時に，

（イ） $(K)_n\ni A, B$に対して，$f_n(AB) = f_n(A)f_n(B)$

（ロ） $GL(n, K) = \{X | f_n(X)\neq 0\}$

（ハ） $SL(n, K) = \{X | f_n(X)=1\}$

（ニ） $GL(n, K)/SL(n, K)\,(\simeq GL(V)/SL(V))\simeq K^* = K-\{0\}$

を示している．$f_n(X)=\det X$と書き，これをXの**行列式**とよぶ．

$\mathrm{Hom}_K(V, V)$の行列表示は，Vの基をかえると$GL(n, K)$の元による共役なものにかわる．したがって$\mathrm{Hom}_K(V, V)$の元σの行列式$\det\sigma$をそれに対応する行列表示の行列式として定義すれば，これは基のとり方に関係なく一意的に定まり

$$GL(V) = \{\sigma\in \mathrm{Hom}_K(V, V) | \det\sigma\neq 0\}$$
$$SL(V) = \{\sigma\in \mathrm{Hom}_K(V, V) | \det\sigma=1\}$$

となる．

§5 幾何的構造

5.1 ブロック・デザイン

有限集合Ωとその部分集合の集まり$\mathfrak{B}(\subseteq 2^\Omega)$の組$(\Omega, \mathfrak{B})$を，(有限)**幾何構造，**または**結合構造**とよぶ．またこのとき，Ωの元，$\mathfrak{B}$の元をそれぞれ(この幾何構造の)**点，ブロック**とよぶ．Ωの元$p_1, \cdots, p_r$に対して$\mathfrak{B}_{p_i}=\{B\in\mathfrak{B} | B\ni p_i\}$,

$\mathfrak{B}_{p_1,\cdots,p_r}=\bigcap_{i=1}^{r}\mathfrak{B}_{p_i}$ とおく.

結合構造$(\Omega, \mathfrak{B})$が，次の3つの条件

(1)　$\mathfrak{B}\not\ni\phi, \Omega$,

(2)　$\mathfrak{B}$の各元にふくまれる点の個数は一定である，

(3)　Ωの相異なる2元p_1, p_2に対して$|\mathfrak{B}_{p_1,p_2}|$がp_1, p_2のとり方によらず0でない一定値である，

を満たすとき，$(\Omega, \mathfrak{B})$を**ブロック・デザイン**(Balanced incomplete block design)，または単に**デザイン**とよぶ．(2)により定まる一定値をk，(3)により定まる一定値をλ，また$v=|\Omega|$，$b=|\mathfrak{B}|$とおく．$p\in\Omega$に対して$|\mathfrak{B}_p|$の値はpのとり方によらず一定で$(v-1)\lambda/(k-1)$となる．(何故ならば，Ωの元pを一つ定めて，$\{(B,q)\,|\,p\in B\in\mathfrak{B},\ p\neq q\in B\}$に入る元の個数$t_p$をかぞえる．まず，$B$のとり方の個数は$|\mathfrak{B}_p|$，その各$B$に対して$q$のとり方の個数は$k-1$．したがって$t_p=|\mathfrak{B}_p|(k-1)$となる．他方，$q$のとり方の個数は$v-1$，その各$q$に対して$B$のとり方の個数は$\lambda$．したがって$t_p=(v-1)\lambda$となり，$|\mathfrak{B}_p|=(v-1)\lambda/(k-1)$をうる．）この一定値を$r$で表わす．このようにして定まる5つの定数の組$(v, b, k, r, \lambda)$をブロック・デザイン$D=(\Omega, \mathfrak{B})$の**パラメーター**とよぶ．パラメーターのこの表わし方は，ことわりのない限り，この節を通じて固定される．パラメーターの間のつぎの関係は基本的である．

定理 5.1　(1)　$vr=bk$,

(2)　$(v-1)\lambda=(k-1)r$,

(3)　$v\gneq k$,　$r\gneq\lambda$.

証明　(1)　$\{(B,p)\,|\,B\in\mathfrak{B},\ p\in B\}$に入る元の個数$t$をかぞえる．$B$のとり方の個数は$b$，その各$B$に対して$p$のとり方の個数は$k$．したがって$t=bk$．逆に$p$からはじめて同様にして$t=vr$．故に$vr=bk$をうる．(2)についてはすでに上に示した．(3)の$v\gneq k$はブロック・デザインの条件(1)のいいかえであり，$r\gneq\lambda$はこれと(2)から得られる．▎

この定理により，v, k, λが定まれば，b, rは

$$r=\frac{(v-1)\lambda}{k-1},\qquad b=\frac{v(v-1)\lambda}{k(k-1)} \tag{5.1}$$

により定まる．この3つのパラメーターv, k, λを用いて，$D=(\Omega, \mathfrak{B})$を(v, k, λ)-

デザインともよぶ．$r-\lambda(>0)$をこのデザインの**位数**とよぶ．

ブロック・デザインの定義の3番目の条件より，$k\geq 2$となるが，もし$k=2$とすると(5.1)よりΩの2元からなる任意の部分集合がすべてブロックとなる．また1番目の条件より$v-1\geq k$であるが，もし$v-1=k$とすると(5.1)より$\mathfrak{B}$はΩの$v-1$元からなるすべての部分集合からなっていることがわかる．一般に，或るt，ただし$2\leq t\leq v-1$，に対して$\mathfrak{B}$をΩのすべてのt元からなる部分集合の全体とすると，$(\Omega, \mathfrak{B})$はブロック・デザインでそのパラメーターは$(v, {}_vC_t, t, {}_{v-1}C_{t-1}, {}_{v-2}C_{t-2})$となる．これはきわめてはっきりした性質をもつデザインであるが，同時に特別なデザイン(i. e. 特別に簡単な性質をもつデザイン)として興味の対象外におかれることが多い．これらのデザインを**自明なデザイン**とよび，他のデザインから区別する．したがって自明でないデザインという場合には，少なくともパラメーターの間に$v-1>k$，$k>2$という関係が成り立っている．

結合構造に対して，結合行列とよばれる行列をつぎのように定める．$(\Omega, \mathfrak{B})$を結合構造とし，$\Omega, \mathfrak{B}$の元をそれぞれ適当に番号づけして，$\Omega=\{p_1, \cdots, p_v\}$，$\mathfrak{B}=\{B_1, \cdots, B_b\}$とするとき，これを用いて$(v, b)$型の行列$A$を

$$A=\{t_{ij}\},$$

$$t_{ij}=\begin{cases} 1 & p_i \in B_j \\ 0 & p_i \notin B_j \end{cases}$$

により定め，これを$(\Omega, \mathfrak{B})$の**結合行列**とよぶ．$\Omega, \mathfrak{B}$の番号づけを変えると，結合行列は行，列の順序をそれぞれ適当にいれかえたものに変わる．したがって$(\Omega, \mathfrak{B})$の結合行列は，その行，列の順序のいれかえを度外視して一意的に定まる．逆に(v, b)型で，成分が0または1，の行列を任意に与えると，これを結合行列とする結合構造$(\Omega, \mathfrak{B})$が定まる．したがってこれにより結合構造と結合行列とは対応するが，これを用いて結合行列の考察から$(\Omega, \mathfrak{B})$の性質をしらべることができる．たとえば，$(\Omega, \mathfrak{B})$をパラメーターが(v, b, k, r, λ)のブロック・デザインとし，その結合行列をAとすると，Aは(v, b)型で，

(i) Aの各列の成分はk個の1，$v-k$個の0からなり，

(ii)

$$A{}^tA = \begin{bmatrix} r & \lambda & \cdots & \lambda \\ \lambda & r & \ddots & \vdots \\ \vdots & \ddots & \ddots & \lambda \\ \lambda & \cdots & \lambda & r \end{bmatrix}$$

ここで ${}^tA$ は A の転置行列，

を満たすことは容易にたしかめられる．逆に，これらの条件を満たす (v, b) 型の行列 A（ただし，$v \gneq k$, $r>\lambda>0$）から，(v, k, λ)-ブロック・デザインが定まることは見易い．この場合，

$$\det A{}^tA = (r+(v-1)\lambda)\begin{vmatrix} 1 & 1 & \cdots & \cdots & 1 \\ \lambda & r & \lambda & \cdots & \lambda \\ \vdots & \ddots & \ddots & \ddots & \vdots \\ \vdots & & \ddots & \ddots & \lambda \\ \lambda & \cdots & \cdots & \lambda & r \end{vmatrix}$$

$$= (r+(v-1)\lambda)\begin{vmatrix} 1 & 0 & \cdots & 0 \\ \lambda & r-\lambda & \ddots & \vdots \\ \vdots & \ddots & \ddots & 0 \\ \lambda & \cdots & \lambda & r-\lambda \end{vmatrix}$$

$$= (r+(v-1)\lambda)(r-\lambda)^{v-1} \neq 0$$

となり，$v=A$ の行数 $\leq A$ の列数 $=b$ をうる．したがって，つぎの定理をうる．

定理 5.2（Fischer の不等式）　ブロック・デザインのパラメーターを (v, b, k, r, λ) とすると，$v \leq b$, $k \leq r$ である．

証明　$v \leq b$ は上述の通り．これと，定理 5.1，(1) より $k \leq r$ をうる．▌

$v=b$ となるブロック・デザインを**対称デザイン**とよぶ．

定理 5.3　パラメーターが (v, b, k, r, λ) のブロック・デザインについて，つぎの条件は同値である．

(1)　$v=b$，すなわち対称デザインである．

(2)　$k=r$.

(3)　相異なるブロック B_1, B_2 に対して $|B_1 \cap B_2|$ は B_1, B_2 のとり方によらず一定値である．

証明　定理 5.1 により，(1) と (2) は同等となる．$v=b$ とすると，A は正方行列で，$\det A \neq 0$, $A{}^tA=(r-\lambda)I+\lambda J$（ここで I は単位行列，J は成分がすべて 1 の行列）となる．A, J の形より，$AJ=kJ$, $JA=kJ$ となるから，

$$
\begin{aligned}
{}^tAA &= A^{-1}A\,{}^tAA = A^{-1}((r-\lambda)I+\lambda J)A = (r-\lambda)I+\lambda A^{-1}JA \\
&= (r-\lambda)I+k\lambda A^{-1}J = (r-\lambda)I+\lambda J \\
&= \begin{bmatrix} r & \lambda & \cdots & \lambda \\ \lambda & r & \ddots & \vdots \\ \vdots & \ddots & \ddots & \lambda \\ \lambda & \cdots & \lambda & r \end{bmatrix}
\end{aligned}
$$

となる．行列 A の定義にもどって考えれば，これより $|B_1\cap B_2|=\lambda,\ \forall B_1, B_2(\neq)\in\mathfrak{B}$，となり，(3)が得られる．逆に(3)を仮定する．$\Omega\ni p_1, p_2(\neq)$ に対して，$r\neq\lambda$ より $\mathfrak{B}_{p_1}\neq\mathfrak{B}_{p_2}$，したがって $\tilde{\Omega}=\mathfrak{B}, \tilde{\mathfrak{B}}=\{\mathfrak{B}_p|p\in\Omega\}$ とおくと，$(\tilde{\Omega}, \tilde{\mathfrak{B}})$ はブロック・デザインとなり，そのパラメーターは (b, v, r, k, λ) となる．Fischer の不等式より $b\leq v$ となる．一方(再び Fischer の不等式より)，$v\leq b$ であったから $v=b$ をうる．▌

この定理の証明においても示されたように，$D=(\Omega, \mathfrak{B})$ を対称デザインとすると，$\mathfrak{B}$ の元を点とし Ω の元をブロックとする——正確には Ω の元 p に対して $\mathfrak{B}_p=\{B\in\mathfrak{B}|B\ni p\}$ をブロックとする——ブロック・デザイン $\tilde{D}=(\tilde{\Omega}, \tilde{\mathfrak{B}})$ が定義される．これを D と**双対なブロック・デザイン**とよぶ．$\tilde{D}$ も対称デザインで，そのパラメーターは D のそれに一致する．

自明でない対称デザイン $D=(\Omega, \mathfrak{B})$ に対して，$\mathfrak{B}^c=\{\Omega-B|B\in\mathfrak{B}\}$ とおくことにより定義される結合構造 $D^c=(\Omega, \mathfrak{B}^c)$ が対称デザインとなることを示す．D のパラメーターを (v, k, λ) とすると，$\mathfrak{B}\ni B_1, B_2(\neq)$ に対して定理5.3より $|B_1\cup B_2|=2k-\lambda$，したがって $|(\Omega-B_1)\cap(\Omega-B_2)|=|\Omega-(B_1\cup B_2)|=v-2k+\lambda$ となる．D は自明でないから，$2<k\leq v-2$ であるが，定理5.1の関係式 $\lambda(v-1)=k(k-1)$ より $\lambda<k-1$ となる．$\lambda(v-1)=k(k-1)$ を変形して，$\lambda(v-k)=(k-\lambda)(k-1)$，したがって $v-k>k-\lambda$，i.e. $|(\Omega-B_1)\cap(\Omega-B_2)|>0$ となる．したがって $\mathfrak{B}^c$ の異なる2元の共通部分にふくまれる元の個数は0でない一定値となる．$(\Omega, \mathfrak{B}^c)$ がデザインとなるための他の条件は明らかに成り立っているから，$D^c=(\Omega, \mathfrak{B}^c)$ はブロック・デザインとなり，$|\Omega|=|\mathfrak{B}|=|\mathfrak{B}^c|$ より対称デザインで，そのパラメーターは $(v, v-k, v-2k+\lambda)$ である．これを Dの**補デザイン**とよぶ．$(v-k)-(v-2k+\lambda)=k-\lambda$ より，D と D^c の位数は一致する．D と共に D^c も自明でないことはほとんど明らかである．

定理 5.4　$D=(\Omega, \mathfrak{B})$ を自明でない対称な (v, k, λ)-デザインとすると，

$$n^2+n+1 \geq v \geq 4n-1$$

が成り立つ．ここで $n=k-\lambda$ ($=D$ の位数) である．

証明　必要があれば，D の代りに D^c をえらぶことにより，$v\geq 2k$ と仮定してよい．$\lambda'=v-2k+\lambda$ とおくと

$$\lambda\lambda' = \lambda(v-2k+\lambda) = k^2-k+\lambda-2k\lambda+\lambda^2 = n^2-n,$$
$$\lambda+\lambda' = v-2k+2\lambda = v-2n$$

となる．$(\lambda+\lambda')^2\geq 4\lambda\lambda'$ に代入すると，$(v-2n)^2\geq 4n(n-1)$ となるが，$n\geq 2$ ($\because$ $n=1$ とすると $v-k=1$ となり D は自明となる) であるから，$4n(n-1)$ は平方数でなく，したがって $(v-2n)^2\geq 4n(n-1)+1=(2n-1)^2$ となる．これより $v\geq 4n-1$ をうる．また，$2k\leq v$ より，$0\leq v-2k+\lambda-1=v-2n-(\lambda+1)$．両方に $\lambda-1$ を掛けて，

$$0 \leq (\lambda-1)v-2(\lambda-1)n-(\lambda^2-1) = \lambda(v-2n-\lambda)-(v-2n-1)$$
$$= n(n-1)-(v-2n-1).$$

したがって $v\leq n^2+n+1$ をうる．▌

さて，D を自明でない対称な (v, k, λ)-デザインとし，v が定理 5.4 で示される範囲の下限および上限をとる場合を考えよう．まず v が下限をとる，i. e. $v=4n-1$ とする．$k(k-1)=\lambda(4n-2)=2\lambda(2n-1)=2(k-n)(2n-1)$ より $0=k^2-k(4n-1)+2n(2n-1)=(k-2n)(k-2n+1)$ となり，$k=2n$，または $2n-1$ となる．したがって D のパラメーターは $(4n-1, 2n, n)$，または $(4n-1, 2n-1, n-1)$ となるが，D と共に D^c を考えれば，一方が D のパラメーターであれば，他方は D^c のパラメーターとなる．パラメーター $(4n-1, 2n-1, n-1)$ をもつ対称デザインを位数 n の **Hadamard 型のデザイン**とよぶ．すべての $n(\geq 2)$ に対して位数 n の Hadamard 型のデザインの存在が予想されているが，まだ未解決の問題である．つぎに v が上限をとる場合，i. e. $v=n^2+n+1$ の場合とする．これを変形して $v-2n-1=n(n-1)=\lambda(v-2n-\lambda)$，これより $\lambda^2-(v-2n)\lambda+v-2n-1=0$，したがって $(\lambda-1)\{\lambda-(v-2n-1)\}=0$，i. e. $\lambda=1$，または $\lambda=v-2n-1$ となる．D と共に D^c を考えれば，D, D^c の一方において $\lambda=1$ のとき，他方において $\lambda=v-2n-1$ となる．$\lambda=1$ を満たす自明でない対称なデザイン——これはすぐあとで定義されるように射影平面とよばれるが——は第5章での主題

である.

$D=(\Omega,\mathfrak{B})$を$(v,k,1)$-デザインとする. 定理5.1, 5.2より$v\geq k^2-k+1$となるが, 定理5.3をこの場合にいいかえて, つぎの定理をうる.

定理 5.5 $(v,k,1)$-デザインについて, つぎの各条件は互いに同等である.

(1) $v=b$である.

(1)′ $r=k$である.

(2) $v=k^2-k+1\,(=n^2+n+1)$.

(3) 相異なる2つのブロックはつねに1点のみを共有する. ——

自明でない$(v,k,1)$-ブロック・デザインでこの定理の条件を満たすもの, i.e. $\lambda=1, k>2$を満たす対称デザインを**射影平面**とよぶ.

$\lambda=1$で$v\gneqq k^2-k+1$とすると, $r>k$, したがって$r\geq k+1$となる. これを定理5.1, (2)に代入すると, $v\geq k^2$をうる. これはつぎの定理の(1)を示している.

定理 5.6 $D=(\Omega,\mathfrak{B})$をパラメーター$(v,b,k,r,1)$をもつブロック・デザインとする. このとき,

(1) $b\gneqq v\Rightarrow v\geq k^2$

(2) Dに関してつぎの条件は同等である.

(イ) $v=k^2$, (ロ) $r=k+1$, (ハ) $b=k^2+k$,

(ニ) ブロックB, Bにふくまれない点pを与えると, pをふくみ, Bと交わらないブロックがつねにちょうど1つ存在する.

証明 (イ), (ロ), (ハ)の同等性は, 定理5.1より明らか. (ロ)⇒(ニ). B上の点qに対して, p,qをふくむブロックはただ1つ定まり, 異なるqに対しては異なるブロックが定まる. したがってpを通ってBと交わるブロックはちょうど$|B|=k$個存在し, $|\mathfrak{B}_p|=r=k+1$より, pをふくむBと交わらないブロックはちょうど1つ存在する. (ニ)⇒(ロ)も同様の考察から明らか. ▌

このような$(v,k,1)$-デザイン, すなわち$\lambda=1$で$v=k^2$となるブロック・デザインを**アフィン平面**とよぶ.

$\tilde{\Omega}$を有限集合Ωの部分集合とし, $(\tilde{\Omega},\tilde{\mathfrak{B}})$, $(\Omega,\mathfrak{B})$をブロック・デザインとする. この2つのブロック・デザインの間に

$$\tilde{\mathfrak{B}}=\{B\cap\tilde{\Omega}\,|\,B\in\mathfrak{B},\quad |B\cap\tilde{\Omega}|\geq 2\}$$

なる関係があるとき, $(\tilde{\Omega},\tilde{\mathfrak{B}})$は$(\Omega,\mathfrak{B})$の**部分デザイン**であるという.

$(\Omega, \mathfrak{B})$を射影平面で，そのパラメーターを$(v, k, 1)$とする．$\mathfrak{B}$の元B_0を1つ定め，$\tilde{\Omega}=\Omega-B_0$，$\tilde{\mathfrak{B}}=\{B\cap\tilde{\Omega}\mid B_0\neq B\in\mathfrak{B}\}$とおくと，$(\tilde{\Omega}, \tilde{\mathfrak{B}})$はアフィン平面となり，そのパラメーターは$(v-k, v-1, k-1, k, 1)$である．逆に$(\tilde{\Omega}, \tilde{\mathfrak{B}})$をアフィン平面とし，そのパラメーターを$(\tilde{v}, \tilde{b}, \tilde{k}, \tilde{r}, 1)$とする．$\tilde{\mathfrak{B}}$の2元の間の関係$\tilde{B}_1\sim\tilde{B}_2$を$\tilde{B}_1\cap\tilde{B}_2=\phi$または$\tilde{B}_1=\tilde{B}_2$により定義すると，$\sim$は同値関係である．アフィン平面の定義より，$\sim$による同値類の個数は$\tilde{r}=\tilde{k}+1$に等しい．$C_1$, $C_2, \cdots, C_{\tilde{r}}$をその同値類とし，$\Omega=\tilde{\Omega}\cup\{C_1, \cdots C_{\tilde{r}}, \}$，$\mathfrak{B}=\{B\subset\Omega\mid B=\{C_1, \cdots, C_{\tilde{r}}\}$，または$B=\tilde{B}\cup\{C_i\}$，$\tilde{B}\in C_i\}$とおくと$(\Omega, \mathfrak{B})$は射影平面となり，そのパラメーターは$\tilde{v}+\tilde{r}=v=b=\tilde{b}+1$, $\tilde{k}+1=k=r=\tilde{r}, 1$となる．ここで示した射影平面からアフィン平面，アフィン平面から射影平面を構成する仕方は互いに逆の操作となっていることは見易い．したがってつぎの定理が得られる．

定理 5.7 射影平面$(\Omega, \mathfrak{B})$，$\mathfrak{B}$の1元B_0を与えると$\tilde{\Omega}=\Omega-B_0$，$\tilde{\mathfrak{B}}=\{B\cap\tilde{\Omega}\mid B_0\neq B\in\mathfrak{B}\}$とおくことにより，アフィン平面$(\tilde{\Omega}, \tilde{\mathfrak{B}})$が得られる．またすべてのアフィン平面は射影平面よりこのようにして得られる．——

$\lambda=1$となるデザインの場合，相異なる2点を与えるとそれをふくむブロックは一意的に定まる．$\lambda=1$となるデザインにおいては，ブロックのことを**直線**とよび，2点$p_1, p_2(\neq)$をふくむ直線を$\overline{p_1p_2}$で表わす．

5.2 ブロック・デザインと自己同型群

$(\Omega. \mathfrak{B})$を結合構造とする．S^Ωの元σの2^Ωの元Δに対する作用を$\Delta^\sigma=\{p^\sigma\mid p\in\Delta\}$と定義すれば，$\sigma$は$2^\Omega$の置換をひきおこす．$\mathfrak{B}^\sigma=\mathfrak{B}$のとき，$\sigma$をこの結合構造$(\Omega, \mathfrak{B})$の**自己同型写像**とよぶ．$(\Omega, \mathfrak{B})$の自己同型写像の全体は群をつくる．これを$(\Omega, \mathfrak{B})$の**自己同型群**とよび$\mathrm{Aut}(\Omega, \mathfrak{B})$と表わす．

自己同型群とブロック・デザインの構造は密接に関係しており，その2,3の例が第5章，第6章で取り扱われるが，ここでは自己同型群に関係するブロック・デザインの基本的な性質についてのべる．

定理 5.8(Fischerの不等式の拡張) $D=(\Omega, \mathfrak{B})$をブロック・デザインとし，$G\leq\mathrm{Aut}\,D$とする．GはΩ上，および$\mathfrak{B}$上の置換群と考えられるが，

(1) (G, Ω)の軌道の個数$\leq(G, \mathfrak{B})$の軌道の個数，

(2) Dが対称デザイン$\Rightarrow$(1)で等号が成り立つ．

$(G=1$の場合が定理5.2，5.3である．)

証明 $\Omega=\Omega^{(1)}+\cdots+\Omega^{(t)}$, $\mathfrak{B}=\mathfrak{B}^{(1)}+\cdots+\mathfrak{B}^{(s)}$を$G$による軌道分解とする．$\mathfrak{B}\ni B$に対して$(B\cap\Omega^{(i)})^\sigma=B^\sigma\cap\Omega^{(i)}$ $(\forall\sigma\in G)$．よって，$\mathfrak{B}^{(j)}\ni B$に対して$|B\cap\Omega^{(i)}|$はBのとり方によらず一定である．これをc_{ij}で表わす．同様にして，$\Omega^{(i)}\ni p$に対して，$|\mathfrak{B}_p\cap\mathfrak{B}^{(j)}|$は$p$のとり方によらず一定である．これを$d_{ji}$で表わす．$1\leq i,j\leq t$に対して次の$N$を考える．

$$\begin{aligned} N &= |\{(p,B,q)\,|\,p\in\Omega^{(i)},\ q\in\Omega^{(j)},\ p,q\in B\in\mathfrak{B}\}| \\ &= \sum_k \sum_{q\in\Omega^{(j)}} \sum_{B\in\mathfrak{B}_q\cap\mathfrak{B}^{(k)}} |\{(p,B,q)\,|\,p\in\Omega^{(i)}\cap B\}| \\ &= \sum_k |\Omega^{(j)}| d_{kj}c_{ik}. \end{aligned}$$

一方，

$$N=\begin{cases} |\Omega^{(i)}|\,|\Omega^{(j)}|\lambda & i\neq j\text{のとき} \\ |\Omega^{(i)}|(|\Omega^{(i)}|-1)\lambda+|\Omega^{(i)}|r & i=j\text{のとき} \end{cases}$$

であるから，$|\Omega^{(i)}|=\omega_i$, $n=r-\lambda$とおくと，

$$\sum_k d_{kj}c_{ik}=\omega_i\lambda+n\delta_{ij}.$$

これを行列で表わすと$C=(c_{ij})$, $D=(d_{ij})$はそれぞれ$t\times s$型，$s\times t$型の行列で，

$$CD=\begin{bmatrix} \omega_1\lambda+n & \omega_1\lambda & \cdots & \omega_1\lambda \\ \omega_2\lambda & \omega_2\lambda+n & \cdots & \omega_2\lambda \\ \vdots & & \ddots & \vdots \\ \omega_t\lambda & \cdots & \cdots & \omega_t\lambda+n \end{bmatrix}$$

となる．この行列式を計算すると，

$$\det CD=\begin{vmatrix} v\lambda+n & v\lambda+n & \cdots & v\lambda+n \\ \omega_2\lambda & \omega_2\lambda+n & & \vdots \\ \vdots & & \ddots & \vdots \\ \omega_t\lambda & \cdots & \cdots & \omega_t\lambda+n \end{vmatrix}=(v\lambda+n)\begin{vmatrix} 1 & 0 & \cdots & 0 \\ \omega_2\lambda & n & \ddots & \vdots \\ \vdots & 0 & \ddots & 0 \\ \omega_t\lambda & 0 & \cdots\ 0 & n \end{vmatrix}$$

$$=(v\lambda+n)n^{t-1}\neq 0.$$

故に$t\leq s$となり(1)をうる．(2)は$\tilde{\Omega}=\mathfrak{B}$, $\tilde{\mathfrak{B}}=\{\mathfrak{B}_p|p\in\Omega\}$とおくと，定理5.3の証明において示したように$(\tilde{\Omega},\tilde{\mathfrak{B}})$はブロック・デザインで，$G\leq\mathrm{Aut}(\tilde{\Omega},\tilde{\mathfrak{B}})$となる($\because$ Gの$\mathfrak{B}$上の作用が忠実であることを示せばよい．$\sigma\in G$に対して$B^\sigma=B$, $\forall B\in\mathfrak{B}$, とすると，Ωの点pは$p=\bigcap_{B\in\mathfrak{B}_p}B$と表わされるから$p^\sigma=p$, $\forall p\in\Omega$

i. e. $\sigma=1$ となる). したがって(1)を用いて $s\leq t$ となり, $s=t$ をうる. ▌

定理 5.9　$D=(\Omega,\mathfrak{B})$ を対称デザイン, $G\leq \mathrm{Aut}\,D$ とする. このとき

$$(G,\Omega)\text{ が 2 重可移} \Leftrightarrow (G,\mathfrak{B})\text{ が 2 重可移}.$$

証明　$\Rightarrow$: 定理5.8より $(G,\mathfrak{B})$ は可移である. したがって, $\mathfrak{B}\ni B$, $\Omega\ni a$ に対して, $|G:G_{\langle B\rangle}|=|\mathfrak{B}|=|\Omega|=|G:G_a|$. (G_a,Ω) の軌道の個数 $=2$ より, 定理5.8を用いて $(G_a,\mathfrak{B})$ の軌道の個数 $=2$ で, したがって $\mathfrak{B}_a=\{X\in\mathfrak{B}\,|\,,\ X\ni a\}$, $\mathfrak{B}-\mathfrak{B}_a$ が $(G_a,\mathfrak{B})$ の軌道である. $|G_a:G_{a,\langle B\rangle}|=|G_{\langle B\rangle}:G_{a,\langle B\rangle}|$ であるから, $a\in B$ ととれば $|G_{\langle B\rangle}:G_{a,\langle B\rangle}|=|\mathfrak{B}_a|=|B|$ で $(G_{\langle B\rangle},B)$ は可移, また, $a\notin B$ ととれば, $|G_{\langle B\rangle}:G_{a,\langle B\rangle}|=|\mathfrak{B}-\mathfrak{B}_a|=|\Omega-B|$ であるから $(G_{\langle B\rangle},\Omega-B)$ は可移となり, $(G_{\langle B\rangle},\Omega)$ の軌道の個数 $=2$. したがって定理5.8より $(G_{\langle B\rangle},\mathfrak{B})$ の軌道の個数 $=2$ となり $(G,\mathfrak{B})$ は2重可移である.

$\Leftarrow$: $\tilde{D}=(\tilde{\Omega},\tilde{\mathfrak{B}})$ を D の双対デザインとすると, $\tilde{D}$ の定義より $\mathrm{Aut}\,D=\mathrm{Aut}\,\tilde{D}$ となり, $\tilde{D}$ に上の証明“$\Rightarrow$”を適用すればよい. ▌

定理 5.10　$D=(\Omega,\mathfrak{B})$ を対称デザインとする. $\mathrm{Aut}\,D\ni\sigma$ に対して,

$$|\{p\in\Omega\,|\,p^\sigma=p\}|=|\{B\in\mathfrak{B}\,|\,B^\sigma=B\}|.$$

証明　$A=(a_{ij})$ を D の結合行列とする. すなわち, $\Omega,\mathfrak{B}$ の適当な番号づけ $\Omega=\{p_1,\cdots,p_v\}$, $\mathfrak{B}=\{B_1,\cdots,B_v\}$ があって, $a_{ij}=\begin{cases}1 & p_i\in B_j\\ 0 & p_i\notin B_j\end{cases}$ である. σ に対して v 次の行列 $C=(c_{ij})$, $D=(d_{ij})$ を

$$c_{ij}=\begin{cases}1 & p_i{}^\sigma=p_j\\ 0 & p_i{}^\sigma\neq p_j\end{cases},\qquad d_{ij}=\begin{cases}1 & B_i{}^\sigma=B_j\\ 0 & B_i{}^\sigma\neq B_j\end{cases}$$

と定義すると, 容易に

$$C\,{}^tC=D\,{}^tD=E,\qquad CAD=A.$$

故に $A^{-1}CA=D^{-1}={}^tD$. よって $\mathrm{trace}\,A^{-1}CA=\mathrm{trace}\,{}^tD=\mathrm{trace}\,D$. 故に $\mathrm{trace}\,C=\mathrm{trace}\,D$. 定義より, $\mathrm{trace}\,C=|\{p\in\Omega\,|\,p^\sigma=p\}|$, $\mathrm{trace}\,D=|\{B\in\mathfrak{B}\,|\,B^\sigma=B\}|$ であり, したがって定理の主張をうる. ▌

定理 5.11　$D=(\Omega,\mathfrak{B})$ をブロック・デザイン, $\mathrm{Aut}\,D\geq G$ で置換群 (G,Ω), $(G,\mathfrak{B})$ を可移とする. $\Omega\ni p_0$, $\mathfrak{B}\ni B_0$ に対して,

(1)　(G_{p_0},Ω) の軌道の個数 $\leq(G_{\langle B_0\rangle},\mathfrak{B})$ の軌道の個数

が成り立つ.

(2)　D が対称デザイン $\Rightarrow$ (1)の等号が成り立つ.

証明 $G\ni\sigma$ の $\Omega\times\mathfrak{B}$ の元 (p,B) に対する作用を，$(p,B)^\sigma=(p^\sigma,B^\sigma)$ とすると，G は $\Omega\times\mathfrak{B}$ 上の置換群と考えられる．$(G,\Omega\times\mathfrak{B})$ の軌道の個数は，(G,Ω) が可移であることから，$(G_{p_0},\mathfrak{B})$ の軌道の個数と一致し，他方，$(G,\mathfrak{B})$ が可移なることから $(G_{\langle B_0\rangle},\Omega)$ の軌道の個数にも一致する．したがって定理5.8より

$$(G_{p_0},\Omega)\text{ の軌道の個数}$$
$$\leq(G_{p_0},\mathfrak{B})\text{ の軌道の個数}=(G_{\langle B_0\rangle},\Omega)\text{ の軌道の個数}$$
$$\leq(G_{\langle B_0\rangle},\mathfrak{B})\text{ の軌道の個数.}$$

(2)は(1)と定理5.8の(2)から得られる．▌

デザイン $D=(\Omega,\mathfrak{B})$ の自己同型写像 σ に対して，D の或る点 a があって，σ が a を通るすべてのブロックを固定するとき，σ は**中心的**であるといい，a を σ の**中心**とよぶ．D が $\lambda=1$ のデザインとすると，単位元でない中心的な自己同型写像 σ はちょうど1つの中心をもつ．(実際 $a,b(\neq)$ を σ の中心とする．$\Omega\ni x\notin\overline{ab}$ に対して $x=\overline{ax}\cap\overline{bx}$ より $x^\sigma=\overline{ax}^\sigma\cap\overline{bx}^\sigma=\overline{ax}\cap\overline{bx}=x$ となり，σ は $\overline{ab}$ 上にない点すべてを固定する．$\overline{ab}\ni\forall x$ に対しては x を通り $\overline{ab}$ と異なる直線 l をとると，l は $\overline{ab}$ 上にない2点をふくむから $l^\sigma=l$．故に $x^\sigma=l^\sigma\cap\overline{ab}^\sigma=l\cap\overline{ab}=x$.) D を一般のデザインとし，$\mathrm{Aut}\,D$ は Ω 上に2重に作用しているとする．$\Omega\ni x,y$ に対して $\overline{xy}=\bigcap_{x,y\in B\in\mathfrak{B}}B$ とおくと，2重可移性より $\overline{xy}$ はそれにふくまれる2点で一意的に定まる．$\tilde{\mathfrak{B}}=\{l\subseteq\Omega\,|\,l=\overline{xy},\ \exists x,y\in\Omega\}$ とおくと，$\tilde{D}=(\Omega,\tilde{\mathfrak{B}})$ は $\lambda=1$ のデザインで，かつ D の自己同型写像は $\tilde{D}$ の自己同型写像と考えられる．$\sigma\neq1$ が D の中心的な自己同型写像とすると，定義より σ は $\tilde{D}$ の中心的自己同型写像でもあり，したがって σ の中心はただ1つである．したがって，つぎの定理が得られる．

定理 5.12 デザイン $\boldsymbol{D}$ の自己同型群 $\mathrm{Aut}\,\boldsymbol{D}$ の或る部分群が $\boldsymbol{D}$ の点上2重可移に作用しているとする．このとき，$\boldsymbol{D}$ の単位元でない中心的自己同型写像の中心は一意的に定まる．

5.3 射影空間とアフィン空間

$V=V(n+1,K)$，ただし $n\geq2$，を有限体 K 上の $n+1$ 次元 K-加群とし，V の1次元部分 K-加群の全体を Ω とおく．Ω の元は V の0でない元 u により

$$\langle u\rangle=\{\lambda u\,|\,\lambda\in K\}$$

と表わされ，

$$\langle u_1\rangle=\langle u_2\rangle \Leftrightarrow \exists\lambda\in K^{\#}, u_1=\lambda u_2$$

である．V の部分 K-加群 U に対して，U にふくまれる Ω の元の全体を$[U]$で表わす．0次元部分加群 U に対しては,空集合の記号をそのまま用いて,$[U]=\phi$ と記す．また，$[U_1]=[U_2]\Leftrightarrow U_1=U_2$ より，V の部分 K-加群の全体の集合と，Ω の部分集合で V の部分 K-加群 U により$[U]$と表わされるもの全体のつくる集合の間には自然な1対1対応が存在する．2^{Ω} の部分集合

$$\mathfrak{B}=\{[U]\mid U \text{ は } V \text{ の部分 } K\text{-加群}\}$$

により定義される結合構造$(\Omega,\mathfrak{B})$を体 K 上の n **次元射影空間**とよび，$\boldsymbol{P}(n,K)$，または単に $\boldsymbol{P}(K),\boldsymbol{P}$ などと書く．

$$\mathfrak{B}^{(i)}=\{[U]\mid U \text{ は } V \text{ の } (i+1) \text{ 次元部分 } K\text{-加群}\}$$

とおくと，$\mathfrak{B}$ は $\mathfrak{B}^{(-1)},\mathfrak{B}^{(0)},\cdots,\mathfrak{B}^{(n-1)},\mathfrak{B}^{(n)}$の集合としての直和となる．$\mathfrak{B}^{(i)}$の元を射影空間 $\boldsymbol{P}$ の i **次元部分空間**とよぶ．とくに $\mathfrak{B}^{(0)}=\Omega,\mathfrak{B}^{(1)},\mathfrak{B}^{(2)},\mathfrak{B}^{(n-1)}$の元をそれぞれ $\boldsymbol{P}$ の**点**，**直線**，**平面**，**超平面**とよぶ．各 i に対して，Ω と $\mathfrak{B}^{(i)}$で定義される結合構造$(\Omega,\mathfrak{B}^{(i)})$を $\boldsymbol{P}_i(n,K)$ と表わす．

定理 5.13 $\boldsymbol{P}_i(n,K)$(ただし，$1\leq i\leq n-1$)はブロック・デザインでそのパラメーターは，

$$v=\frac{q^{n+1}-1}{q-1},\qquad b=N_{i+1}(n+1,q),\qquad k=\frac{q^{i+1}-1}{q-1},$$
$$r=N_i(n,q),\qquad \lambda=N_{i-1}(n-1,q)$$

である．ここで $|K|=q$，$N_e(d,q)=\prod_{j=1}^{e}\dfrac{q^{d-j+1}-1}{q^j-1}$，ただし $N_0(d,q)=1$，である．

証明 $V^{\#}=V-\{0\}$ とおくと，$|V^{\#}|=q^{n+1}-1$ で，$\langle u_1\rangle=\langle u_2\rangle\Leftrightarrow\exists\lambda\in K^{\#}$，$u_1=\lambda u_2$ より，$v=|\Omega|=(q^{n+1}-1)/(q-1)$．$\mathfrak{B}^{(i)}\ni[U]$に対して $|[U]|$ は $i+1$ 次元 K-加群 U の1次元部分加群全体であるから，$|\Omega|$ の計算と同じで，$|[U]|=(q^{i+1}-1)/(q-1)$ で$[U]$のとり方によらずに一定値 $k=(q^{i+1}-1)/(q-1)$ が定まる．$\langle u_1\rangle$，$\langle u_2\rangle$を Ω の異なる2点とする．$\langle u_1,u_2\rangle$の V における補空間の1つ V_0 を定める．すなわち，V_0 は V の部分 K-加群で $V=\langle u_1,u_2\rangle\oplus V_0$ となるものとする．$\langle u_1,u_2\rangle$は2次元，したがって V_0 は $n-1$ 次元で，$\langle u_1,u_2\rangle$をふくむ V の $i+1$ 次元部分空間を U とすると，$U=\langle u_1,u_2\rangle\oplus\langle U\cap V_0\rangle$ で $U\cap V_0$ は V_0 の $i-1$ 次元部分空間となるが，他方，V_0 の $i-1$ 次元部分 K-加群 U_0 に対して，$\langle u_1,u_2\rangle\oplus U_0$ は V の $i+1$ 次元部分 K-加群となる．したがって，$\langle u_1,u_2\rangle$をふくむ V の

$i+1$ 次元部分 K-加群の個数は，$n-1$ 次元 K-加群の $i-1$ 次元部分 K-加群の個数と一致し，この値は Ω の2点 $\langle u_1\rangle, \langle u_2\rangle$ のとり方に無関係．したがって $\boldsymbol{P}_i(n, K)$ は，ブロック・デザインとなる．あとはパラメーターの計算である．d 次元 K-加群 W の e 次元部分 K-加群の個数を $N_e(d, q)$ で表わす．$N_e(d,q)=\prod_{i=1}^{e}\dfrac{q^{d-i+1}-1}{q^i-1}$ となることを e に関する帰納法で示す．すでに $|\Omega|$ の計算において示したように $N_1(d,q)=\dfrac{q^d-1}{q-1}$ となり，$e=1$ のときは正しい．$\{(U_1, U_2)\,|\,U_1, U_2$ はそれぞれ W の $e+1$ 次元，e 次元部分 K-加群で $U_1\supset U_2\}$ に入る元の個数を2通りに数える．U_1 のとり方の個数は $N_{e+1}(d,q)$，その各 U_1 に対して U_2 のとり方の個数は，$N_e(e+1,q)$．したがって，総計 $N_{e+1}(d,q)N_e(e+1,q)$ となる．他方，U_2 のとり方の個数は $N_e(d,q)$，各 U_2 に対して U_1 のとり方の個数は W/U_2 の1次元部分 K-加群の個数に等しく $N_1(d-e,q)$．したがって，総計 $N_e(d,q)N_1(d-e,q)$ となり，

$$N_{e+1}(d,q) = N_e(d,q)N_1(d-e,q)/N_e(e+1,q)$$

をうる．これから帰納法の仮定により，$N_{e+1}(d,q)$ が求める形であることは見易い．故に先に行なった考察により，$\lambda=N_{i-1}(n-1,q)$ をうる．定理5.1により，b, r の値は得られる．▌

このブロック・デザイン $\boldsymbol{P}_i(n, K)$ を，射影空間 $\boldsymbol{P}(n, K)$ の点と i 次元部分空間から定義される**射影デザイン**とよぶ．とくにこのうち，$\boldsymbol{P}_{n-1}(n, K)$ は対称デザインで，そのパラメーターは $v=b=(q^{n+1}-1)/(q-1)$, $k=r=(q^n-1)/(q-1)$, $\lambda=(q^{n-1}-1)/(q-1)$ である．また，$\boldsymbol{P}_1(n, K)$ はつぎの性質をもつ $((q^{n+1}-1)/(q-1), q+1, 1)$-デザインであることは容易にたしかめられる．

(i) Ω の相異なる2点 p_1, p_2 に対して，これらをふくむブロックはただ1つ定まる．（∵ $p_i=\langle v_i\rangle$ とすると $\langle v_1, v_2\rangle$ は2次元で，$[\langle v_1, v_2\rangle]$ が p_1, p_2 をふくむただ1つのブロックである．）このブロックを $\overline{p_1p_2}$ で表わし，p_1, p_2 を通る**直線**とよぶ．

(ii) 各直線は少くとも3点をふくむ．（∵ 直線上の点の個数は $q+1\geq 3$.）

(iii) $\Omega\ni p_1, p_2, p_3, p_4, p_5$ を相異なる点で $\overline{p_1p_2}\not\ni p_3, \overline{p_1p_3}\ni p_4, \overline{p_2p_3}\ni p_5$ を満たすとすると，$\overline{p_1p_2}\cap\overline{p_4p_5}\neq\phi$ が成り立つ．（∵ $p_i=\langle v_i\rangle$ とする．$U=\langle v_1, v_2, v_3\rangle$, $U_1=\langle v_1, v_2\rangle$, $U_2=\langle v_4, v_5\rangle$ とおくと $\dim_K U=3$, $\dim_K U_1=\dim_K U_2=2$, $U=U_1+U_2$ となるから，定理4.4より $\dim_K(U_1\cap U_2)=1$, i. e. $\overline{p_1p_2}\cap\overline{p_4p_5}\neq\phi$ を

うる.)

射影空間 $\boldsymbol{P}(n,K)$ の超平面 $[H]$ を1つ定め,

$$\tilde{\Omega} = \Omega-[H],$$
$$\tilde{\mathfrak{B}} = \{\tilde{B}\mid \tilde{B}=[B]-[B\cap H], B\not\subseteq H, [B]\in\mathfrak{B}\}$$

により定まる結合構造を $\boldsymbol{A}=\boldsymbol{A}(n,K)$ と表わし，これを $\boldsymbol{P}(n,K)$ の**超平面** $[H]$ **に関して定まる** K **上の** n **次元アフィン空間**とよぶ．この構造は $[H]$ のとり方によらず一意的に定まることは見易い．

$$\tilde{\mathfrak{B}}^{(i)} = \{\tilde{B}\mid \tilde{B}=[B]-[B\cap H],\ B\not\subseteq H,\ [B]\in\mathfrak{B}^{(i)}\}$$

とおくと，$\tilde{\mathfrak{B}}$ は $\tilde{\Omega}=\tilde{\mathfrak{B}}^{(0)}, \tilde{\mathfrak{B}}^{(1)}, \cdots, \tilde{\mathfrak{B}}^{(n)}$ の集合としての直和となる．$\tilde{\mathfrak{B}}^{(i)}$ の元をアフィン空間 $\boldsymbol{A}$ の i **次元部分空間**とよぶ．とくに，$\tilde{\Omega}=\tilde{\mathfrak{B}}^{(0)}, \tilde{\mathfrak{B}}^{(1)}, \tilde{\mathfrak{B}}^{(2)}, \tilde{\mathfrak{B}}^{(n-1)}$ の元をそれぞれ $\boldsymbol{A}$ の**点**，**直線**，**平面**，**超平面**とよぶ．また，各 i に対して，$\tilde{\Omega}$ と $\tilde{\mathfrak{B}}^{(i)}$ で定義される結合構造 $(\tilde{\Omega}, \tilde{\mathfrak{B}}^{(i)})$ を $\boldsymbol{A}_i(n,K)$ で表わす．$\boldsymbol{P}$ の場合と同様に，つぎの定理が得られる．

定理 5.14 $1\leq i\leq n-1$ に対して，$\boldsymbol{A}_i(n,K)$ はブロック・デザインとなり，そのパラメーターは

$$v = q^n,\quad b = q^{n-i}N_i(n,q),\quad k = q^i,\quad r = N_i(n,q),$$
$$\lambda = N_{i-1}(n-1,q).$$

ここで，$|K|=q$，$N_e(d,q)$ は定理5.13にあたえられたものである．

証明 $v=|\tilde{\Omega}|=|\Omega-[H]|=(q^{n+1}-1)/(q-1)-(q^n-1)/(q-1)=q^n$．$\mathfrak{B}^{(i)}\ni[U]$ に対して，$U\not\subseteq H$ とすると，定理4.4より，$U\cap H$ は H の i 次元部分 K-加群となる．逆に H の i 次元部分 K-加群 U_0 に対して，$U_0\subsetneq U\not\subseteq H$ なる V の $i+1$ 次元部分 K-加群 U は $\langle U_0, u\rangle, u\notin H$, と書けるから，その個数は $(q^{n+1}-q^n)/(q^{i+1}-q^i)=q^{n-i}$ である．したがって $b=|\tilde{\mathfrak{B}}^{(i)}|=q^{n-i}N_i(n,q)$．$\tilde{\mathfrak{B}}^{(i)}\ni B$ とすると，$\exists U\in\mathfrak{B}^{(i)}$，$U\not\subseteq H$ で，$B=[U]-[U\cap H]$．故に $k=|B|=(q^{i+1}-1)/(q-1)-(q^i-1)/(q-1)=q^i$．したがって $k=q^i$ をうる．r,λ についてはほとんど明らかで，したがって定理の主張が得られる．∎

この $\boldsymbol{A}_i(n,K)$ を体 K 上の n 次元アフィン空間の点と i 次元部分空間から定義される**アフィン・デザイン**とよぶ．$n=2$ とすると，$\boldsymbol{P}_1(2,K)$，$\boldsymbol{A}_1(2,K)$ は§5.1において定義した射影平面，アフィン平面となっている．$\boldsymbol{P}_1(2,K)$，$\boldsymbol{A}_1(2,K)$ をそれぞれ，**体** K **上で定義された射影平面**，**アフィン平面**とよぶ．

最後に$\boldsymbol{A}(n,k)$の次の性質に注意する．Hに入らないVの元を1つ定め，それをeとする．$V=\langle e\rangle\oplus H$より，$\boldsymbol{A}$の元$\langle v\rangle, v\notin H$，に対して，$\langle v\rangle=\langle e+\tilde{v}\rangle$により$H$の元$\tilde{v}$が一意的に定まり，逆に$H$の元$\tilde{u}$に対して$\boldsymbol{A}$の元$\langle e+\tilde{u}\rangle$が定まる．これにより，$\boldsymbol{A}$の点と$H$の元の間に1対1の対応をつけることができる．この対応により，$\boldsymbol{A}$のr次元部分空間$[U]-[U\cap H]$，UはVの$r+1$次元部分K-加群，には，$\tilde{U}=\{\tilde{v}\in H|e+\tilde{v}\in U\}$が対応するが，$\tilde{U}$の元$\tilde{v}_0$を1つ定めると，$H$の元$\tilde{v}$に対して，$\tilde{v}\in\tilde{U}\Leftrightarrow e+\tilde{v}\in U\Leftrightarrow\tilde{v}-\tilde{v}_0\in U\cap H\Leftrightarrow\tilde{v}\in\tilde{v}_0+(U\cap H)$より$\tilde{U}=\tilde{v}_0+(U\cap H)$となる．すなわち，$\boldsymbol{A}$の$r$次元部分空間$[U]-[U\cap H]$に対しては，$H$の$r$次元部分$K$-加群$U\cap H$による剰余類が1つ対応する．逆に$H$の任意の$r$次元部分$K$-加群$H_0$による剰余類の1つ$\tilde{u}_0+H_0$に対して，$\langle e+\tilde{u}_0, H_0\rangle=W$は$V$の$r+1$次元部分$K$-加群で，これにより$\boldsymbol{A}$の$r$次元部分空間$[U]-[U\cap H]$をうる．明らかにこの対応は互いに逆の対応となっており，これにより，$\boldsymbol{A}$のr次元部分空間の全体と，Hのr次元部分K-加群による剰余類の全体との間には1対1の対応がつく．したがって，K上のn次元のアフィン空間はつぎのような結合構造$(\tilde{\Omega},\mathfrak{B})$とみることができる．

$$\tilde{\Omega}=n\text{ 次元 }K\text{-加群 }H\text{ の元の全体},$$
$$\mathfrak{B}=\bigcup_r\Big(\bigcup_{U:H\text{ の }r\text{ 次元部分 }K\text{-加群}}H/U\Big).$$

5.4 射影幾何の基本定理

ここではブロック・デザイン$\boldsymbol{P}_i(n,K)$，$\boldsymbol{A}_i(n,K)$，ただし$n-1\geq i\geq 1$，の自己同型群を決定する．射影空間$\boldsymbol{P}(n,K)$の超平面$[H]$を1つ定め，$\boldsymbol{A}(n,K)$はこのHを用いて定義されているものとする．$\boldsymbol{P}_i(n,K)=(\Omega,\mathfrak{B}^{(i)})$の自己同型写像$\sigma$が$[H]^\sigma=[H]$を満たせば，$\boldsymbol{A}_i(n,K)=(\tilde{\Omega},\tilde{\mathfrak{B}}^{(i)})$に対して$\tilde{\Omega}^\sigma=\tilde{\Omega}$，$\tilde{\mathfrak{B}}^{(i)\sigma}=\tilde{\mathfrak{B}}^{(i)}$となり，$\sigma$は$\boldsymbol{A}_i(n,K)$の自己同型写像$\tilde{\sigma}$をひきおこす．逆に$\boldsymbol{A}_i(n,K)$の自己同型写像はすべてこのようにして得られることを示す．まず自明なことではあるが一般にWをHにふくまれないVの$r+1$次元部分K-加群とするとき，$|[W]-[W\cap H]|=q^r$，ここで$q=|K|$，であり，$W-(W\cap H)$で生成されるVの部分K-加群はWとなることに注意する．$\tilde{\tau}$を$\boldsymbol{A}_i(n,K)$の自己同型写像とする．Vの$r+1$次元部分K-加群でHにふくまれないもの全体を$\mathfrak{S}_r$で表わす．$\mathfrak{S}_i$の元Uに対して$\tilde{\mathfrak{B}}^{(i)}$の元$[U]-[U\cap H]$がきまり，これから$([U]-[U\cap$

$H])^{\tilde{\tau}}=[U']-[U'\cap H]$によって$\mathfrak{S}_i$の元$U'$が定まるが，対応$U\to U'$は$\mathfrak{S}_i$の置換をひきおこしていることは見易い．この置換を$\tau'$で表わす；$U'=U^{\tau'}$．つぎに$P$を$\mathfrak{S}_j$，$j\leq i$，の元とすると，$P$は$\mathfrak{S}_i$のいくつかの元の共通部分として表わされる．$P=U_1\cap\cdots\cap U_t$，$U_k\in\mathfrak{S}_i$，と表わし$U_1^{\tau'}\cap\cdots\cap U_t^{\tau'}=P^{\tau'}$とおくと，$P^{\tau'}$は$V$の部分$K$-加群であるが

$$\begin{aligned}[P^{\tau'}]-[P^{\tau'}\cap H] &= \bigcap_{k=1}^{t}([U_k^{\tau'}]-[U_k^{\tau'}\cap H]) \\ &= \bigcap_{k=1}^{t}([U_k]-[U_k\cap H])^{\tilde{\tau}} = ([P]-[P\cap H])^{\tilde{\tau}}\end{aligned}$$

となり，したがって$P^{\tau'}\in\mathfrak{S}_j$であり，かつこれは$P$の$\mathfrak{S}_i$の元の共通部分としての表わし方に無関係に定まる．とくに$P\in\mathfrak{S}_1$とするとき，$\mathfrak{B}^{(1)}$の元$[P]-[P\cap H]$に対して$([P]-[P\cap H])^{\tilde{\tau}}$も$\mathfrak{B}^{(1)}$の元となり，$\tilde{\tau}$は$\boldsymbol{A}_1(n,K)$の自己同型写像をひきおこす．いいかえれば$\tilde{\tau}$は$\boldsymbol{A}(n,K)$の直線を直線にうつす．したがって$\boldsymbol{A}(n,K)$の任意の部分空間$\alpha$に対して$\alpha^{\tilde{\tau}}=\{\langle v\rangle^{\tilde{\tau}}\,|\,\langle v\rangle\in\alpha\}$も$\boldsymbol{A}(n,K)$の部分空間となるが，はじめの注意から$\alpha$と$\alpha^{\tilde{\tau}}$の次元は一致する．いいかえれば任意の$j$に対して$P$を$\mathfrak{S}_j$の任意の元とすると，$([P]-[P\cap H])^{\tilde{\tau}}=([P^{\tau'}]-[P^{\tau'}\cap H])$により一意的に$\mathfrak{S}_j$の元$P^{\tau'}$が定まる．さて$\tilde{\tau}$に対して$\boldsymbol{P}_j(n,K)$，$1\leq j\leq n-1$，の自己同型写像が定義されることを示す．$[H]$の元$\langle v\rangle$に対しては，$v$をふくむような$\mathfrak{S}_1$の任意の元を$P$とし$P^{\tau'}\cap H=\langle v\rangle^{\tau}$により$[H]$の元$\langle v\rangle^{\tau}$を定義する．これは$P$のえらび方によらずに$\langle v\rangle$のみにより定まる．(実際，$P_1,P_2$を$\mathfrak{S}_1$の異なる2元で$v$をふくむものとすると，$P_1^{\tau'}\neq P_2^{\tau'}$，$P_1^{\tau'},P_2^{\tau'}\subseteq(P_1+P_2)^{\tau'}$，$\dim_K(P+P)^{\tau'}=\dim_K(P+P')=3$より$P_1^{\tau'}\cap P_2^{\tau'}\neq 0$．また，$P_1\cap P_2\subseteq H$より$P_1^{\tau'}\cap P_2^{\tau'}\subseteq H$．したがって$H\cap P_1^{\tau'}=H\cap P_2^{\tau'}$が得られる.) また，$\tilde{\Omega}=\Omega-[H]$の元$\langle v\rangle$に対しては$\langle v\rangle^{\tau}=\langle v\rangle^{\tilde{\tau}}$と定義することにより$\Omega$の置換$\tau$が定義されるが，いままでのべた説明からこれが$\boldsymbol{P}_j(n,K)$の自己同型写像となっていること，$\tau$によってひきおこされる$\boldsymbol{A}_i(n,K)$の自己同型写像がはじめに与えた$\tilde{\tau}$に一致すること，$\tilde{\tau}\to\tau$が$\mathrm{Aut}\,\boldsymbol{A}_i(n,K)$から$\mathrm{Aut}\,\boldsymbol{P}_i(n,K)$の中への同型写像となること等はほとんど明らかである．したがってつぎの定理をうる．

定理 5.15 $\boldsymbol{P}(n,K)$の超平面$[H]$に関して定まるアフィン空間を$\boldsymbol{A}(n,K)$とする．ブロック・デザイン$\boldsymbol{P}_i(n,K)$の自己同型写像τが$[H]^{\tau}=[H]$を満たすとすると，τは$\boldsymbol{A}_i(n,K)$の自己同型写像$\tilde{\tau}$をひきおこす．逆に$\boldsymbol{A}_i(n,K)$の自

己同型写像はすべてこのようにして得られる．この対応$\tau\to\tilde{\tau}$によりAut $\boldsymbol{P}_i(n,K)$の部分群$G=\{\tau\in \mathrm{Aut}\,\boldsymbol{P}_i(n,K)\,|\,[H]^{\tau}=[H]\}$とAut $\boldsymbol{A}_i(n,K)$は同型となる．——

さてAut $\boldsymbol{P}_i(n,K)$の構造であるが，それは次のように定まる．

定理 5.16(射影幾何の基本定理) $n\geq 2$に対して，

$$\mathrm{Aut}\,\boldsymbol{P}_1(n,K)\simeq \mathrm{Aut}\,\boldsymbol{P}_2(n,K)\simeq\cdots\simeq \mathrm{Aut}\,\boldsymbol{P}_{n-1}(n,K)$$
$$(\simeq \mathrm{Aut}\,\boldsymbol{P}(n,K))\simeq \Gamma L(V)/Z(V).$$

証明 (a) $\mathrm{Aut}\,\boldsymbol{P}_1\simeq\mathrm{Aut}\,\boldsymbol{P}_i$, $2\leq i\leq n-1$, を示す．Aut $\boldsymbol{P}_1$, Aut $\boldsymbol{P}_i$はどちらもS^{Ω}の部分群．したがってS^{Ω}の元が$\mathfrak{B}^{(1)}$の置換をひきおこせば$\mathfrak{B}^{(i)}$の置換をひきおこすこと，およびその逆をいえばよい．Aut $\boldsymbol{P}_1\ni\sigma$とする．$V\ni v\neq 0$に対して$\langle v\rangle^{\sigma}=\langle\tilde{v}\rangle$とおく．$V\ni v_1,\cdots,v_r$が1次独立ならば，$\tilde{v}_1,\cdots,\tilde{v}_r$も1次独立で$[\langle v_1,\cdots,v_r\rangle]^{\sigma}=[\langle\tilde{v}_1,\cdots,\tilde{v}_r\rangle]$である．(実際，$\sigma\in\mathrm{Aut}\,\boldsymbol{P}_1$より，$r=2$のときは正しい．$r-1$まで正しいとする．$\tilde{v}_r\in\langle\tilde{v}_1,\cdots,\tilde{v}_{r-1}\rangle\Leftrightarrow\langle\tilde{v}_r\rangle\in[\langle\tilde{v}_1,\cdots,\tilde{v}_{r-1}\rangle]\Leftrightarrow\langle v_r\rangle\in[\langle v_1,\cdots,v_{r-1}\rangle]$．したがって$v_1,\cdots,v_r$が1次独立であれば，$\tilde{v}_1,\cdots,\tilde{v}_r$も1次独立となる．$\langle v_1,\cdots,v_r\rangle$の任意の元$u$を$u=u_1+u_2$, $u_1\in\langle v_1,\cdots,v_{r-1}\rangle$, $u_2\in\langle v_r\rangle$, と分解すると$r=2$の場合により，$\tilde{u}\in\langle\tilde{u}_1,\tilde{u}_2\rangle$．帰納法の仮定より，$\tilde{u}_1\in\langle\tilde{v}_1,\cdots,\tilde{v}_{r-1}\rangle$．したがって$\tilde{u}\in\langle\tilde{v}_1,\cdots,\tilde{v}_{r-1},\tilde{v}_r\rangle$．故に$[\langle v_1,\cdots,v_r\rangle]^{\sigma}=[\langle\tilde{v}_1,\cdots,\tilde{v}_r\rangle]$となる．) したがって$\sigma$が$\mathfrak{B}^{(i)}$の置換をひきおこしている．逆にAut $\boldsymbol{P}_i(n,K)\ni\sigma$とする．$\mathfrak{B}^{(i)}\ni[U]$に対して$[U]^{\sigma}=[\tilde{U}]\in\mathfrak{B}^{(i)}$とおく．$\mathfrak{B}^{(1)}\ni[\langle v_1,v_2\rangle]$に対して，$\langle v_1,v_2\rangle=\bigcap_j U_j$, $U_j\in\mathfrak{B}^{(i)}$, とおくと，

$$[\langle v_1,v_2\rangle]^{\sigma}=[\bigcap_j U_j]^{\sigma}=\bigcap_j[U_j]^{\sigma}=\bigcap_j[\tilde{U}_j]=[\bigcap_j\tilde{U}_j]$$

となり，これは$\mathfrak{B}^{(1)}$に入る．よってσは$\mathfrak{B}^{(1)}$の置換をひきおこす．

(b) Aut $\boldsymbol{P}_1(n,K)\simeq P\Gamma L(V)$を示す．$\Gamma L(V)\ni f$に対して，Aut $\boldsymbol{P}_1$の元$\hat{f}$をつぎのように定義する．$V\ni v$, $K\in\lambda$に対して，$(\lambda v)^f=\lambda^{\sigma}v^f$, σはKの自己同型，であるから，$\Omega\ni\langle v\rangle$に対して$\langle v^f\rangle$は(その代表$v$のとり方によらず)一意的に定まる．$\langle v\rangle^{\tilde{f}}=\langle v^f\rangle$と定義すると，$\tilde{f}$は$\Omega$上の置換である．これが$\mathfrak{B}^{(1)}$の置換をひきおこすこと，および，$f\to\tilde{f}$が$\Gamma L(V)$からAut $\boldsymbol{P}_1$への準同型写像であることはほとんど明らか．$\tilde{f}$がAut $\boldsymbol{P}_1$の単位元とすると，$V\ni\forall v$に対して，$v^f=\lambda_v v$, $\exists\lambda_v\in K$．したがって$v_1,\cdots,v_{n+1}$をVの基とすると$\lambda_{v_1}=\cdots=\lambda_{v_{n+1}}=$

$\lambda_{v_1+\cdots+v_{n+1}}$ となり，これを λ とおくと $v^f=\lambda v\ (\forall v\in V)$．すなわち，$f\in Z(V)$ となる．したがって，$\mathrm{Aut}\,\boldsymbol{P}_1\simeq P\Gamma L(V)$ を示すためには，$\mathrm{Aut}\,\boldsymbol{P}_1$ の元がすべて $\Gamma L(V)$ の元からこのようにして得られることを示せばよい．$\mathrm{Aut}\,\boldsymbol{P}_1\ni\varphi$ とする．まず，すでに(a)で示したように

（イ）　$v_1,\cdots,v_r\in V$ が1次独立で，$\langle v_i\rangle^\varphi=\langle\tilde{v}_i\rangle$ とすると，$\tilde{v}_1,\cdots,\tilde{v}_r$ は1次独立で，$[\langle v_1,\cdots,v_r\rangle]^\varphi=[\langle\tilde{v}_1,\cdots,\tilde{v}_r\rangle]$．

（ロ）　$v_1,\cdots,v_{n+1}$ を V の基とする．このとき，$V\ni u_i$, $1\leq i\leq n+1$ を，$\langle v_i\rangle^\varphi=\langle u_i\rangle$, $\langle v_1+v_i\rangle^\varphi=\langle u_1+u_i\rangle$, $2\leq i\leq n+1$，となるようにえらぶことができる．(何故ならば；まず，$\langle v_i\rangle^\varphi=\langle v_i'\rangle$ と任意に v_i', $1\leq i\leq n+1$，を定める．$u_1=v_1'$ とする．$2\leq i$ に対しては，$[\langle v_1,v_i\rangle]^\varphi=[\langle u_1,v_i'\rangle]$ より，$\langle v_1+v_i\rangle^\varphi=\langle u_1+\mu v_i'\rangle$, $0\neq\exists\mu\in K$，となるから $u_i=\mu v_i'$ とおけばよい．)

（ハ）　$\{i_2,\cdots,i_r\}\subseteq\{2,\cdots,n+1\}$ に対して，$\langle v_1+v_{i_2}+\cdots+v_{i_r}\rangle^\varphi=\langle u_1+u_{i_2}+\cdots+u_{i_r}\rangle$．(何故ならば；$r$ についての帰納法．$r=2$ は(ロ)．$r-1$ まで正しいとすると，$\langle v_1+v_{i_2}+\cdots+v_{i_{r-1}}\rangle^\varphi=\langle u_1+u_{i_2}+\cdots+u_{i_{r-1}}\rangle$, $\langle v_1+v_{i_3}+\cdots+v_{i_r}\rangle^\varphi=\langle u_1+u_{i_3}+\cdots+u_{i_r}\rangle$．よって $\langle v_1+v_{i_2}+\cdots+v_{i_r}\rangle=[\langle v_1+v_{i_2}+\cdots+v_{i_{r-1}},\ v_{i_r}\rangle]\cap[\langle v_1+v_{i_3}+\cdots+v_{i_r},v_{i_2}\rangle]$ より，$\langle v_1+v_{i_2}+\cdots+v_{i_r}\rangle^\varphi=[\langle u_1+u_{i_2}+\cdots+u_{i_{r-1}},u_{i_r}\rangle]\cap[\langle u_1+u_{i_3}+\cdots+u_{i_r},u_{i_2}\rangle]=\langle u_1+u_{i_2}+\cdots+u_{ir}\rangle$．)

（ニ）　$\{i_1,\cdots,i_r\}\subseteq\{1,\cdots,n+1\}$ に対して，$\langle v_{i_1}+\cdots+v_{i_r}\rangle^\varphi=\langle u_{i_1}+\cdots+u_{i_r}\rangle$．(何故ならば；$\{i_1,\cdots,i_r\}\ni 1$ のときは(ハ)．$\{i_1,\cdots,i_r\}\not\ni 1$ とする．$r=2$ のときは，$\mathfrak{B}^{(1)\varphi}=\mathfrak{B}^{(1)}$ より，$[\langle v_{i_1},v_{i_2}\rangle]^\varphi=[\langle u_{i_1},u_{i_2}\rangle]$．したがって $\langle v_{i_1}+v_{i_2}\rangle^\varphi=\langle u_{i_1}+\lambda u_{i_2}\rangle$．$\langle v_1+v_{i_1}+v_{i_2}\rangle=[\langle v_1,v_{i_1}+v_{i_2}\rangle]\cap[\langle v_1+v_{i_1},v_{i_2}\rangle]$ より，$\langle v_1+v_{i_1}+v_{i_2}\rangle^\varphi=[\langle v_1,v_{i_1}+v_{i_2}\rangle]^\varphi\cap[\langle v_1+v_{i_1},v_{i_2}\rangle]^\varphi=[\langle u_1,u_{i_1}+\lambda u_{i_2}\rangle]\cap[\langle u_1+u_{i_1},u_{i_2}\rangle]=\langle u_1+u_{i_1}+\lambda u_{i_2}\rangle$．他方，(ハ)より $\langle v_1+v_{i_1}+v_{i_2}\rangle^\varphi=\langle u_1+u_{i_1}+u_{i_2}\rangle$．したがって $\langle v_{i_1}+v_{i_2}\rangle^\varphi=\langle u_{i_1}+u_{i_2}\rangle$．$r>2$ については(ハ)と同じ．)

K から K への写像 σ を次のように定義する．$K\ni\lambda$ に対して，$\langle v_1,v_2\rangle\ni v_1+\lambda v_2$ より $\langle v_1+\lambda v_2\rangle^\varphi=\langle u_1+\tilde{\lambda}u_2\rangle$ と $\tilde{\lambda}\in K$ が一意的に定まる．$\lambda^\sigma=\tilde{\lambda}$ と定義する．このとき，

（ホ）　$\langle\lambda_1v_1+\cdots+\lambda_{n+1}v_{n+1}\rangle^\varphi=\langle\lambda_1{}^\sigma u_1+\cdots+\lambda_{n+1}{}^\sigma u_{n+1}\rangle$．(何故ならば；$i>1$, $\langle v_1+\lambda v_i\rangle^\varphi=\langle u_1+\lambda' u_i\rangle$ とすると，$[\langle v_1+\lambda v_2,v_i\rangle]\cap[\langle v_1+\lambda v_i,v_2\rangle]=\langle v_1+\lambda(v_2+v_i)\rangle$ より，$\langle u_1+\lambda^\sigma u_2+\lambda' u_i\rangle=\langle u_1+\lambda''(u_2+u_i)\rangle$, $\lambda''\in K$，と表わされ，$\lambda'=\lambda''=\lambda^\sigma$ と

なる．故に$\langle v_1+\lambda v_i\rangle^{\varphi}=\langle u_1+\lambda^{\sigma}u_i\rangle$．$i,j>1$，$i\neq j$ に対して$\langle v_i+\lambda v_j\rangle^{\varphi}=\langle u_i+\lambda' u_j\rangle$ とおく．$\langle v_1+v_i+\lambda v_j\rangle=[\langle v_i, v_1+\lambda v_j\rangle]\cap[\langle v_1+v_i, v_j\rangle]\cap[\langle v_1, v_i+\lambda v_j\rangle]$ より$\langle v_1+v_i+\lambda v_j\rangle^{\varphi}=\langle u_1+u_i+\lambda^{\sigma}u_j\rangle=\langle u_1+u_i+\lambda' u_j\rangle$ となり，$\lambda'=\lambda^{\sigma}$ をうる．したがって，$1\leq i, j\leq n+1$，$i\neq j$，に対してつねに，$\langle v_i+\lambda v_j\rangle^{\varphi}=\langle u_i+\lambda^{\sigma}u_j\rangle$ となる．$i\neq j$ に対して$\langle\lambda v_i+\mu v_j\rangle^{\varphi}=\langle\lambda' u_i+\mu' u_j\rangle$ とする．$k\neq i,j$ ととると，$\langle v_k+\lambda v_i+\mu v_j\rangle=[\langle v_k+\lambda v_i, v_j\rangle]\cap[\langle v_k+\mu v_j, v_i\rangle]\cap[\langle v_k, \lambda v_i+\mu v_j\rangle]$ より$\langle v_k+\lambda v_i+\mu v_j\rangle^{\varphi}=[\langle u_k+\lambda^{\sigma}u_i, u_j\rangle]\cap[\langle u_k+\mu^{\sigma}u_j, u_i\rangle]\cap[\langle u_k, \lambda' u_i+\mu' u_j\rangle]$ より$\langle\lambda' u_i+\mu' u_j\rangle=\langle\lambda^{\sigma}u_i+\mu^{\sigma}u_j\rangle$, i. e. $\langle\lambda v_i+\mu v_j\rangle^{\varphi}=\langle\lambda^{\sigma}u_i+\mu^{\sigma}u_j\rangle$ となる．r についての帰納法により$\langle\lambda_1 v_1+\cdots+\lambda_r v_r\rangle^{\varphi}=\langle\lambda_1{}^{\sigma}u_1+\cdots+\lambda_r{}^{\sigma}u_r\rangle$ を示そう．$r-1$ まで正しいとする．$\langle\lambda_1 v_1+\cdots+\lambda_r v_r\rangle=[\langle\lambda_1 v_1+\cdots+\lambda_{r-1}v_{r-1}, v_r\rangle]\cap[\langle v_1, \lambda_2 v_2+\cdots+\lambda_r v_r\rangle]$ より，$\langle\lambda_1 v_1+\cdots+\lambda_r v_r\rangle^{\varphi}=[\langle\lambda_1{}^{\sigma}u_1+\cdots+\lambda_{r-1}{}^{\sigma}u_{r-1}, u_r\rangle]\cap[\langle u_1, \lambda_2{}^{\sigma}u_2+\cdots+\lambda_r{}^{\sigma}u_r\rangle]=\langle\lambda_1{}^{\sigma}u_1+\cdots+\lambda_r{}^{\sigma}u_r\rangle$.）

（へ）σ は K の自己同型である．(何故ならば；まず定義より $\lambda\neq 0\Leftrightarrow\lambda^{\sigma}\neq 0$ である．$\lambda\neq 0$ として，$\langle\lambda v_1+v_2\rangle=\langle v_1+\lambda^{-1}v_2\rangle$ より$\langle\lambda^{\sigma}u_1+u_2\rangle=\langle u_1+(\lambda^{-1})^{\sigma}u_2\rangle$．よって$(\lambda^{\sigma})^{-1}=(\lambda^{-1})^{\sigma}$．$\langle v_1+\lambda\mu v_2\rangle=\langle\lambda^{-1}v_1+\mu v_2\rangle$ より，同様にして，$(\lambda\mu)^{\sigma}=((\lambda^{-1})^{\sigma})^{-1}\mu^{\sigma}=\lambda^{\sigma}\mu^{\sigma}$．$\langle v_1+(\lambda+\mu)v_2+v_3\rangle=[\langle v_1+\lambda v_2, v_3+\mu v_2\rangle]\cap[\langle v_1+v_3, v_2\rangle]$ より$\langle u_1+(\lambda+\mu)^{\sigma}u_2+u_3\rangle=\langle u_1+(\lambda^{\sigma}+\mu^{\sigma})u_2+u_3\rangle$．故に$(\lambda+\mu)^{\sigma}=\lambda^{\sigma}+\mu^{\sigma}$.）

以上の考察より，Aut $\boldsymbol{P}_1$ の元 φ に対して，V の基 $v_1, v_2, \cdots, v_{n+1}$ を与えると，これに対して(ロ)により V のいま1つの基 $u_1, \cdots, u_{n+1}$，および K の自己同型 σ が定まり，これにより V から V への写像 f を

$$(\sum\lambda_i v_i)^f=\sum\lambda_i{}^{\sigma}u_i$$

と定義すると，$f\in\Gamma L(V)$ であり，φ は(b)のはじめに述べた意味で f から得られる Aut $\boldsymbol{P}_1$ の元 $\tilde{f}$ と一致する．▌

第2章　有限群の基礎的性質

§1　Sylow の定理

有限群 G の部分群の位数は G の位数の約数であったが(第1章定理 2.5)，逆に G の位数の約数を与えたとき，一般にそれを位数とする部分群が存在するとは限らない．つぎの定理は或る(特別な)位数の部分群の存在を保障するもので，有限群におけるもっとも基本的な定理である．

定理 1.1 (Sylow)　G を有限群とする．p を素数とし，p^m を G の位数を割る p の最高巾とする．

(1)　G は位数が p^m の部分群をふくむ．このような部分群を G の **Sylow p-部分群** (p-Sylow 部分群，または単に Sylow 部分群) とよぶ．

(2)　G の任意の p-部分群は G の或る Sylow p-部分群にふくまれる．

(3)　G の Sylow p-部分群はすべて G-共役である．

(4)　G の Sylow p-部分群の個数を r とすると $r\equiv 1 \pmod p$ である．

証明　(1)　Ω を G の部分集合で p^m 個の元からなるもの全体とする．G の元 σ は Ω の置換：$S\to S\sigma\ (S\in\Omega)$ をひきおこし，これにより G は Ω 上の作用となる．

G の位数を g とすると $|\Omega|=g!/(g-p^m)!p^m!$ であるが，$p^m \top g$ なること，および一般に整数 n に対して $n!$ を割り切る p の巾は $\sum_{i\geq 1}[n/p^i]$ (ここで $[r]$ は r 以下の最大の整数を表わす) となることから，$|\Omega|\not\equiv 0 \pmod p$ をうる．よって，(G,Ω) の軌道 Γ で $|\Gamma|\not\equiv 0 \pmod p$ なるものが存在する．$\Gamma\ni S$ に対して，$|G|=|\Gamma||G_S|\equiv 0 \pmod{p^m}$ より $|G_S|\equiv 0 \pmod{p^m}$．一方，$S\supseteq SG_S\supseteq \alpha G_S\ (\alpha\in S)$ より $p^m=|S|\geq|\alpha G_S|=|G_S|$ となり G_S は位数 p^m の G の部分群である．

(2)　(1)の記号をそのまま用いる．P を任意の p-部分群とする．(P,Γ) の軌

道の長さは第1章定理2.11によりすべて $|P|$ の約数．したがって，その軌道の中に長さ1のもの，すなわち，P により固定されるものが存在する．それを S とすれば $P\leq G_S$ で，P は Sylow p-部分群 G_S の部分群となる．

(3) (2)において P を Sylow p-部分群とすれば，$\Gamma\ni\exists S$ により $P=G_S$ と書ける．(G,Γ) は可移であるから，Γ の任意の2元 S_1,S_2 に対して $S_1\sigma=S_2$ となる G の元 σ が存在する．したがって $G_{S_2}=G_{S_1\sigma}=G_{S_1}{}^{\sigma}$ となり，すべての Sylow p-部分群は G-共役となる．

(4) $\varDelta$ を G の Sylow p-部分群の全体とする．G の元 σ は $\varDelta$ から $\varDelta$ への写像；$P\to P^{\sigma}=a^{-1}P\sigma\,(P\in\varDelta)$ をひきおこし，これにより G は $\varDelta$ 上の作用となる．H を G の Sylow p-部分群の1つとする．$(H,\varDelta)$ の軌道の長さは $|H|$ の約数で，したがって p の巾である．P を $(H,\varDelta)$ の固定点とすると，$H\leq G_P$，すなわち，$\sigma^{-1}P\sigma=P\ (\forall\sigma\in H)$ となり $H\leq\mathscr{N}_G(P)$．H と P は $\mathscr{N}_G(P)$ の Sylow p-部分群であるから，(3)により H と P は $\mathscr{N}_G(P)$-共役となり，$P=H$．したがって $(H,\varDelta)$ はただ1つの固定点 $P=H$ をもち，他の軌道の長さはすべて p で割り切れる．したがって $|\varDelta|=r\equiv 1\pmod p$． ▌

Sylow 部分群についてのつぎの性質はいずれも，その定義および Sylow の定理より容易に得られる．

定理 1.2 P を G の Sylow p-部分群，Q を G の p-部分群とする．

(1) $Q\leq P\Leftrightarrow Q\leq\mathscr{N}_G(P)$

(2) Q をふくむ G の Sylow p-部分群の個数を r とすると $r\equiv 1\pmod p$ である．

(3) N を G の正規部分群とすると，$P\cap N$，PN/N はそれぞれ N, G/N の Sylow p-部分群である．

(4) H を $\mathscr{N}_G(P)$ をふくむ G の部分群とすれば，$\mathscr{N}(H)=H$ である．

証明 (1) $\Rightarrow$ は自明．$\Leftarrow$ は同型定理より $QP/P\simeq Q/Q\cap P$，したがって QP は G の p-部分群となり，$QP=P$．

(2) これは定理1.1, (4)の拡張で，証明も同じように出来る．$\varDelta$ を G の Sylow p-部分群の全体とし，共役作用による置換表現 $(Q,\varDelta)$ の軌道分解を考える．その軌道の長さはすべて p の巾であるから，定理1.1, (4)より長さ1の軌道の個数は p を法として1となるが，一方，長さ1の軌道の個数 $= \mathscr{N}_G(P) \geq Q$ となる Sylow p-部分群 P の個数

$\underset{(1)}{=} P \geq Q$ となる Sylow p-部分群 P の個数

となり，主張をうる．

(3)　同型定理より位数を比較すれば明らか．

(4)　$\mathscr{N}_G(H) \ni \sigma$ に対して，$H = H^\sigma \geq P^\sigma$ より P, P^σ は H の Sylow p-部分群．したがって H の元 τ で $(P^\sigma)^\tau = P$ となるものが存在する．これより $\sigma\tau \in \mathscr{N}_G(P)$. i. e. $\sigma \in \mathscr{N}_G(P) \cdot \tau^{-1} \subseteq \mathscr{N}_G(P)H = H$ となり $\mathscr{N}_G(H) = H$ をうる．▌

定理 1.3　$N \trianglelefteq G$，P を N の Sylow p-部分群とすると，$G = N \cdot \mathscr{N}_G(P)$.

証明　$\sigma \in G$ に対して $P^\sigma (\leq N^\sigma = N)$ は N の Sylow p-部分群となる．したがって，N の元 τ があって $P^\sigma = P^\tau$，i. e. $P^{\sigma\tau^{-1}} = P$ より $\sigma\tau^{-1} \in \mathscr{N}_G(P)$ となり，$G = N \cdot \mathscr{N}_G(P)$ をうる．▌

§2　直積と半直積

G_1, G_2 を群とする．直積集合 $G = G_1 \times G_2$ の2元 (σ_1, σ_2)，(τ_1, τ_2) の積を $(\sigma_1, \sigma_2)(\tau_1, \tau_2) = (\sigma_1\tau_1, \sigma_2\tau_2)$ により定義すれば，これにより G が群となることは見易い．単位元は $(1, 1)$ であり，(σ, τ) の逆元は (σ^{-1}, τ^{-1}) である．この群 G を群 G_1, G_2 の**直積**とよび，$G_1 \times G_2$ で表わす．このとき，$H_1 = \{(\sigma, 1) \mid \sigma \in G_1\}$，$H_2 = \{(1, \sigma) \mid \sigma \in G_2\}$ とおくと，$H_i \simeq G_i$，H_i は G の正規部分群，$G = H_1H_2$，$H_1 \cap H_2 = 1$ となることは見易い．逆に G を群とし，その正規部分群 H_1, H_2 があって条件

(2.1)　　$G = H_1H_2, \quad H_1 \cap H_2 = 1$

を満たすとすれば，G の元は $\sigma_1\sigma_2$ $(\sigma_i \in H_i)$ と一意的に表わされ，$\sigma_1\sigma_2$ を $H_1 \times H_2$ の元 (σ_1, σ_2) に対応させることにより，群 G と群 $H_1 \times H_2$ は同型となる．G の正規部分群 H_1, H_2 が条件(2.1)を満たすとき，G は(正規)部分群 H_1, H_2 の**直積**であるといい，$G = H_1 \times H_2$ と表わす．

以上の考察は直ちに n 個の群，および部分群の直積の概念に拡張される．$G_1, \cdots, G_n$ を群とする．その直積集合 $G = G_1 \times \cdots \times G_n$ の2元 $(\sigma_1, \cdots, \sigma_n)$，$(\tau_1, \cdots, \tau_n)$ の積を $(\sigma_1\tau_1, \cdots, \sigma_n\tau_n)$ と定義すればこれにより G は群となる．これを群 $G_1, \cdots, G_n$ の直積とよぶ．このとき $H_i = \{(\sigma_1, \cdots, \sigma_n) \mid \sigma_j = 1, \forall j \neq i\}$ とおくと，

$H_1, \cdots, H_n$ は G の正規部分群で, $H_i \simeq G_i\ (i=1, \cdots, n)$, $G=H_1 \cdots H_n$, $H_1 \cdots H_i \cap H_{i+1}=1\ (i=1, \cdots, n-1)$ となる. 逆に G を群とし, $H_1, \cdots, H_n$ が G の正規部分群であって

$$G = H_1 \cdots H_n, \quad H_1 \cdots H_i \cap H_{i+1} = 1, \quad i = 1, \cdots, n-1$$

を満たすとき, G は(正規)部分群 $H_1, \cdots, H_n$ の**直積**であるといい, $G=H_1 \times \cdots \times H_n$ で表わす.

つぎの定理は定義より容易に得られる.

定理 2.1 $H_1, \cdots, H_n$ を群 G の正規部分群とする. このとき,

(1) G が $H_1, \cdots, H_n$ の直積である $\Leftrightarrow$ G の任意の元は H_i の元 $\sigma_i\ (i=1, \cdots, n)$ の積 $\sigma=\sigma_1 \cdots \sigma_n$ として一意的に表わされる.

(2) $G=H_1 \times \cdots \times H_n$ とすると, $[H_i, H_j]=1$, $\forall i, j (\neq)$, である. また, N を H_i の正規部分群とすれば, N は G の正規部分群となる. ——

G を有限群, N を G の極小正規部分群, N_0 を N の極小正規部分群とすると, N は N_0 と G–共役ないくつかの正規部分群 $N_1, \cdots, N_r$ の直積となる. ($\because$ N の部分群で N_0 と G–共役のいくつかの部分群の直積と表わされるものの中で極大なものを考え, それを $\tilde{N}$ とする, i.e. $\tilde{N}=N_1 \times \cdots \times N_r$ で N_i は N_0 と G–共役である. もし $N \gneq \tilde{N}$ とすると, N が G の極小正規部分群であることから, G の或る元 σ があって $\tilde{N}^\sigma \neq \tilde{N}$, i.e. 或る i があって $\tilde{N} \ngeq N_i^\sigma$ となる. $N \trianglerighteq \tilde{N}$, $N \trianglerighteq N_i^\sigma$, $\tilde{N} \cap N_i^\sigma=1$ より $N \geq \tilde{N} N_i^\sigma=\tilde{N} \times N_i^\sigma=N_1 \times \cdots \times N_r \times N_i^\sigma$ となり $\tilde{N}$ のえらび方に反する.) 定理 2.1(2) により N_i の正規部分群は N の正規部分群となるから, N_i は単純群となる. したがって, つぎの定理が得られる.

定理 2.2 G を有限群, N を G の極小正規部分群とすると, N はいくつかの同型な単純群の直積となる.

定理 2.3 H を2つの群 G_1, G_2 の直積 $G_1 \times G_2$ の部分群とし, $\{\sigma \in G_1 | (\sigma, \tau) \in H, \exists \tau \in G_2\}=G_1$, $\{\tau \in G_2 | (\sigma, \tau) \in H, \exists \sigma \in G_1\}=G_2$ と仮定する. このとき, $N_1=\{a \in G_1 | (a, 1) \in H\}$, $N_2=\{b \in G_2 | (1, b) \in H\}$ とおくと, つぎの(1), (2)が成り立つ.

(1) $N_i \trianglelefteq G_i, \quad i=1, 2$

(2) $G_1/N_1 \simeq G_2/N_2$

証明 (1)は容易である. (2) $x \in G_2$ に対して, $xN_2 \in G_2/N_2$ を $\bar{x}$ で表わす.

仮定より G_1 の任意の元 σ に対して H の元 (σ,τ), $\exists\tau\in G_2$, が存在するが，もし G_2 のいま1つの元 τ' に対して $(\sigma,\tau')\in H$ とすると，$(1,\tau\tau'^{-1})\in H$ となり，$\tau\tau'^{-1}\in N_2$, i.e. $\bar{\tau}=\bar{\tau}'$. したがって $(\sigma,\tau)\in H$ に対して $\bar{\tau}\in G_2/N_2$ は σ により一意的に定まる．G_1 から G_2/N_2 へのこの写像は上への準同型写像で，N_1 がその核となることは見易い．▌

$N\trianglelefteq G$, $K\leq G$ とするとき，$NK=KN$ となり，これは G の部分群となるが，とくにこれが $G=NK$, $K\cap N=1$ を満たしているとき，G は部分群 N, K の(正確には正規部分群 N と部分群 K の)**半直積**であるという．このとき，共役作用により K は N 上の作用となっているが，K の元の作用は N の自己同型写像をひきおこしている．逆に，$\tilde{K}, \tilde{N}$ を群とし，$\tilde{K}$ が $\tilde{N}$ 上に作用していて，$\tilde{K}$ の元の作用が $\tilde{N}$ の自己同型写像をひきおこしているとする．このとき，直積集合 $\tilde{K}\times\tilde{N}$ の2元 (τ_1,σ_1), (τ_2,σ_2) の積を

$$(\tau_1,\sigma_1)(\tau_2,\sigma_2)=(\tau_1\tau_2, {\sigma_1}^{\tau_2}\sigma_2)$$

と定義すると，$\tilde{K}\times\tilde{N}$ がこの積により群となることは見易い．これを群 $\tilde{K}$, $\tilde{N}$ の**半直積**とよび $\tilde{K}\tilde{N}$(または $\tilde{N}\tilde{K}$)と表わす．このとき，$K=\{(\tau,1)\,|\,\tau\in\tilde{K}\}$, $N=\{(1,\sigma)\,|\,\sigma\in\tilde{N}\}$ とおくと，

$$K\simeq\tilde{K},\quad N\simeq\tilde{N},\quad \tilde{K}\tilde{N}\triangleright N,\quad \tilde{K}\tilde{N}=KN,\quad K\cap N=1$$

を満たし，したがって $\tilde{K}\tilde{N}$ は $\tilde{K}$ と同型な部分群 K, $\tilde{N}$ と同型な正規部分群 N との半直積となる．直積は半直積の特別な場合，i.e. K(または $\tilde{K}$)の元のひきおこす N(または $\tilde{N}$)の自己同型写像がすべて恒等写像の場合である．

G が部分群 K, 正規部分群 N の半直積である場合，$G\ni\sigma$ に対して $G=G^\sigma=(KN)^\sigma=K^\sigma N$, $K^\sigma\cap N=(K\cap N)^\sigma=1$ より G は K^σ と N の半直積ともなるが，一般にはさらに，K と共役でない部分群 H があって G が H と N の半直積となることもおこる．N が可換群の場合について，その様子をしらべる．

N を可換群，K は N に作用している群で K の元は N の自己同型写像をひきおこしているとする．K から N への写像 f が，

$$f(\sigma\tau)=f(\sigma)^\tau f(\tau),\qquad \forall\sigma,\tau\in K \tag{2.2}$$

を満たすとき，これを N の K-**係数の微分**とよび，その全体を $\mathrm{Der}(K,N)$ で表わす．N の元 x_0 を定めて

$$f_{x_0}(\sigma)={x_0}^\sigma {x_0}^{-1},\qquad \forall\sigma\in K$$

で定義される K から N への写像 f_{x_0} は(2.2)を満たす．これを N の K–係数の**内部微分**とよび，その全体を $\mathrm{Inn}(K,N)$ と表わす．$\mathrm{Der}(K,N)$ の2元 f,g に対して

$$(fg)(\sigma)=f(\sigma)g(\sigma),\qquad \forall\sigma\in K$$

により K から N への写像 fg を定義すれば，fg も(2.2)を満たし，この演算で $\mathrm{Der}(K,N)$ は可換群となり，$\mathrm{Inn}(K,N)$ はその部分群となる．$\mathrm{Der}(K,N)$ の単位元 f_0 は $f_0(\sigma)=1,\ \forall\sigma\in K$, であり，また $f\in\mathrm{Der}(K,N)$ に対してその逆元 g は $g(\sigma)=f(\sigma)^{-1},\ \forall\sigma\in K$, である．$\mathrm{Der}(K,N)$ の $\mathrm{Inn}(K,N)$ による剰余群を $H^1(K,N)$ と書き，N の K–係数の**1次元コホモロジー群**とよぶ，

$$H^1(K,N)=\mathrm{Der}(K,N)/\mathrm{Inn}(K,N).$$

N を群 G の可換な正規部分群，K を G の部分群とし，G が K と N の半直積であるとする．さらに G が或る部分群 K_1 と N との半直積と表わされたとすると，K,K_1 は共に剰余類群 G/N の代表系となる．したがって K から K_1 への写像 φ を $\sigma N=\varphi(\sigma)N,\ \forall\sigma\in K$, により定義すれば，これは K と K_1 の同型対応を与える．$\varphi(\sigma)=\sigma f(\sigma),\ f(\sigma)\in N$, と表わすと，$f$ は K から N への写像で，

$$\begin{array}{l}\varphi(\sigma)\varphi(\tau)=\varphi(\sigma\tau)=\sigma\tau f(\sigma\tau)\\ \quad\ \ \|\\ \sigma f(\sigma)\tau f(\tau)=\sigma\tau f(\sigma)^{\tau}f(\tau),\qquad \sigma,\tau\in K.\end{array}$$

すなわち

$$f(\sigma\tau)=f(\sigma)^{\tau}f(\tau),\qquad \forall\sigma,\tau\in K$$

を満たし，f は $\mathrm{Der}(K,N)$ の元となる．逆に $\mathrm{Der}(K,N)\ni f$ に対して $K_1=\{\sigma f(\sigma)\,|\,\sigma\in K\}$ とおくと，K_1 が G の部分群で，G が K_1 と N の半直積となることは見易い．したがって G の部分群の集合 $\mathfrak{M}=\{\tilde{K}\,|\,G=\tilde{K}N,\ N\cap\tilde{K}=\{1\}\}$ と $\mathrm{Der}(K,N)$ の間には，この対応により1対1の対応が存在する．このとき，K_1,K_2 を $\mathfrak{M}$ の2元とし，f_1,f_2 を対応する $\mathrm{Der}(K,N)$ の元とする，i.e. $K_i=\{\sigma f_i(\sigma)\,|\,\sigma\in K\}$．$G=K_iN$ より，K_1,K_2 が G–共役であることと，K_1,K_2 が N–共役であることは同等である．$a\in N$ に対して $K_2=aK_1a^{-1}$ とすると，$f_2(\sigma)=a^{\sigma}a^{-1}f_1(\sigma),\ \forall\sigma\in K$, となる（$\because$ $\sigma' f_2(\sigma')=a\sigma f_1(\sigma)a^{-1}$ とする．

$$a\sigma f_1(\sigma)a^{-1}=\sigma\sigma^{-1}a\sigma f_1(\sigma)a^{-1},\qquad \sigma^{-1}a\sigma f_1(\sigma)a^{-1}\in N$$

であるから，$\sigma'=\sigma,\ f_2(\sigma)=a^{\sigma}a^{-1}f_1(\sigma)$ をうる）．したがって $f_2f_1^{-1}\in\mathrm{Inn}(K,N)$

となる．逆に或る N の元 a があって $(f_2f_1^{-1})(\sigma)=a^\sigma a^{-1}$, $\forall\sigma\in K$, とすると，$K_2=aK_1a^{-1}$ となることは明らか．したがって

$$K_1 \text{ と } K_2 \text{ が } G\text{–共役} \Leftrightarrow K_1 \text{ と } K_2 \text{ が } N\text{–共役}$$
$$\Leftrightarrow f_1f_2^{-1}\in \mathrm{Inn}(K,N)$$

が成り立ち，これにより $\mathfrak{M}$ の G–共役による類別集合と $H^1(K,N)$ の間に1対1の対応が存在する．以上まとめると，つぎの定理になる．

定理 2.4　N を群 G の可換な正規部分群，G は部分群 K と N の半直積とする．このとき，G の部分群の集合 $\mathfrak{M}=\{K_1\leq G\,|\,G=K_1N,\ K_1\cap N=\{1\}\}$ の G–共役類の個数は群 $H^1(K,N)$ の位数と一致する．——

N を群，K を集合 $\Omega=\{1,2,\cdots,n\}$ 上の置換群とする．$N_1,\cdots,N_n$ を N と同型な群とし，各 i に対して N から N_i への同型写像を1つずつ定めて，それを φ_i とする．$H=N_1\times\cdots\times N_n$ とし，K の元 σ に対して H から H への写像 $\tilde{\sigma}$ を

$$(\varphi_1(x_1),\cdots,\varphi_n(x_n))^{\tilde{\sigma}}=(\varphi_1(x_{1^{\sigma^{-1}}}),\cdots,\varphi_n(x_{n^{\sigma^{-1}}}))$$

と定義すると，$\tilde{\sigma}$ は H の自己同型写像をひきおこし，K は H 上の作用となる．これによる半直積 KH を群 N と置換群 (K,Ω) の **Wreath 積**とよび $N\wr K$ と記す．この場合 $N\wr K$ の位数が $|N|^n|K|$ となることは見易い．

§3　正　規　列

$G_0,G_1,\cdots,G_n$ を群 G の部分群とする．これらが

$$G_i\trianglerighteq G_{i+1},\quad i=0,1,\cdots,n,\quad G_0=G, G_n=1$$

を満たしているとき，$\{G_i\,|\,i=0,\cdots,n\}$ を G の**正規列**とよび，n をその長さ，各剰余群 G_i/G_{i+1} をその**因子**，因子の全体 $\{G_i/G_{i+1}\,|\,i=0,\cdots,n-1\}$ をその**因子列**とよぶ．因子列に現われるすべての因子が $\{1\}$ でない単純群であるような正規列 $\{G_i\,|\,i=0,\cdots,n\}$ を**組成列**とよび，n をその**組成列の長さ**，その因子を**組成因子**とよぶ．G の2つの正規列 $\{G_i\,|\,i=0,\cdots,n\}$，$\{H_j\,|\,j=0,\cdots,m\}$ において，(i) $n\geq m$, (ii) $\{0,\cdots,n\}\supseteq\exists\{i_0,\cdots,i_m\}$ があって $G_{i_j}=H_j\ (j=0,\cdots,m)$ が成り立つとき，$\{G_i\,|\,i=0,\cdots,n\}$ を $\{H_j\,|\,j=0,\cdots,m\}$ の細分であるという．

定理 3.1　G を有限群とする．

(1)　G の正規列 $\{G_i\,|\,i=0,\cdots,n\}$ で $G_i\neq G_{i+1}, i=0,\cdots,n,$ となるものに対して，

$\{G_i|i=0,\cdots,n\}$の細分となるような組成列が存在する.

(2) Gの組成列の長さは組成列のとり方によらず一意的に定まる. また, 組成因子列も, その順序を度外視して, Gにより一意的に定まる.

証明 Gは有限群であるから, (1)は明らかに成り立つ. Gの組成列の長さの最小値をnとし, nについての帰納法により(2)を示す. $n=1$のときは明らかに成り立っている. $n>1$とし, $\{G_i|i=0,\cdots,n\}$をGの長さnの組成列, $\{H_j|j=0,\cdots,m\}$をGの任意の組成列とする. $G_1=H_1$のときは帰納法の仮定より$G_1=H_1$に対して(2)が成り立ち, したがって$m=n$で$\{G_i\}$と$\{H_i\}$の因子列も順序を除いて一致する. $G_1\neq H_1$のときは, $G_1/H_1\cap G_1\simeq G/H_1$から, 帰納法の仮定より$H_1\cap G_1$は長さ$n-2$の組成列をもち, これと$H_1/H_1\cap G_1\simeq G/G_1$とから$H_1\geq H_1\cap G_1\geq 1$を細分して長さ$n-1$の組成列が得られ, したがって$n=m$. 組成因子列の一意性もこれからほとんど明らか. ▌

Gの正規列$\{G_i|i=0,\cdots,n\}$がさらに$G\trianglerighteq G_i$, $G_i\neq G_{i+1}$, $1\leq i<n$, を満たすもっとも長い列のとき, これを**主組成列**, また$G\trianglerighteq G_i$, $G_i\neq G_{i+1}$, $1\leq i<n$, を満たすもっとも長い列のとき, これを**特性組成列**とよぶ.

Gの正規列でその因子がすべて可換群となるものが存在するとき, Gを**可解群**とよぶ. 可解群の部分群, 剰余群, また2つの可解群の直積, 半直積, Wreath積などもすべて可解群となることは見易い. つぎの定理も定義よりほとんど明らかである.

定理 3.2 Gを有限群とする. このときつぎの条件(1), (2), (3)は同値である.

(1) Gは可解群である.

(2) $D^{(n)}(G)=1$となるnが存在する.

(3) Gの組成因子はすべて素数位数の単純群である. ——

或る素数pがあって, 群Gの組成因子群がすべてp-群であるか, またはp'-群であるとき, Gを**p-可解群**とよぶ. Gに対して, $H_1=O^p$, $K_1=O_p$, $H_2=O^{p,p'}$, $K_2=O_{p,p'}$とおき, 帰納的に$H_{2i-1}=O^p(H_{2i-2})$, $H_{2i}=O^{p'}(H_{2i-1})$, $K_{2i-1}=O_p(K_{2i-2})$, $K_{2i}=O_{p'}(K_{2i-1})$と定義するとき,

(i) Gはp-可解群である,

(ii) 或る整数nがあって$H_n=1$,

(iii) 或る整数 m があって $K_m=G$,

の3条件が同等となることは見易い．また，p-可解群の部分群，剰余群，また2つの p-可解群の直積，半直積，Wreath 積などもすべて p-可解群となることは見易い．

G の正規列 $\{G_i \mid i=0,\cdots,n\}$ で，(i) $G \trianglerighteq G_i$, (ii) $Z(G/G_{i+1}) \geq G_i/G_{i+1}$, $i=0,\cdots,n-1$ を満たすものが存在するとき，G を**巾零群**とよぶ．このとき，G_i/G_{i+1} は可換群であるから，巾零群は可解群の特別な場合である．$D^{[0]}(G)=G$, $D^{[1]}=[G,G]$ とおき，G の部分群 $D^{[i+1]}(G)$ を帰納的に $D^{[i+1]}(G)=[D^{[i]}(G),G]$ により定義すると，これらの部分群が

(i) $G \trianglerighteq D^{[i]}(G)$,

(ii) $D^{[i]}(G) \geq D^{[i+1]}(G) \qquad (i=1,2,\cdots)$,

(iii) $Z(G/D^{[i+1]}(G)) \geq D^{[i]}(G)/D^{[i+1]}(G) \qquad (i=0,1,\cdots)$

を満たすことは見易い．G の部分群の列 $D^{[0]}(G), D^{[1]}(G), \cdots, D^{[i]}(G), \cdots$ を G の**降中心列**とよぶ．つぎの定理は定義から容易に得られる．

定理 3.3 有限群 G に関して，つぎの3つの条件は同値である．

(1) G は巾零群である．

(2) 或る整数 n があって $G=Z^{(n)}(G)$ となる．

(3) 或る整数 m があって $D^{[m]}(G)=\{1\}$ となる．——

有限巾零群の構造について，次の定理が成り立つ．

定理 3.4 G を有限群とする．つぎの4つの条件は同等である．

(1) G は巾零群である．

(2) G の G と異なる部分群 H に対して，つねに $\mathcal{N}_G(H) \gneqq H$ が成り立つ．

(3) G の Sylow 部分群はすべて正規部分群である．

(4) G は Sylow 部分群の直積となる．

証明 (1)⇒(2)：$G \gneqq H$ とする．G が巾零であることから，G の正規列 $\{G_i \mid i=0,\cdots,n\}$ で $Z(G/G_{i+1}) \geq G_i/G_{i+1}$ となるものが存在する．H に対して，$H \geq G_i$ で $H \ngeq G_{i-1}$ となる i が存在する．$[G,G_{i-1}] \leq G_i$ より $[H,G_{i-1}] \leq G_i \leq H$, すなわち，$\sigma^{-1}H\sigma=H \ (\forall \sigma \in G_{i-1})$ が成り立つ．したがって $\mathcal{N}_G(H) \geq G_{i-1}$ となり，$N_G(H) \gneqq H$ をうる．

(2)⇒(3)：G の Sylow p-部分群を P とする．$H=\mathcal{N}_G(P)$ とおく．定理 1.2,

(4)より $\mathcal{N}_G(H)=H$ である．したがって(2)を仮定すれば，$H=G$, i.e. $G\trianglerighteq P$ となる．

(3)⇒(4)：G の位数を割る相異なる素数を $p_1,\cdots,p_r$ とし，P_i を G の Sylow p_i-部分群とすると，$G\trianglerighteq P_i$, $G=P_1\cdots P_r$, $i\neq j$ に対しては $P_i\cap P_j=\{1\}$ より G は $P_1,\cdots,P_r$ の直積となることは明らか．

(4)⇒(1)：巾零群の直積が巾零群であることは定義からほとんど明らかであるので，p-群が巾零群となることを示せばよい．P を p-群とする．$P\neq\{1\}$ としてよい．P の元の P への作用をその内部自己同型写像で定義すれば，これにより P の $\Omega=P$ 上の作用 (P,Ω) をうる．(P,Ω) の軌道の長さは $|P|$ の約数で，したがってそれは 1 か，または p の倍数である．$\Omega=P$ の単位元は (P,Ω) の長さ 1 の軌道(固定点)であるが，$|\Omega|=p$ の巾であることから，(P,Ω) は少くとも p 個の固定点をもつ．固定点の全体が P の中心であるから，$Z(P)\neq\{1\}$．すなわち，1 でない p-群の中心は 1 でなく，したがって定理 3.3 より P は巾零群である．▌

定理 3.5　$N\neq 1$ を巾零群 G の正規部分群とすると，$N\cap Z(G)\neq 1$ である．

証明　$N^{(0)}=N, N^{(1)}=[N,G]$，帰納的に $N^{(i)}=[N^{(i-1)},G]$ と定義すると，すべての i について $N\geq N^{(i)}$, $D^{[i]}(G)\geq N^{(i)}$ であることは見易い．G の巾零性より，或る m があって $D^{[m]}=1$ であるから，$N^{(n)}\neq 1$, $N^{(n+1)}=1$ となる整数 n が存在する．$[N^{(n)},G]=1$ であるから $N^{(n)}\leq N\cap Z(G)$, i.e. $N\cap Z(G)\neq 1$ となる．▌

巾零群の部分群，剰余群は巾零群である．巾零群の直積もまた巾零群である．したがって N_1,N_2 を群 G の巾零な正規部分群とすると，N_1N_2 も巾零となる．これより G が有限群の場合は巾零な正規部分群のなかに最大のものが存在する．これを G の **Fitting 部分群**とよび，Fit(G) と書く．

§4　有限 Abel 群

定理 4.1(有限 Abel 群の基本定理)　G を有限 Abel 群とすると

(1)　G は巡回部分群の直積として表わされる．

(2)　G の巡回部分群の直積としての表わし方の中には，つぎのようなものが

存在する；$G=G_1\times\cdots\times G_r$，$G_i$ は G の巡回部分群，$n_i=|G_i|$ とするとき $n_1|n_2|\cdots|n_r$.

(3)　(2)のような表わし方は一意的とは限らないが，$\{n_1,\cdots,n_r\}$ は表わし方によらず一意的に定まる．

証明　(1)　G はもちろん巾零群であるから Sylow 群の直積と表わされる．したがって可換な p-群が巡回群の直積となることをいえばよい．G を可換 p-群とし，$|G|$ についての帰納法で証明する．σ を G の最大位数の元とし，$\{H\leq G\mid\langle\sigma\rangle\cap H=1\}$ の中で極大なものをとりそれを H とする．G において $\langle\sigma\rangle H=\langle\sigma\rangle\times H$ であるが，このとき $G=\langle\sigma\rangle\times H$ となる．(実際 $G\gneq\langle\sigma\rangle\times H$ と仮定すると $G\ni\tau\notin\langle\sigma\rangle\times H$ で $\tau^p\in\langle\sigma\rangle\times H$ なる元 τ が存在する．$\tau^p=\tau_1\tau_2$，$\tau_1\in\langle\sigma\rangle$，$\tau_2\in H$ とおく．$|\tau|\leq|\sigma|$ より，$\langle\tau_1\rangle\lneq\langle\sigma\rangle$ でしたがって $\tau_1=\sigma^{pe}$, $e\geq 1$, と書ける．$\tau\sigma^{-e}=\rho$ とおくと，$\rho\notin\langle\sigma\rangle\times H$，$\rho^p\in H$. これより $\langle\rho,H\rangle\cap\langle\sigma\rangle=1$ となり，H のとり方に反する．) $|H|<|G|$ から帰納法の仮定により H は巡回群の直積となり(1)をうる．

(2)　可換 p-群の場合は明らかである．G の Sylow 部分群をすべて巡回群の直積に分解しておき，各 Sylow 部分群の分解の中から，位数の大きい方から1つずつとり出して積をつくって行くことにより，求める直積分解が得られることはほとんど明らかである．

(3)　可換 p-群について証明すればよいことはほとんど明らかである．G を p-群とし，$G=G_1\times G_2\times\cdots\times G_r$ を巡回群の直積としての1つの表わし方とする．位数が p^i 以下の元で生成される G の部分群を H_i, $|H_i/H_{i-1}|=p^{e_i}$ とおくと，$\{G_1,\cdots,G_r\}$ の中で位数が p^i であるものの個数は e_i-e_{i+1} となる．したがってこれは分解の仕方によらず一意的に定まる．▌

この定理により定まる $(n_1,\cdots,n_r)$ を **Abel 群 G の型**という．或る素数 p に対して $(p,\cdots,p)$ 型の Abel 群を $(p$-$)$**基本 Abel 群**とよぶ．G を可換な p-群とするとき，位数 p の元で生成される G の部分群は基本 Abel 群となることは見易い．この部分群を $\Omega_1(G)$ で表わす．明らかに $\Omega_1(G)\trianglelefteq G$ である．P を位数 p の群とすると，これは p 個の元からなる有限体 $GF(p)$ の加法群と同型である．したがってこのような同型を1つ定めることにより P の元を F_p の元と同一視して P に体の構造を入れることができる．これより(演算を加法で書くことにより)p-基本 Abel 群は体 F_p 上のベクトル空間と考えることができる．たとえば，p-基本 Abel 群 G の自己同型群 $\mathrm{Aut}\,G$ は G を F_p-加群とみたときの自己同型群 $GL(G)$ と一致することは見易い．

§5　p-群

すでに定理 3.4 でみたように p-群は巾零群である．§3 で巾零群について成り立っていた事柄を p-群の場合にいいかえると，つぎの定理が得られる．

定理 5.1　P を p-群とする．このときつぎが成り立つ．

(1)　$Z(P) \neq \{1\}$

(2)　$H \lneqq P \Rightarrow H \lneqq \mathcal{N}_P(H)$

(3)　H が P の極大部分群であれば，$H \trianglelefteq P, [P:H]=p$ である．

(4)　P が非可換 $\Rightarrow$ $|P:Z(P)| \geq p^2$

(5)　$|P| = p^2 \Rightarrow P$ は可換群

(6)　$|P| \geq p^2 \Rightarrow |P:D(P)| \geq p^2$.

証明　(1)は巾零群の定義から，(2)は定理 3.4，(2)であり，また，(3)は(2)から明らかである．(4)　P が非可換より，$|P:Z(P)| \geq p$．もし $|P:Z(P)|=p$ とすると，a を $Z(P)$ に入らない P の元とすると $P=\langle a\rangle Z(P)$，i. e. P の元は $a^r b$，$r \in \boldsymbol{Z}$，$b \in Z(P)$ と書ける．このような形の元はすべて互いに可換であるから P が可換群となり矛盾．(5)は(1)と(4)から，(6)は(3)と(5)から明らかである．▮

一般に有限群 G に対してそのすべての極大部分群の共通部分を G の **Frattini 部分群**とよび，$\Phi(G)$ で表わす．定義より $\Phi(G)$ は G の特性部分群である．$\Phi(G)$ の基本的な性質としてつぎの定理は必要である．

定理 5.2　S を有限群 G の部分集合で $G=\langle S, \Phi(G)\rangle$ とすると，$G=\langle S\rangle$ となる．

証明　$G \neq \langle S\rangle$ とする．H を $\langle S\rangle$ をふくむ G の極大部分群とすると，$\Phi(G)$ の定義より $H \geq \Phi(G)$ となり，$G \gneqq H=\langle H, \Phi(G)\rangle \geq \langle S, \Phi(G)\rangle = G$ で矛盾．▮

p-群 P の極大部分群は指数 p の正規部分群でそれによる剰余群は可換群であるから，第1章定理 2.7 より $\Phi(P) \geq D(P)$ で，かつ $P/\Phi(P)$ は p-基本 Abel 群となる．P の位数を p^n, $P/\Phi(P)$ の位数を p^d とする．$P/\Phi(P)$ は d 個の元で

生成されるから，P も d 個の元で生成されるが，逆に $a_1, \cdots, a_d$ を P の d 個の元からなる生成元，i. e. $P=\langle a_1, \cdots, a_d\rangle$ とすると，$\bar{a}_1, \cdots, \bar{a}_d$ は $P/\Phi(P)$ の生成元，i. e. $P/\Phi(P)=\langle\bar{a}_1\rangle\times\cdots\times\langle\bar{a}_d\rangle$ となる．(ここで $a\in P$ に対して $\bar{a}$ は a を代表元とする $P/\Phi(P)$ の元を表わす.) このとき，$(a_1, \cdots, a_d)$，$(\bar{a}_1, \cdots, \bar{a}_d)$ をそれぞれ P, $P/\Phi(P)$ の**順序のついた生成系**とよぶこととする．P の元 a, b について，$\bar{a}=\bar{b}$ $\Leftrightarrow ab^{-1}\in\Phi(P)$ であるから，P の順序のついた生成系の全体を Ω_1，$P/\Phi(P)$ の順序のついた生成系の全体を Ω_2 とおくと，$|\Omega_1|=p^{d(n-d)}|\Omega_2|$ となる．Aut P, Aut $P/\Phi(P)$ の元はそれぞれ P, $P/\Phi(P)$ の生成系を生成系にうつすから，Aut P, Aut $P/\Phi(P)$ はそれぞれ Ω_1, Ω_2 上に作用しているが，これらはいずれも半正則に作用していることは見易い．さらに Ω_2 の2元 $(\bar{a}_1, \cdots, \bar{a}_d)$，$(\bar{b}_1, \cdots, \bar{b}_d)$ に対して，Aut $P/\Phi(P)$ の元 $f\colon \prod_{i=1}^{d}\bar{a}_i^{n_i}\to\prod_{i=1}^{d}\bar{b}_i^{n_i}$ が定義され，これにより $(\bar{a}_1, \cdots, \bar{a}_d)$ は $(\bar{b}_1, \cdots, \bar{b}_d)$ にうつる．したがって Aut $P/\Phi(P)$ は Ω_2 上に正則に作用する．Ω_2 の元はつぎのようにして構成される；$P/\Phi(P)$ の1以外の元はすべて位数 p であるが，その1元 $\bar{a}_1$ を任意にえらぶ．$\langle\bar{a}_1\rangle$ に入らない $P/\Phi(P)$ の元 $\bar{a}_2$ をとれば，$\langle\bar{a}_1\rangle\cap\langle\bar{a}_2\rangle=1$ より $\langle\bar{a}_1, \bar{a}_2\rangle=\langle\bar{a}_1\rangle\times\langle\bar{a}_2\rangle$，つぎに $\langle\bar{a}_1, \bar{a}_2\rangle$ に入らない $P/\Phi(P)$ の元 $\bar{a}_3$ をとれば，同様に $\langle\bar{a}_1, \bar{a}_2, \bar{a}_3\rangle=\langle\bar{a}_1\rangle\times\langle\bar{a}_2\rangle\times\langle\bar{a}_3\rangle$ となる．この操作をくりかえすことにより，$P/\Phi(P)=\langle\bar{a}_1\rangle\times\cdots\times\langle\bar{a}_d\rangle$ となる．ここで，$\bar{a}_1$ のえらび方の個数は p^d-1 個，$\bar{a}_1$ をきめたとき $\bar{a}_2$ のえらび方の個数は p^d-p 個，一般に $\bar{a}_1, \cdots, \bar{a}_{i-1}$ をきめたとき，それに対して $\bar{a}_i$ のえらび方の個数は p^d-p^{i-1} 個となり，したがってこれより $|\Omega_2|=\prod_{i=0}^{d-1}(p^d-p^i)=p^{1/2\cdot d(d-1)}\prod_{i=1}^{d}(p^i-1)$ となる．以上をまとめると，つぎの定理をうる．

定理 5.3　P を p-群でその位数を p^n とし，$\Phi(P)$ を P の Frattini 部分群で $|P:\Phi(P)|=p^d$ とする．このとき

(1)　$P/\Phi(P)$ は基本 Abel 群となる．

(2)　Aut $P/\Phi(P)$ の位数は $p^{1/2\cdot d(d-1)}\prod_{i=1}^{d}(p^i-1)$ である．

(3)　Aut P の位数は $p^{d(n-d)+1/2\cdot d(d-1)}\prod_{i=1}^{d}(p^i-1)$ の約数である．——

p-基本 Abel 群は §4 において注意したように F_p 上のベクトル空間と考えることができ，そのように考えた場合，部分群は部分ベクトル空間となる．したがって P を位数が p^n の基本 Abel 群とすると，その位数が p^e の部分群の個数

は第1章§5により

$$N_e(n,p)=\prod_{i=1}^{e}\frac{p^{n-i+1}-1}{p^i-1}=\frac{\prod_{i=1}^{n}(p^i-1)}{\prod_{i=1}^{e}(p^i-1)\prod_{i=1}^{n-e}(p^i-1)}$$

となる．たとえば，(p,p)型 Abel 群の位数 p の部分群の個数は $p+1$ 個である．

§6　作用域をもつ群

G,H を群とする．G が集合 H 上の置換表現をもち，G の元のひきおこす H 上の置換が群 H の自己同型写像となっているとき，**群 G が群 H に作用する**，G は H の**作用域**である，H は G–**群**である，などという．いいかえれば，これは置換表現としての G から S^H への準同型写像が，G から $\mathrm{Aut}\,H\,(\leq S^H)$ への準同型写像となっていることを意味する．置換表現(G,H)の核を G の**作用の核**とよぶ．核 $=\{1\}$のとき，H は**忠実な** G–**群**である，G は H に忠実に作用する，などという．核 $=G$ のとき，H は**自明な** G–**群**，G は H に自明に作用する，などという．K が G–群 H の部分群で G の不変域となっているとき，K を H の G–不変な部分群，または単に G–**部分群**とよぶ．明らかに H 自身および$\{1\}$は H の G–部分群であるが，これら以外に G–部分群をもたないとき，H を**既約**(または極小)な G–群とよぶ．

G–群 H に対して，$\{u\in H\,|\,u^\sigma=u,\ \forall\sigma\in G\}$を H の G–**中心**とよぶ．G–中心は H の G–部分群であり，G はこれに自明に作用する．

H を群 G の正規部分群とするとき，G の元の共役作用は H の自己同型をひきおこしており，これにより H は G–群となる．このとき H を共役作用による G–群とよぶ．H の G–中心は $\mathscr{C}_H(G)$ と一致する．

以下，G は有限群，H は可換な G–群とする．

H の可換性から H の自己準同型写像の全体 $\mathrm{Hom}\,(H,H)$ には自然に環の構造が入る(第1章§3)．G の元 σ のひきおこす H の自己同型写像を $\tilde{\sigma}$ で表わし，$\mathrm{Hom}\,(H,H)$ におけるそれらの和を $\alpha(G)$ で表わす；$\alpha(G)=\sum_{\sigma\in G}\tilde{\sigma}$．

定理 6.1　G を有限群，H を可換な G–群，$G_0,G_1,\cdots,G_t$ を G の部分群で $G=\bigcup_{i=0}^{t}G_i$，$i\neq j$ に対して $G_i\cap G_j=1$，とする．このとき，つぎの(1)，(2)のい

ずれかが成り立つ.

(1) 或るiがあって$\mathscr{C}_H(G_i)\neq 1$.

(2) Hの元vに対してつねに$v^t=1$.

証明 (1)でないとする. $\alpha(G)=(\sum_{i=0}^{t}\alpha(G_i))-t$より, $H\ni v$に対して$v^{\alpha(G)}=\prod_{i=0}^{t}v^{\alpha(G_i)}\cdot v^{-t}$. ところが任意の$i$に対して,

$$v^{\alpha(G_i)\tilde{\sigma}}=v^{\alpha(G_i)},\qquad v^{\alpha(G)\hat{\sigma}}=v^{\alpha(G)},\qquad \forall\sigma\in G_i$$

であるから, 仮定より$v^{\alpha(G_i)}=v^{\alpha(G)}=1$. したがって$v^t=1$となる. ▌

系 6.2 Hが可換な有限G-群で, 忠実かつ既約と仮定する. もし$(|G|,|H|)=1$とすると, $Z(G)$は巡回群である.

証明 $Z(G)$が巡回群でないとする. 或る素数pがあって, $Z(G)$は(p,p)型のAbel群Kをふくむ. §5のおわりに注意したようにKは位数pの部分群をちょうど$p+1$個ふくむが, それらを$K_0,K_1,\cdots,K_p$とすると, $K=\bigcup_{i=0}^{p}K_i$, $i\neq j$に対して$K_i\cap K_j=1$である. $(|H|,p)=1$であるから定理6.1より, $\mathscr{C}_H(K_i)\neq 1$となるiが存在する. $G\ni\sigma$に対して$\mathscr{C}_H(K_i)^\sigma=\mathscr{C}_{H^\sigma}(K_i{}^\sigma)=\mathscr{C}_H(K_i)$となり, 既約性より$\mathscr{C}_H(K_i)=H$, i. e. $K_i\subseteq$核となり忠実性に反する. ▌

定理 6.3 Hを可換な有限G-群で$(|G|,|H|)=1$とする.

(1) $\alpha(G)$の核をH_1, $\alpha(G)$によるHの像をH_2とおくと, H_1,H_2はHのG-部分群でHはH_1とH_2の直積となる. また, $H_2=\mathscr{C}_H(G)$となる.

(2) HへのGの作用が自明でなければ$H_1\neq 1$であり, H_1の1でない任意のG-部分群へのGの作用は自明でない.

証明 (1) H_1,H_2がG-部分群であることは明らか. $H\ni v$に対して$v^{\alpha(G)\tilde{\sigma}}=v^{\alpha(G)}$, $\forall\sigma\in G$. よって$H_2\leq\mathscr{C}_H(G)$. $\mathscr{C}_H(G)\cap H_1\ni u$とすると, $u\in\mathscr{C}_H(G)$より$u^{\alpha(G)}=u^{|G|}$, また$u\in H_1$より$u^{\alpha(G)}=1$. よって$u^{|G|}=1$. $(|G|,|H|)=1$より$u=1$. したがって$H\geq\mathscr{C}_H(G)\times H_1$. 一方, 準同型定理より, $|H|=|H_1||H_2|$であるから, $H_2=\mathscr{C}_H(G)$で$H=H_1\times H_2$となる.

(2) (1)より$\mathscr{C}_{H_1}(G)=1$で, これは(2)を示している. ▌

系 6.4 Gをp'-群, Hを可換p-群とする. GがHに自明でなく作用しておれば, Gは$\Omega_1(H)=\{u\in H\,|\,u^p=1\}$に自明でなく作用する.

証明 $\Omega_1(H)$がHのG-部分群となることは明らか. 定理6.3の(2)より$H_1=\mathrm{Ker}\,\alpha(G)\neq 1$で$H_1$の部分群$\Omega_1(H_1)\neq 1$は自明でない$G$-部分群である. した

がって$(\Omega_1(H_1)\leq)\Omega_1(H)$も自明でない$G$–部分群となる．∎

§7　群拡大と Schur–Zassenhaus の定理

群Gが群A(と同型な群)を正規部分群としてふくみ，剰余群G/Aが群Bに同型のとき，GはAのBによる**拡大**であるという(この場合，G/AとBとの同型対応を1つ固定して考えられており，厳密には同型対応$G/A\simeq B$により定まる拡大といわなければならない)．

Gを Abel 群Aの群Bによる拡大とし，G/Aの剰余類の代表を$G/A\simeq B$により対応するBの元bを添字としてσ_bで表わす．σ_bによる共役写像はAの自己同型写像をひきおこすが，Aの可換性よりこれは代表σ_bのとり方によらずbにより一意的に定まる．(この理由から，σ_bによるAの元uの像u^{σ_b}を単にu^bと表わすこととする．) このようにして，Bから Aut A への写像が一意的に定まるが，これは明らかにBから Aut A への準同型写像であり，AはB–群となる．Bの元b_1, b_2に対して$\sigma_{b_1}\sigma_{b_2}A=\sigma_{b_1}A\cdot\sigma_{b_2}A=\sigma_{b_1b_2}A$であるから

$$\sigma_{b_1}\sigma_{b_2}=\sigma_{b_1b_2}f(b_1, b_2)$$

となるAの元$f(b_1, b_2)$が定まるが，結合律$(\sigma_{b_1}\sigma_{b_2})\sigma_{b_3}=\sigma_{b_1}(\sigma_{b_2}\sigma_{b_3})$より

$$(7.1)\qquad f(b_1b_2, b_3)f(b_1, b_2)^{b_3}=f(b_1, b_2b_3)f(b_2, b_3), \qquad \forall b_1, b_2, b_3\in B$$

なる関係式をうる．

一般に，B–群Aに対して，$B\times B$からAへの写像fが(7.1)の関係式を満たすとき，fをB–群Aの **factor set** または **2次元コサイクル** とよぶ．したがってGが Abel 群Aの群Bによる拡大とすると，AはB–群となり，さらにG/Aの代表系$\{\sigma_b | b\in B\}$，を定めるとそれにしたがって factor set が1つ定まる．G/Aの代表系のとり方を変えると対応する factor set も変わる．$\{\tau_b | b\in B\}$をいま1つのG/Aの代表系とすると，$\sigma_bA=\tau_bA$より$\tau_b=\sigma_ba_b$, $a_b\in A$，と書けるから，

$$\begin{aligned}\tau_{b_1}\tau_{b_2}&=\sigma_{b_1}a_{b_1}\sigma_{b_2}a_{b_2}=\sigma_{b_1b_2}f(b_1, b_2){a_{b_1}}^{b_2}a_{b_2}\\&=\tau_{b_1b_2}f(b_1, b_2){a_{b_1b_2}}^{-1}{a_{b_1}}^{b_2}a_{b_2}\end{aligned}$$

となり，したがって代表系$\{\tau_b | b\in B\}$に対応して定まる factor set をgとすると，BからAへの或る写像$B\ni b\rightarrow a_b\in A$があって

$$g(b_1, b_2) = f(b_1, b_2)a_{b_1b_2}{}^{-1}a_{b_1}{}^{b_2}a_{b_2}$$

となる．

A を可換な B-群とし，その factor set の全体を $F(B, A)$ で表わす．$F(B, A) \ni f_1, f_2$ に対して f_1f_2 を $(f_1f_2)(b_1, b_2) = f_1(b_1, b_2)f_2(b_1, b_2)$ により定義すると，$f_1f_2 \in F(B, A)$ は明らかで，この積により $F(B, A)$ は可換群となる(単位元 f_0 は $f_0(b_1, b_2) = 1$, $\forall b_1, b_2 \in B$, である)．B から A への任意の写像；$B \ni b \to a_b \in A$ に対して f を

$$f(b_1, b_2) = a_{b_1b_2}{}^{-1}a_{b_1}{}^{b_2}a_{b_2}, \qquad \forall b_1, b_2 \in B \tag{7.2}$$

と定義すると，$f \in F(B, A)$ は容易に確かめられる．(7.2)で定義される f を**2次元コバウンダリー**とよび，2次元コバウンダリーの全体を $F_0(B, A)$ とおくと，$F_0(B, A)$ は $F(B, A)$ の部分群となる．$F(B, A)/F_0(B, A) = H^2(B, A)$ とおき，これを B-群 A の**2次元コホモロジー群**とよぶ．以上の考察よりつぎのことが成り立つ；

G を Abel 群 A の群 B による拡大とすると，

(i) A には B-群としての構造が一意的に定まり，

(ii) この B-群 A の2次元コホモロジー群 $H^2(B, A)$ の元が一意的に定まる．

逆に，Abel 群 A が群 B による B-群とし，これに対して $H^2(B, A)$ を考え，その元を1つ定めて f をその代表とする．直積集合 $G = B \times A$ の2元 (b_1, a_1), (b_2, a_2) に対してその積を

$$(b_1, a_1)(b_2, a_2) = (b_1b_2, f(b_1, b_2)a_1{}^{b_2}a_2)$$

と定義すると，G はこの積により群となる．(実際，まず結合律は $((b_1, a_1)(b_2, a_2))(b_3, a_3) = (b_1b_2, f(b_1, b_2)a_1{}^{b_2}a_2)(b_3, a_3) = (b_1b_2b_3, f(b_1b_2, b_3)f(b_1, b_2)^{b_3}a_1{}^{b_2b_3}a_2{}^{b_3}a_3)$ $= (b_1b_2b_3, f(b_1, b_2b_3)f(b_2, b_3)a_1{}^{b_2b_3}a_2{}^{b_3}a_3) = (b_1, a_1)(b_2b_3, f(b_2, b_3)a_2{}^{b_3}a_3) = (b_1, a_1)\cdot((b_2, a_2)(b_3, a_3))$. (7.1) より $f(1,1)^b = f(1, b)$, $f(1,1) = f(b, 1)$ となり $(1, f(1,1)^{-1})\cdot(b, a) = (b, f(1, b)f(1, 1)^{-b}a) = (b, a)$, $(b^{-1}, f(1, 1)^{-b^{-1}}f(b^{-1}, b)^{-b^{-1}}a^{-b})(b, a) = (1, f(1,1)^{-1})$ より，G は $(1, f(1,1)^{-1})$ を単位元とする群となる．) G から B への写像；$(b, a) \to b$ は G から B の上への準同型写像であるが，その核 $\tilde{A} = \{(1, a) \mid a \in A\}$ は対応 $(1, a) \to f(1, 1)a (\in A)$ により，A と同型な G の部分群となり $G/\tilde{A} \simeq B$. これから G は A の B による拡大となるが，この拡大によって定まる A の B-群としての構造，および $H^2(B, A)$ の元はそれぞれはじめに与えられたものに

一致することは容易にたしかめられる．以上をまとめると，つぎの定理が得られる．

定理 7.1　可換群 A の群 B による拡大を与えると A の B–群としての構造，および $H^2(B,A)$ の元が一意的に定まり，逆に可換群 A の群 B による B–群としての構造と $H^2(B,A)$ の元を与えるとこれから A の B による拡大が一意的に定まる．これらの対応は互いに逆の対応となっている．——

G を A の B による拡大とするとき，G の部分群 $\tilde{B}$ があって $G=\tilde{B}A$, $\tilde{B}\cap A=1$ となるとき，いいかえれば G が $\tilde{B}$ と A の半直積となっているとき，この拡大は**分解する**(split)という．これは G/A の代表系として B と同型な G の部分群がとれることであり，したがって(A が Abel 群の場合は)，この拡大に対応する $H^2(B,A)$ の元が単位元であることである．たとえば A を可換な B–群とし，これに対して $F(B,A)=F_0(B,A)$ であるとすると，この B–群としての構造をひきおこすような A の B による拡大はすべて分解する．ここで A,B が有限群の場合に $F(B,A)=F_0(B,A)$ となる1つの条件を考察する．$F(B,A)$ の元 f に対して $\tilde{f}=\{f(b_1,b_2)\,|\,b_1,b_2\in B\}$ を A の $|B|^2$ 個の直積のつくる群 $A^{|B|^2}$ の元と考えれば，$f\to\tilde{f}$ は $F(B,A)$ から $A^{|B|^2}$ の中への同型写像であるから，$F(B,A)$ は $A^{|B|^2}$ の部分群と同型となる．したがって $H^2(B,A)$ の各元の位数は $|A|$ の約数である．また一方，$F(B,A)\ni f$ の満たす関係式(7.1)において，b_1 を B 全体にわたってうごかしてその積をつくると

$$\prod_{b_1\in B} f(b_1b_2,b_3)f(b_1,b_2)^{b_3}=\prod_{b_1\in B} f(b_1,b_2b_3)f(b_2,b_3)$$

(A の可換性より積の順序は関係ないことに注意する)．ここで，$\alpha(b)=\prod_{c\in B} f(c,b)$ とおくと，

$$\alpha(b_3)\alpha(b_2)^{b_3}=\alpha(b_2b_3)f(b_2,b_3)^n,\qquad n=|B|.$$

すなわち，

$$f(b_2,b_3)^n=\alpha(b_2b_3)^{-1}\alpha(b_2)^{b_3}\alpha(b_3)$$

となり，$f(b_2,b_3)^n\in F_0(B,A)$．したがって $H^2(B,A)$ の各元の位数は $|B|$ の約数となる．したがって，これよりつぎの定理が得られる．

定理 7.2　A を有限 Abel 群，B を有限群とする．もし，$(|A|,|B|)=1$ であれば，A の B による拡大はすべて分解する．

いいかえると，つぎの定理のようになる．

定理 7.3　Gを有限群，AをGの可換な正規部分群とする．もし$(|G/A|, |A|)=1$であれば，GはG/Aと同型な部分群Bをふくみ，GはBとAの半直積となる．——

この定理はAについての可換性の仮定を除いても成り立つことが知られている．すなわち

定理 7.4(Schur–Zassenhaus)　Gを有限群，HをGの正規部分群で$(|G/H|, |H|)=1$なるものとする．このとき，GはG/Hと同型な部分群Kをふくみ，GはKとHの半直積となる．

証明　$|G|$についての帰納法で証明する．Gの正規部分群Nで$H\gneqq N\gneqq 1$なるものが存在すれば，$\bar{G}=G/N$に対して帰納法の仮定を適用してGのNをふくむ部分群Tで$\bar{G}=\bar{T}\bar{H}$，$\bar{T}\cap\bar{H}=1$となるものが存在する．$G\gneqq T$，$(|T/N|, |N|)=1$であるから帰納法の仮定により$T=KN$, $K\cap N=1$となるTの部分群Kが存在する．$G=TH=KNH=KH$，$K\cap H=K\cap T\cap H=K\cap N=1$となり，定理の主張をうる．したがって$H$は$G$の極小な正規部分群であると仮定してよい．$H$が$p$–群であれば$H$はAbel群となり定理7.3に帰着される．$H$が$p$–群でないとし，$|H|$を割る1つの素数$p$に対して$P$を$H$のSylow p–部分群とする．定理1.3から$G=H\mathcal{N}_G(P)$となり，$G/H\simeq\mathcal{N}_G(P)/H\cap\mathcal{N}_G(P)$．$G\gneqq\mathcal{N}_G(P)$より帰納法の仮定によって$\mathcal{N}_G(P)=K(H\cap\mathcal{N}_G(P))$，$K\cap(H\cap\mathcal{N}_G(P))=1$となる部分群$K$が存在する．$G=H\mathcal{N}_G(P)=HK(H\cap\mathcal{N}_G(P))=HK$，$K\cap H=K\cap\mathcal{N}_G(P)\cap H=1$となり定理の主張をうる．▌

この定理の応用としてつぎの定理をうる．

定理 7.5(Hall–Higman)　Gをp–可解群で$O_{p'}(G)=1$とする．このとき，$\mathcal{C}_G(O_p(G))\subseteq O_p(G)$が成り立つ．

証明　仮定より$O_p(G)\neq 1$である．$H=O_p(G)\mathcal{C}_G(O_p(G))$とおく．$G\trianglerighteq H$より$O_p(G)=O_p(H)$．もし$H\gneqq O_p(G)$とすると，$H$の$p$–可解性より$H\geq O_{p,p'}(H)\gneqq O_p(H)$となり，定理7.4より$O_{pp'}(H)=O_p(H)K$，$K\cap O_p(H)=1$となる$p'$–部分群$K\neq 1$が存在する．$z$を$K$の1でない元とすると，$K\subseteq O_p(H)\mathcal{C}_G(O_p(G))$より$z=z_1z_2$，$z_1\in O_p(H)$，$z_2\in\mathcal{C}_G(O_p(G))$と表わされ，$z$と$z_1$の$O_p(H)$上の共役作用は一致する．$z$と$z_1$の位数は仮定より互いに素となっているから，$z$の$O_p(H)$上の作用は単位作用となり，したがって$z\in\mathcal{C}_G(O_p(G))$．故に$O_{p,p'}(H)=$

$O_p(H)\times K$となる．$G\trianglerighteq H\trianglerighteq O_{pp'}(H)\trianglerighteq K$より$G\trianglerighteq K$となり$O_{p'}(G)=1$に反する．▮

§8 正規π-補群

Schur-Zassenhausの定理(定理7.4)はGの正規なHall-π部分群の存在からHall π'-部分群の存在を主張している．この節，およびつぎの節では，GのHall π-部分群の存在から正規なHall π'-部分群(i. e. 正規π-補群)の存在を主張する問題を考察する．

Hを群Gの部分群とし，$G=\sum_{i=1}^{n}Hx_i$を左剰余類分解とする．$G\ni\sigma$に対して，$Hx_i\sigma$はまた1つの左剰余類であるがこれを$Hx_{i\sigma}$と表わす．これより$x_i\sigma=h_ix_{i\sigma}$を満たすHの元h_iが各iに対して一意的に定まる．これらh_iの積はHの元で積の順序に関係して定まるが，Hの正規部分群H_0を$H/H_0=$Abel群となるようにえらぶと，$\prod_{i=1}^{n}h_i$はH_0を法として一意的に(i. e. 積の順序に無関係に)定まる．Hの元hをふくむH/H_0の元を$\bar{h}$で表わすと，上のようにしてGからH/H_0への写像$V_{G\to H/H_0}:\sigma\to\overline{\prod_{i=1}^{n}h_i}$が定義される．これを$G$から$H/H_0$への**移送**(transfer)とよぶ．とくに$H_0=[H,H]$とするとき，これを$V_{G\to H}$と表わしGからHへの**移送**とよぶ．このとき

定理 8.1 (1) 移送$V_{G\to H/H_0}$は準同型写像である．さらに

(2) これは$H\backslash G$の代表のとり方によらず一意的に定まる．

証明 (1) $G\ni\sigma,\tau$に対して$x_i\sigma=h_ix_{i\sigma}$, $x_i\tau=k_ix_{i\tau}$, h_i, $k_i\in H$, とする．$\{x_{1\sigma},\cdots,x_{n\sigma}\}=\{x_1,\cdots,x_n\}$に注意すれば，$x_i(\sigma\tau)=h_ik_{i\sigma}x_{i\sigma\tau}$より

$$\begin{aligned}V_{G\to H/H_0}(\sigma\tau)&=\overline{\prod_i h_ik_{i\sigma}}=(\overline{\prod_i h_i})(\overline{\prod_i k_{i\sigma}})\\&=(\overline{\prod_i h_i})(\overline{\prod_i k_i})=V_{G\to H/H_0}(\sigma)V_{G\to H/H_0}(\tau)\end{aligned}$$

となる．

(2) $Hx_i=Hy_i$, $i=1,\cdots,n$とすると，$y_i=t_ix_i$, $t_i\in H$, と書けるが，$y_i\sigma=t_ih_ix_{i\sigma}=t_ih_it_{i\sigma}^{-1}y_{i\sigma}$より$\overline{\prod_i t_ih_it_{i\sigma}^{-1}}=\overline{\prod_i h_i}$をうる．▮

$G\geq H$に対して

$$\mathrm{Foc}_G(H)=\langle[\sigma,\tau]\,|\,\sigma\in H,\tau\in G,[\sigma,\tau]\in H\rangle$$

をHのGにおける**焦点部分群**(focal subgroup)とよぶ．$H \trianglerighteq \mathrm{Foc}_G(H) \geq [H,H]$より$H/\mathrm{Foc}_G(H)$はAbel群である．$H$の部分群$H_i, i=0,1,\cdots$を$H_0=H$, $H_{i+1}=\mathrm{Foc}_G(H_i)$と帰納的に定義したとき，或る$n$があって$H_n=1$，となる場合，$H$は$G$で**超焦点的**(hyper focal)であるという．定義からほとんど明らかに，HがGで超焦点的であれば，Hの任意の部分群はGで超焦点的であり，またGの任意の部分群G_0に対して$H \cap G_0$はG_0で超焦点的である．

補題 8.2　$G>H$を巾零な部分群とする．Gで共役なHの2元が必ずHで共役となるならば，HはGで超焦点的である．

証明　Hの降中心列を$H=L_0, L_1, \cdots, L_i, \cdots$とする．このとき，すべての$i$について$H_i=L_i$を示せば十分である．このことを$i$についての帰納法で証明する．$H_i=L_i$と仮定する．$L_{i+1}=\langle[\sigma,\tau]\,|\,\sigma\in L_i, \tau\in H\rangle$, $H_{i+1}=\langle[\sigma,\tau]\,|\,\sigma\in H_i, \tau\in G, [\sigma,\tau]\in H_i\rangle$より$H_{i+1}\geq L_{i+1}$．一方，$[\sigma,\tau]\in H_i, \sigma\in H_i, \tau\in G$とすると，$[\sigma,\tau]=\sigma^{-1}\sigma^{\tau}$より$\sigma^{\tau}\in H_i\leq H$．よって仮定より$H$の元$\tau'$があって$\sigma^{\tau}=\sigma^{\tau'}$となり$[\sigma,\tau]=[\sigma,\tau']\in L_{i+1}$．したがって$H_{i+1}\leq L_{i+1}$．▌

定理 8.3　$G>H$をGで超焦点的なHall π-部分群とする．このとき，Gは正規なHall π'-部分群Kをふくむ．i.e. $K\trianglelefteq G, G=HK, H\cap K=1$.

証明　$|G|$についての帰納法で証明する．$|H|\neq 1$としてよい．HがGで超焦点的なることより，$H \gneq \mathrm{Foc}_G(H)$．このとき，$\mathrm{Foc}_G(H)$に入らない$H$の元は移送$V_{G\to H/\mathrm{Foc}_G(H)}$の核に入らない．($\because$　$\sigma\in H, \sigma\notin \mathrm{Foc}_G(H)$とする．$\langle\sigma\rangle$の作用による$H\backslash G$の軌道を$\varDelta_1,\cdots,\varDelta_r$とし，各$\varDelta_i$より1元をとり出し$Ha_i$とする．$|\varDelta_i|=n_i$とすると$\varDelta_i=\{Ha_i, Ha_i\sigma, \cdots, Ha_i\sigma^{n_i-1}\}$，$Ha_i\sigma^{n_i}=Ha_i$となる．これより$H\backslash G$の代表系を$\{a_i\sigma^j\,|\,i=1,\cdots,r,\ j=1,\cdots,n_i\}$とえらぶと，

$$V_{G\to H/\mathrm{Foc}_G(H)}(\sigma)=\overline{\prod_{i=1}^{r} a_i\sigma^{n_i}a_i^{-1}}$$

となる．$a_i\sigma^{n_i}a_i^{-1}\in H$より$[a_i^{-1},\sigma^{-n_i}]\in H$で，したがって$[a_i^{-1},\sigma^{-n_i}]\in\mathrm{Foc}_G(H)$．故に$\overline{a_i\sigma^{n_i}a_i^{-1}}=\overline{\sigma^{n_i}}$となり$V_{G\to H/\mathrm{Foc}_G(H)}(\sigma)=\overline{\sigma^n}$，ここで$n=|G:H|$，となる．もし$V_{G\to H/\mathrm{Foc}_G(H)}(\sigma)=1$とすると，$\sigma^n\in\mathrm{Foc}_G(H)$で$(n,|H|)=1$より$\sigma\in\mathrm{Foc}_G(H)$となり矛盾.）$G_0=\ker V_{G\to H/\mathrm{Foc}_G(H)}$とおくと，$G \gneq G_0$となる．$H_0=G_0\cap H$は$G_0$で超焦点的なHall π-部分群である．したがって，帰納法の仮定よりG_0は正規なHall π'-部分群Kをふくむ．$G_0\trianglerighteq K$で$|G:G_0|=\pi$-数より，KはGの正

規な Hall π'-部分群となる．▮

系 8.4　$G\geq H$ を巾零な Hall π-部分群とする．G で共役な H の2元は必ず H で共役になるとすれば，G は正規な Hall π'-部分群をもつ．

これは定理 8.2，8.3 より明らかである．

系 8.5(Burnside)　P を G の Sylow p-部分群とする．もし $\mathcal{C}_G(P)=\mathcal{N}_G(P)$ であれば，G は正規な p-補群をもつ．

証明　仮定より P は Abel 群である．$\sigma,\tau\in P$ が G で共役とし，$\sigma=\tau^\rho,\rho\in G$，とする．$P\cap P^\rho\ni\sigma$ より，$H=\mathcal{C}_G(\sigma)\geq P,P^\rho$．Sylow の定理より $H\ni\exists\rho_1$ により $P^{\rho_1}=P^\rho$．故に $\rho_1\rho^{-1}\in\mathcal{N}_G(P)=\mathcal{C}_G(P)\leq H$ となり，$\rho^{-1}\in H$．したがって $\tau=\sigma^{\rho^{-1}}=\sigma$ となり，σ と τ はもちろん H で共役となる．よって系 8.4 より主張をうる．▮

§9　正規 p-補群

正規 p-補群の存在についての考察は，群の構造を決定する上でしばしば重要な課題となる．たとえば，群 G がすべての素数 p に対して正規 p-補群をもてば，G の Sylow 部分群はすべて正規となり，G は巾零群となる．この節では，$p=$奇数の場合に正規 p-補群の存在を主張する Thompson の命題(定理 9.3)を最終目標として話をすすめる．まず簡単なこととして，つぎの補題からはじめる．

補題 9.1　G が正規 p-補群 N をもつとする．

(1)　H を G の部分群とするとき，$H\cap N$ は H の正規 p-補群である．K を G の正規部分群とするとき，KN/K は G/K の正規 p-補群である．

(2)　G の任意の p-部分群 X に対して $\mathcal{N}_G(X)/\mathcal{C}_G(X)$ は p-群である．

(3)　P_1,P_2 を G の2つの Sylow p-部分群とするとき，$P_1{}^\sigma=P_2$ となる $\mathcal{C}_G(P_1\cap P_2)$ の元 σ が存在する．

証明　(1)は明らか．(2)　$\mathcal{N}_G(X)$ は正規な p-補群をもつがそれを K とする．$\mathcal{N}_G(X)\triangleright K,X$ で $(|K|,|X|)=1$ より $[X,K]=1$．故に $K\subseteq\mathcal{C}_G(X)$ となり $\mathcal{N}_G(X)/\mathcal{C}_G(X)$ は p-群となる．(3)　Sylow の定理より $P_1{}^\rho=P_2$，$\rho\in G$．$G=P_1N$ より $\rho=\tau\sigma,\tau\in P_1,\sigma\in N$ と書け，$P_1{}^\sigma=P_2$ となる．$P_1\cap P_2\ni\xi$ に対して，$\sigma^{-1}\xi\sigma\xi^{-1}=(\sigma^{-1}$

$\xi\sigma)\xi^{-1}=\sigma^{-1}(\xi\sigma\xi^{-1})\in P_2\cap N=1$. よって $\sigma\in\mathscr{C}_G(P_1\cap P_2)$ となる. ▎

この補題の(2)の逆が成り立つ. すなわち

定理 9.2(Frobenius)　G の任意の p-部分群 X に対して $\mathscr{N}_G(X)/\mathscr{C}_G(X)$ がつねに p-群であれば, G は正規 p-補群をもつ.

証明　この定理が成り立たないと仮定し, G をこの定理が成り立たない群の中で位数が最小なものの1つとする.

(a)　まず, G の任意の部分群は, 定理における G と同じ仮定を満たすから, G の真部分群はすべて正規 p-補群をもつ.

(b)　Sylow p-部分群は正規でない. (∵　Sylow p-群 P が G で正規とする. Schur–Zassenhaus の定理より, G は p-補群 H をもつ. $G/\mathscr{C}_G(P)$ が p-群より, $H\leq\mathscr{C}_G(P)$ となり $G=P\times H\rhd H$ となり矛盾.)

(c)　$O_p(G)=1$ である. (∵　$\bar{G}=G/O_p(G)$ の p-部分群は $O_p(G)$ をふくむ G の p-部分群 X により $\bar{X}=X/O_p(G)$ と書ける. $\mathscr{N}_{\bar{G}}(\bar{X})=\mathscr{N}_G(X)/O_p(G)$, $\mathscr{C}_{\bar{G}}(\bar{X})\geq\mathscr{C}_G(X)O_p(G)/O_p(G)$ より, $\bar{G}$ も G と同じ仮定を満たす. よってもし $O_p(G)\neq 1$ とすると, $\bar{G}$ は正規 p-補群 $\bar{M}=M/O_p(G)$ をもつ. ここで $O_p(G)\leq M\trianglelefteq G$. (b)より $\bar{G}\neq\bar{M}$, したがって $G\gneqq M$ となり, M は正規 p-補群 N をもつ. $M\rhd N$ より $G\rhd N$ で G/N は p-群となる. したがって N は G の正規 p-補群となり矛盾.)

(d)　P, P_1 を G の2つの Sylow p-部分群とすると, $P_1{}^\sigma=P$ となる $\mathscr{C}_G(P\cap P_1)$ の元 σ が存在する. (∵　$t=[P:P\cap P_1]=[P_1:P\cap P_1]$ についての帰納法で証明する. $t=1$ のときは明らか. また $P\cap P_1=1$ のときは, $G=\mathscr{C}_G(P\cap P_1)$ より自明. よって $1\lneqq P\cap P_1\lneqq P$ と仮定する. $H=\mathscr{N}_G(P\cap P_1)$ とすると, (c)より $G\neq H$. よって, H は正規 p-補群をもつ. $P\cap H$ をふくむ H の Sylow p-部分群の1つを R, R をふくむ G の Sylow p-部分群の1つを S とする. また, $P_1\cap H$ をふくむ H の Sylow p-部分群の1つを R_1, R_1 をふくむ G の Sylow p-部分群の1つを S_1 とする. $P\gneqq P\cap P_1$ と定理5.1より $P\cap H\gneqq P\cap P_1$. したがって $P\cap S\gneqq P\cap P_1$ より帰納法の仮定により $P^{\sigma_1}=S$ となる $\sigma_1\in\mathscr{C}_G(P\cap S)$ が存在する. 全く同様に $P_1=S_1{}^{\sigma_2}$ となる $\sigma_2\in\mathscr{C}_G(P_1\cap S_1)$ が存在する. H は正規 p-補群をもつから, 補題9.1, (3)より $R^{\sigma_3}=R_1$ となる $\mathscr{C}_H(R\cap R_1)\ni\sigma_3$ が存在する. $S^{\sigma_3}\cap S_1\geq R_1\gneqq P\cap P_1$ より, 帰納法の仮定から, $S^{\sigma_3\sigma_4}=S_1$ となる元 $\sigma_4\in\mathscr{C}_G(S^{\sigma_3}\cap S_1)$ が

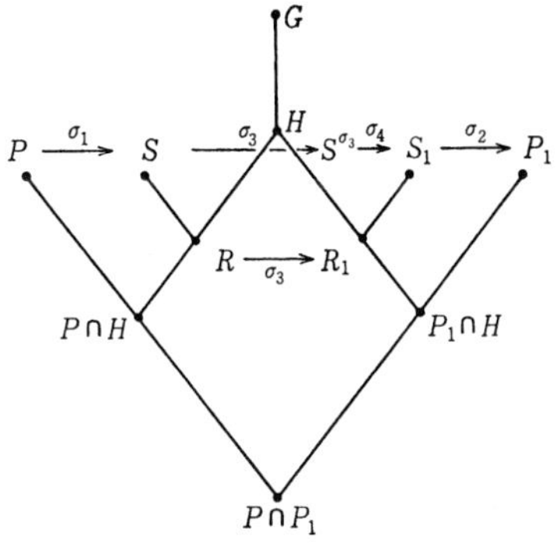

存在する．$\sigma_1, \sigma_2, \sigma_3, \sigma_4$ はいずれも $\mathscr{C}_G(P \cap P_1)$ の元であるから，$\sigma = \sigma_1\sigma_3\sigma_4\sigma_2 \in \mathscr{C}_G(P \cap P_1)$ で $P^\sigma = P_1$.）

(e) P を G の Sylow p-部分群とする．このとき，G で共役な P の2元は P で共役となる．（∵ $P \ni \sigma_1, \sigma_2$ で $\sigma_1{}^\tau = \sigma_2, \tau \in G$，とする．(d) より $\tau_1 \in \mathscr{C}_G(P \cap P^\tau)$ があって $P^{\tau\tau_1} = P$, $\sigma_1{}^{\tau\tau_1} = \sigma_2$ となる．仮定より，$\mathscr{N}_G(P) = \mathscr{C}_G(P)P$ から $\tau\tau_1 = \rho\rho_1$, $\rho \in \mathscr{C}_G(P)$, $\rho_1 \in P$, と書ける．よって $\sigma_1{}^{\rho_1} = \sigma_1{}^{\rho\rho_1} = \sigma_1{}^{\tau\tau_1} = \sigma_2$.）

したがって，系 8.4 から G は正規 p-補群をもつことによって仮定に反する．∎

可換群 A の生成元の最小個数を $m(A)$ で表わす．p-群 P に対して

$$d(P) = \max\{m(A) \mid A \text{ は } P \text{ の可換部分群}\}$$

と定義する．P の部分群 $J(P)$ を

$$J(P) = \langle A \mid A \text{ は } P \text{ の可換部分群},\ m(A) = d(P) \rangle$$

で定義し，これを P の **Thompson 部分群**とよぶ．明らかに $P \trianglerighteq J(P)$ である．

定理 9.3(Thompson) p を奇数とし，G_p を群 G の Sylow p-部分群とする．もし $\mathscr{C}_G(Z(G_p))$, $\mathscr{N}_G(J(G_p))$ が共に正規 p-補群をもてば，G も正規 p-補群をもつ．

証明 Sylow p-部分群はすべて共役であるから，定理の仮定は G のすべての Sylow p-部分群で満たされている．この定理が成り立たないと仮定して矛盾を導く．G をこの定理が成り立たない群のうちで位数が最小のものの1つとする．したがってとくに G_p, $\mathscr{C}_G(Z(G_p))$, $\mathscr{N}_G(J(G_p))$ は G の真部分群であり，また G_p をふくむ G の真部分群はすべて正規 p-補群をもつ．

(a) $\Lambda=\{H|H$ は G の p-部分群で $\mathscr{N}_G(H)$ は正規 p-補群をもたない$\}$とおく. 明らかに $\Lambda\ni 1$, さらに定理9.2より Λ は1でない G の p-部分群をふくむ. $\Lambda\ni H,K$ に対して

(i) $|\mathscr{N}_G(H)|_p \lneqq |\mathscr{N}_G(K)|_p$

(ii) $|\mathscr{N}_G(H)|_p = |\mathscr{N}_G(K)|_p, \quad |H| \lneqq |K|$

(iii) $H = K$

のいずれかが成り立つとき, "K は H より大きい"ということとし, $H\prec K$ と書く. $\prec$ は Λ での順序となっている. この順序による $\Lambda-\{1\}$ の極大元を1つ定めそれを H で表わす. 上に注意したように H は存在する. $N=\mathscr{N}_G(H)$ とおき, P を N の Sylow p-部分群$(\geq H)$, G_p を P をふくむ G の Sylow p-部分群とする. もし $H=G_p$ とすると, $H\trianglerighteq J(G_p)$ より $\mathscr{N}_G(H)\leq\mathscr{N}_G(J(G_p))$. $\mathscr{N}_G(J(G_p))$ は仮定より正規 p-補群をもつから, $\mathscr{N}_G(H)$ も正規 p-補群をもつことになり, $H\in\Lambda$ に反する. したがって $G_p\gneqq H$ である.

(b) $G=N$ となる. ($\because$ まず, N が定理の仮定を満たしていることを示す. $H\lneqq P\leq G_p$ より $Z(G_p)\leq\mathscr{N}_G(H)=N$ となり, $PZ(G_p)\leq N\cap G_p=P$. したがって $Z(G_p)\leq P$ となり $Z(G_p)\leq Z(P)$. 故に $\mathscr{C}_N(Z(P))\leq\mathscr{C}_G(Z(P))\leq\mathscr{C}_G(Z(G_p))$ となり, 定理の仮定から, $\mathscr{C}_N(Z(P))$ は正規 p-補群をもつ. つぎに $\mathscr{N}_N(J(P))$ について, もし $P=G_p$ とすると $\mathscr{N}_N(J(P))\leq\mathscr{N}_G(J(G_p))$ より $\mathscr{N}_N(J(P))$ は正規 p-補群をもつ. また, もし $P\lneqq G_p$ とすると, $P\lneqq\mathscr{N}_{G_p}(P)\leq G_p$ で, $J(P)\trianglelefteq P$ より $P\lneqq \mathscr{N}_G(P)\leq\mathscr{N}_G(J(P))$, したがって $|\mathscr{N}_G(H)|_p<|\mathscr{N}_G(J(P))|_p$ となり H の極大性より, $J(P)\notin\Lambda$. 故に $\mathscr{N}_G(J(P))$ は正規 p-補群をもつ. いずれにしても N は定理の仮定を満たしている. したがってもし $G\gneqq N$ とすると, 仮定より N は正規 p-補群をもつことになり, これは $H\in\Lambda$ に反する.)

(c) $O_{p'}(G)=1$ となる. ($\because$ $\bar{G}=G/O_{p'}(G)$ とおく. G_p の任意の p-部分群 K に対して, $(|K|,|O_{p'}(G)|)=1$ より, $\overline{\mathscr{N}_G(K)}=\mathscr{N}_{\bar{G}}(\bar{K})$, $\overline{\mathscr{C}_G(K)}=\mathscr{C}_{\bar{G}}(\bar{K})$ は見易い. $J(\bar{G}_p)=\overline{J(G_p)}$, $Z(\bar{G}_p)=\overline{Z(G_p)}$ によって, $\mathscr{N}_{\bar{G}}(J(\bar{G}_p))=\overline{\mathscr{N}_G(J(G_p))}$, $\mathscr{C}_{\bar{G}}(Z(\bar{G}_p))=\overline{\mathscr{C}_G(Z(G_p))}$ となり, $\bar{G}$ は定理の仮定を満たす. したがって, もし $O_{p'}(G)\neq1$ とすると, $|\bar{G}|<|G|$ となり, 仮定から $\bar{G}$ は正規 p-補群をもつ. その G への逆像は G の正規 p-補群となり, G のとり方に反する.)

(d) $H=O_p(G)$ となり $\bar{G}=G/H$ は正規 p-補群をもつ. したがって $O_{p,p',p}(G)$

$=G$となり，とくにGはp-可解群となる．($\because$ $O_p(G)\in\Lambda$で，しかも(b)から$H\leq O_p(G)$であるから，HのΛにおける極大性より$H=O_p(G)$である．$\bar{G}$が正規p-補群をもたないとする．$|\bar{G}|<|G|$であるから，仮定より$\mathscr{C}_{\bar{G}}(Z(\bar{G}_p))$, $\mathscr{N}_{\bar{G}}(J(\bar{P}))$のいずれかは正規$p$-補群をもたない．$\mathscr{C}_{\bar{G}}(Z(\bar{G}_p))$が正規$p$-補群をもたないとすると，$Z(\bar{G}_p)$の$G$での逆像を$K$とするとき，$K$は$p$-群で$K\gneqq H$であり，$\overline{\mathscr{N}_G(K)}=\mathscr{N}_{\bar{G}}(Z(\bar{G}_p))\geq\mathscr{C}_{\bar{G}}(Z(\bar{G}_p))$より$\overline{\mathscr{N}_G(K)}$，したがって$\mathscr{N}_G(K)$は正規$p$-補群をもたない．$|\mathscr{N}_G(K)|_p=|G_p|=|\mathscr{N}_G(H)|_p$で$H\lneqq K$より$H\prec K$となり，$H$の極大性に反する．またもし$\mathscr{N}_{\bar{G}}(J(\bar{P}))$が正規$p$-補群をもたないとすると，$K$を$J(\bar{P})$の$G$における逆像とすれば，全く同様の考察により，$H\prec K$, $H\lneqq K$となり，$\mathscr{N}_G(K)$は正規p-補群をもたず，Hの極大性に反する．したがって，$\bar{G}$は正規p-補群をもつ．$O_{p,p',p}(G)=G$はこれより明らか．)

(e) $H\lneqq G_p$より$O_{p,p'}(G)\lneqq G$. $M=O_{p,p'}(G)$とおく．このとき，$\bar{M}=M/H$は共役作用による$\bar{G}_p$-群として極小である．($\because$ $\bar{M}$が極小$\bar{G}_p$-群でないとし，$1\lneqq\bar{M}_0\lneqq\bar{M}$, $\bar{M}_0$を$\bar{G}_p$-部分群とする．M_0を$\bar{M}_0$のGにおける逆像とし，$G_0=G_pM_0$とおく．明らかに$G_0\lneqq G$でありG_0は正規p-補群$K(\neq 1)$をもつ．$M_0\triangleright K, H$, $(|K|,|H|)=1$より$[K,H]=1$，すなわち$K\leq\mathscr{C}_G(H)$. 一方，Hall-Higmanの定理(定理7.5)より$\mathscr{C}_G(H)\leq H$であるから矛盾する.)

(f) $\bar{M}$は基本Abel群である．($\because$ qを$|\bar{M}|$を割る素数の1つとする．$\bar{G}_p$は共役作用により$\bar{M}$のSylow q-部分群の集合上に作用するが，$\bar{M}$のSylow q-部分群の個数はpと素であるから$\bar{G}_p$は$\bar{M}$の或るSylow q-部分群$\bar{M}_0$を固定する．したがって(e)より$\bar{M}=\bar{M}_0$となる．$\bar{M}$の中心$\trianglelefteq\bar{M}$より$\bar{M}$はAbel群，さらに$\Omega_1(\bar{M})\trianglelefteq\bar{M}$から$\Omega_1(\bar{M})=\bar{M}$となり，$\bar{M}$は基本Abel群である.

(g) G_pはGの極大部分群である．($\because$ $G\gneqq L\gneqq G_p$とすると，$\bar{L}=\bar{G}_p(\overline{L\cap M})\triangleright\overline{L\cap M}\neq 1$. $G\gneqq L$から$\bar{M}\gneqq\overline{L\cap M}$となり，これは(e)に反する.)

(h) G_pの可換部分群Aで$d(G_p)=m(A)$, $A\nleq H$なるものが存在する．そのうち位数最小のものをあらためてAとすると，$\bar{G}=\bar{A}\bar{M}$, $|\bar{A}|=p$となる．($\because$ $H\geq J(G_p)$とすると，$H\trianglerighteq J(H)=J(G_p)$から$G=\mathscr{N}(J(G_p))$となり，仮定に反する．よって$m(A)=d(G_p)$で$A\nleq H$となる$G$の可換部分群$A$が存在する．$A$をそのうちの位数最小のものとする．$A\cap H\lneqq A$から$1\neq\Omega_1(A/A\cap H)$となり，$A$の部分群$A_1$で$\Omega_1(A/A\cap H)=A_1/A\cap H$, $A\geq A_1\gneqq A\cap H$なるものが存

在する．A の位数 p の元はすべて A_1 に入るから $m(A)=m(A_1)$．$A_1 \lneq H$ であるから，A のとり方より $A=A_1$，すなわち $\bar{A}=AH/H \simeq A/A \cap H$ は基本可換群となる．$\bar{G}_p$ の $\bar{M}$ への作用の核を $\bar{K}$，K を $\bar{K}$ の G_p での逆像とする．$K \lhd G_p$，$[K, M] \leq H \leq K$ から，$K \lhd G$ となり，$H \leq K \leq O_p(G)=H$ より $H=K$. したがって $\bar{G}_p$ は $\bar{M}$ に忠実に作用する．したがって $(\bar{G}_p \geq)\bar{A} \neq 1$ は $\bar{M}$ に自明でなく作用し，定理6.3より $\bar{M}$ の極小な $\bar{A}$–部分群で $\bar{A}$ が自明でなく作用するものが存在する．それを $\bar{Q}$ とする．$\bar{A}\bar{Q}$ の G における逆像を G_1 とし，A をふくむ G_1 の Sylow p–部分群を P_1，P_1 をふくむ G の Sylow p–部分群をあらためて G_p とする．$Z(G_p) \leq \mathscr{C}_G(G_p) \leq \mathscr{C}_G(H)\,(\leq H) \leq P_1$ より $Z(G_p) \leq Z(P_1)$．よって $\mathscr{C}_G(Z(G_p)) \geq \mathscr{C}_G(Z(P_1)) \geq \mathscr{C}_{G_1}(Z(P_1))$ となり $\mathscr{C}_{G_1}(Z(P_1))$ は正規 p–補群をもつ．また，Q_1 を $\mathscr{N}_{G_1}(J(P_1))$ の Sylow q–部分群とすると，$J(P_1) \geq A$ より $[A, Q_1] \leq [J(P_1), Q_1] \leq J(P_1)$ となり，$[\bar{A}, \bar{Q}_1]$ は p–群となるが，一方，$[\bar{A}, \bar{Q}_1] \leq [\bar{A}, \bar{Q}] \leq \bar{Q}$ より $[\bar{A}, \bar{Q}_1]$ は q–群となり，$[\bar{A}, \bar{Q}_1]=1$．これより，$\bar{Q}_1$ は $\bar{Q}$ の $\bar{A}$–部分群で $\bar{A}$ は $\bar{Q}_1$ に自明に作用するから，$\bar{Q}$ のとり方から $\bar{Q}_1=1$ となり $\mathscr{N}_{G_1}(J(P_1)) = P_1$．したがって $\mathscr{C}_{G_1}(Z(P_1)), \mathscr{N}_{G_1}(J(P_1))$ は共に正規 p–補群をもつ．もし $G_1 < G$ とすると，仮定より G_1 は正規 p–補群 Q をもち，$Q \leq \mathscr{C}_G(H) \leq H$ となって矛盾．したがって $G=G_1$ となる．$\bar{G}=\bar{A}\bar{M} \rhd \bar{M}$，$\bar{M}$ は可換な $\bar{A}$–群で，忠実かつ既約であり，$(|M|, |A|)=1$ であるから，系6.2により $|\bar{A}|=p$.）

(i)　Q を G の Sylow q–部分群とすると，$[Q, \Omega_1(Z(H))] \neq 1$.（∵　$G \rhd H$ より $G \rhd \Omega_1(Z(H))$ である．$H \leq G_p$ より $\mathscr{C}_G(G_p) \leq \mathscr{C}_G(H) \leq H$，よって $Z(G_p) \leq Z(H)$．$\mathscr{C}_G(Z(G_p)) \lneq G = G_pQ$ より，$[Z(G_p), Q] \neq 1$．よって $[Z(H), Q] \neq 1$ となる．系6.4より $[Q, \Omega_1(Z(H))] \neq 1$.）

(j)　$G \rhd \Omega_1(Z(H))$ で $[H, \Omega_1(Z(H))]=1$ より，$\bar{G}$ は $\Omega_1(Z(H))$ に作用する．$\bar{Q}$ は(e)より $\bar{G}$ のただ1つの極小正規部分群で，(i)より $\bar{Q}$ は $\Omega_1(Z(H))$ に自明でなく作用している．したがって $\bar{G}$ は $\Omega_1(Z(H))$ に忠実に作用している．$\Omega_1(Z(H))$ を $\bar{Q}$–群と考えて定理6.3を適用すると，$\Omega_1(Z(H))=V \times W$ と $\bar{Q}$–部分群の直積に分解される．ここで，$V=\mathrm{Ker}\,\alpha(\bar{Q})$，$W=\Omega_1(Z(H))^{\alpha(\bar{Q})}$ で，$\bar{G} \rhd \bar{Q}$ から V は $\bar{G}$–群であり，V の任意の $\bar{Q}$–部分群 $(\neq 1)$ が自明でないことから，および $\bar{Q}$ が $\bar{G}$ のただ1つの極小正規部分群なることから，V は忠実な $\bar{G}$–群で V の任意の $\bar{G}$–部分群 $\neq 1$ は自明でない．このとき，$|V|=p^2$ で $\bar{G} \leq SL(2, p)$ とな

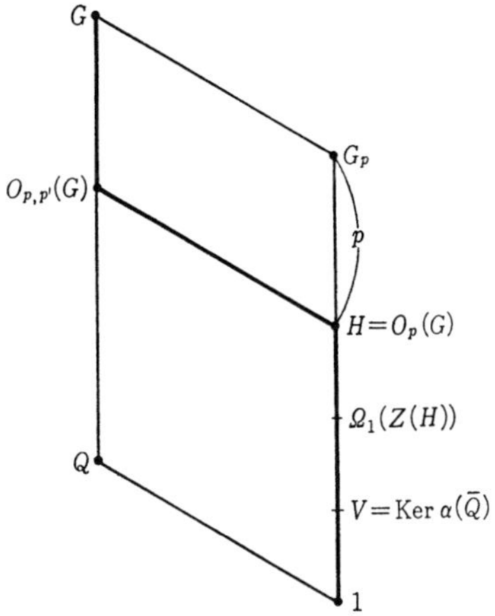

$O_{p'}(G)=1,\ \bar{G}=G/H$
$Q\simeq\overline{O_{p,p'}(G)}$=基本アーベル q-群
G_pはGの極大部分群
$\overline{O_{p,p'}(G)}$はGの極小正規部分群

る．(∵　$A\cap H=A_0$，$V\cap A=V_0$ とおく．$|\bar{A}|=p$ より，$m(A_0)\geq d(G_p)-1$. $Z(H)\geq V$ より $\langle V,A_0\rangle=VA_0$ は Abel 群であり，V が基本 Abel 群なること，および $V\cap A_0=V\cap A\cap H=V\cap A$ に注意すると

$$\begin{aligned} d(G_p) &\geq m(\langle V,A_0\rangle)=m(V)+m(A_0)-m(V\cap A_0)\\ &=m(V)+m(A_0)-m(V\cap A)\\ &=m(A_0)+m(V/V_0)\geq d(G_p)-1+m(V/V_0)\end{aligned}$$

となり，$V=V_0$，または V_0 は V の極大部分群である．$[\bar{A},\bar{Q}]\neq 1$ より，$\bar{A}\ni\bar{a}(\neq 1)$，$\bar{Q}\ni\bar{b}(\neq 1)$ があって $[\bar{a},\bar{b}]\neq 1$ となる．したがって $\langle\bar{a}\rangle\neq\langle\bar{a}^{\bar{b}}\rangle$．(∵　$\langle\bar{a}\rangle=\langle\bar{a}^{\bar{b}}\rangle$ とすると，$[\bar{a},\bar{b}]\in\bar{A}$ となるが，他方 $\bar{Q}\trianglelefteq\bar{G}$ より $[\bar{a},\bar{b}]\in\bar{Q}$，したがって $[\bar{a},\bar{b}]=1$ となる.）$\bar{A}$ が $\bar{G}$ の極大部分群なることから，$\langle\bar{a},\bar{a}^{\bar{b}}\rangle=\bar{G}$ となる．$[V_0,\bar{a}]=1$ より $[V_0{}^{\bar{b}},\bar{a}^{\bar{b}}]=1$ となって $\langle\bar{a},\bar{a}^{\bar{b}}\rangle$ は $V_0\cap V_0{}^{\bar{b}}$ に自明に作用する．したがって $V_0\cap V_0{}^{\bar{b}}=1$．よって $|V|=|V:V_0\cap V_0{}^{\bar{b}}|=|V:V_0|\,|V_0:V_0\cap V_0{}^{\bar{b}}|\leq|V:V_0|\,|V:V_0{}^{\bar{b}}|\leq p^2$．$\bar{G}$ が可換でなく，V に忠実に作用しているから $|V|=p^2$ となり（第1章定理 2.10），$\bar{G}\leq GL(2,p)$ となる.）$\bar{G}$ は位数が p の 2 元 $\bar{a},\bar{a}^{\bar{b}}$ で生成されるが，$GL(2,p)$ の位数 p の元はすべて $SL(2,p)$ に入るから $\bar{G}\leq SL(2,p)$．したがって $\bar{a}$ は $SL(2,p)$ の位数 p の元，$\bar{Q}$ は $SL(2,p)$ の可換な部分群 $\neq 1$ で $\bar{Q}^{\bar{a}}=\bar{Q}$，$[\bar{a},\bar{Q}]\neq 1$ を満たすが，これは矛盾である．実際 p=奇数のとき，$SL(2,p)$ にはこのような性質をもつ元 $\bar{a}$ と部分群 $\bar{Q}$ は存在しないことを示そう．まず

補題 9.4 p を素数とする.

(1) $P_1=\left\{\begin{pmatrix}1&0\\a&1\end{pmatrix}\middle|\, a\in F_p\right\}$, $P_2=\left\{\begin{pmatrix}1&a\\0&1\end{pmatrix}\middle|\, a\in F_p\right\}$ は $SL(2,p)$ の Sylow p-部分群で $SL(2,p)=\langle P_1,P_2\rangle$.

(2) $SL(2,p)$ の部分群 H が $SL(2,p)$ の Sylow p-部分群を2つ以上ふくめば, $H=SL(2,p)$.

(3) $SL(2,3)$ の Sylow 2-部分群は Abel 群でない.

証明 (1) 定理5.3および第1章§4より $|SL(2,p)|=p(p+1)(p-1)$, したがって $SL(2,p)$ の Sylow p-部分群の位数は p. P_1,P_2 はいずれも $SL(2,p)$ の位数 p の部分群であるから, Sylow p-部分群である. $SL(2,p)$ の任意の元を $\begin{pmatrix}a&b\\c&d\end{pmatrix}$ とすると,

(イ) $c=0$ のとき,

$$\begin{pmatrix}a&b\\0&d\end{pmatrix}=\begin{pmatrix}a&b\\0&a^{-1}\end{pmatrix}=\begin{pmatrix}1&0\\a^{-1}(a^{-1}-1)&1\end{pmatrix}\begin{pmatrix}1&a\\0&1\end{pmatrix}\begin{pmatrix}1&0\\1-a^{-1}&1\end{pmatrix}\begin{pmatrix}1&ba^{-1}-1\\0&1\end{pmatrix}$$
$$\in\langle P_1,P_2\rangle$$

(ロ) $c\neq0$ で $a\neq0$ のとき,

$$\begin{pmatrix}a&b\\c&d\end{pmatrix}=\begin{pmatrix}1&0\\a^{-1}c&1\end{pmatrix}\begin{pmatrix}a&b\\0&d-a^{-1}cb\end{pmatrix}\underset{(イ)}{\in}\langle P_1,P_2\rangle$$

(ハ) $c\neq0$ で $a=0$ のとき,

$$\begin{pmatrix}0&b\\c&d\end{pmatrix}=\begin{pmatrix}1&-1\\0&1\end{pmatrix}\begin{pmatrix}c&b+d\\c&d\end{pmatrix}\underset{(ロ)}{\in}\langle P_1,P_2\rangle$$

となり, $SL(2,p)=\langle P_1,P_2\rangle$ をうる.

(2) $\mathcal{N}_{SL(2,p)}(P_1)=\left\{\begin{pmatrix}a&0\\b&a^{-1}\end{pmatrix}\middle|\, a,b\in F_p, a\neq0\right\}$ であるから $SL(2,p)$ の Sylow p-部分群の個数は $|SL(2,p):\mathcal{N}_{SL(2,p)}(P_1)|=p+1$. したがって $SL(2,p)$ の部分群が2個の Sylow p-部分群をふくめば, Sylow の定理より, $SL(2,p)$ のすべての Sylow p-部分群をふくみ, (1)より $SL(2,p)$ に一致する.

(3) $SL(2,3)\ni x=\begin{pmatrix}0&1\\-1&0\end{pmatrix}$, $y=\begin{pmatrix}1&1\\1&-1\end{pmatrix}$ に対して, $x^4=y^4=1$, $x^{-1}yx=y^{-1}$ が成り立つ. したがって $\langle x,y\rangle$ は $SL(2,3)$ の2-部分群で可換でない. (補題の証明終) ▌

さて定理の証明にもどる. $\langle\bar{a}\rangle=\bar{P}$ とおく. $\bar{P}$ は $SL(2,p)$ の Sylow p-部分群で $\bar{P}\bar{Q}$ は半直積. もし $\bar{P}\lhd\bar{P}\bar{Q}$ とすると, $\bar{P}\cap\bar{Q}=1$ より $\bar{P}\bar{Q}=\bar{P}\times\bar{Q}$ となり

$[\bar{a},\bar{Q}]\neq 1$ に反する．よって $\bar{P}\bar{Q}$ は2つ以上の Sylow p-部分群をふくみ，補題の(2)より $\bar{P}\bar{Q}=SL(2,p)$．したがって $\bar{P}$ は $SL(2,p)$ で正規 p-補群をもつ．$|\mathcal{N}_{SL(2,p)}(\bar{P})|=p(p-1)$，$|\mathcal{C}_{SL(2,p)}(\bar{P})|=2p$ であるから，Frobenius の定理(定理9.2)より $p-1=2$，i. e. $p=3$ となり，したがって $\bar{Q}$ は $SL(2,3)$ の Sylow 2-部分群である．一方，$\bar{Q}$ は補題の(3)により非可換となり矛盾する．(定理9.3の証明終)∎

§10 有限群の表現

10.1 表 現

$\boldsymbol{C}$ を複素数体，V を n 次元 $\boldsymbol{C}$-加群とする．有限群 G から群 $GL(V)$ への準同型写像 ρ を G の V での**表現**とよぶ．V を G の**表現加群**，**表現 ρ に対応する G-加群**，または単に **G-加群**などとよぶ．ρ が1つ定まっているときは，$G\ni\sigma$，$V\ni v$ に対して $\rho(\sigma)$ の v への作用 $v^{\rho(\sigma)}$ を単に v^{σ} で表わす．n を**表現 ρ の次数**とよび $n=\deg\rho$ で表わす．ρ が同型写像(i. e. $\mathrm{Ker}\,\rho=1$)のとき，ρ を**忠実な表現**とよぶ．V の $\boldsymbol{C}$-基を1つ定めるとそれに対応して，第1章§4でみたように $GL(V)$ と $GL(n,\boldsymbol{C})$ の間の同型対応が定まる．V の $\boldsymbol{C}$-基を1つ定めた場合，G の元 σ に対して $\rho(\sigma)$ の(この基による)行列表示を対応させることにより G から $GL(n,\boldsymbol{C})$ への準同型写像 P が得られるが，これを表現 ρ の(この基による)**行列表示**とよぶ．逆に G から $GL(n,\boldsymbol{C})$ への準同型写像 P があれば，$G\xrightarrow{P}GL(n,\boldsymbol{C})\simeq GL(V)$ により G の V での表現 ρ が得られ，P は ρ の行列表示となっている．G から $GL(n,\boldsymbol{C})$ への準同型写像を G の **$\boldsymbol{C}$ での行列表現**とよぶ．

ρ を G の V での表現とする．V の部分加群 U が G で不変(i. e. $U^{\rho(\sigma)}=U$, $\forall\sigma\in G$)のとき，$\rho(\sigma)$ は U の正則な線形変換 $\tilde{\rho}(\sigma)$ をひきおこし，$\sigma\to\tilde{\rho}(\sigma)$ は G の U での表現となる．この表現を $\rho_{|U}$ と書き ρ の U への**制限**とよび，U を V の**部分 G-加群**とよぶ．この場合 V/U の元 $\bar{v}=v+U$ に $\overline{v^{\rho(\sigma)}}\in V/U$ を対応させる V/U から V/U への写像 $\tilde{\bar{\rho}}(\sigma)$ は V/U の正則な線形変換となるが，$\sigma\to\tilde{\bar{\rho}}(\sigma)$ が G の V/U での表現となることは見易い．この表現を $\rho_{|V/U}$ と書き，ρ からひきおこされる V/U での G の**表現**(または商表現)とよび，V/U を V の U による**剰余 G-加群**とよぶ．$G\geq H$ に対して G の表現 ρ は H の表現とも考え

られるが，この H の表現を $\rho_{|H}$ と書き，ρ の部分群 H への**制限**とよぶ．

ρ_1, ρ_2 を G の表現，V_1, V_2 を対応する G–加群とする．V_1 から V_2 への $\boldsymbol{C}$–加群としての準同型写像 f が

$$f(v^{\rho_1(\sigma)}) = f(v)^{\rho_2(\sigma)}, \qquad \forall\sigma \in G,\ \forall v \in V_1$$

を満たすとき，f を G–加群としての**準同型**(または単に G–準同型)とよぶ．とくに f が V_1 から V_2 の上への同型対応のとき，V_1, V_2 は G–**同型**，ρ_1, ρ_2 は G の**同値な表現**とよぶ．このとき，V_1, V_2 の基を適当にとることにより ρ_1, ρ_2 の行列表示を全く同じにできる．(実際，V_1 の基を任意に定め，f によるその像を V_2 の基としてとればよい．) 逆に G の2つの表現 ρ_1, ρ_2 があって，それらがそれぞれ適当な基をえらぶことによって全く同じ行列表示をもてば，ρ_1, ρ_2 が同値な表現であることは明らかである．f を G–加群 V_1 から V_2 への G–準同型写像とするとき，$\mathrm{Im}\, f = f(V_1)$，$\mathrm{Ker}\, f$ はそれぞれ V_2, V_1 の部分 G–加群で，$\boldsymbol{C}$–加群としての同型対応 $V_1/\mathrm{Ker}\, f \simeq \mathrm{Im}\, f$ が G–加群としての同型となっていることは見易い．

次数が1の表現 ρ を **1次表現**とよぶ．さらに $G = \mathrm{Ker}\,\rho$ となるとき，ρ を**単位表現**とよび 1_G で表わす．G–加群 $V(\neq 0)$ の部分 G–加群が V と $\{0\}$ 以外に存在しないとき，V を**既約 G–加群**，対応する表現 ρ を**既約表現**とよぶ．G–加群 $V(\neq 0)$ (および対応する表現 ρ) が既約でないとき，これを**可約**とよぶ．V を可約な G–加群とすると，V より小さくて $\{0\}$ でない部分 G–加群 U が存在するが，V の基 $\omega_1, \cdots, \omega_n$ を，はじめの $m(=\dim U)$ 個 $\omega_1, \cdots, \omega_m$ が U の基であるようにえらぶと，これによる ρ の行列表示 P は

$$P(\sigma) = \left[\begin{array}{c|c} P_1(\sigma) & 0 \\ \hline * & P_2(\sigma) \end{array}\right]$$

となる．ここで，P_1, P_2 はそれぞれ G–加群 U, V/U に対応する表現の行列表示である．G–加群 V が可約の場合，その極大な部分 G–加群 V_1，V_1 の極大な部分 G–加群 $V_2, \cdots$ と順次に $V_1, V_2, \cdots$ をえらぶことにより，V の部分 G–加群の列 $V = V_0 \gneqq V_1 \gneqq V_2 \gneqq \cdots \gneqq V_m = \{0\}$ ($\dim V < \infty$ より長さ有限の列)で，V_i/V_{i+1} が既約 G–加群となるものが得られる．V_{m-1} の基を1つ定め，それを拡張して V_{m-2} の基を定め，以下順次このようにして V の基を1つ定めると，

対応するρの行列表示Pは，Gの元σに対して

$$P(\sigma)=\begin{bmatrix} P_{m-1}(\sigma) & & & 0 \\ & P_{m-2}(\sigma) & & \\ & & \ddots & \\ * & & & P_0(\sigma) \end{bmatrix},$$

（ここで，P_iはG–加群V_i/V_{i+1}に対応する既約表現の行列表示）

となる．V_1, V_2をG–加群，ρ_1, ρ_2をそれぞれV_1, V_2によるGの表現とし，その$\boldsymbol{C}$–加群としての直和$V=V_1\oplus V_2$に対してGの作用ρを

$$(v_1, v_2)^{\rho(\sigma)}=(v_1{}^{\rho_1(\sigma)}, v_2{}^{\rho_2(\sigma)}),\qquad \forall v_i\in V_i, \forall\sigma\in G$$

と定義すれば，VはG–加群となる．Vを**G–加群V_1, V_2の直和**，Vから得られるGの表現ρをρ_1, ρ_2の**直和**とよび，$\rho=\rho_1\oplus\rho_2$と表わす．このとき，Vの基$v_1, \cdots, v_n$を$v_1, \cdots, v_m$がV_1の基，$v_{m+1}, \cdots, v_n$をV_2の基となるようにえらぶと，これによるρの行列表示Pは，

$$\left[\begin{array}{c|c} P_1(\sigma) & 0 \\ \hline 0 & P_2(\sigma) \end{array}\right],\qquad \forall\sigma\in G$$

となる（ここでP_1, P_2はρ_1, ρ_2の行列表示）．G–加群Vが既約な部分G–加群のいくつかの直和となるとき，Vを**完全可約なG–加群**，対応する表現を**完全可約な表現**とよぶ．

置換表現(G, Ω)に対してGの$n(=|\Omega|)$次の表現がつぎのようにして定まる．$\Omega=\{1, 2, \cdots, n\}$とおき，$G\ni\sigma$に対して$n$次の行列$P(\sigma)=(\lambda_{ij})$を

$$\lambda_{ij}=\begin{cases} 1 & i^\sigma=j \text{ のとき}, \\ 0 & i^\sigma\neq j \text{ のとき}, \end{cases}$$

と定義すると，これによりGから$GL(n, \boldsymbol{C})$への準同型写像が得られることは見易い．したがってこれによりGのn次の表現が定義されるが，これを置換表現(G, Ω)から得られるGの**表現（置換行列表現）**とよぶ．とくにGの右，左正則置換表現から得られるGの表現を，それぞれGの**右，左正則表現**とよぶ．

定理 10.1　群Gの右，左正則表現は同値である．

証明　$G=\{\sigma_1, \cdots, \sigma_n\}$とおくと，$G$の右正則置換表現に対応する$G$の行列表現$P(\sigma)=(\lambda_{ij})$は

$$\lambda_{ij}=\begin{cases} 1 & \sigma_i\sigma=\sigma_j \text{ のとき}, \\ 0 & \sigma_i\sigma\neq\sigma_j \text{ のとき}, \end{cases}$$

となる．$G=\{\sigma_1{}^{-1},\cdots,\sigma_n{}^{-1}\}$ とおいて G の左正則置換表現に対応する G の行列表現 $Q(\sigma)=(\mu_{ij})$ を考えれば，

$$\mu_{ij}=\begin{cases}1 & \sigma^{-1}\sigma_i{}^{-1}=\sigma_j{}^{-1} \text{ のとき,}\\ 0 & \sigma^{-1}\sigma_i{}^{-1}\neq\sigma_j{}^{-1} \text{ のとき,}\end{cases}$$

で $P=Q$ となる．▌

つぎは有限群の表現についての基本定理の1つである．

定理 10.2 (Maschke) 有限群の表現はすべて完全可約である．

証明 G を有限群，V を G–加群とする．V の任意の部分 G–加群 U に対して，$V=U\oplus W$ となる部分 G–加群 W の存在をいえばよい．単に $\boldsymbol{C}$–加群として，$V=U\oplus W'$ となる部分 $\boldsymbol{C}$–加群 W' は存在する．V の元 v は $v=u+w'$，$u\in U$，$w'\in W'$ と一意的に表わされるから，これを用いて V から W' への写像 θ を $v^\theta=w'$，$v\in V$，により定義すると θ は V から W' への線形写像となる．この θ を用いて V から V への写像 ϕ を

$$v^\phi=\frac{1}{g}\sum_{\sigma\in G}((v^\sigma)^\theta)^{\sigma^{-1}},\qquad v\in V$$

と定義する（ここで $g=|G|$）．ϕ は線形写像で，したがって $V^\phi=W$ は V の部分 $\boldsymbol{C}$–加群である．$G\ni\tau$ に対して，

$$(v^\phi)^\tau=\frac{1}{g}\sum_{\sigma\in G}((v^\sigma)^\theta)^{\sigma^{-1}\tau}=\frac{1}{g}\sum_{\sigma\in G}((v^{\tau\cdot\tau^{-1}\sigma})^\theta)^{\sigma^{-1}\tau}=(v^\tau)^\phi,\qquad v\in V,$$

したがって，$W^\tau=W$ となり W は V の部分 G–加群となる．$v\in V$ を $v=(v-v^\phi)+v^\phi$ と分解すると，

$$v-v^\phi=v-\frac{1}{g}\sum_{\sigma\in G}((v^\sigma)^\theta)^{\sigma^{-1}}=\frac{1}{g}\sum_{\sigma\in G}(v^\sigma-v^{\sigma\theta})^{\sigma^{-1}}\underset{(v^\sigma-v^{\sigma\theta}\in U\text{ より})}{\in}U$$

したがって $V=U+W$ となる．U の元 u に対しては $u^\theta=0$，したがって $u^\phi=0$．故に V の元 v に対して，$(v-v^\phi)^\phi=0$，i.e. $v^{\phi^2}=v^\phi$．$w\in U\cap W$ とすると，$w\in U$ より $w^\phi=0$，一方，$w\in W$ より $w=v^\phi$，したがって $w^\phi=v^{\phi^2}=v^\phi=w$．故に $w=0$ となり，V の G–加群としての直和分解 $V=U\oplus W$ をうる．▌

ρ_1,ρ_2 を G の表現，V_1,V_2 を対応する G–加群とする．$\mathrm{Hom}_G(\rho_1,\rho_2)$（または $\mathrm{Hom}_G(V_1,V_2)$）によって V_1 から V_2 への G–準同型写像の全体を表わす；

$$\mathrm{Hom}_G(\rho_1,\rho_2)=\{f\in\mathrm{Hom}_{\boldsymbol{C}}(V_1,V_2)\,|\,f\rho_2(\sigma)=\rho_1(\sigma)f,\forall\sigma\in G\}.$$

これは $\mathrm{Hom}_C(V_1, V_2)$ の部分集合であるが，さらに $\mathrm{Hom}_C(V_1, V_2)$ の部分 $\boldsymbol{C}$–加群となることは見易い．とくに $\rho_1=\rho_2=\rho$(したがって $V_1=V_2=V$) の場合，$\mathrm{Hom}_G(\rho, \rho)$ は $\rho(G)$ の環 $\mathrm{Hom}_C(V, V)$ における可換子環である．これを表現 ρ の**可換子環**とよぶ．

定理 10.3 (Schur の補題)　ρ_1, ρ_2 を G の既約表現，V_1, V_2 を対応する G–加群とする．

(1)　$\mathrm{Hom}_G(\rho_1, \rho_2)$ の 0 でない元 f は V_1 から V_2 への同型写像である．

(2)　$\dim_C \mathrm{Hom}_G(\rho_1, \rho_2) \leq 1$ であるが，さらに

$$\rho_1 \text{ と } \rho_2 \text{ が同値} \Leftrightarrow \dim_C \mathrm{Hom}_G(\rho_1, \rho_2) = 1$$

となる．

(3)　とくに $\rho=\rho_1=\rho_2$ の場合，$\mathrm{Hom}_G(\rho, \rho)=\boldsymbol{C}1_V$，ここで 1_V は $\mathrm{Hom}_G(\rho, \rho)$ の単位元である．いいかえれば $\mathrm{Hom}_G(\rho, \rho)$ は V のスカラー変換の全体である．

証明　V_1, V_2 を ρ_1, ρ_2 に対応する G–加群とする．$\mathrm{Hom}_G(\rho_1, \rho_2) \neq 0$ とし，f を $\mathrm{Hom}_G(\rho_1, \rho_2)$ の 0 でない元とすると $V_1{}^f \neq 0$ で $V_1{}^f$ は V_2 の部分 G–加群となるから $V_1{}^f = V_2$．また，$\mathrm{Ker}\, f \neq V_1$ で $\mathrm{Ker}\, f$ は V_1 の部分 G–加群となるから $\mathrm{Ker}\, f=0$．したがって f は V_1 と V_2 の間の G–同型写像となる．故に ρ_1 と ρ_2 が同値でなければ，これより $\mathrm{Hom}_G(\rho_1, \rho_2)=0$ をうる．ρ_1 と ρ_2 が同値の場合，V_1 から V_2 への G–同型写像 f_0 を 1 つ定めると，$\mathrm{Hom}_G(\rho_1, \rho_2) \ni f$ に対して，$ff_0{}^{-1}$ は $\mathrm{Hom}_G(\rho_1, \rho_1)$ の元となり，この対応は $\mathrm{Hom}_G(\rho_1, \rho_2)$ と $\mathrm{Hom}_G(\rho_1, \rho_1)$ の間のベクトル空間としての同型対応を与えている．したがって，あと (3) を示せばよい．$\mathrm{Hom}_G(\rho, \rho) \ni f \neq 0$ の 1 つの固有値を λ，対応する V における固有ベクトルを v_0 とする．$U=\{v \in V \mid v^f=\lambda v\}$ とおくと，U は V の部分 G–加群で $U \ni v_0 \neq 0$．したがって V の既約性より $U=V$ となり，$f=\lambda 1_V$ となる．したがって，$\mathrm{Hom}_G(\rho, \rho)=\boldsymbol{C}1_V$ となる．▌

ρ を忠実な G の既約表現とすると $\rho(Z(G)) \subseteq \mathrm{Hom}_G(\rho, \rho)=\boldsymbol{C}1_V$ となり，$Z(G)$ は $\boldsymbol{C}-\{0\}$ の有限部分群に同型である．したがって第 1 章定理 2.4 よりつぎの系が得られる．

系 10.4　G が既約で忠実な表現をもつとすると，$Z(G)$ は巡回群である．

とくに

系 10.5 Gを可換群とする.

(1) Gの既約な表現はすべて1次である.

(2) Gが忠実な既約表現をもつ$\Leftrightarrow G$は巡回群.

証明 (2)の"$\Leftarrow$"は, $|G|=m$とするとき, Gの生成元σに対して$\boldsymbol{C}$における1の原始m重根ξを対応させる(1次の)行列表現を考えればよい. このほかの主張はすでに示されている. ▌

10.2 指 標

ρをGの表現, Vを対応するG-加群とする. Vの基を1つ定めこれによるρの行列表示をPとする. $G\ni\sigma$に対して, $P(\sigma)$のトレース trace $P(\sigma)$を対応させるGから$\boldsymbol{C}$への写像をGの表現ρの指標, G-加群Vの指標, または単にGの**指標**などとよぶ. 表現ρの指標はVの基のとり方によらず一意的に定まる. 実際Vの2組の基$\{v_1,\cdots,v_n\}$, $\{u_1,\cdots,u_n\}$による行列表示をそれぞれP_1,P_2とし, Gの元σに対して$P_1(\sigma)=(\lambda_{ij})$, $P_2(\sigma)=(\mu_{ij})$とおくと

$$v_i^{\rho(\sigma)}=\sum_j\lambda_{ij}v_j,\qquad u_i^{\rho(\sigma)}=\sum_j\mu_{ij}u_j. \tag{10.1}$$

$\{v_1,\cdots,v_n\}$, $\{u_1,\cdots,u_n\}$は共に基であることから, 行列$T=(\nu_{ij})$, $S=(\nu_{ij}')$をこれらの基の変換行列, i.e.

$$v_i=\sum\nu_{ij}u_j,\qquad u_i=\sum\nu_{ij}'v_j \tag{10.2}$$

により定義すると, T,Sは正則な行列で, かつ$T=S^{-1}$である. (10.1), (10.2)から容易に

$$P_2(\sigma)=T^{-1}P_1(\sigma)T$$

となり, trace $P_1(\sigma)=$trace $P_2(\sigma)$をうる. 同値な表現は同じ行列表示をもつから, その指標は一致する. 既約な表現の指標を**既約指標**とよぶ. 1次表現ρの指標はその行列表示 : $G\ni\sigma\to\rho(\sigma)\in\boldsymbol{C}$そのものである. また, 置換表現$(G,\Omega)$に対応する$G$の表現の指標$\chi$は定義より$\chi(\sigma)=|\{i\in\Omega\,|\,i^\sigma=i\}|$である. とくに正則表現の指標$\pi$は

$$\pi(\sigma)=\begin{cases}|G| & \sigma=1\\ 0 & \sigma\neq1\end{cases}$$

となる.

σ,τをGの共役な2元とすると$\sigma=\xi^{-1}\tau\xi$, $\exists\xi\in G$, と書けるから, Gの行列

表現 P に対して $P(\sigma)=P(\xi)^{-1}P(\tau)P(\xi)$ となり，$\mathrm{trace}\,P(\sigma)=\mathrm{trace}\,P(\tau)$，すなわち指標は共役な G の 2 元に対しては同じ値をとる．一般に G から $\boldsymbol{C}$ への写像で G の各共役類の上ではその値が一定であるものを G の**類関数**とよび，G の類関数の全体を $CF(G)$ と書く．$CF(G)\ni f,g$，$\boldsymbol{C}\ni\lambda$ に対して

$$(f+g)(\sigma)=f(\sigma)+g(\sigma),\qquad(\lambda f)(\sigma)=\lambda f(\sigma),\qquad\forall\sigma\in G$$

により和 $f+g$，スカラー積 λf を定義すると，$f+g$，λf は共に G の類関数であり，$CF(G)$ はこれにより $\boldsymbol{C}$–加群となる．G の共役類 K に対して G から $\boldsymbol{C}$ への関数 f_K を

$$f_K(\sigma)=\begin{cases}1 & \sigma\in K\\ 0 & \sigma\notin K\end{cases}$$

と定義すると $f_K\in CF(G)$ で，さらにこのような f_K の全体が $CF(G)$ の基となることは見易い．とくに

$$\dim CF(G)=G\text{ の類数}$$

となる．

V を可約な G–加群，U をその部分 G–加群，V/U を剰余 G–加群とし，χ, χ_1,χ_2 をそれぞれの指標とすると，定義より $\chi=\chi_1+\chi_2$ となる．V の部分 G–加群の列 $V=V_0\gneqq V_1\gneqq\cdots\gneqq V_n=0$ で V_i/V_{i+1} が既約 G–加群となるものを考えることにより，任意の指標はいくつかの既約指標の和と表わされることがわかる．

定理 10.6　χ を G の n 次の表現 ρ の指標とする．$G\ni\sigma$ に対して，$\chi(\sigma)$ は n 個の 1 の $|G|$ 乗根の和となる．また $\chi(\sigma^{-1})=\overline{\chi(\sigma)}$ となる．

証明　$G\geq H=\langle\sigma\rangle$ とする．$\rho_{|H}$ は表現の完全可約性より H の既約表現の直和と分解される．H は可換群であるから既約表現はすべて 1 次で，したがって $\rho_{|H}=\rho_1\oplus\cdots\oplus\rho_n$，$\rho_i$ は H の 1 次の表現となる．σ の位数を m とすると，$\rho_i(\sigma)^m=\rho_i(\sigma^m)=1$ より $\rho_i(\sigma)$ は 1 の m 乗根であるから $\rho_i(\sigma)^{-1}=\overline{\rho(\sigma)}$ であり，したがって $\chi(\sigma)=\sum\rho_i(\sigma)=n$ 個の 1 の巾根の和となる．また $\chi(\sigma^{-1})=\sum\rho_i(\sigma^{-1})=\sum\rho_i(\sigma)^{-1}=\sum\overline{\rho_i(\sigma)}=\overline{\chi(\sigma)}$ をうる．∎

定理 10.7　ρ を G の n 次の表現，χ をその指標とする．このときつぎが成り立つ．

(1)　$|\chi(\sigma)|\leq n$,　　$\forall\sigma\in G$

(2)　$|\chi(\sigma)|=n \Leftrightarrow \rho(\sigma)$ はスカラー変換．とくに ρ が忠実のときは $|\chi(\sigma)|=n \Leftrightarrow \sigma \in Z(G)$.

(3)　$\chi(\sigma)=n \Leftrightarrow \sigma \in \mathrm{Ker}\,\rho$.

(4)　$H_1=\{\sigma \in G \mid \chi(\sigma)=n\}$,　$H_2=\{\sigma \in G \,\big|\, |\chi(\sigma)|=n\}$ とおくと，$H_1 \leq H_2$, $H_i \trianglelefteq G$.

証明　(1)　$\chi(\sigma)=\sum_{i=1}^{n}\lambda_i$, λ_i は1の巾根，とおくと，$|\chi(\sigma)| \leq \sum|\lambda_i|=n$.

(2)　$|\chi(\sigma)|=n$

$\Leftrightarrow \chi(\sigma)$ は複素平面上において原点を中心とする半径 n の円周上にある．

$\Leftrightarrow \lambda_1=\cdots=\lambda_n$　（ここで $\chi(\sigma)=\sum_{i=1}^{n}\lambda_i$）

$\Leftrightarrow \chi(\sigma)=n\lambda$　（ここで λ は1の巾根）

$\Leftrightarrow \rho(\sigma)=\lambda 1_V$　（ここで 1_V は ρ の表現加群 V の恒等変換）

(3), (4) はほとんど明らか．▌

Schur の補題（定理 10.3）から既約指標の間の基本的関係——**直交関係**——が導かれる．

定理 10.8（第1直交関係）　G を位数 g の有限群とする．このときつぎが成り立つ．

(1)　χ を G の既約指標とすると

$$\sum_{\sigma \in G}\chi(\sigma)\chi(\sigma^{-1})=g.$$

(2)　χ, χ' を G の同値でない既約表現の指標とすると

$$\sum_{\sigma \in G}\chi(\sigma)\chi'(\sigma^{-1})=0.$$

証明　V を n 次の既約な G–加群，ρ を V による G の既約表現，χ を ρ の指標とする．$f \in \mathrm{Hom}_{\boldsymbol{C}}(V, V)$, $\tau \in G$ に対して

$$\rho(\tau)\Big(\sum_{\sigma \in G}\rho(\sigma)f\rho(\sigma^{-1})\Big)=\Big(\sum_{\sigma \in G}\rho(\tau\sigma)f\rho(\sigma^{-1}\tau^{-1})\Big)\rho(\tau)=\Big(\sum_{\sigma \in G}\rho(\sigma)f\rho(\sigma^{-1})\Big)\rho(\tau)$$

が成り立つから，$\sum_{\sigma \in G}\rho(\sigma)f\rho(\sigma^{-1})$ は G–加群としての V から V への準同型写像となる．したがって Schur の補題より，これは V のスカラー変換となる．V の $\boldsymbol{C}$–基を定めて，表現 ρ および $\mathrm{Hom}_{\boldsymbol{C}}(V, V)$ の元を行列表示して考えれば，

$$\sum_{\sigma}P(\sigma)AP(\sigma^{-1})=\lambda_A E, \quad \forall A \in (K)_n \tag{10.3}$$

が成り立つ．ここで P は ρ の行列表示である．両辺のトレースを考えれば，

$g\,\mathrm{trace}\,A=n\lambda_A$．これより，$\mathrm{trace}\,A=0\Rightarrow\lambda_A=0$．とくに$(i,j)$-成分が1，他のすべての成分が0である行列を$A_{ij}$とおくと，$\lambda_{A_{ij}}=\delta_{ij}\dfrac{g}{n}$．したがって，$P(\sigma)=(\lambda_{ij}(\sigma))$とおき，$A=A_{kl}$の場合に式(10.3)の成分を比較すると，

$$\sum_{\sigma\in G}\lambda_{ik}(\sigma)\lambda_{lj}(\sigma^{-1})=\delta_{ij}\delta_{kl}\frac{g}{n}.$$

これを用いて

$$\sum_{\sigma\in G}\chi(\sigma)\chi(\sigma^{-1})=\sum_{\sigma\in G}(\sum_i\lambda_{ii}(\sigma))(\sum_j\lambda_{jj}(\sigma^{-1}))=g$$

をうる．

ρ'をρに同値でないGのn'次の表現，V'を表現ρ'を与えるG-加群，χ'をρ'の指標とする．(1)の場合と同様にして，V,V'の$\boldsymbol{C}$-基を定めてρ,ρ'および$\mathrm{Hom}_C(V,V')$の元を行列表示すると，Schurの補題より

$$\sum P(\sigma)AP'(\sigma^{-1})=0,\qquad\forall A\in(K)_{(n,n')}\tag{10.4}$$

をうる．ここで$P(\sigma),P'(\sigma)$はρ,ρ'の行列表示である．したがって$A=A_{kl}$の場合に(10.4)をその成分で書き表わせば，

$$\sum_\sigma\lambda_{ik}(\sigma)\mu_{lj}(\sigma^{-1})=0,\qquad1\leq\forall i,k\leq n,1\leq\forall l,j\leq n'.$$

したがって

$$\sum\chi(\sigma)\chi'(\sigma^{-1})=\sum_\sigma(\sum\lambda_{ii}(\sigma))(\sum\mu_{jj}(\sigma^{-1}))=0$$

をうる．▌

Gの有限個の既約指標$\chi_1,\cdots,\chi_t$に対して，$CF(G)$におけるその1次結合$\sum_i\lambda_i\chi_i$，$\lambda_i\in\boldsymbol{C}$，が0であれば，第1直交関係より任意の$j$，$1\leq j\leq t$，に対して

$$0=\sum_\sigma(\sum_i\lambda_i\chi_i(\sigma))\chi_j(\sigma^{-1})=\sum_i(\lambda_i\sum_\sigma\chi_i(\sigma)\chi_j(\sigma^{-1}))=|G|\lambda_j.$$

したがって，$\lambda_1=\lambda_2=\cdots=\lambda_t=0$となり$\chi_1,\cdots,\chi_t$は$CF(G)$において1次独立である．とくに$G$の既約指標の個数は有限個でその個数は$G$の類数$(=\dim CF(G))$以下である．以下，$\chi_1,\cdots,\chi_t$を$G$の相異なる既約指標の全体とする．任意の指標は既約指標の和として表わされるから，とくにGの正則表現の指標πは$\pi=\sum_{i=1}^t m_i\chi_i$，$m_i$は負でない整数，と表わされる．第1直交関係により，

$$\sum_\sigma\pi(\sigma)\chi_j(\sigma^{-1})=\sum_i m_i(\sum_\sigma\chi_i(\sigma)\chi_j(\sigma^{-1}))=|G|m_j.$$

他方，$\pi(1)=|G|$，$\pi(\sigma)=0\,(\forall\sigma\in G-\{1\})$であったから

$$\sum_{\sigma} \pi(\sigma)\chi_j(\sigma^{-1}) = |G|\chi_j(1)$$

となり，$m_j=\chi_j(1)$．したがって

$$\pi = \sum_{i=1}^{t} \chi_i(1)\chi_i \tag{10.5}$$

と表わされる．

G の既約表現の1つを ρ とし，V,χ を ρ に対応する G–加群，および指標とする．ρ は G から $\mathrm{Hom}_C(V,V)$ への写像であるが，群環 $\boldsymbol{C}(G)$ の元 $\sum_{\sigma\in G}\lambda_\sigma\sigma$ に対して $\rho(\sum\lambda_\sigma\sigma)=\sum\lambda_\sigma\rho(\sigma)$ と定義することにより，$\boldsymbol{C}(G)$ から $\mathrm{Hom}_C(V,V)$ へのベクトル空間としての準同型写像が得られる．これが環としての準同型写像であることは見易い．G の共役類 K に対して $\overline{K}$ は $\boldsymbol{C}(G)$ の中心であるから，$\rho(\overline{K})$ はすべての $\rho(\sigma),\sigma\in G$，と可換となり，$\rho(\overline{K})\in\mathrm{Hom}_G(\rho,\rho)=\boldsymbol{C}1_V$，i. e $\rho(\overline{K})$ は V のスカラー変換となる．$K_1,\cdots,K_s$ を G の共役類のすべてとし，$\rho(\overline{K_i})=\omega_i 1_V$ とおく．第1章§3でみたように，$\overline{K_i}\overline{K_j}=\sum c_{ijk}\overline{K_k}$，$c_{ijk}$ は負でない整数，と書けるから，両辺の ρ による像を考えることにより

$$\omega_i\omega_j = \sum_k c_{ijk}\omega_k \tag{10.6}$$

となる．$\omega_i 1_V=\rho(\overline{K_i})=\sum_{\sigma\in K_i}\rho(\sigma)$ の両辺のトレースを計算すれば

$$n\omega_i = |K_i|\chi(\sigma_i) \tag{10.7}$$

をうる（ここで σ_i は K_i の任意の元，$n=\dim V=\chi(1)$ である）．これを(10.6)に代入することにより，

$$\chi(\sigma_i)\chi(\sigma_j) = \sum_k c_{ijk}\frac{|K_k|}{|K_i||K_j|}\chi(1)\chi(\sigma_k)$$

をうる．これを $\chi=\chi_1,\cdots,\chi_t$ すべてに適用してその和をつくれば

$$\begin{aligned}\sum_\lambda \chi_\lambda(\sigma_i)\chi_\lambda(\sigma_j) &= \sum_k c_{ijk}\frac{|K_k|}{|K_i||K_j|}\left(\sum_\lambda \chi_\lambda(1)\chi_\lambda(\sigma_k)\right)\\ &= \sum_k c_{ijk}\frac{|K_k|}{|K_i||K_j|}\pi(\sigma_k) = \frac{c_{ij1}|G|}{|K_i||K_j|}.\end{aligned}$$

c_{ij1} の値は第1章§3でみたように $c_{ij1}=|\{(x,y)\,|\,x\in K_i, y\in K_j, xy=1\}|$ で与えられるから，（G の共役類 K に対して K の元の逆元全体もまた G の共役類となるが，それを K^{-1} と書くことにすると）$c_{ij1}=|K_i|\delta_{K_i^{-1},K_j}$ となる．したがってこれよりつぎの定理をうる．

定理 10.9(第2直交関係)　G を位数 g の有限群，$\chi_1, \cdots, \chi_t$ を G の既約指標の全体とする．G の元 σ, τ に対して

$$\sum_{i=1}^{t} \chi_i(\sigma)\chi_i(\tau) = \begin{cases} \dfrac{g}{|K|} & \sigma, \tau^{-1} \text{ は同じ共役類 } K \text{ に入る.} \\ 0 & \sigma, \tau^{-1} \text{ は共役でない.} \end{cases}$$

系 10.10　G の相異なる既約指標の個数は G の類数に一致する．したがって G の既約指標の全体が $CF(G)$ の基となる．

証明　$\chi_1, \cdots, \chi_t$ を G の既約指標全体，$K_1, \cdots, K_s$ を G の共役類全体，$h_i = |K_i|$，$\sigma_i \in K_i$ とする．A をその (i, j)–成分が $\chi_i(\sigma_j)$ である (t, s) 型行列，B をその (i, j)–成分が $h_i\chi_j(\sigma_i{}^{-1})$ である (s, t) 型行列とすると，第1，および第2直交関係より

$$AB = \begin{bmatrix} |G| & & 0 \\ & \ddots & \\ 0 & & |G| \end{bmatrix} = BA.$$

故に AB, BA は共に正則行列となり，前者から $t \leq s$，後者から $t \geq s$．したがって $t = s$ をうる．▌

定理 10.11　(1)　指標の値は代数的整数である．

(2)　χ を既約指標，K を G の共役類，$\sigma \in K$ とすると $|K|\chi(\sigma)/\chi(1)$ は代数的整数である．

証明　(1)　定理 10.6 より指標の値は1の巾根の和であるから，第1章補題 1.3 によって代数的整数となる．

(2)　(10.6)，(10.7) より，$c_{ijk} \in \boldsymbol{Z}$ なることに注意すれば，第1章補題 1.2 を適用して $|K|\chi(\sigma)/\chi(1)$ は代数的整数となる．▌

$CF(G)$ の元で G の既約指標の有理整係数1次結合となっているものを**一般指標**とよぶ．G の指標は一般指標のうちでその係数が負とならないものである．既約指標は $CF(G)$ の基となっているから，その係数は一意的に定まる．したがって，G の表現は完全可約(Maschke の定理)であるから既約表現の直和に分解されるが，上の注意よりそこに現われる既約表現とその重複度は分解の仕方によらず一意的に定まることがわかる．したがって

定理 10.12　G の表現はその指標により完全に定まる．いいかえると，ρ_1, ρ_2 を G の表現，χ_1, χ_2 をその指標とするとき，

$$\rho_1 \text{ と } \rho_2 \text{ が同値} \Leftrightarrow \chi_1 = \chi_2$$

が成り立つ．——

G の表現を既約表現の直和として分解するときに現われる既約表現を，この表現の**既約成分**とよぶ．

$CF(G) \ni f, g$ に対して

$$(f, g) = \frac{1}{|G|} \sum_{\sigma \in G} f(\sigma)\overline{g(\sigma)}$$

を $CF(G)$ における**内積**とよぶ．G を明記する必要のある場合は (f, g) の代りに $(f, g)_G$ と書く．直交関係より $(\chi_i, \chi_j) = \delta_{ij}$ であり，したがって $CF(G)$ の元 f を $\chi_1, \cdots, \chi_t$ の1次結合として $f = \sum m_i\chi_i$ と表わせば，$(f, \chi_j) = (\sum m_i\chi_i, \chi_j) = \sum m_i(\chi_i, \chi_j) = m_j$ となり，$f = \sum_{i=1}^{t} (f, \chi_i)\chi_i$ と表わされる．$CF(G)$ の元 f に対して $\|f\| = (f, f)$ とおき，これを f の**長さ**とよぶ．

10.3 誘導指標

H を有限群 G の部分群とし，$G = H\sigma_1 + \cdots + H\sigma_r$ を G の H による左剰余類分解とする．H の表現 ρ に対して，G の表現 ρ^G をつぎのように構成する．ρ に対応する H-加群を V とする．$V_1, \cdots, V_r$ を(H-加群として) V と同型な r 個の H-加群とし，$V_1, \cdots, V_r$ の直和を V^G と表わす．V から各 V_i への同型写像を1つ定めて f_i とする．V_i の元は V の元 v により $f_i(v)$ と表わされるが，G の元 σ の V^G への作用を

$$f_i(v)^\sigma = f_j(v^{\sigma_i\sigma\sigma_j^{-1}}), \qquad \text{ただし} \quad \sigma_i\sigma \in H\sigma_j,$$

と定義すると，V^G がこれにより G-加群となることは見易い．これにより得られる G の表現を ρ^G と書き，ρ の G への**誘導表現**とよぶ．また ρ^G の指標 χ^G を ρ の指標 χ の G への**誘導指標**とよぶ．$G \ni \sigma$ に対して $\chi^G(\sigma)$ を定義に従って計算すれば，

$$\chi^G(\sigma) = \sum_{i=1}^{r} \dot{\chi}(\sigma_i\sigma\sigma_i^{-1}) = \frac{1}{|H|} \sum_{\tau \in G} \dot{\chi}(\tau\sigma\tau^{-1}).$$

ただし，ここで

$$\dot{\chi}(\tau) = \begin{cases} \chi(\tau) & \tau \in H \text{ のとき} \\ 0 & \tau \notin H \text{ のとき} \end{cases}$$

となる．一般に H の類関数 f に対して，G から $\boldsymbol{C}$ への写像 f^G を

$$f^G(\sigma)=\frac{1}{|H|}\sum_{\tau\in G}\dot{f}(\tau\sigma\tau^{-1}),\qquad \text{ただし}\quad \dot{f}(\tau)=\begin{cases} f(\tau) & \tau\in H\\ 0 & \tau\notin H\end{cases}$$

と定義すると，f^G は G の類関数となる．これを f の G への**誘導類関数**とよぶ．f が一般指標であれば，f^G も一般指標であることは見易い．

G の類関数 f は G の任意の部分群 H の類関数と考えられるが，それを $f_{|H}$ で表わし，f の H への**制限**とよぶ．f が指標であれば $f_{|H}$ も指標，f が一般指標であれば $f_{|H}$ も一般指標となる．

定理 10.13　ψ を有限群 G の類関数，θ を G の部分群 H の類関数とすると，

$$(\theta^G,\psi)_G=(\theta,\psi_{|H})_H$$

が成り立つ．

証明　$$(\theta^G,\psi)_G=\frac{1}{|G|}\sum_{\tau\in G}\theta^G(\tau)\overline{\psi(\tau)}=\frac{1}{|G||H|}\sum_{\tau\in G}\sum_{\sigma\in G}\dot{\theta}(\sigma\tau\sigma^{-1})\overline{\psi(\tau)}$$

$$=\frac{1}{|G||H|}\sum_{\substack{\tau,\sigma\in G\\ \sigma\tau\sigma^{-1}\in H}}\theta(\sigma\tau\sigma^{-1})\overline{\psi(\tau)}=\frac{1}{|G||H|}\sum_{\substack{\tau\in H\\ \sigma\in G}}\theta(\tau)\overline{\psi(\sigma^{-1}\tau\sigma)}$$

$$=\frac{1}{|H|}\sum_{\tau\in H}\theta(\tau)\left(\frac{1}{|G|}\sum_{\sigma\in G}\overline{\psi(\sigma^{-1}\tau\sigma)}\right)=\frac{1}{|H|}\sum_{\tau\in H}\theta(\tau)\overline{\psi(\tau)}$$

$$=(\theta,\psi_{|H})_H.$$ ▌

これよりつぎの定理をうる．

定理 10.14(Frobenius の可逆定理)　$\chi_1,\cdots,\chi_t$ を有限群 G の既約指標，$\theta_1,\cdots,\theta_s$ を G の部分群 H の既約指標の全体とする．このとき，

$$\chi_{i|H}=\sum_{j=1}^{s}m_{ij}\theta_j\Leftrightarrow\theta_j{}^G=\sum_{i=1}^{r}m_{ij}\chi_i.$$

証明　定理 10.13 より，任意の i,j に対して $(\chi_i,\theta_j{}^G)_G=(\chi_{i|H},\theta_j)_H$ が成り立ち，これより定理の主張は明らか．▌

(G,Ω) を G の n 次の置換表現とし，これから得られる置換行列表現の指標 χ を (G,Ω) の**置換指標**とよぶ．$\Omega=\{1,\cdots,n\}$ とおくと，χ の定義より $G\ni\sigma$ に対して $\chi(\sigma)=|\{i\in\Omega\,|\,i^\sigma=i\}|$ となる．とくに (G,Ω) を可移とすると G の部分群 $H=\{\sigma\in G\,|\,1^\sigma=1\}$ による G の左剰余類分解は，各 i について $1^{\sigma_i}=i$ となる元 σ_i を 1 つずつえらぶと，$G=H\sigma_1+\cdots+H\sigma_n$ となり，$i^\sigma=i\Leftrightarrow 1^{\sigma_i\sigma\sigma_i{}^{-1}}=1\Leftrightarrow\sigma_i\sigma\sigma_i{}^{-1}\in H$ となる．したがって，H の単位指標 1_H の G への誘導指標 $(1_H)^G$ を計算すると，

$$(1_H)^G(\sigma)=\sum_i\dot{1}_H(\sigma_i\sigma\sigma_i{}^{-1})=|\{i\,|\,\sigma_i\sigma\sigma_i{}^{-1}\in H\}|=\chi(\sigma).$$

したがって，つぎの定理をうる．

定理 10.15　(G,Ω) を有限群 G の可移な置換表現とし，その置換行列表現の指標を χ とする．χ は Ω の任意の1点の固定部分群の単位指標の G への誘導指標と一致する．——

群指標の応用として，位数が p^aq^b（ここで p,q は素数）である群は可解群となることを示す．まず

補題 10.16　ρ を有限群 G の既約表現，χ をその指標，$n=\chi(1)$（$=\rho$ の次数）とおく．また K を G の共役類とし，$h=|K|$ とおく．このとき，もし $(h,n)=1$ であれば K の元 σ に対して $\chi(\sigma)=0$ となるか，または $\rho(\sigma)$ は $\rho(G)$ の中心に入る．

証明　$\rho(\sigma)$ が $\rho(G)$ の中心に入らないと仮定する．定理 10.7 より $|\chi(\sigma)|<n$. σ の位数を m とすると定理 10.6 より $\chi(\sigma)$ は1の m 乗根の n 個の和 $\sum_{i=1}^{n}\lambda_i$ と表わされる．ω を1の原始 m 乗根とすると，$\lambda_i=\omega^{n_i}$ と書け，したがって $\chi(\sigma)$ は ω の多項式として $f(\omega)$ と書ける．1の原始 m 乗根の全体を $\{\omega=\omega_1,\cdots,\omega_{\varphi(m)}\}$ とおくとき，$\prod_{i=1}^{\varphi(m)}f(\omega_i)$ は $\{\omega_1,\cdots,\omega_{\varphi(m)}\}$ の任意の置換に対して不変であるから，第1章補題 1.4 により，$\prod_{i=1}^{\varphi(m)}f(\omega_i)$ は $\{\omega_1,\cdots,\omega_{\varphi(m)}\}$ の基本対称式 $\alpha_1,\cdots,\alpha_{\varphi(m)}$ の有理数係数の多項式で表わされる．第1章§1でみたように $\alpha_1,\cdots,\alpha_{\varphi(m)}$ は円周 m 分多項式 $\Phi_m(X)$ の係数であるから有理整数，したがって $\prod_{i=1}^{\varphi(m)}f(\omega_i)$ は有理数となる．ω_i は m と素な或る整数 m_i により，$\omega_i=\omega^{m_i}$ と表わされるから，$f(\omega_i)=\chi(\sigma^{m_i})$. したがって $\prod_{\substack{(m_i,m)=1\\1\leq m_i<m}}|h\chi(\sigma^{m_i})/n|$ は有理数となるが，定理 10.11 よりこれは代数的整数となるから，第1章補題 1.1 により有理整数となる．これと仮定 $(h,n)=1$ より $\prod_{\substack{(m_i,m)=1\\1\leq m_i<m}}|\chi(\sigma^{m_i})/n|$ は有理整数となる．一方，定理 10.7 より $|\chi(\sigma^{m_i})|\leq n$ で，さらに仮定より $|\chi(\sigma)|\lneq n$ であるから，$\prod_{\substack{(m_i,m)=1\\1\leq m_i<m}}|\chi(\sigma^{m_i})/n|\lneq 1$, i.e. $\prod_{\substack{(m_i,m)=1\\1\leq m_i<m}}|\chi(\sigma^{m_i})/n|=0$. したがって，或る i に対して $\chi(\sigma^{m_i})=0$. $f(\omega_i)=\chi(\sigma^{m_i})=0$ より，第1章補題1.5に注意すれば，$f(X)$ は $\Phi_m(X)$ で割り切れる．したがって $\chi(\sigma)=f(\omega)=0$. ▌

定理 10.17　(1)　非可換な有限群 G の $\{1\}$ でない共役類で，それに入る元の個数が，素数巾のものが存在すれば G は単純群でない．

(2) (Burnside)　位数が $p^a q^b$ (ここで p, q は素数) である群 G は可解群である.

証明　(1)　G が単純群と仮定して矛盾を導く. $\chi_1=1_G, \cdots, \chi_t$ を G の既約指標, $K_1=\{1\}, \cdots, K_t$ を G の共役類とし, $h_i=|K_i|$ とおく. 仮定より或る $i_0(\geq 2)$ があって $h_{i_0}=p^a \neq 1$, p は素数, となる. π を G の正則表現の指標とすると, (10.5) より $\pi=\sum_{i=1}^{t} \chi_i(1)\chi_i$ と書けるから, K_{i_0} の元 $\sigma(\neq 1)$ に対して

(10.8)　$$1+\chi_2(1)\chi_2(\sigma)+\cdots+\chi_t(1)\chi_t(\sigma)(=\pi(\sigma))=0$$

となる. $p \nmid \chi_i(1)$ のときは, 定理 10.16 から $\chi_i(\sigma)=0$. したがって, (10.8) より

$$1+p\alpha=0$$

を満たす代数的整数 α が存在する. これより $\alpha=-1/p$ は有理整数となり第1章補題 1.1 に矛盾する.

(2)　G は可換でないとして, G が単純群でないことを示せば十分である. P を G の 1 でない Sylow 群とし, $\sigma(\neq 1)$ を P の中心の元とする. $\mathcal{C}_G(\sigma)\geq P$ より, σ をふくむ G の共役類は素数巾個の元をふくみ, (1) より G は単純群でない. ▌

§11　Frobenius 群

群 G の真の部分群 H (i. e. $G \gneq H \gneq 1$) で条件

(11.1)　$$H \cap H^\sigma=\{1\} \qquad \forall \sigma \in G-H$$

を満たすものが存在するとき, G を **Frobenius 群**とよび, H を Frobenius 群 G の **Frobenius 補群**とよぶ. これは置換群の言葉で, つぎのようにいいかえることができる.

定理 11.1　群 G が Frobenius 群であるための必要十分条件は, 或る集合 Ω があってつぎの条件 (11.2) を満たす Ω 上の可移置換群となることである;

(11.2)　Ω の任意の 1 点 a に対して $G_a \neq 1$ であり, かつ Ω の任意の 2 点 a, b $(\neq)$ に対して $G_{a,b}=1$ である.

証明　G を Frobenius 群とし, H をその Frobenius 補群とする. $\Omega=H\backslash G=\{Hx_1, \cdots, Hx_n\}$ とおき, G の可移な置換表現 (G, Ω) を考える. G の元 σ が Ω の 2 点 $Hx_i, Hx_j(\neq)$ を固定すれば, i. e. $Hx_i\sigma=Hx_i$, $Hx_j\sigma=Hx_j$ を満たせば $\sigma \in H^{x_i} \cap H^{x_j}$ となるが, $x_i x_j^{-1} \notin H$ より $H^{x_i} \cap H^{x_j}=1$ となり $\sigma=1$ をうる. したがって (G, Ω) は Ω の任意の 2 点 $a, b(\neq)$ に対して $G_{a,b}=1$ を満たす置換群

である．また Ω の点 H の固定部分群は $H\neq 1$ であり，したがって，(G,Ω) は(11.2)を満たす可移置換群となる．逆に (G,Ω) を(11.2)を満たす可移置換群とする．H を G の1点 a の固定部分群 G_a とすると $G-H\ni\sigma$ に対して $H^\sigma=(G_a)^\sigma=G_{a^\sigma}$ であるが，$a^\sigma\neq a$ より $H\cap H^\sigma=G_a\cap G_{a^\sigma}=G_{a,a^\sigma}=1$ となる．$G\gneqq H\gneqq 1$ は(11.2)の仮定から明らかであるから，H は(11.1)の条件を満たす．∎

以下，混乱のおこらない限り(11.2)を満たす可移置換群 (G,Ω) をも **Frobenius 群**とよぶこととする．この場合 Ω の1点 a の固定部分群 G_a が Frobenius 補群であり，容易に $|G_a|\,\big|\,(|\Omega|-1)$ なることがわかる．とくに $|G_a|=|\Omega|-1$ のとき，(G,Ω) を**完全 Frobenius 群**とよぶ．また，Frobenius 群の構造は(11.1)を満たす部分群 H に関係して定まるから，正確には"(11.1)を満たす部分群 H に関する Frobenius 群"というべきであるが，あとで(定理11.6において)示されるように H は(G-共役を除いて)一意的に定まる(i. e. Frobenius 群の構造は一意的に定まる)から，単に Frobenius 群とよんでさしつかえない．

G を Frobenius 群，H をその Frobenius 補群とする．$H\cap H^\sigma=1$, $\forall\sigma\in G-H$, より $\mathcal{N}_G(H)=H$ で，したがって H と共役な G の部分群の個数は $n=|G:H|$ である．$H_1,\cdots,H_n$ を H の共役とすると，$G-\bigcup_{i=1}^{n}H_i=N_0$ は H の元と共役とならないような G の元の全体である．$|H|=m$ とおくと，$|N_0|=|G|-|\bigcup_{i=1}^{n}H_i|=nm-n(m-1)-1=n-1$ となる．指標の理論の応用として $N=N_0\cup\{1\}$ が G の正規部分群となることを示す．すなわち

定理 11.2 (Frobenius)　G を Frobenius 群とし，H をその Frobenius 補群とする．このとき，$N=(G-\bigcup_{\sigma\in G}H^\sigma)\cup\{1\}$ は G の正規部分群となる．したがって，$G=NH\triangleright N$, $N\cap H=\{1\}$, i. e. G は N と H の半直積となる．

証明　f を H の一般指標で $f(1)=0$ を満たすものとすると，$f^G(\sigma)=\dfrac{1}{|H|}\sum_{\tau\in G}\dot{f}(\tau\sigma\tau^{-1})$ より $f^G(1)=0$ となる．また，定義より容易に $G-\bigcup_{\tau\in G}H^\tau$ の元 σ に対して $f^G(\sigma)=0$, H の元 σ に対して $f^G(\sigma)=f(\sigma)$, (i. e. $f^G{}_{|H}=f$) となる．したがって，f' も H の一般指標で $f'(1)=0$ なるものとすると，定理10.13より $(f^G,f'^G)_G=(f^G{}_{|H},f')_H=(f,f')_H$ をうる．一般に有限群 X に対して $I_0(X)=\{f\,|\,f$ は X の一般指標，$f(1)=0\}$ とおくこととすると，$f\to f^G$ は $I_0(H)$ から $I_0(G)$ への内積をかえない写像となっている．$\varphi_1=1_H$, $\varphi_2,\cdots,\varphi_k$ を H のすべての既約指標とし，$n_i=\deg\varphi_i\,(=\varphi_i(1))$ とおき，H の一般指標 α_i を $\alpha_i=n_i1_H-\varphi_i\,(2\leq i\leq k)$

で定義すると，$\alpha_i \in I_0(H)$ で $\|\alpha_i\|=n_i^2+1$ となる．$(\alpha_i^G, 1_G)=(\alpha_i, 1_H)=n_i$，$\|\alpha_i^G\|=n_i^2+1$，$\alpha_i^G \in I_0(G)$ となるから，各 i に対して G の或る既約指標 $\chi_i\,(2\leq i\leq k)$ が存在して $\alpha_i^G=n_i 1_G-\chi_i$ と書ける．$\tilde{N}=\bigcap_{i=2}^{k}\mathrm{Ker}\,\rho_i$（ここで ρ_i は χ_i を指標とする既約表現）とおくと $\tilde{N}\trianglelefteq G$，$\sigma$ を $\tilde{N}\cap H$ の元とすると，$\sigma\in\tilde{N}$ なることから定理 10.7, (3) より $\chi_i(\sigma)=\chi_i(1)=n_i$，$i=2,\cdots,k$．他方，$\sigma\in H$ なることから $\alpha_i^G(\sigma)=\alpha_i(\sigma)$, i.e. $\varphi_i(\sigma)=\chi_i(\sigma)=n_i(=\deg\varphi_i)\,(2\leq i\leq k)$ となり，したがって H の正則表現の指標 π に対して $\pi(\sigma)=|H|$ となり $\sigma=1$ をうる．したがって，$\tilde{N}\cap H=1$ となり $N\supseteq\tilde{N}$ をうる．一方，τ を N の元とすると，先にみたように $\alpha_i^G(\tau)=0$ となり $\chi_i(\tau)=n_i$, i.e. $\tau\in\tilde{N}$ となり $N=\tilde{N}$ をうる．$|N|=n=|G:H|$ より G が N と K の半直積となることは明らかである．▌

この N を Frobenius 群 G の **Frobenius 核**とよぶ．

定理 11.3 群 G についてつぎの 3 つの条件は同等である．

(1) G は Frobenius 群で，その Frobenius 補群の位数は m である．

(2) G の真の正規部分群 N (i. e. $G\gneqq N\neq 1$) で $|G:N|=m$，$N\ni\sigma(\neq 1)$ に対してつねに $\mathscr{C}_G(\sigma)\leq N$ となるものが存在する．

(3) $|G|=mn$，$(m,n)=1$ で G の元の位数は n，または m の約数であり，$G\gneqq\{\sigma\,|\,\sigma^n=1\}\gneqq 1$ である．

証明 (1)⇒(2)：N を G の Frobenius 核とする．$G\gneqq N\neq 1$，$|G:N|=m$ は明らか．$N\ni\sigma(\neq 1)$ に対して $\mathscr{C}_G(\sigma)\not\leq N$ とすると，H の或る共役 H^τ があって，$\mathscr{C}_G(\sigma)\cap H^\tau\neq 1$．したがって $H^\tau\cap H^{\tau\sigma}\neq 1$ となり，仮定により $\sigma\in\mathscr{N}(H^\tau)=H^\tau$, i. e. $\sigma=1$ となり矛盾．

(2)⇒(3)：$G-N$ の元による共役作用は仮定より $N-\{1\}$ 上に半正則に作用する．したがって $|N|=n$ とおくと，$|G|=mn$ で $(m,n)=1$．Schur-Zassenhaus の定理より G の部分群 H で $G=HN$，$H\cap N=1$ となるものが存在する．$G-N\ni\sigma$ とすると $|G/N|=m$ より $\sigma^m\in N$．もし $\sigma^m\neq 1$ とすると $\sigma\in\mathscr{C}_G(\sigma^m)\leq N$ となり矛盾．よって $\sigma^m=1$ となる．したがって G の元の位数は n または m の約数となり $1\neq\{\sigma\,|\,\sigma^n=1\}(=N)\trianglelefteq G$ となる．

(3)⇒(1)：$N=\{\sigma\,|\,\sigma^n=1\}$ とおく．$G\gneqq N\gneqq 1$，$(|G/N|,|N|)=1$ より，Schur-Zassenhaus の定理によって，G の部分群 H で $G=HN$，$H\cap N=1$ となるものが存在し，$|H|=m$．$G\ni\sigma$ に対して $H\cap H^\sigma\neq 1$ とする．$\sigma=\sigma_1\sigma_2$，$\sigma_1\in H$，$\sigma_2\in N$，

と表わすと，$H^\sigma=H^{\sigma_1\sigma_2}=H^{\sigma_2}$ より，$H\cap H^{\sigma_2}\neq 1$. $\tau(\neq 1)$ を $H\cap H^{\sigma_2}$ の元とする．$\sigma_2\tau\sigma_2^{-1}\tau^{-1}=(\sigma_2\tau\sigma_2^{-1})\tau^{-1}=\sigma_2(\tau\sigma_2^{-1}\tau^{-1})\in H\cap N(=1)$ より，$\sigma_2\tau=\tau\sigma_2$. $\sigma_2\tau$ の位数は $|\tau|$ の倍数で $|\tau|\,\big|\,m$. したがって仮定より $|\sigma_2|\,\big|\,m$ となり，$\sigma_2=1$，すなわち $\sigma\in H$ となる．よって $G-H\ni\sigma$ に対して $H\cap H^\sigma=1$. ▌

この定理より，つぎの補題は明らかである．

補題 11.4　G を Frobenius 群，N をその Frobenius 核とし，K を G の部分群とする．このとき，

(1)　$K\nleq N$, $K\cap N\neq 1$ とすると，K は $K\cap N$ を Frobenius 核とする Frobenius 群である．

(2)　$1\lneq K\trianglelefteq G$, $K\lneq NK\lneq G$ とすると，G/K は NK/K を Frobenius 核とする Frobenius 群となる．

定理 11.5 (Thompson)　Frobenius 核は巾零である．

証明　G を Frobenius 群，N, H をそれぞれその Frobenius 核，Frobenius 補群とする．$|G|$ についての帰納法で証明する．まず，補題 11.4(1) より $|G:N|=p$ (＝素数) と仮定してよい．$Z(N)\neq 1$ の場合，$N=Z(N)$ とすれば N は Abel 群，また $N\gneq Z(N)$ とすれば，補題 11.4(2) を適用し帰納法の仮定から $N/Z(N)$ は巾零となり，N も巾零，したがって $Z(N)\neq 1$ のとき N は巾零となる．以下；$Z(N)=1$ と仮定して矛盾をひきだす．

まず或る素数 q があって，N の Sylow q-部分群は正規部分群となる．(∵ $Z(N)=1$ より N は巾零でない．したがって或る素数 r について N は正規 r-補群をもたない．H を N の Sylow r-部分群の集合上に共役作用させて考えれば，N の或る Sylow r-部分群 R が H の共役作用により不変となる．$R\trianglerighteq Z(R)$, $J(R)$ より，H の共役作用によって $\mathcal{C}_N(Z(R))$. $\mathcal{N}_N(J(R))$ は不変である．したがって補題 11.4 によって $H\mathcal{C}_N(Z(R))$, $H\mathcal{N}_N(J(R))$ は Frobenius 群となる．$Z(N)=1$ より $\mathcal{C}_N(Z(R))\neq N$, したがって $H\mathcal{C}_N(Z(R))\lneq G$ となり，帰納法の仮定から $\mathcal{C}_N(Z(R))$ は巾零で正規 r-補群をもつ．もし $\mathcal{N}_N(J(R))\neq N$ とすると同様に $\mathcal{N}_N(J(R))$ が正規 r-補群をもち，したがって Thompson の定理 (定理 9.3) と N が正規 r-補群をもたないという仮定によって，$r=2$ となる．したがって，或る奇素数 r について N が正規 r-補群をもたない場合には，N の Sylow r-部分群で H で不変なものの 1 つを R とすると $N=\mathcal{N}_N(J(R))$, $G=HN\triangleright J(R)$ と

なる．帰納法の仮定から，Frobenius 群 $G/J(R)$ の Frobenius 核 $N/J(R)$ な巾零となって，$N \rhd R$ となり，R が求めるものである．したがって，すべての奇素数 r に対して，N が正規 r–補群をもつ場合がのこるが，このときは，$Q=\bigcap_{r:\text{奇素数}}$ (Nの正規 r–補群)とおくと，Q は N の Sylow 2–群で $Q \lhd N$ となる．)

Q を N の正規な Sylow 部分群とする．$N \trianglerighteq Z(Q)$ より $G \trianglerighteq Z(Q)$, $G \trianglerighteq \mathscr{C}_G(Z(Q))$ で $Z(N)=1$ より $N \ngeq \mathscr{C}_G(Z(Q))$．したがって $\bar{G}=G/\mathscr{C}_G(Z(Q))$ は $\bar{N}=N/\mathscr{C}_G(Z(Q))$, $\bar{H}=H\mathscr{C}_G(Z(Q))/\mathscr{C}_G(Z(Q))$ をそれぞれ Frobenius 核，Frobenius 補群とする Frobenius 群となる．したがって $\bar{G}$ は $1+|\bar{N}|$ 個の部分群で互いに共通分が1である部分群の合併 $\bar{G}=\bigcup_{\bar{\sigma}\in\bar{N}}\bar{H}^{\bar{\sigma}} \cup \bar{N}$ と表わされる．$\bar{G}$ は可換な q–群 $Z(Q)$ に忠実に作用しており，$(q, |\bar{N}|)=1$ であるから，定理6.1により，$\bar{N}, \bar{H}^{\bar{\sigma}}(\bar{\sigma}\in\bar{N})$ のいずれかの作用は $Z(Q)-\{1\}$ 上に固定点をもつ．もし $\bar{N}$ が $Z(Q)-\{1\}$ 上に固定点 a をもてば，$a\in Z(N)$ となり，$Z(N)=1$ に反する．またもし $\bar{H}_i^{\sigma}$ が $Z(Q)-\{1\}$ 上に固定点 a をもてば $\mathscr{C}_G(a)\supseteq H_i^{\sigma}$ となり，定理11.3に矛盾する．▌

定理 11.6 Frobenius 群 G の Frobenius 核 N は G の Fitting 部分群と一致し，G の Frobenius 群としての構造は一意的に定まる．

証明 N は巾零であるから $N \leq \mathrm{Fit}(G)$. $\mathrm{Fit}(G)$ は巾零で $1 \neq N \trianglelefteq \mathrm{Fit}(G)$ より $N \cap Z(\mathrm{Fit}(G)) \neq \{1\}$(定理3.5). よって $1 \neq \sigma \in N \cap Z(\mathrm{Fit}(G))$ とすると，定理11.3より $\mathrm{Fit}(G) \leq \mathscr{C}_G(\sigma) \leq N$ となって，$N=\mathrm{Fit}\,G$ をうる．これより，G のどのような Frobenius 群としての構造に対しても，その Frobenius 核は一致し，したがって，その Frobenius 補群(のつくる G–共役類)も一意的に定まる．▌

定理 11.7 完全 Frobenius 群の Frobenius 核は基本 Abel 群である．

証明 N を Frobenius 核，H を Frobenius 補群，$a \neq 1$ を N の元とする．$\mathscr{C}_G(a) \cap H=1$ より H の2元 $x, y(\neq)$ に対して $a^x \neq a^y$ となる．$|H|=|N|-1$ より $N=\{a^x \mid x\in H\}$, i.e. $N-\{1\}$ の元の位数はすべて等しい．これより N が基本 Abel 群となることはほとんど明らかである．▌

第3章　置換群の基礎的性質

§1　置　　換

Ω を有限集合とする．S^{Ω} の元，すなわち Ω の置換 σ の作用の表示として，$\Omega=\{1,2,\cdots,n\}$ とおくとき，

$$\sigma=\begin{pmatrix}1 & 2 & \cdots & n\\ 1^{\sigma} & 2^{\sigma} & \cdots & n^{\sigma}\end{pmatrix}\quad \text{または単に}\quad \begin{pmatrix}\alpha\\ \alpha^{\sigma}\end{pmatrix}$$

という記号を用いる．σ の固定点の全体を $F_{\Omega}(\sigma)$，または単に $F(\sigma)$ で表わし，σ の**固定点集合**とよぶ；

$$F_{\Omega}(\sigma)=\{\alpha\in\Omega\,|\,\alpha^{\sigma}=\alpha\}.$$

$|\Omega-F(\sigma)|$ を σ の**次数**という．$S^{\Omega}\ni\sigma,\tau$ に対して

$$(\Omega-F(\alpha))\cap(\Omega-F(\tau))=\phi$$

が成り立つとき，σ と τ は**独立**であるという．σ,τ が独立であれば $\sigma\tau=\tau\sigma$ が成り立つ．

$\Omega-F(\sigma)=\{\alpha_1,\cdots,\alpha_r\}$ であって $\alpha_1{}^{\sigma}=\alpha_2,\alpha_2{}^{\sigma}=\alpha_3,\cdots,\alpha_r{}^{\sigma}=\alpha_1$ のとき，σ を長さ r の**巡回置換**とよび，これを

$$\sigma=(\alpha_1,\alpha_2,\cdots,\alpha_r)$$

と表わす．置換 σ で生成される S^{Ω} の巡回部分群 $\langle\sigma\rangle$ の $(\Omega$ における$)$ 長さ $r(\geq 2)$ の軌道を Δ とし，α を Δ の任意の1元とすると，$\alpha,\alpha^{\sigma},\cdots,\alpha^{\sigma^{r-1}}$ はすべて相異なり，かつ $\alpha^{\sigma^r}=\alpha$ となる．したがって Ω の $\langle\sigma\rangle$ による軌道分解における長さ $i(\geq 1)$ の軌道の個数を $t_i(\sigma)$ 個とすると，σ は Ω 上の置換として互いに独立な $t_2(\sigma)$ 個の長さ2の巡回置換，$\cdots$，$t_n(\sigma)$ 個の長さ n の巡回置換の積として表わされる．このように σ を独立ないくつかの巡回置換の積として表わすことを σ の**巡回表示**といい，そこに現われる各巡回置換を σ の**巡回成分**という．τ を σ の巡回成

分とすると，$\Omega-F(\tau)$はσの1つの軌道であるから，σの巡回表示は一意的に定まる．$t_i(\sigma)$の組

$$(t_1(\sigma), t_2(\sigma), \cdots, t_n(\sigma))$$

をσ**の型**という．以上をまとめると，つぎの定理が得られる．

定理 1.1　(1)　$S^\Omega \ni \sigma$の型を$(t_1, t_2, \cdots, t_n)$とするとσは互いに独立なt_2個の長さ2の巡回置換,$\cdots$,t_n個の長さnの巡回置換の積として一意的に表わされる．

(2)　逆に，σを互いに独立な巡回置換の積として表わしたとき，そこに現われる長さ$i(\geq 2)$の巡回置換の個数をm_iとすると

$$\left(n-\sum_{i=2}^{n} m_i i,\ \ m_2, \cdots, m_n\right)$$

はσの型である．

定理 1.2　$S^\Omega \ni \sigma, \tau$に対して

$$\sigma\text{の型}=\tau\text{の型} \quad \Leftrightarrow \quad \sigma \underset{S^\Omega}{\sim} \tau.$$

証明　$\Leftarrow$：積の定義より，$\tau, \rho \in S^\Omega$に対して

$$\rho^{-1}\tau\rho = \begin{pmatrix} 1^\rho & 2^\rho & \cdots & n^\rho \\ 1^{\tau\rho} & 2^{\tau\rho} & \cdots & n^{\tau\rho} \end{pmatrix} \tag{1.1}$$

である．したがって$\tau_i=(i_1, \cdots, i_r)$を$\tau$の巡回成分とすると，$\rho^{-1}\tau_i\rho=({i_1}^\rho, \cdots, {i_r}^\rho)$は$\rho^{-1}\tau\rho$の巡回成分となり，$\tau$と$\rho^{-1}\tau\rho$の同じ長さの成分はこれにより1対1に対応する．

$\Rightarrow$：S^Ωの元ρをつぎのように定める．$F(\sigma)$の元に対しては，$|F(\sigma)|=|F(\tau)|$より$F(\sigma)$から$F(\tau)$上への1対1対応を1つ定めてそれをρの作用と定義する．σの長さrの巡回成分に現われるΩの点に対しては，まずσ, τの長さrの巡回成分の間に1対1の対応をつけ，さらに対応するσ, τの巡回成分σ_i, τ_iの表示を任意に1つ定め，それを$\sigma_i=(\alpha_1, \alpha_2, \cdots, \alpha_r)$，$\tau_i=(\beta_1, \beta_2, \cdots, \beta_r)$とするとき$\alpha_j^\rho=\beta_j$，$1\leq j\leq r$と定義する．$\rho$は$\Omega$上の置換であり，$\rho^{-1}\sigma\rho=\tau$となることは(1.1)より見易い．▌

長さ2の巡回置換を**互換**という．任意の巡回置換$(\alpha_1, \alpha_2, \cdots, \alpha_r)$は互換の積として

$$(\alpha_1, \cdots, \alpha_r)=(\alpha_1, \alpha_2)(\alpha_1, \alpha_3)\cdots(\alpha_1, \alpha_r)$$

と表わされる．したがって定理1.1により，任意の置換はいくつかの(必ずしも独立ではない)互換の積として表わされる．

つぎの定理は基本的である．

定理 1.3 S^{Ω} の元 σ を互換の積として表わすとき，そこに現われる互換の個数が偶数か奇数かは，互換の積としての表わし方によらず，一意的に定まる．

証明 $X_1, \cdots, X_n$ を $\boldsymbol{Z}$ 上の n 個の変数とし，$\boldsymbol{Z}$ 上の任意の多項式 $f=f(X_1, \cdots, X_n)$ への S^{Ω} の元 σ の作用 f^{σ} を

$$f^{\sigma}(X_1, \cdots, X_n) = f(X_{1\sigma}, \cdots, X_{n\sigma})$$

と定義する．S^{Ω} の2元 σ, τ に対して定義より $f^{\sigma\tau}=(f^{\sigma})^{\tau}$ である．とくに f として $\prod_{i<j}(X_i-X_j)$ をとれば，互換 σ に対して $f^{\sigma}=-f$ となることは見易い．したがって σ が r 個の互換の積として表わされるとすると，

$$f^{\sigma} = (-1)^r f$$

となる．$f\neq -f$ より，もし σ がほかに s 個の互換の積として表わされるとすると，$(-1)^r=(-1)^s$．したがって，$r\equiv s \pmod 2$ をうる．▌

偶数個の互換の積となる置換を**偶置換**，そうでない置換を**奇置換**という．Ω 上の偶置換の全体を A^{Ω} または A_n と表わす．偶置換と偶置換の積，奇置換と奇置換の積が偶置換となることからつぎの定理をうる．

定理 1.4 $S^{\Omega}\triangleright A^{\Omega}$,　$|S^{\Omega}:A^{\Omega}| = 2$.

A^{Ω} を Ω 上の，または $n(=|\Omega|)$ 次の**交代群**という．

系 1.5 作用 (G, Ω) において，G の或る元が Ω 上に奇置換として作用すれば，G は指標2の正規部分群をふくむ．

証明 Ω 上に偶置換として作用する G の元全体が求める正規部分群となることは明らかである．▌

第1章§2で定義した群 G のその部分群 H による右置換表現，i.e. G の元 σ の集合 $H\backslash G$ 上の作用を

$$(H\xi)^{\sigma} = H\xi\sigma$$

と定義してできる作用 $(G, H\backslash G)$ は可移な置換表現を与える．逆に群 G の可移な置換表現 (G, Ω) において Ω の1点 α を定め，$H=G_{\alpha}$ とおくと，$G\ni\tau_1, \tau_2$ に対して

$$\alpha^{\tau_1} = \alpha^{\tau_2} \Leftrightarrow H\tau_1 = H\tau_2$$

となることから，Ω と $H\backslash G$ の間に1対1の対応 $\alpha^\tau \leftrightarrow H\tau$ が存在し，この対応は G の元の作用によってもたらされる；$(\alpha^\tau)^\sigma \leftrightarrow (H\tau)\sigma$. したがって

$$(G, \Omega) \simeq (G, H\backslash G).$$

以上をまとめると，つぎの定理をうる.

定理 1.6 $G>H$ とし，$G \ni \sigma$ の $H\backslash G$ 上の作用を $(H\xi)^\sigma = H\xi\sigma$ と定義すれば，G の可移な置換表現 $(G, H\backslash G)$ をうる. 逆に (G, Ω) を G の可移な置換表現とすると，$(G, \Omega) \simeq (G, H\backslash G)$，ここで H は Ω の1点 α の固定部分群である. ——

同様に G の H による左置換表現も G の可移な置換表現であるが，$H\backslash G$ と G/H の間の対応 $H\xi \leftrightarrow \xi^{-1}H$ は1対1の対応で G の元の作用をたもつ；$(H\xi)^\sigma = H\xi\sigma \leftrightarrow \sigma^{-1}\xi^{-1}H = (\xi^{-1}H)^\sigma$. したがって

定理 1.7 $$(G, H\backslash G) \simeq (G, G/H).$$

とくに $H=\{1\}$ とおけば，$(G, \{1\}\backslash G) \simeq (G, G/\{1\})$ である.

定理 1.8 置換表現 $(G, H\backslash G)$ の核は $\bigcap_{\xi \in G} \xi^{-1}H\xi$ である. したがって $|G:H| = n$ とすると $\left|G: \bigcap_{\xi \in G} \xi^{-1}H\xi\right| \Big| n!$. いいかえれば，$G$ が指数 n の部分群をふくめば，G は指数が $n!$ の約数である正規部分群をふくむ.

証明 $\sigma \in$ 核 $\Leftrightarrow$ $H\xi = H\xi\sigma \ (\forall \xi \in G)$ $\Leftrightarrow$ $\sigma \in \xi^{-1}H\xi \ (\forall \xi \in G)$. ▌

定理 1.9 G を位数 $2m$ の群で m を奇数とすると，G は位数 m の正規部分群をふくむ.

証明 $G \ni \sigma$ を位数2の元とする. $(G, \{1\}\backslash G)$ は正則であるから σ は $\{1\}\backslash G$ 上の置換として固定点をもたず，したがって m(=奇数)個の互換の積となる. よって系1.5より定理をうる. (もちろんこれは正規2-補群についての一般的定理——たとえば，第2章定理9.2——のきわめて特別な場合である.) ▌

§2 可移性と非可移性

群 G が集合 Ω に作用しているとする. G の部分集合 X に対して，X のすべての元で固定される Ω の点の全体を，$F_\Omega(X)$，または単に $F(X)$ で表わし X の**固定点集合**とよぶ；

$$F_\Omega(X) = \{\alpha \in \Omega \mid \alpha^\sigma = \alpha \ (\forall \in X)\} = \bigcap_{\sigma \in X} F_\Omega(\sigma).$$

第1章§2において，Ω の部分集合 $\varDelta$ に対して $\varDelta$ の固定部分群 $G_\varDelta=\{\sigma\in G\,|\,\alpha^\sigma=\alpha\,(\forall\alpha\in\varDelta)\}=\bigcap_{\sigma\in\varDelta}G_\alpha$，および $\varDelta$ の集合としての固定部分群 $G_{\langle\varDelta\rangle}=\{\sigma\in G\,|\,\varDelta^\sigma=\varDelta\}$ を定義した．$G_\varDelta$ は置換表現 $(G_{\langle\varDelta\rangle},\varDelta)$ の核であり，したがって，$G_\varDelta\trianglelefteq G_{\langle\varDelta\rangle}$ で $G_{\langle\varDelta\rangle}/G_\varDelta$ は $\varDelta$ 上の置換群と考えられる．以下 $G_{\langle\varDelta\rangle}/G_\varDelta$ を $G_{\langle\varDelta\rangle}{}^\varDelta$，または単に $G^\varDelta$ で表わす．また，$\varDelta=\{\alpha,\beta,\cdots\}$ のとき，$G_\varDelta$ を $G_{\alpha,\beta,\cdots}$ と表わす．また，たとえば Ω の部分集合 $\varDelta_1,\varDelta_2$ に対して $(G_{\varDelta_1})_{\varDelta_2}$ を $G_{\varDelta_1\cup\varDelta_2}$，$(G_{\varDelta_1})_{\langle\varDelta_2\rangle}$ を $G_{\varDelta_1,\langle\varDelta_2\rangle}$ などで表わす．

まず定義から明らかな事柄，すでに説明ずみの事柄をまとめる．

定理 2.1　(1)　$G_\phi=G,\quad G_{\alpha,\beta}=G_{\beta,\alpha}\quad(\alpha,\beta\in\Omega)$.

(2)　$G_{\varDelta\cup\Gamma}=G_\varDelta\cap G_\Gamma=(G_\Gamma)_\varDelta=(G_\varDelta)_\Gamma$，ここで $\varDelta,\Gamma\subseteq\Omega$.

(3)　$\sigma^{-1}G_\varDelta\sigma=G_{\varDelta^\sigma}$，$\sigma^{-1}G_{\langle\varDelta\rangle}\sigma=G_{\langle\varDelta^\sigma\rangle}$，ここで $\sigma\in G$，$\varDelta\subseteq\Omega$．とくに $G_{\langle\varDelta\rangle}\trianglerighteq G_\varDelta$.

(4)　α を Ω の1点とする．$G\ni\sigma,\tau$ に対して

$$\alpha^\sigma=\alpha^\tau\Leftrightarrow G_\alpha\sigma=G_\alpha\tau$$

が成り立つ．したがって $\varDelta=\alpha^G$ (=α をふくむ G の軌道)とすると，$\varDelta$ と $G_\alpha\backslash G$ の間には1対1の対応が存在する．これよりとくに

$$|\varDelta|=|\alpha^G|=|G:G_\alpha|$$

が成り立ち，(G,Ω) の軌道の長さは $|G|$ の約数となる．

(5)　$F(X)^\sigma=F(X^\sigma)$，ここで $\sigma\in G$，$X\subseteq G$，とくに

$$F(G_\varDelta)^\sigma=F(G_\varDelta{}^\sigma)=F(G_{\varDelta^\sigma}).$$

定理 2.2　(1)　$|G:G_{\alpha,\beta}|=|\alpha^G|\,|\beta^{G_\alpha}|=|\beta^G|\,|\alpha^{G_\beta}|$.

(2)　(G,Ω) を可移とすると，$\Omega\ni\alpha,\beta$ に対して α をふくむ (G_β,Ω) の軌道の長さと β をふくむ (G_α,Ω) の軌道の長さは等しい．

(3)　P を G の Sylow p-部分群とすると，$\Omega\ni\alpha$ に対して

$$p^m\,\big|\,|\alpha^G|\Rightarrow p^m\,\big|\,|\alpha^P|$$

が成り立つ．さらに，作用 (P,α^G) の軌道で長さ最小のものを ψ とすると，$|\psi|\,\big|\,|\alpha^G|$ が成り立つ．

証明　(1)　$|\alpha^G|\,|\beta^{G_\alpha}|=|G:G_\alpha|\,|G_\alpha:G_{\alpha,\beta}|=|G:G_{\alpha,\beta}|=|G:G_\beta|\,|G_\beta:G_{\alpha,\beta}|=|\beta^G|\,|\alpha^{G_\beta}|$.

(2)　(G,Ω) が可移だから $\alpha^G=\beta^G=\Omega$．よって(1)より $|\alpha^{G_\beta}|=|\beta^{G_\alpha}|$.

(3)　$|\alpha^G|\,|G_\alpha:P_\alpha|=|G:G_\alpha|\,|G_\alpha:P_\alpha|=|G:P_\alpha|=|G:P|\,|P:P_\alpha|=|G:P|\,|\alpha^P|$．$p\nmid|G:P|$ より前半をうる．後半は，(P,α^G) の軌道の長さはすべて素数 p の巾であることから明らか．▌

定理 2.3　G が Ω 上の置換群とするとき，G の位数が奇数であるための必要十分条件は，(1)　(G,Ω) の軌道の長さがすべて奇数で，かつ，(2)　Ω のすべての元 α に対して (G_α,Ω) の軌道の長さがすべて奇数となることである．

証明　G の位数が奇数ならば，(1), (2) が成り立つことは定理 2.1(4) より明らか．G を偶数位数とする．σ を G の位数 2 の元とすると，Ω のある 2 点 α,β があって

$$\sigma=\begin{pmatrix}\alpha & \beta & \cdots\\ \beta & \alpha & \cdots\end{pmatrix}.$$

$G_{\alpha,\beta}\not\ni\sigma$，$G_{\alpha,\beta}{}^{\sigma}=G_{\alpha\beta}$ より，$|G:G_{\alpha\beta}|$ は偶数．したがって，$|G:G_{\alpha\beta}|=|\alpha^G||\beta^{G_\alpha}|$ より $|\alpha^G|$ または $|\beta^{G_\alpha}|$ は偶数．▌

$G\ni\sigma$ の固定点の数を $\alpha_1(\sigma)$ で表わす，i.e. $\alpha_1(\sigma)=|F(\sigma)|$．第 2 章 § 10 でみたように α_1 は (G,Ω) に対応する G の行列表現の指標 (i.e. 置換指標) である．このとき，

定理 2.4

$$(\alpha_1,1_G)=\frac{1}{|G|}\sum_{\sigma\in G}\alpha_1(\sigma)=(G,\Omega)\text{ の軌道の個数}.$$

証明　$\{(a,\sigma)\,|\,a\in\Omega,\sigma\in G,a^\sigma=a\}$ に入る元の個数 m を 2 通りに計算する．各 σ に対して条件を満たす (a,σ) は $\alpha_1(\sigma)$ 個存在するから $m=\sum_{\sigma\in G}\alpha_1(\sigma)$.

一方，各 a に対して条件を満たす (a,σ) は $|G_a|$ 個存在するから $m=\sum_{a\in\Omega}|G_a|$.
いま r を (G,Ω) の軌道の個数とし $\Omega=\Delta_1+\cdots+\Delta_r$ を G–軌道への分解とする．定理 2.1 より，$\Delta_i\ni a,b$ に対して $|G_a|=|G_b|$ なることに注意すると

$$\sum_{a\in\Delta_i}|G_a|=|\Delta_i||G_a|=|G|.$$

したがって

$$\sum_{\sigma\in G}\alpha_1(\sigma)=\sum_{a\in\Omega}|G_a|=\sum_{i=1}^{r}\Big(\sum_{a\in\Delta_i}|G_a|\Big)=r|G|. \qquad ▌$$

系 2.5　(G,Ω) が可移であれば

$$\sum_{\sigma\in G}\alpha_1(\sigma)=|G|,$$

したがって G の単位元 1 に対して $\alpha_1(1)=n(=|\Omega|)$ であるから ($n>1$ と仮定すると)，G の元 σ で $\alpha_1(\sigma)=0$ なるもの，すなわち，固定点をもたないものが存在する．

定理 2.6　(G,Ω)を可移とする．$\Omega\ni a$に対して(G_a,Ω)の軌道の数をrとすると，

$$(\alpha_1,\alpha_1)=\frac{1}{|G|}\sum_{\sigma\in G}\alpha_1(\sigma)^2=r.$$

証明　$\{(a,b,\sigma)\mid a,b\in\Omega,\sigma\in G,a^\sigma=a,b^\sigma=b\}$に入る元の個数$m$を2通りに計算する．$G$の各元$\sigma$に対して条件を満たす$(a,b,\sigma)$の個数は$\alpha_1(\sigma)^2$．したがって$m=\sum_{\sigma\in G}\alpha_1(\sigma)^2$．一方，$\Omega$の各点$a$に対して条件を満たす$(a,b,\sigma)$の個数は$\sum_{\sigma\in G_a}\alpha_1(\sigma)$でこれは定理2.4より$r|G_a|$に等しい．したがって

$$\sum_{\sigma\in G}\alpha_1(\sigma)^2=\sum_{a\in\Omega}\Big(\sum_{\sigma\in G_a}\alpha_1(\sigma)\Big)=\sum_{a\in\Omega}r|G_a|=r|G|.$$ ∎

(G,Ω)の軌道の長さがすべて等しく2以上のとき，(G,Ω)は**1/2重可移**という．とくに可移は($n=|\Omega|>1$の仮定のもとに) 1/2重可移である．

定理 2.7　(G,Ω)を可移置換群とし，$G\trianglerighteq N\neq\{1\}$とする．$(N,\Omega)$は1/2重可移で$F(N)=\phi$となる．

証明　(N,Ω)の軌道の1つをΔとする．Gの元σに対して$\Delta^{\sigma N}=\Delta^{\sigma N\sigma^{-1}\sigma}=\Delta^{N\sigma}=\Delta^{\sigma}$となり$\Delta^\sigma$も$(N,\Omega)$の軌道となる．$(G,\Omega)$の可移性より$G$の適当な元$\sigma_1,\cdots,\sigma_r$が存在して$\Omega=\Delta^{\sigma_1}+\cdots+\Delta^{\sigma_r}$が$N$による軌道分解となる．$|\Delta|=1$とすると$|\Delta^{\sigma_i}|=1$となり$N=\{1\}$．したがって$N\neq\{1\}$とすると$(N,\Omega)$は1/2重可移となり，$F(N)=\phi$である．∎

(G,Ω)に対して$\{\sigma$の次数$\mid 1\neq\forall\sigma\in G\}$の中の最小値を$(G,\Omega)$の**最小次数**という．$G=1$または$(G,\Omega)$の最小次数が$n=|\Omega|$のとき，$(G,\Omega)$を**半正則**といい，$(G,\Omega)$が半正則かつ可移のとき**正則**という．定義から明らかな事実としてつぎの定理が得られる．

定理 2.8　(G,Ω)を置換群とする．

(1)　(G,Ω)が半正則$\Leftrightarrow G_\alpha=\{1\}$，$\forall\alpha\in\Omega$

(2)　(G,Ω)が正則$\Leftrightarrow(G,\Omega)$が可移，かつ$|G|=|\Omega|$

(3)　(G,Ω)が半正則とするとすべての軌道の長さは$|G|$に等しい．とくに，$G\neq\{1\}$とすると，1/2重可移である．

定理 2.9　(G,Ω)を置換群とする．$\mathcal{C}_{S^\Omega}(G)$が$\Omega$上可移であれば$(G,\Omega)$は半正則である．

証明　$G\ni\sigma$が固定点αをもつとする．$(\mathcal{C}_{S^\Omega}(G),\Omega)$の可移性より$\Omega$の任意の

点 β に対して $\alpha^{\tau}=\beta$ となる $\mathcal{C}_{S^{\Omega}}(G)$ の元 τ が存在する．したがって，$\beta^{\sigma}=\alpha^{\tau\sigma}=\alpha^{\sigma\tau}=\alpha^{\tau}=\beta$．故に σ は Ω の点をすべて固定し $\sigma=1$ となる．▌

この定理の逆が成り立つ．そのためにまず

定理 2.10　(G,Ω) を正則とすると $\mathcal{C}_{S^{\Omega}}(G)$ も Ω 上正則で $G\simeq\mathcal{C}_{S^{\Omega}}(G)$．

証明　正則なることから，$(G,\Omega)\simeq(G,\{1\}\backslash G)$．したがって (G,Ω) の代りに S^G の部分群としての G, i.e. $(G,\{1\}\backslash G)$ について証明すればよい．S^G の部分群 $G^*=\{\sigma^*=\begin{pmatrix}\xi\\ \sigma^{-1}\xi\end{pmatrix}|\sigma\in G\}$ をとれば，明らかに $G^*\simeq G$，(G^*,G) は可移で，$\mathcal{C}_{S^G}(G)\geq G^*$，したがって $\mathcal{C}_{S^G}(G)$ は G 上可移である．$\mathcal{C}_{S^G}(\mathcal{C}_{S^G}(G))\geq G$ により $\mathcal{C}_{S^G}(\mathcal{C}_{S^G}(G))$ は G 上で可移となり，したがって定理 2.9 により $\mathcal{C}_{S^G}(G)$ は半正則．したがって $\mathcal{C}_{S^G}(G)=G^*\simeq G$．▌

定理 2.11　(G,Ω) を半正則とすると $\mathcal{C}_{S^{\Omega}}(G)$ は Ω 上可移である．

証明　G をふくむ群 H で (H,Ω) が正則となるものが存在すれば，$\mathcal{C}_{S^{\Omega}}(G)\geq\mathcal{C}_{S^{\Omega}}(H)$ と定理 2.10 より主張は証明される．$\Omega=\Delta_1+\cdots+\Delta_r$ を G–軌道分解とし，各 i について Δ_i の点 α_i を 1 つ定める．Δ_i の任意の点は $\alpha_i{}^{\sigma}$, $\sigma\in G$，と一意的に表わされ，したがって $\alpha_i{}^{\sigma}$ と $\alpha_j{}^{\sigma}$ を対応せしめることにより $(G,\Delta_i)\simeq(G,\Delta_j)$ をうる．これより S^{Ω} の元 $\tau=\prod_{\sigma\in G}(\alpha_1{}^{\sigma},\alpha_2{}^{\sigma},\cdots,\alpha_r{}^{\sigma})$ は $\mathcal{C}_{S^{\Omega}}(G)$ に入り，したがって $H=G\langle\tau\rangle=G\times\langle\tau\rangle$ は Ω 上正則な置換群となる．▌

定理 2.9，2.11 からつぎは明らかである．

系 2.12　(G,Ω) を可移置換群とする．

(1)　$(\mathcal{C}_{S^{\Omega}}(G),\Omega)$ は半正則．

(2)　G が可換群 $\Rightarrow\mathcal{C}_{S^{\Omega}}(G)=G$，$(G,\Omega)$ は正則．

定理 2.13　(G,Ω) を可移置換群とすると，$\Omega\ni\alpha$ に対して

$$|\mathcal{C}_{S^{\Omega}}(G)|=|F(G_{\alpha})|.$$

証明　$\mathcal{C}_{S^{\Omega}}(G)\ni\sigma$ に対して $G_{\alpha}=G_{\alpha}{}^{\sigma}=G_{\alpha^{\sigma}}$ より，$\mathcal{C}_{S^{\Omega}}(G)$ の α をふくむ軌道 Δ は $F(G_{\alpha})$ にふくまれる．$\mathcal{C}_{S^{\Omega}}(G)$ の半正則性より，定理を証明するためには $\Delta\supseteq F(G_{\alpha})$，i.e. $F(G_{\alpha})\ni\forall\beta$ に対して $\alpha^{\tau}=\beta$ となる $\mathcal{C}_{S^{\Omega}}(G)$ の元 τ の存在をいえばよい．Ω はその適当な点 $\alpha_1=\alpha,\alpha_2,\cdots,\alpha_r$ をとることにより

$$\Omega=\Delta_1+\Delta_2+\cdots+\Delta_r,\qquad\Delta_i=F(G_{\alpha_i})$$

と直和に分解される．$G\ni\sigma_i$ を $\alpha^{\sigma_i}=\alpha_i$ のように定める．$G_{\langle\Delta_1\rangle}$ の Δ_1 上の作用は正則であるから，定理 2.10 により $\mathcal{C}_{S^{\Delta_1}}(G^{\Delta_1})$ の元 τ_1 で $\alpha^{\tau_1}=\beta$ となるものが存

在する．$\Delta_1^{\tau_1}=\Delta_1$ より $\Delta_i^{\sigma_i^{-1}\tau_1\sigma_i}=\Delta_i$ となるが，$S^\Omega\ni\tau$ を $\tau_{|\Delta_i}=\sigma_i^{-1}\tau_1\sigma_i$，$1\leq i\leq r$，により定義すると $\tau\in\mathscr{C}_{S^\Omega}(G)$．実際，$\sigma\in G$，$\gamma\in\Delta_i$ とする．σ は $\{\Delta_1,\cdots,\Delta_r\}$ の置換をひきおこすから $\Delta_i^\sigma=\Delta_j$ とすると，$\Delta_1^{\sigma_i\sigma\sigma_j^{-1}}=\Delta_1$ より $\tau_1\sigma_i\sigma\sigma_j^{-1}$ と $\sigma_i\sigma\sigma_j^{-1}\tau_1$ の Δ_1 上の作用はひとしい．したがって

$$\gamma^{\tau\sigma}=\gamma^{\sigma_i^{-1}\cdot\tau_1\cdot\sigma_i\sigma\sigma_j^{-1}\cdot\sigma_j}=\gamma^{\sigma_i^{-1}\cdot\sigma_i\sigma\sigma_j^{-1}\cdot\tau_1\cdot\sigma_j}=\gamma^{\sigma\sigma_j^{-1}\tau_1\sigma_j}=\gamma^{\sigma\tau}$$

となり $\tau\in\mathscr{C}_{S^\Omega}(G)$ をうる．$\alpha^\tau=\alpha^{\sigma_1^{-1}\tau_1\sigma_1}=\alpha^{\tau_1}=\beta$ となるから $\Delta\supseteq F(G_\alpha)$ をうる．▌

定理 2.14　(G,Ω) を可移，$\Omega\supseteq\Delta,\Gamma$ とする．$(G_\Delta,\Omega-\Delta)$，$(G_\Gamma,\Omega-\Gamma)$ が共に可移で，$|\Gamma|\leq|\Delta|$ とすると，G の元 σ で $\Delta^\sigma\supseteq\Gamma$．したがって，$\sigma^{-1}G_\Delta\sigma\leq G_\Gamma$ となるものが存在する．

証明　$|\Gamma\cap\Delta|$ についての上から下への帰納法で証明する．$|\Gamma\cap\Delta|=|\Gamma|$ のときは $\sigma=1$ とすればよい．よって $|\Gamma\cap\Delta|<|\Gamma|$，とくに $\Delta\neq\Omega$ と仮定してよい．$\Gamma\cup\Delta=\Omega$ とすると $(\Omega-\Gamma)\cap(\Omega-\Delta)=\phi$．$\Omega-\Delta\ni\beta$，$\Omega-\Gamma\ni\alpha$ を任意にとり $\beta^\sigma=\alpha$ となる G の元 σ をえらぶと，$(\Omega-\Delta^\sigma)\cap(\Omega-\Gamma)\neq\phi$，したがって $|\Delta^\sigma\cap\Gamma|\gneq|\Delta\cap\Gamma|$ となり帰納法により定理が得られる．よって $\Gamma\cup\Delta\neq\Omega$ としてよい．$G_{\Gamma\cap\Delta}\geq G_\Gamma,G_\Delta$ で，G_Γ,G_Δ がそれぞれ $\Omega-\Gamma$，$\Omega-\Delta$ 上に可移，$(\Omega-\Gamma)\cap(\Omega-\Delta)\neq\phi$ より，$G_{\Gamma\cap\Delta}$ は $(\Omega-\Gamma)\cup(\Omega-\Delta)=\Omega-\Gamma\cap\Delta$ 上に可移となる．したがって $\alpha\in\Delta-(\Gamma\cap\Delta)$，$\beta\in\Gamma-(\Gamma\cap\Delta)$ とし，$\sigma\in G_{\Gamma\cap\Delta}$ を $\alpha^\sigma=\beta$ ととれば，$\Gamma\cap\Delta^\sigma\supseteq\Gamma\cap\Delta$，$\{\beta\}$ より帰納法の仮定で定理が得られる．▌

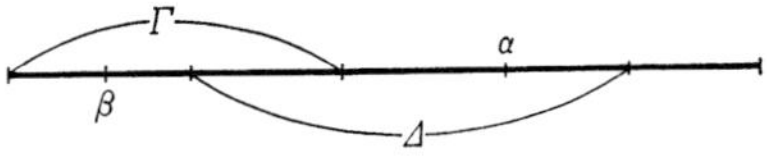

§3　原始性と非原始性

(G,Ω) を可移とする．$\Omega\supseteq\Delta$ が G の元 σ に対して，つねに $\Delta^\sigma=\Delta$ かまたは $\Delta^\sigma\cap\Delta=\phi$ が成り立つとき，Δ を (G,Ω) の**非原始域**とよぶ．ϕ,Ω の1点からなる集合および Ω はいずれもつねに非原始域であるが，これらを**自明な非原始域**とよぶ．(G,Ω) が自明でない非原始域をもつ場合，(G,Ω) は**非原始的**であるといい，そうでない場合，**原始的**であるという．原始的な(可移)置換群を**原始置換群**とよぶ．ψ を空でない非原始域とするとき，$\{\psi^\sigma\,|\,\sigma\in G\}$ の中から相異なる

ものをとり出してそれらを$\{\psi_1,\psi_2,\cdots,\psi_r\}$とすると，$\Omega$の直和分解

$$\Omega=\psi_1+\cdots+\psi_r$$

をうる．$\{\psi_1,\psi_2,\cdots,\psi_r\}$を$(G,\Omega)$の**非原始域系**という．

まず定義から明らかな性質としてつぎの定理をうる．

定理 3.1　(G,Ω)を可移とする．

(1)　ψが非原始域$\Rightarrow\psi^\sigma,\sigma\in G$，も非原始域．

(2)　ψ,ψ'が非原始域$\Rightarrow\psi\cap\psi'$も非原始域．

(3)　$\Omega\supseteq\varDelta$，$\Omega\ni\alpha$とすると，$\psi=\bigcap_{\alpha\in\varDelta^\sigma,\sigma\in G}\varDelta^\sigma$は$\alpha$をふくむ非原始域．

(4)　ψが空でない非原始域$\Rightarrow|\psi|\,\big|\,n(=|\Omega|)$．とくに$|\Omega|$が素数であれば$(G,\Omega)$は原始的である．

(5)　(G,Ω)の相異なる非原始域系の個数は，$\Omega\ni\alpha$を1つ定めてαをふくむ非原始域の個数に一致する．

定理 3.2　(G,Ω)を可移，$\alpha\in\Omega$とする．

(1)　$\varDelta$をαをふくむ非原始域とすると$G_{\langle\varDelta\rangle}$は$G_\alpha$をふくむ$G$の部分群で$\alpha^{G_{\langle\varDelta\rangle}}=\varDelta$である．逆に$H$を$G_\alpha$をふくむ$G$の部分群とすると$\varDelta=\alpha^H$は非原始域で$G_{\langle\varDelta\rangle}=H$となる．したがって$\alpha$をふくむ非原始域全体と$G_\alpha$をふくむ$G$の部分群全体の間には$\varDelta\to G_{\langle\varDelta\rangle}$(その逆対応$\alpha^H\leftarrow H$)による1対1の対応が存在する．さらに$G_\alpha$をふくむ$G$の部分群$H_1,H_2,\alpha$をふくむ非原始域$\varDelta_1,\varDelta_2$に対して$G_{\langle\varDelta_1\cap\varDelta_2\rangle}=G_{\langle\varDelta_1\rangle}\cap G_{\langle\varDelta_2\rangle}$，$\alpha^{H_1}\cap\alpha^{H_2}=\alpha^{H_1\cap H_2}$となる．

(2)　とくに(G,Ω)が原始的であるための必要十分条件は$\Omega\ni\alpha$に対してG_αがGの極大部分群となることである．

証明　(1)　$\varDelta$は非原始域で$\varDelta\ni\alpha$より，$\varDelta^{G_\alpha}=\varDelta$．故に$G_\alpha\leq G_{\langle\varDelta\rangle}$．$\varDelta\ni\beta$に対して可移性より$\exists\sigma\in G$で$\alpha^\sigma=\beta$．$\varDelta$の非原始域なることから$\varDelta^\sigma=\varDelta$．したがって$\alpha^{G_{\langle\varDelta\rangle}}=\varDelta$．逆に$H\geq G_\alpha$，$\varDelta=\alpha^H$とおく．$G\ni\sigma$に対して$\varDelta\cap\varDelta^\sigma\neq\phi$とする．$\varDelta\cap\varDelta^\sigma$の1元を$\beta$とすると$H\ni\tau_1,\tau_2$があって$\beta=\alpha^{\tau_1}=\alpha^{\tau_2\sigma}$．よって$\tau_2\sigma\tau_1{}^{-1}\in G_\alpha$となり$\sigma\in H$．したがって$\varDelta^\sigma=\varDelta$．(1)ののこり，および(2)はほとんど明らか．▌

定理 3.3　(G,Ω)を可移置換群，$\{\varDelta_1,\cdots,\varDelta_r\}$をその1つの非原始域系とすると，$G$は$S_m\wr S_r$の部分群に同型となる．ここで$|\Omega|=n=mr$．とくに$G$の位数は$(m!)^r r!$の約数である．

証明　Gから$S_m\wr S_r$への同型対応を具体的に与える．まず$S_m\wr S_r$をつぎ

のように具体的に与えておく．$S_m=S^{\Delta_1}$，$N=S_m\times\cdots\times S_m$ を S_m の r 個の直積，S_r の N への作用を $S_r\ni\sigma$，$N\ni(a_1,\cdots,a_r)$ に対して

$$(a_1,\cdots,a_r)^\sigma=(a_{1\sigma^{-1}},\cdots,a_{r\sigma^{-1}})$$

と定義すると N は S_r-群となる．$S_m \wr S_r$ はこの N と S_r の半直積として定義される，i.e. 集合としては $N\times S_r$ で，その2元 (a,σ)，(b,ρ) の積を $(a,\sigma)(b,\rho)=(ab^{\sigma^{-1}},\sigma\rho)$ と定義してできる群である．$1\leq i\leq r$ の各 i に対して Δ_1 から Δ_i への1対1写像を1つえらんで τ_i とおく．G の元 σ に対して $\Delta_i{}^\sigma=\Delta_{i\tilde{\sigma}}$ により S_r の元 $\tilde{\sigma}=\begin{pmatrix}1, & \cdots, r\\ 1^{\tilde{\sigma}}, & \cdots, r^{\tilde{\sigma}}\end{pmatrix}$ が定義されるが，$\sigma\to\tilde{\sigma}$ は G から S_r への準同型写像となっていることは見易い．また，G の元 σ に対して $\sigma_i=\tau_i\sigma\tau_{i\tilde{\sigma}}{}^{-1}$，$1\leq i\leq r$，は S^{Δ_1} の元となり，これを用いて N の元 $\sigma^*=(\sigma_1,\cdots,\sigma_r)$ が定義される．G から $S_m\wr S_r$ への写像 f を

$$f(\sigma)=(\sigma^*,\tilde{\sigma}),\qquad \forall\sigma\in G$$

と定義する．G の2元 σ,ρ に対して

$$\sigma_i\rho_{i\tilde{\sigma}}=\tau_i\sigma\tau_{i\tilde{\sigma}}{}^{-1}\tau_{i\tilde{\sigma}}\rho\tau_{(i\tilde{\sigma})\tilde{\rho}}{}^{-1}=\tau_i\sigma\rho\tau_{i\widetilde{\sigma\rho}}{}^{-1}=(\sigma\rho)_i$$

となる．したがって

$$\sigma^*\rho^{*\tilde{\sigma}^{-1}}=(\sigma_1,\cdots,\sigma_m)(\rho_{1\tilde{\sigma}},\cdots,\rho_{m\tilde{\sigma}})=(\sigma_1\rho_{1\tilde{\sigma}},\cdots,\sigma_m\rho_{m\tilde{\sigma}})=(\sigma\rho)^*$$

となり，これより $f(\sigma)f(\rho)=f(\sigma\rho)$ をうる．$f(\sigma)=1$ とすると $\tilde{\sigma}=1$，$\sigma^*=(\tau_1\sigma\tau_1{}^{-1},\cdots,\tau_m\sigma\tau_m{}^{-1})=1$ より σ は各 Δ_i を不変域としかつそれぞれに恒等写像として作用する．したがって $\sigma=1$. ▌

この定理は非原始的な可移群 (G,Ω) が，Ω 上の可移でない置換群と，非原始域系上に作用する(したがって次数のひくい)可移群に分解されることを示している．可移でない群は次数のひくい可移群に分解できるから，結局，非原始的な可移群は，次数のひくいいくつかの原始置換群から合成されることがわかる．(ここで用いた“分解”，“合成”という言葉は数学的に厳密な用語ではない．上の考察から常識的に類推できる範囲の内容である.)

定理 3.4　(G,Ω) を可移とする．$\Omega\ni\alpha$ に対して $F(G_\alpha)$ は非原始域である．

証明　$G_\alpha=G_\beta\Leftrightarrow F(G_\alpha)=F(G_\beta)$ より明らか．▌

系 3.5　(G,Ω) を原始的，かつ非正則とし，α,β を Ω の異なる2点とすると，$G_\alpha\neq G_\beta$ かつ $G=\langle G_\alpha,G_\beta\rangle$.

定理 3.6　(G,Ω) を可移置換群，$G\trianglerighteq N\neq\{1\}$ とする．

(1) (N,Ω)は1/2重可移で，その軌道全体は(G,Ω)の1つの非原始域系である．

(2) (G,Ω)が原始的であれば(N,Ω)は可移．したがって，とくに(N,Ω)が正則となれば，NはGの極小正規部分群である．

(3) (N,Ω)が可移，NがGの極小正規部分群でかつ可換群であれば，(G,Ω)は原始的である．

証明 定理2.7より(N,Ω)は1/2重可移．$\varDelta$を(N,Ω)の軌道とすると，$\varDelta^\sigma$，$\sigma\in G$，は$N^\sigma=N$の軌道となり，したがって，軌道の全体は(G,Ω)の非原始域系である．これより(1), (2)をうる．(3)を示すために，$\alpha\in\Omega$をとり$G_\alpha\lneqq H\leq G$とする．$G=G_\alpha N$より$H=G_\alpha(H\cap N)$で$H\cap N\neq\{1\}$．$G\trianglerighteq N$より$H\triangleright H\cap N$．Nの可換性より$N\trianglerighteq H\cap N$．したがって$H\cap N$は$HN=G$の正規部分群．$N$の極小性より$H\cap N=N$．すなわち$H\geq N$となり$H=G$． ▌

系 3.7 (G,Ω)を原始置換群，$|\Omega|=2m$，mを1より大きい奇数とする．このとき$4\,|\,|G|$．

証明 $4\nmid|G|$とすると$2\,\|\,|G|$．mが奇数より定理1.9により$G\triangleright N$，$|G:N|=2$なるNが存在する．上の定理で(N,Ω)は可移より，$2\,|\,|N|$．したがって$4\,|\,|G|$となり矛盾． ▌

定理 3.8 (G,Ω)を原始的とし，$\Omega\supsetneqq\varDelta,\Gamma$で$|\varDelta|=|\Gamma|\geq1$とする．$\Omega$の任意の異なる2点$\alpha,\beta$に対して$G$の元$\sigma$で$\alpha\in\varDelta^\sigma$，$\beta\notin\Gamma^\sigma$となるものが存在する．

証明 $T_\alpha=\{\sigma\in G\,|\,\alpha\in\varDelta^\sigma\}$とおくと$T_\alpha\neq G$．$(G,\Omega)$の可移性から，$\varDelta$の各点$\beta$に対して$G$の元$\sigma_\beta$を$\beta^{\sigma_\beta}=\alpha$となるようにえらぶと，$T_\alpha=\bigcup_{\beta\in\varDelta}\sigma_\beta G_\alpha$と表わされる．したがって$T_\alpha G_\alpha=T_\alpha$，$|T_\alpha|=|G_\alpha||\varDelta|$となる．同様に$S_\beta=\{\sigma\in G\,|\,\beta\in\Gamma^\sigma\}$とすると$S_\beta G_\beta=S_\beta$で$|S_\beta|=|G_\beta||\Gamma|$．$T_\alpha$のすべての元$\sigma$に対して，$\Gamma^\sigma\ni\beta$と仮定すると$T_\alpha\subseteq S_\beta$となる．一方，仮定から$|T_\alpha|=|S_\beta|$となり，$T_\alpha=S_\beta$．故に$T_\alpha G_\beta=S_\beta G_\beta=S_\beta=T_\alpha$より$T_\alpha G=T_\alpha\langle G_\alpha,G_\beta\rangle=T_\alpha$．したがって$T_\alpha=G$となり矛盾． ▌

定理 3.9 (G,Ω)を可移とする．

(1) HはGの部分群で或る軌道Γ上で原始的であるとする．もし$2|\Gamma|\gneqq|\Omega|$ならば(G,Ω)は原始的である．

(2) Γ_1,Γ_2をΩの部分集合，H_iを$G_{\Omega-\Gamma_i}$の部分群とする．もし$G=\langle H_1,$

$H_2\rangle$で，かつ(H_1,Γ_1)，(H_2,Γ_2)が原始的であれば(G,Ω)は原始的である．

証明 (1) $\{\varDelta_1,\cdots,\varDelta_r\}$を$(G,\Omega)$の任意の非原始域系とする．$\Gamma\cap\varDelta_i$は$(H,\Gamma)$の非原始域であるから，各$\varDelta_i$に対して$|\Gamma\cap\varDelta_i|=0,1$または$|\Gamma|$．もし或る$i$について$|\Gamma\cap\varDelta_i|=|\Gamma|$とすると$\Gamma\subseteq\varDelta_i$で仮定より$\varDelta_i=\Omega$．すなわち$\{\varDelta_1,\cdots,\varDelta_r\}=\{\Omega\}$で自明となる．すべての$i$について$|\Gamma\cap\varDelta_i|=0$または1とすると$|\Gamma|=\sum_{i=1}^{r}|\Gamma\cap\varDelta_i|\leq r$．したがって$|\Omega|=|\varDelta_1|r\geq|\varDelta_1||\Gamma|$．故に$|\varDelta_1|=1$となり$\{\varDelta_1,\cdots,\varDelta_r\}$は自明となる．

(2) $G=\langle H_1,H_2\rangle$より$\Gamma_1\cup\Gamma_2=\Omega$，$\Gamma_1\cap\Gamma_2\neq\phi$．したがって$(H_1,\Gamma_1)$，$(H_2,\Gamma_2)$のいずれかは(1)の条件を満たす．▌

§4 多重可移群

(G,Ω)を群Gの作用，tを自然数とする．Ωのt個の元からなる2つの順列$(\alpha_1,\cdots,\alpha_t)$，$(\beta_1,\cdots,\beta_t)$を任意に与えたとき，つねに$G$の元$\sigma$で$\alpha_i{}^\sigma=\beta_i$，$1\leq\forall i\leq t$，となるものが存在するとき$(G,\Omega)$を$t$重可移であるという．したがって“可移”はこの定義で1重可移のことである．$t\geq2$のとき一般に**多重可移**であるという．t重可移の定義について，つぎのいいかえはほとんど明らかである．

定理 4.1 (G,Ω)を群Gの作用とする．つぎの条件(1)，(2)，(3)は同等である．

(1) (G,Ω)はt重可移である．

(2) Ωのt個の元からなる1つの順列，たとえば$(\alpha_1,\cdots,\alpha_t)$，を定めたとき，任意の$t$個の元の順列$(\beta_1,\cdots,\beta_t)$に対してつねに$\alpha_i{}^\sigma=\beta_i$，$1\leq\forall i\leq t$，となる$G$の元$\sigma$が存在する．

(3) (G,Ω)は可移，かつΩの1点αに対して$(G_\alpha,\Omega-\{\alpha\})$が$(t-1)$重可移である．——

(G,Ω)をt重可移とする．Ωの$t-1$点からなる或る部分集合$\varDelta$に対して，$(G_\varDelta,\Omega-\varDelta)$が原始的のとき$(G,\Omega)$を$t$**重原始的**とよぶ．また，$\Omega$の$t$点からなる或る部分集合$\varDelta$に対して$(G_\varDelta,\Omega-\varDelta)$が1/2重可移のとき，$(G,\Omega)$を$(t+1/2)$**重可移**という．これらの定義が$\varDelta$のとり方によらないことはほとんど明らかである．

定義よりつぎの事柄は容易に得られる.

定理 4.2 (G,Ω)を可移, $|\Omega|=n$とする.

$$t\text{重可移}\begin{matrix}\nearrow\!\!\!\!\nearrow (t-1/2)\text{重可移} \searrow\!\!\!\!\searrow \\ \searrow\!\!\!\!\searrow (t-1)\text{重原始的} \nearrow\!\!\!\!\nearrow\end{matrix}(t-1)\text{重可移}$$

(2) $\Omega\ni\alpha$に対して$|G:G_\alpha|=n$である. したがって, (G,Ω)をt重可移とするとΩの任意のt点$\alpha_1,\cdots,\alpha_t$に対して$|G:G_{\alpha_1,\cdots,\alpha_t}|=n(n-1)\cdots(n-t+1)$である.

(3) S^Ωはn重可移, A^Ωは$(n-2)$重原始的である. 逆にS^Ωの位数が$n!/2$以上の部分群はS^Ω, A^Ωのいずれかである.

(4) $\Omega\ni\alpha$に対してGのG_αによる両側分解を$G=\sum_{i=1}^{r}G_\alpha\sigma_iG_\alpha$とする. このとき$\alpha^{G_\alpha\sigma_iG_\alpha}=\alpha^{\sigma_iG_\alpha}$は$(G_\alpha,\Omega)$の軌道で, したがって, rは(G_α,Ω)の軌道の個数に一致する. とくに(G,Ω)が2重可移であることと$r=2$とは同等である.

証明 (1)は"t重可移$\Rightarrow(t-1)$重原始的"以外は定義より明らかである. またこれを示すためには$t=2$の場合を証明すれば十分である. (G,Ω)を2重可移とし, $\varDelta$を非原始域で$|\varDelta|>1$とする. $\varDelta\ni\alpha,\beta$を異なる2点とする. $(G_\alpha,\Omega-\{\alpha\})$は可移より, Ωの任意の点γに対して$G_\alpha\ni\sigma$で$\beta^\sigma=\gamma$となるものが存在する. $\varDelta^\sigma\cap\varDelta\ni\alpha$より$\varDelta=\varDelta^\sigma\ni\beta^\sigma=\gamma$. よって$\varDelta=\Omega$.

(2)は定義より明らか.

(3) S^Ωのn重可移性は明らか. $\Omega=\{1,\cdots,n\}$とおく. $i_1,\cdots,i_{n-2}$をΩの元の$n-2$元の順列とし, $\Omega-\{i_1,\cdots,i_{n-2}\}=\{k,l\}$とする. S_nの2元σ_1,σ_2を

$$\sigma_1=\begin{pmatrix}1 & 2 & \cdots & n-2 & n-1 & n\\ i_1 & i_2 & \cdots & i_{n-2} & k & l\end{pmatrix},\qquad \sigma_2=\begin{pmatrix}1 & 2 & \cdots & n-2 & n-1 & n\\ i_1 & i_2 & \cdots & i_{n-2} & l & k\end{pmatrix}$$

とすると, $\sigma_1\sigma_2^{-1}=(n-1,n)$となり$\sigma_1,\sigma_2$のうち一方は偶置換, i.e. A^Ωに入る. これとA_3の原始性よりA^Ωの$(n-2)$重原始性は明らか. 逆の主張は, nについての帰納法で示すことができる. $n=2,3$の場合は明らかであるから, $n\geq4$として$n-1$まで正しいとする. $|S^{\Omega-\{1\}}:G_1|\leq2$より, 帰納法の仮定から$G_1\geq A^{\Omega-\{1\}}$となる. もし$G\ngeq A^\Omega$とすると$A^\Omega\gneq A^\Omega\cap G\geq A^{\Omega-\{1\}}$となり, A^Ωの原始性より$A^\Omega\cap G=A^{\Omega-\{1\}}$. また$A^\Omega G\gneq A^\Omega$より$S^\Omega=A^\Omega G$. 故に$n=|A^\Omega:A^{\Omega-\{1\}}|=|A^\Omega:A^\Omega\cap G|=|A^\Omega G:G|=|S^\Omega:G|=2$となり矛盾.

(4) $\alpha^{\sigma_iG_\alpha}\cap\alpha^{\sigma_jG_\alpha}\neq\phi \iff \sigma_i\tau\sigma_j^{-1}\in G_\alpha,\ \exists\tau\in G_\alpha \iff G_\alpha\sigma_iG_\alpha\cap G_\alpha\sigma_jG_\alpha\neq\phi \iff$

$G_\alpha\sigma_iG_\alpha=G_\alpha\sigma_jG_\alpha$ より明らか．▌

多重可移の置換群(これを以下**多重可移群**とよぶ)の考察においてつぎのWittによる定理は有用である．(G,Ω)をt重可移とし，ΔをΩのt点からなる部分集合とする．G_Δの部分集合Xについての条件

(*)　G_Δの部分集合YがXとG-共役ならば，YとXはG_Δ-共役

をWittの条件——正確には(G,G_Δ)に関するWittの条件——という．

定理 4.3(Witt)　(G,Ω)をt重可移，ΔをΩのt点からなる部分集合とする．G_Δの部分集合Hが(G,G_Δ)に関するWittの条件を満たせば$\mathcal{N}_G(H)$は$F_\Omega(H)$の上にt重に作用する．

証明　$\Delta=\{\alpha_1,\cdots,\alpha_t\}$とする．$F(H)$の任意の$t$点$\beta_1,\cdots,\beta_t$に対して$(G,\Omega)$の$t$重可移性より$G$の元$\sigma$で$\beta_i{}^\sigma=\alpha_i$, $i=1,\cdots,t$となるものがある．$\alpha_iH^\sigma=\beta_i{}^{\sigma\sigma^{-1}H\sigma}=\beta_i{}^{H\sigma}=\beta_i{}^\sigma=\alpha_i$より$G_\Delta\supseteq H^\sigma$．よって仮定より$G_\Delta\ni\rho$で$H^\sigma=H^\rho$なるものが存在する．$\sigma\rho^{-1}\in\mathcal{N}_G(H)$で$\beta_i{}^{\sigma\rho^{-1}}=\alpha_i{}^{\rho^{-1}}=\alpha_i$．故に$(\mathcal{N}_G(H),F(H))$は$t$重可移である．▌

系 4.4　(G,Ω)をt重可移，ΔをΩのt点からなる部分集合とする．

(1)　$(\mathcal{N}_G(G_\Delta),F_\Omega(G_\Delta))$は$t$重可移である．

(2)　PをG_ΔのSylow部分群とすると$(\mathcal{N}_G(P),F_\Omega(P))$は$t$重可移である．

証明　G_Δ,Pはいずれも(G,G_Δ)に関するWittの条件を満たす．▌

定理 4.5　3/2重可移である置換群は，(i)　原始置換群か，または(ii)　Frobenius群である．

証明　(G,Ω)を3/2重可移で非原始的な置換群と仮定して，これがFrobenius群となることを示そう．(G,Ω)の自明でない非原始域系の1つを$\{\phi_1,\cdots,\phi_s\}$とする．$|\phi_1|=\cdots=|\phi_s|=t$とおく．$t,s\gneq1$．3/2重可移性より$\Omega\ni\alpha$に対して$(G_\alpha,\Omega-\{\alpha\})$の軌道はすべて長さが同じである．これを$m$とおく．$m\gneq1$で，しかもこれは$\alpha$のとり方によらない．またこのことから，$\Omega$の2点$\alpha,\beta$に対して$|G_{\alpha,\beta}|$は$\alpha,\beta$のとり方によらず一定であることに注意する．まず

(a)　$(m,t)=1$となる．何故ならば：$\phi_1\ni\alpha$とすると，$G_\alpha\ni\sigma$に対して$\phi_1{}^\sigma\cap\phi_1\neq\phi$より$\phi_1{}^\sigma=\phi_1$，したがって$\phi_1$は$G_\alpha$の不変域となり，$\phi_1-\{\alpha\}$は$(G_\alpha,\Omega-\{\alpha\})$の軌道のいくつかの直和となる．したがって，$t\equiv1\pmod{m}$．故に$(t,m)=1$.

(b)　$\alpha\notin\psi_i\ni\beta\Rightarrow\beta^{G_\alpha}\cap\psi_i=\{\beta\}$．何故ならば：$\psi_i{}^{G_\alpha}$は$(G_\alpha,\Omega-\{\alpha\})$の不変域となるから$|\psi_i{}^{G_\alpha}|\equiv0\pmod m$．一方，$\psi_i$が非原始域なることから$\psi_i{}^{G_\alpha}$は$\{\psi_1,\cdots,\psi_s\}$の中のいくつかの直和．よって$|\psi_i{}^{G_\alpha}|\equiv0\pmod t$．故に(a)より$|\psi_i{}^{G_\alpha}|\equiv0\pmod{mt}$．一方，$|\psi_i|=t$で$\psi_i$の任意の点$\beta'$に対して$\beta'^{G_\alpha}$は$(G_\alpha,\Omega-\{\alpha\})$の軌道となることから$|\psi_i{}^{G_\alpha}|\leq tm$．故に$|\psi_i{}^{G_\alpha}|=tm$で，したがって先の考察から$\psi_i{}^{G_\alpha}=\sum_{\gamma\in\psi_i}\gamma^{G_\alpha}$．よって$\beta^{G_\alpha}\cap\psi_i=\{\beta\}$．

(c)　$\alpha\notin\psi_i\ni\beta\Rightarrow G_{\alpha,\beta}=G_{\psi_i}$．何故ならば：$\psi_i\ni\beta'$とすると，$\beta'\in\beta'^{G_{\alpha,\beta}}\subseteq\psi_i{}^{G_\beta}\cap\beta'^{G_\alpha}$．$\psi_i\ni\beta$より$\psi_i{}^{G_\beta}=\psi_i$．故に(b)より$\psi_i{}^{G_\beta}\cap\beta'^{G_\alpha}=\psi_i\cap\beta'^{G_\alpha}=\{\beta'\}$．故に$\beta'=\beta'^{G_{\alpha,\beta}}$．したがって$G_{\alpha,\beta}\leq G_{\psi_i}$．一方，$|\psi_i|\geq2$より$G_{\alpha,\beta}=G_{\psi_i}$．

(d)　$\psi_i\ni\alpha,\beta\Rightarrow G_{\alpha,\beta}=G_{\psi_i}$．何故ならば：$|\psi_i|\geq2$より$G_{\alpha,\beta}\geq G_{\psi_i}$．一方，$\Omega-\psi_i\ni\gamma$を任意にとると，(c)より$G_{\alpha,\gamma}=G_{\psi_i}$でとくに$|G_{\alpha,\beta}|=|G_{\psi_i}|$．よって$G_{\alpha,\beta}=G_{\psi_i}$．

(e)　(G,Ω)はFrobenius群である．何故ならば：$\Omega\ni\alpha,\beta(\neq)$とする．$\alpha\in\psi_i$とすると(c), (d)より$G_{\alpha,\beta}=G_{\psi_i}$．いま$\gamma$を$\Omega$の任意の点とする．$\gamma\in\psi_i$ならば$G_{\alpha,\beta}=G_{\psi_i}$より$\gamma\in F(G_{\alpha,\beta})$．$\gamma\in\psi_j\neq\psi_i$とすると(c)より$G_{\alpha,\gamma}=G_{\psi_i}=G_{\alpha,\beta}$だから$\gamma\in F(G_{\alpha,\beta})$．いずれにしても$G_{\alpha,\beta}$は$\Omega$のすべての点を固定する．▌

k重可移群(G,Ω)でΩの任意のk個の点の固定部分群が単位元となるとき，これを**純k重可移群**とよぶ．純1重可移性は正則性と同等で，いかなる群も正則な置換群と表わされるから，純1重可移群の決定という問題は意味がない．S_n, A_nはそれぞれ純n重，$(n-2)$重可移群である．純2重可移群は完全Frobenius群のことである．純k重可移群はすべて決定されているが，ここでは単に例としてアフィン変換群，分数変換群についてのべる．

例　(有限)アフィン変換群と(有限)分数変換群．

Kを有限準体とする．Kの元a,b(ただし$a\neq0$)に対してKからKへの写像$f_{a,b}$を

$$f_{a,b}(x)=xa+b$$

と定義し，これをKの**アフィン変換**とよぶ．$f_{a,b}(x)=f_{a,b}(y)\Leftrightarrow xa=ya\Leftrightarrow x=y$より$f_{a,b}$は$K$上の置換をひきおこす．$f_{a,b}=f_{a',b'}$とすると，$b=f_{a,b}(0)=f_{a',b'}(0)=b'$, $a=f_{a,b}(1)-b=f_{a',b'}(1)-b'=a'$となり，アフィン変換の全体$L(K)=\{f_{a,b}\,|\,a,b\in K,\ a\neq0\}$は$|K|(|K|-1)$個の元からなる$S^K$の部分集合である．

$L(K)$ の2元 $f_{a,b}, f_{a',b'}$ の S^K の元としての積は $(f_{a,b}f_{a',b'})(x)=x(aa')+ba'+b'$, i.e. $f_{a,b}f_{a',b'}=f_{aa',ba'+b'}$ となり $L(K)$ は S^K の演算で閉じている．$f_{1,0}$ はこの演算に関しての $L(K)$ の単位元で，$f_{a,b}$ の逆元は $f_{a^{-1},-ba^{-1}}$ となる．したがって $L(K)$ は S^K の部分群となる．$L(K)$ を有限準体 K 上の**アフィン変換群**とよぶ．$f_{1,b}(0)=b$ より $(L(K), K)$ は可移群，さらに $f_{a,0}(1)=a$ より $(L(K), K)$ は2重可移群となるが，$L(K)$ の位数が $|K|(|K|-1)$ であるから $(L(K), K)$ は完全 Frobenius 群となる．これはつぎの定理の(1)を示す．

定理 4.6　(1)　K を有限準体とする．K のアフィン変換全体を $L(K)$ とすると，$L(K)$ は K 上の置換群として完全 Frobenius 群となる．逆に，

(2)　(G, Ω) を完全 Frobenius 群とすると，或る有限準体 K があって $(G, \Omega)\simeq(L(K), K)$.

証明　(G, Ω) を完全 Frobenius 群とし，N をその Frobenius 核とする．第2章定理 11.7 により N は基本 Abel 群で $|N|=p^r(=|\Omega|)$, p は素数，となる．Ω から2元をえらびそれらを $0, e$ で表わす．$\Omega\ni\alpha$ に対して N の元で 0 を α にうつすものが一意的に存在する．それを σ_α と書く．σ_0 が N の単位元である．$\Omega-\{0\}\ni\beta$ に対して $H=G_0$ の元で，e を β にうつすものが一意的に存在する．それを τ_β と書く．τ_e は H の単位元である．Ω に対して，2つの演算，和と積をつぎのように定義する；$\Omega\ni\alpha, \beta$ に対して

$$\alpha+\beta=\sigma_\beta(\alpha), \qquad \alpha\beta=\begin{cases}\tau_\beta(\alpha) & \alpha, \beta \text{ のいずれも } 0 \text{ でない場合,}\\ 0 & \alpha, \beta \text{ の少くも一方が } 0 \text{ の場合.}\end{cases}$$

まず，これらの演算により Ω が準体となることを示す．$\Omega\ni\alpha, \beta, \gamma$ とする．$\beta+\alpha=\sigma_\alpha(\sigma_\beta(0))=(\sigma_\beta\sigma_\alpha)(0)$ (N の可換性より) $=(\sigma_\alpha\sigma_\beta)(0)=\sigma_\beta(\sigma_\alpha(0))=\alpha+\beta$ より，$\alpha+\beta=\beta+\alpha$, $\sigma_\alpha\sigma_\beta=\sigma_{\alpha+\beta}$. $(\alpha+\beta)+\gamma=\sigma_\gamma(\alpha+\beta)=\sigma_\gamma(\sigma_\beta(\alpha))=(\sigma_\beta\sigma_\gamma)(\alpha)=\sigma_{\beta+\gamma}(\alpha)=\alpha+(\beta+\gamma)$. $0+\beta=\sigma_0(\beta)=\beta$. σ_α は Ω 上の置換であるから，或る $\beta\in\Omega$ があって $0=\sigma_\alpha(\beta)=\alpha+\beta$. したがって Ω は演算＋に関して加法群となり，0はその単位元となる．つぎに $\Omega-\{0\}\ni\alpha, \beta, \gamma$ とする．$(\tau_\beta\tau_\alpha)(e)=\tau_\alpha(\tau_\beta(e))=\tau_\alpha(\beta)=\beta\alpha$ より，$\tau_\beta\tau_\alpha=\tau_{\beta\alpha}$. $(\alpha\beta)\gamma=\tau_\gamma(\alpha\beta)=\tau_\gamma(\tau_\beta(\alpha))=(\tau_\beta\tau_\gamma)(\alpha)=\tau_{\beta\gamma}(\alpha)=\alpha(\beta\gamma)$. $e\beta=\tau_\beta(e)=\beta$, $\beta e=\tau_e(\beta)=\beta$ となり e は積についての単位元となる．τ_α は $\Omega-\{0\}$ 上の置換群であるから，或る $\beta\in\Omega-\{0\}$ があって $e=\tau_\alpha(\beta)=\beta\alpha$, したがって $\Omega-\{0\}$ は積に関して群となる．つぎに $\Omega\ni\alpha, \beta, \gamma$ に対して $(\beta+\gamma)\alpha=\beta\alpha+\gamma\alpha$ を示す．実際，$\alpha=$

0の場合は両辺が0となり，成り立つ．$\alpha\neq 0$とする，$(\tau_\alpha{}^{-1}\sigma_\gamma\tau_\alpha)(0)=(\sigma_\gamma\tau_\alpha)(0)=\tau_\alpha(\gamma)=\gamma\alpha$であるから$\tau_\alpha{}^{-1}\sigma_\gamma\tau_\alpha=\sigma_{\gamma\alpha}$．よって$(\beta+\gamma)\alpha=\tau_\alpha(\beta+\gamma)=\tau_\alpha(\sigma_\gamma(\beta))=(\sigma_\gamma\tau_\alpha)(\beta)=\{\tau_\alpha(\tau_\alpha{}^{-1}\sigma_\gamma\tau_\alpha)\}(\beta)=\sigma_{\gamma\alpha}(\beta\alpha)=\beta\alpha+\gamma\alpha$．したがって$\Omega$は準体となる．$G$は$H$と$N$の半直積であるから$G$の元は$\tau_\alpha\sigma_\beta\ (\alpha,\beta\in\Omega,\alpha\neq 0)$と一意的に表わされる．$(\tau_\alpha\sigma_\beta)(\gamma)=\gamma\alpha+\beta$であるから，$G$の元$\tau_\alpha\sigma_\beta$と$L(\Omega)$の元$f_{\alpha,\beta}$を対応させることにより$(G,\Omega)$と$(L(\Omega),\Omega)$の同型をうる．▌

つぎに分数変換群についてのべる．

Kを有限体，∞をKの元を表わさない1つの文字とする．このとき，$GL(2,K)$の元$\alpha=\begin{bmatrix}a & b\\ c & d\end{bmatrix}$に対して$\tilde{K}=K\cup\{\infty\}$から$\tilde{K}$への写像$f_\alpha$を

$$x\to\frac{ax+c}{bx+d}$$

と定義し，これをK上の(αに対応する)**1次分数変換**とよぶ．ただし，$x=\infty$に対しては，$b=0$のときは，$f_\alpha(\infty)=\infty$，$b\neq 0$のときは$f_\alpha(\infty)=a/b$と定義し，また$x=u\in K$に対して$bu+d=0$のときは$f_\alpha(u)=\infty$と定義する．$ad-bc\neq 0$に注意すれば，f_αは$\tilde{K}$上の置換をひきおこす．K上の1次分数変換全体を$LF(K)$で表わすとき，$LF(K)$の2元f_α, f_βの積を$f_{\alpha\beta}$により定義すると，これにより$LF(K)$が群となることは見易い．これをK**上の1次分数変換群**とよぶ．αにf_αを対応させることにより得られる$GL(2,K)$から$LF(K)$への写像は定義より上への準同型写像であり，その核が$Z(2,K)=\left\{\begin{bmatrix}a & 0\\ 0 & a\end{bmatrix}\middle|\, a\in K,\ a\neq 0\right\}$となることは見易い．したがって$LF(K)\simeq GL(2,K)/Z(2,K)$となる．

定理 4.7 $(LF(K),\tilde{K})$は純3重可移群である．

証明 $\alpha=\begin{bmatrix}a & 1\\ 0 & 1\end{bmatrix}$に対して$f_\alpha(\infty)=a$．よって$LF(K)$は$\tilde{K}$上可移となる．点$\infty$の固定部分群を$G$とすると，定義より$G=\left\{f_\alpha\,\middle|\,\alpha=\begin{bmatrix}a & 0\\ c & d\end{bmatrix}\in GL(2,K)\right\}$となるが，$G$の元$f_\alpha\left(\text{ただし}\ \alpha=\begin{bmatrix}a & 0\\ c & d\end{bmatrix}\right)$に対して$L(K)$の元$f_{a/d,c/d}$を対応させる写像は置換群$(G,K)$と$(L(K),K)$の同型をあたえることは見易い．したがって定理4.1により$(LF(K),\tilde{K})$は純3重可移群となる．▌

最後に第5章で必要となるつぎの補題を証明する．

補題 4.8 (G,Ω)を$(n+1)$次の2重可移群，$n=$奇数，とする．Ωの或る点aに対して，G_aの部分群H_aで条件

(i) $|H_a|=$偶数

(ii)　$(H_a, \Omega-\{a\})$ は Frobenius 群

を満たすものが存在すれば，(G, Ω) は2重原始的である．

証明　(G, Ω) は可移であるから，H_a の共役を考えることにより，$\forall a \in \Omega$ に対して G_a は条件(i), (ii)を満たす部分群 H_a が存在する．H_a の Frobenius 核を K_a とする．$|K_a|=n$ は奇数であるから，σ を H_a の位数2の元とすると，$\langle K_a, \sigma \rangle$ は $\Omega-\{a\}$ の Frobenius 群でその位数は $2n$ となる．したがって，はじめから $|H_a|=2n$ と仮定して定理を証明すればよい．$\Omega-\{a\} \ni b, c$ に対して，H_a の位数2の元で b を c にうつすものがただ1つ存在する(実際，H_a はちょうど n 個の位数2の元 $\sigma_1, \cdots, \sigma_n$ をふくむが，もしそのうちの2元 σ_i, σ_j が $\Omega-\{a\}$ の或る元 b に対して $b^{\sigma_i}=b^{\sigma_j}=c$ とすると $b^{\sigma_i\sigma_j}=b$，$c^{\sigma_i\sigma_j}=c$ となり $\sigma_i=\sigma_j$. したがって $\Omega-\{a\}$ の任意の元 b に対して $\{b^{\sigma_1}, \cdots, b^{\sigma_n}\}$ はすべて異なり $\Omega-\{a\}$ に一致する．故に $\Omega-\{a\}$ の任意の2元 b, c に対して $b^{\sigma_i}=c$ となる σ_i が存在する)．このような位数2の元を $\sigma_{a;b,c}$ と表わすこととする．さて $(G_a, \Omega-\{a\})$ を非原始的として矛盾を導く．$(G_a, \Omega-\{a\})$ の自明でない非原始域系(の1つ)を $\Delta_1, \cdots, \Delta_s$ とする，i.e.

$$\Omega-\{a\} = \Delta_1+\cdots+\Delta_s$$

で $s>1$，$|\Delta_1|=\cdots=|\Delta_s|=t>1$，$\forall \sigma \in G_a$，$\forall \Delta_i$ に対して $\Delta_i{}^\sigma$ は或る Δ_j に一致する．$\Lambda=\{a\} \cup \Delta_1$ とおくと，$t=$奇数より $|\Lambda|$ は偶数．Δ_s の1元 c を任意にえらび，

$$\tilde{H} = \langle \sigma_{c;a,b} \mid b \in \Delta_1 \rangle$$

とおく．このとき $\Lambda^{\tilde{H}}=\Lambda$ となる．(実際，$\forall b \in \Delta_1$ に対して $\Lambda^{\sigma_{c;a,b}}=\Lambda$ をいえばよい．$\Lambda^{\sigma_{c;a,b}} \neq \Lambda$ とし，$d \in \Delta_1$ を $d^{\sigma_{c;a,b}}=e \notin \Lambda$ とえらぶ．$\sigma=\sigma_{c;a,b}\sigma_{e;a,b} \in G_{a,b}$ となり，したがって $\Delta_1{}^\sigma \cap \Delta_1 \ni b$ より $\Delta_1{}^\sigma=\Delta_1$，したがって $d^\sigma \in \Delta_1$. 一方，$d^\sigma=d^{\sigma_{c;a,b}\cdot\sigma_{e;a,b}}=e \notin \Delta_1$ で矛盾.) $\tilde{H}$ は Λ 上に可移に作用するが，$\tilde{H}$ が Frobenius 群 $(H_c, \Omega-\{c\})$ の部分群であることから，$\tilde{H}$ は Λ 上に忠実に作用し，かつ任意の2点の固定部分群は1となる．もし $\tilde{H}_a \neq 1$ とすると，$\tilde{H}_a=H_{a,c}$ は位数2であるが，$|\Lambda|=$偶数より $\tilde{H}_a$ の元は Λ 上の少くとも2点を固定し，$\tilde{H}_a=1$ となり矛盾．したがって $\tilde{H}$ は Λ 上に正則である．したがって $\tilde{H}$ は t 個の位数2の元をふくむ位数 $t+1$ の群となる．したがって $\tilde{H}$ は H_c の2-部分群である．$|H_c|=2\times$奇数より $t+1=2$ となり，$t>1$ に反する．∎

§5 正規部分群

可移群とその正規部分群との間の関係について調べる．この節を通して(G, Ω)を可移置換群，NをGの正規部分群で$N \neq \{1\}$とする．すでに定理3.6よりつぎの結果はわかっている．

定理 5.1 (1) (N, Ω)は1/2重可移である．

(2) (G, Ω)が原始的$\Rightarrow (N, \Omega)$は可移である．

これの系として

系 5.2 (1) (G, Ω)が原始的で(N, Ω)が正則$\Rightarrow N$はGの極小な正規部分群である．

(2) (G, Ω)が原始的で，Nが可換群$\Rightarrow (N, \Omega)$は正則となる．

定理 5.3 (G, Ω)が3/2重可移$\Rightarrow (N, \Omega)$は可移かまたは半正則となる．

証明 (G, Ω)は定理4.5より原始的か，またはFrobenius群となる．定理5.1よりFrobenius群の場合を考えればよい．KをFrobenius核とする．(K, Ω)は正則であるから，$K \geq N$ならば(N, Ω)は半正則である．$K \ngeq N$とすると，$\Omega \ni \alpha$に対して$N_\alpha \neq \{1\}$．Δをαをふくむ(N, Ω)の軌道とすると，$(N_\alpha, \Omega - \{\alpha\})$が半正則より$|N_\alpha| \,\big|\, |\Delta|-1$．$\Omega \neq \Delta$とすると，$\Delta$と異なる$(N, \Omega)$の軌道$\Delta'$に対して$|N_\alpha| \,\big|\, |\Delta'|$．$|\Delta| = |\Delta'|$より$|N_\alpha| = 1$となり矛盾．∎

(G, Ω)が多重可移の場合を考察するために，(N, Ω)が正則の場合と，正則でない場合に分ける．(N, Ω)が正則の場合，いいかえれば，正規部分群でΩ上正則となるものが存在する場合，(G, Ω)の構造はこれによって強く規制されることを示そう．(N, Ω)を正則とし，Ωの1点αを任意に定める．(N, Ω)の正則性より，Ωの元βに対して$\alpha^\sigma = \beta$となるNの元σが一意的に定まり，逆にNの元σにはこれによりβが定まる．この1対1対応をNからΩの上への写像としてφで表わす．すなわち，$N \ni \sigma$に対して$\varphi(\sigma) = \alpha^\sigma$で，とくに$\varphi(1) = \alpha$．$G \trianglerighteq N$より$G$の任意の元$\tau$に対して$N = N^\tau$，したがって，$\tau$は$N - \{1\}$の置換$\begin{pmatrix} \sigma \\ \sigma^\tau \end{pmatrix}$をひきおこすが，とくに$\tau \in G_\alpha$とすると

$$\varphi(\sigma^\tau) = \alpha^{\sigma^\tau} = \alpha^{\tau^{-1}\sigma\tau} = \alpha^{\sigma\tau} = \varphi(\sigma)^\tau$$

となり，$(G_\alpha, N - \{1\}) \simeq (G_\alpha, \Omega - \{\alpha\})$をうる．したがって$G_\alpha$は$\mathrm{Aut}\, N$の部分群と同型となる．以上をまとめると，つぎの定理をうる．

定理 5.4　(N,Ω)を正則とし，$\alpha\in\Omega$とする．

(1)　$N\ni\sigma$に対してΩの元α^σを対応させる対応φは$N-\{1\}$と$\Omega-\{\alpha\}$の間の1対1の対応である．

(2)　G_αの元τに対してNの自己同型写像：$\sigma\to\sigma^\tau$を対応させる対応はG_αから$\mathrm{Aut}\,N$の中への同型写像でこれによりG_αは$N-\{1\}$の置換群となる．

(3)　(1), (2)の対応により

$$(G_\alpha, N-\{1\})\simeq(G_\alpha, \Omega-\{\alpha\}). \text{ ——}$$

Mを有限群，Hを$\mathrm{Aut}\,M$の部分群とし，$M-\{1\}$上の置換群と考える．このとき，つぎの定理が得られる．

定理 5.5　(1)　$(H,M-\{1\})$が可移$\Rightarrow M$は基本可換群となる．とくに$|M|=p^n$，pは素数．

(2)　$(H,M-\{1\})$が原始的$\Rightarrow|M|=2^n$または$|M|=3$

(3)　$(H,M-\{1\})$が3/2重可移$\Rightarrow|M|=2^n$

(4)　$(H,M-\{1\})$が2重原始的$\Rightarrow|M|=4$または$|M|=3$

(5)　$(H,M-\{1\})$が3重可移$\Rightarrow|M|=4$

(6)　$(H,M-\{1\})$が7/2重以上となることはない．

証明　(1)　$M-\{1\}$の元の位数はすべて等しくなり，Mはp群で$M-\{1\}$の元の位数はすべてp．Mの中心はMの特性部分群であるから，仮定の可移性よりMは可換群となり主張をうる．

(2)　$M\ni\sigma\neq1$に対して$\{\sigma,\sigma^{-1}\}$は$(H,M-\{1\})$の非原始域となる．$(H,M-\{1\})$の原始性より$|\{\sigma,\sigma^{-1}\}|=1$または$\{\sigma,\sigma^{-1}\}=M-\{1\}$．前者より$p=2$．後者より$|M|=3$をうる．

(3)　$M\ni\sigma\neq1$に対してH_σはσ^{-1}をも固定する．よって3/2重可移性より$\sigma=\sigma^{-1}$．故に$\sigma^2=1$.

(4)　$|M|=2^m$とする．仮定より$m\geq2$．$M-\{1\}$の異なる2元σ,τをとると，$\{\tau,\sigma\tau\}$は$(H_\sigma,M-\{\sigma,1\})$の非原始域となり，したがって$\{\tau,\sigma\tau\}=M-\{\sigma,1\}$．よって$|M|=4$.

(5)　$M-\{1\}$の異なる2元σ,τをとると，$H_{\sigma,\tau}$は$\sigma\tau$を固定する．よって仮定より$M-\{1,\sigma,\tau\}=\sigma\tau$.

(6)　明らか．▌

定理5.4, 5.5より直ちにつぎの結果が得られる. (N, Ω)を正則とすると,

定理 5.6 (1) (G, Ω)が2重可移 $\Rightarrow$ Nは基本可換群で $|N|=p^m$, pは素数.

(2) (G, Ω)が2重原始的 $\Rightarrow$ $|N|=2^m$ または $|N|=3$

(3) (G, Ω)が5/2重可移 $\Rightarrow$ $|N|=2^m$

(4) (G, Ω)が3重原始的 $\Rightarrow$ $|N|=4$ または $|N|=3$

(5) (G, Ω)が4重可移 $\Rightarrow$ $|N|=4$

(6) (G, Ω)が9/2重可移以上になることはない.

定理 5.7 (G, Ω)を原始的, $\Omega \ni \alpha$に対して$\Omega-\{\alpha\}$はG_αにより2つの軌道に分れるとする. (N, Ω)が正則であれば, Nは基本可換群である.

証明 定理5.4によりNの元の位数は高々2つの値しかとりえない. よってNの位数は素数pの巾か, または2つの素数pとqの巾の積となる. 第2章定理3.4および第2章定理10.17よりいずれの場合も可解群で, したがってNの特性部分群で基本可換群なるものN_0が存在する. $G \rhd N_0$から(N_0, Ω)は可移(定理5.1)で, 一方(N, Ω)は正則より$N=N_0$をうる. ▮

つぎに(N, Ω)が正則でない場合を考えよう. (G, Ω)を2重可移とすると, $\Omega \ni \alpha$に対して$G_\alpha \trianglerighteq N_\alpha \neq 1$となるから, 定理5.1より$(N_\alpha, \Omega-\{\alpha\})$は1/2重可移, したがって$(N, \Omega)$は3/2重可移となる. 定理4.5より$(N, \Omega)$は原始的かまたはFrobenius群となる. これはつぎの定理の前半を示している.

定理 5.8 (G, Ω)を2重可移, (N, Ω)は正則でないとする.

(1) (N, Ω)は原始的かまたはFrobenius群となる.

(2) Nが極小の正規部分群である場合は, Nは単純群で(N, Ω)は原始的である.

証明 Nを極小の正規部分群であるとすると, Frobenius群ではありえない. したがって原始的である. Nが単純群でないとする. 第2章定理2.2により, Nは2つ以上の同型な単純群の直積となる. その1つの直和因子をN_1とし$N=N_1 \times N_2$と直積に表わす. (N, Ω)が原始的であるから, (N_1, Ω), (N_2, Ω)は可移となり, さらに$[N_1, N_2]=1$より定理2.9によって(N_1, Ω)と(N_2, Ω)は共に正則である. $N=N_1 \times N_2$より$H=\mathcal{N}_G(N_1)$とおくと$|G:H|=2$となる. したがって, $\Omega \ni \alpha$に対して$|G_\alpha:H_\alpha|=2$となり, $(H_\alpha, \Omega-\{\alpha\})$は可移かまたは2つの軌道に分れる. いずれの場合にも定理5.6, 5.7によりN_1は可換群, よって

$N=N_1\times N_2$ も可換群，したがって (N,Ω) は正則となり仮定に反する．▌

定理 5.9 (N,Ω) が正則でないとする．$k\geq 2$ について

(1) (G,Ω) が k 重可移で $G\neq S^{\Omega}\Rightarrow(N,\Omega)$ は $(k-1/2)$ 重可移，または純 $(k-1)$ 重可移である．

(2) (G,Ω) が k 重原始的，$G\neq S^{\Omega}\Rightarrow(N,\Omega)$ は k 重可移である．

証明 $\Omega\ni\alpha$ とする．(1) $k=2$ の場合：$(G_\alpha,\Omega-\{\alpha\})$ が可移より，$(N_\alpha,\Omega-\{\alpha\})$ は 1/2 重可移．したがって (N,Ω) は 3/2 重可移である．$k=3$ の場合：$(N_\alpha,\Omega-\{\alpha\})$ が正則でない場合は $k=2$ の場合に帰着されて (N,Ω) は 5/2 重可移．$(N_\alpha,\Omega-\{\alpha\})$ が正則の場合は (N,Ω) は純 2 重可移．$k\geq 4$ の場合：k に関する帰納法による．$(N_\alpha,\Omega-\{\alpha\})$ が正則でなければ $k-1$ の場合に帰着されて，主張は成立する．$(N_\alpha,\Omega-\{\alpha\})$ が正則のときは (N,Ω) は Frobenius 群．したがって N の特性部分群 N_0 があって (N_0,Ω) は正則．$G\triangleright N_0$ なることから定理 5.6 によって $k=4$ で $|\Omega|=4$，となり $G=S^{\Omega}$ をうる．これは仮定に反する．

(2) $k=2$ の場合：$(G_\alpha,\Omega-\{\alpha\})$ が原始的より，$(N_\alpha,\Omega-\{\alpha\})$ は可移．したがって (N,Ω) は 2 重可移．$k\geq 3$ の場合：k についての帰納法による．$(N_\alpha,\Omega-\{\alpha\})$ が正則でないときは $k-1$ の場合に帰着できて定理は正しい．$(N_\alpha,\Omega-\{\alpha\})$ が正則のときは (N,Ω) は Frobenius 群となり，(1) の場合と同様に $G=S^{\Omega}$ となり仮定に反する．▌

系 5.10 (G,Ω) が $k(\geq 2)$ 重可移で $G\neq S^{\Omega}$ とする．もし (N,Ω) が $(k-1)$ 重可移でなければ，$k=3$，$|\Omega|=2^m$，N は位数 2^m の基本可換群，(N,Ω) は正則となる．

証明は定理 5.1，5.6，5.9 より明らか．

系 5.11 $|\Omega|=n\geq 5$ のとき，交代群 A^{Ω} は単純群である．

証明 $A^{\Omega}\trianglerighteq N\neq\{1\}$ とする．A^{Ω} は $k(\geq 3)$ 重原始的であるから，定理 5.6 より (N,Ω) は正則でない．A^{Ω} は $(n-2)$ 重原始的だから，定理 5.9 によって，(N,Ω) は $(n-2)$ 重可移．よって $|N|=n!/2=|A^{\Omega}|$ となり $N=A^{\Omega}$ をうる．▌

§6 素数次の置換群

素数次の置換群は特殊な置換群であるが，きわめて興味深い研究がなされて

いる対象である．ここではその古典的な結果についてのべる．

定理 6.1(Galois)　(G,Ω)を素数$(=p)$次の可移置換群とする．このとき，つぎの各条件は同値である．

(1)　G の Sylow p-部分群は正規部分群である．

(2)　G は可解群である．

(3)　G は F_p(p 元からなる有限体)上のアフィン変換群 $L(F_p)$ の部分群と同型である．

(4)　(G,Ω) は Frobenius 群，または $|G|=p$ である．

証明　(1)⇒(2): $p \top |G|$ より G の Sylow p-部分群 P の位数は p で，(P,Ω) は正則である．よって $\mathcal{C}_G(P)=P$(たとえば定理 2.10)となり，G/P は Aut P の部分群，したがって，G/P が可換群となり G は可解群である．

(2)⇒(3): N を G の極小正規部分群とすると N は可換群である．(G,Ω) が原始的であるから(N,Ω)は可移，したがって(N,Ω)は正則で，N は G の Sylow p-部分群で $|N|=p$ である．N と体 F_p の加法群とは同型であるが，その同型写像を1つ固定し，$N\ni\sigma$ に対応する F_p の元を $\tilde{\sigma}$ と書く．Ω の1点を1つ定め，それを0とおく．$\Omega\ni i$ に対して $0^{\sigma_i}=i$ となる N の元 σ_i は一意的に定まるが，これを用いて Ω と F_p の間の1対1対応を $i\leftrightarrow\tilde{\sigma}_i$ により定める．G を G_0 と N の半直積と表わすことにより，G の元 ρ は $\rho=\tau\sigma$, $\tau\in G_0$, $\sigma\in N$, と一意的に表わされる．$G\ni\rho$ の F_p 上の作用を $\tilde{\sigma}_i^\rho=\widetilde{\tau^{-1}\sigma_i\rho}$(ここで $\tau^{-1}\sigma_i\rho=(\tau^{-1}\sigma_i\tau)\sigma\in N$ に注意する)により定義すると，$i^\rho=0^{\sigma_i\rho}=0^{\tau^{-1}\sigma_i\rho}$ により $(G,F_p)\simeq(G,\Omega)$ をうる．$G_0\ni\tau$ に対して $(\tilde{\sigma}_i+\tilde{\sigma}_j)^\tau=\widetilde{\sigma_i\sigma_j}^\tau=\widetilde{\tau^{-1}\sigma_i\sigma_j\tau}=\widetilde{\tau^{-1}\sigma_i\tau\tau^{-1}\sigma_j\tau}=\widetilde{\tau^{-1}\sigma_i\tau}+\widetilde{\tau^{-1}\sigma_j\tau}=\tilde{\sigma}_i{}^\tau+\tilde{\sigma}_j{}^\tau$ より τ は F_p の1次変換をひきおこす．したがって，τ に対して $GF(p)$ の元 $\alpha(\tau)$ があって $\tilde{\sigma}_i{}^\tau=\alpha(\tau)\tilde{\sigma}_i$．よって $G\ni\rho=\tau\sigma$ に対して $\tilde{\sigma}_i{}^\rho=\widetilde{\tau^{-1}\sigma_i\tau\sigma}=\widetilde{\tau^{-1}\sigma_i\tau}+\tilde{\sigma}=\alpha(\tau)\tilde{\sigma}_i+\tilde{\sigma}$．よって ρ は F_p 上のアフィン変換をひきおこし，これにより G は $L(F_p)$ の部分群と同型となっていることは見易い．

(3)⇒(4): $L(F_p)$ は完全 Frobenius 群であるから(定理 4.6)，(G,Ω) が(4)を満たすことは明らかである．

(4)⇒(1)は明らか．∎

つぎの定理にすすむ前に少し準備する．(G,Ω) を素数$(=p)$次の可移置換群とし，F を p 個の元からなる体(i. e. F_p)とする．V を F 上の p 次元のベクト

ル空間とし，その基を1つ定めて，それを Ω の元を添字として表わす；$\{v_a|a\in\Omega\}$．G の元 σ の V への作用を

$$(\sum \lambda_a v_a)^\sigma = \sum \lambda_a v_{a^\sigma}$$

と定義すると，これにより，V が G-群となることは見易い．この可換子環 i. e. $\mathrm{Hom}_G(V,V)=\{\alpha\in\mathrm{Hom}_F(V,V)|\alpha(v^\sigma)=(\alpha(v))^\sigma, \forall\sigma\in G\}$ を考えると，これは F-加群 $\mathrm{Hom}_F(V,V)$ の部分 F-加群である．このとき，

補題 6.2　$\dim_F(\mathrm{Hom}_G(V,V))$ は (G_a,Ω) の軌道の数に一致する．ここで a は Ω の任意の元とする．

証明　$\Delta_1,\cdots,\Delta_s$ を (G_a,Ω) の軌道全体とし，V の部分 F-加群 V_a を

$$V_a = \{v\in V\,|\,v=\sum_{i=1}^{s}\lambda_i(\sum_{x\in\Delta_i}v_x)\}$$

と定義すると $\dim_F V_a=s$ である．α を $\mathrm{Hom}_G(V,V)$ の元とする．$\alpha(v_a)=\sum_{x\in\Omega}\lambda_x v_x$ と書けるが，G_a の任意の元 σ に対して $\alpha(v_a)=\alpha(v_{a^\sigma})=(\alpha(v_a))^\sigma=\sum_{x\in\Omega}\lambda_x v_{x^\sigma}$ であるから，x,y が同じ Δ_i に入れば $\lambda_x=\lambda_y$ となり，$\alpha(v_a)=\sum_{i=1}^{s}\lambda_i(\sum_{x\in\Delta_i}v_x)$ と書ける．したがって，α に $\alpha(v_a)$ を対応させることにより $\mathrm{Hom}_G(V,V)$ から V_a への F-加群としての準同型写像 f が定義される．$f(\alpha)=0$ とすると $\alpha(v_a)=0$，(G,Ω) の可移性より Ω の任意の元 b に対して $a^\sigma=b$ となる G の元 σ が存在するが，$\alpha(v_b)=\alpha(v_{a^\sigma})=(\alpha(v_a))^\sigma=0$ となり $\alpha=0$ をうる，i. e. f は中への同型写像である．一方，v_0 を V_a の任意の元とするとき，v_b に対して $v_0{}^\sigma$（ただし，σ は $b=a^\sigma$ となる任意の G の元）は σ のえらび方によらず一意的に定まり，したがってこれにより $\mathrm{Hom}_F(V,V)$ の元 α を $\alpha(v_b)=v_0{}^\sigma$，ここで $b=a^\sigma$，と定義すると α が $\mathrm{Hom}_G(V,V)$ の元となり，かつ $\alpha(v_a)=v_0$．故に，f は $\mathrm{Hom}_G(V,V)$ と V_a との F-加群としての同型対応を与える．したがって $\dim_F(\mathrm{Hom}_G(V,V))=s$ となる．▌

G の Sylow p-部分群の1つを P，σ_0 を P の生成元とする．$|\Omega|=p$ より Ω と F の間の対応を任意に与えて Ω の元を F の元で表わし，G を F 上の置換群と考えることとするが，$\sigma_0=(p-1,p-2,\cdots,1,0)$ と表わされるように Ω と F の間の対応をつけておくこととする．

F から F への写像の全体を $U(F,F)$ と表わし，その2元 f,g，F の元 λ に対して

$$(f+g)(x)=f(x)+g(x), \qquad (fg)(x)=f(x)g(x),$$
$$(\lambda f)(x)=\lambda f(x), \qquad x\in F$$

と定義すると，$U(F,F)$ は F–多元環となることは見易い．$F\ni i$ に対して $U(F,F)$ の元 f_i を

$$f_i(a)=\begin{cases}1 & a=i \text{ のとき}\\ 0 & a\neq i \text{ のとき}\end{cases}$$

と定義すると，$f_0,\cdots,f_{p-1}$ は $U(F,F)$ の基となっているから $\dim_F U(F,F)=p$ である．V の元 $v=\sum_{a\in\Omega}\lambda_a v_a$ に対して $U(F,F)$ の元 f_v を $f_v(a)=\lambda_a$, $a\in\Omega$，と定義すると，対応 $T_1: v\to f_v$ は V から $U(F,F)$ の上への F–加群としての同型対応となっていることは見易い．

$F[x]$ の元 $f(x)$ に対して，$U(F,F)$ の元 $f_{|F}$ を $f_{|F}(\alpha)=f(\alpha)$ と定義すると，$f(x)$ を $f_{|F}$ に対応させる $F(x)$ から $U(F,F)$ への対応 T_2 は両者を F–多元環と考えての上への準同型写像(i. e. 環として，かつ F–加群としての準同型写像)である．(∵　F–多元環としての準同型写像であることは明らかである．その核を K とすると，$K\ni f(x)\Leftrightarrow f(a)=0$, $\forall a\in F\Leftrightarrow \prod_{a\in F}(x-a)\,|\,f(x)$ であるが，$\prod_{a\in F}(x-a)=x^p-x$ であるから K は x^p-x で生成される単項イデアルである．$F[x]/(x^p-x)$ は F–加群として p 次元であるから，$F[x]/(x^p-x)\simeq U(F,F)$, i. e. 対応 T_2 は上への準同型写像となる．) $F[x]$ の t 次以下の多項式の全体は t 次元の F–加群となっているが，これを M_t で表わす．$F[x]/(x^p-x)$ は F–加群としては M_{p-1} と同型である．以上まとめると，つぎの補題をうる．

補題 6.3　$V, U(F,F)$, $F[x]/(x^p-x)$, M_{p-1} の間には F–加群としての自然なつぎのような同型対応が存在する．

$$\begin{array}{ccccccc} V & \underset{T_1}{\rightleftarrows} & U(F,F) & \underset{T_2}{\leftleftarrows} & F[x]/(x^p-x) & \underset{T_3}{\rightleftarrows} & M_{p-1}\\ \Cup & & \Cup\ \ \Cup & & \Cup & & \Cup\\ v & \to & f_v,\ f_{|F} & \leftarrow & \overline{f(x)}\equiv f(x) \bmod (x^p-x) & \to & \tilde{f}(x). \end{array}$$

ここで，$v=\sum\lambda_a v_a$ としたとき，$f_v(a)=\lambda_a$, $\forall a\in F$. また，$\tilde{f}(x)$ は $f(x)$ を x^p-x で割った余りである．T_2 は環としての同型でもある．また，T_3 により M_{p-1} には環の構造が入る．——

V は G–群であるから，この対応を用いて G の作用をうつすことにより，他の F–加群も G–群となる．まず，G の元 σ の $U(F,F)$ の元 f への作用 f^σ は

(6.1) $$f^{\sigma}(a) = f(a^{\sigma^{-1}})$$

となる．とくに σ_0(はじめに与えた P の生成元)に対しては

$$f^{\sigma_0}(a) = f(a^{\sigma_0^{-1}}) = f(a+1), \qquad \forall a \in F$$

となる．$U(F, F)$ における積の定義より，$U(F, F) \ni f, g$ に対して

(6.2) $$(fg)^{\sigma} = f^{\sigma} g^{\sigma}$$

i. e. σ は環 $U(F, F)$ の自己同型写像である．さらに T_2 により G の作用をうつして $F[x]/(x^p - x)$ は G-群となる．G の任意の元の作用をすべて具体的に表わすことは困難であるが，σ_0 に対しては(6.1)を注意すれば，$\overline{f(x)} \in F[x]/(x^p - x)$ に対して

$$\overline{f(x)^{\sigma_0}} = \overline{f(x+1)}$$

となる．M_{p-1} の元 $f(x)$ に対する σ_0 の作用も同様に

$$f(x)^{\sigma_0} = f(x+1)$$

となる．M_0 の元 λ は V の元 $\lambda \sum_{a \in \Omega} v_a$ に対応し，したがって $\lambda^{\sigma} = \lambda$, $\forall \lambda \in M_0$, となる．また σ は環 M_{p-1} の自己同型写像である．

補題 6.4 (1) M_{p-1} の部分 F-加群 $M \neq 0$ が部分 G-群(i. e. $\sigma \in G$ に対して $M^{\sigma} = M$)であれば $M = M_i$, $0 \leq \exists i \leq p-1$.

(2) $0, M_0, M_{p-2}, M_{p-1}$ は M_{p-1} の部分 G-群である．

(3) (G, Ω) が2重可移でなければ，或る $r \leq p-2$ に対して M_{r-1}, M_r が M_{p-1} の部分 G-群となる．

証明 (1) M に入る多項式の中で次数最大のものの1つを $f(x) = \lambda_i x^i + \lambda_{i-1} x^{i-1} + \cdots + \lambda_0$, $\lambda_i \neq 0$ とおく．$f^{\sigma_0}(x) \in M$ から $f^{\sigma_0}(x) - f(x) \in M$ であり，$f^{\sigma_0}(x) - f(x) = f(x+1) - f(x) = \mu_{i-1} x^{i-1} + \cdots + \mu_0$, $\mu_{i-1} = i\lambda_i \neq 0$ より M は(もし $M \neq M_0$ であれば)次数がちょうど $i-1$ の多項式をふくむ．したがってこのようにして，M は次数がちょうど $i, i-1, \cdots, 1, 0$ の多項式をふくむこととなり $M \supseteq M_i$ となる．M は $i+1$ 次の多項式をふくまないから $M = M_i$ となる．

(2) M_0 が G-不変なることはすでに注意した．0, M_{p-1} が G-不変なることは明らか．$f(x) \in M_{p-1}$ が $\sum_{c \in F} f(c) = 0$ を満たせば，$\sigma \in G$ に対して $\sum_{c \in F} f^{\sigma}(c) = \sum_{c \in F} f(c^{\sigma^{-1}}) = \sum_{d \in F} f(d) = 0$ となり，したがって $\widetilde{M} = \{f(x) \in M_{p-1} | \sum_{c \in F} f(c) = 0\}$ は G-不変な M_{p-1} の部分 F-加群となる．この次元は $p-1$ である．(∵ M_{p-1} から F への写像 T を $T(f(x)) = \sum_{c \in F} f(c)$ と定義すると，T は F-準同型写像でその核

が $\tilde{M}$ である．したがって T が零写像でないことをいえばよい．T が零写像とすると，$1\leq \forall i\leq p-1$ に対して $\sum_{c\in F} c^i=0$ となり，したがって $F-\{0\}$ の生成元を a とすると $\sum_{t=1}^{p-1} a^{it}=0$．これは，$g(x)=x^{p-1}+\cdots+x$ とおくと，$g(c)=0$，$\forall c\in F-\{0\}$，を意味し，$g(x)$ は $\prod_{c\in F-\{0\}}(x-c)=x^{p-1}-1$ で割りきれる．これは矛盾.）したがって(1)よりこれは M_{p-2} に一致する．

(3) $h(x)$ を M_{p-1} の任意の多項式とするとき，$h_{p-1}(x)=h(x)$ とおき，帰納的に $i\leq p-2$ に対して $h_i(x)$ を $h_i(x)=h_{i+1}(x+1)-h_{i+1}(x)$ と定義する．$h(x)$ の次数を r とすると(1)でみたように，$h_{p-2}(x)$ は $r-1$ 次であり，同様に $h_i(x)$ は $i-(p-1-r)$ 次（ただし $i<p-1-r$ のときは $h_i(x)=0$）である．さて (G,Ω) を2重可移でないとすると，補題6.2より $\dim_F \mathrm{Hom}_G(M_{p-1},M_{p-1})\geq 3$ である．次数がちょうど $p-1$ の M_{p-1} の多項式を1つ定め，それを $f(x)$ とする．$M=\{\alpha f(x)\,|\,\alpha\in \mathrm{Hom}_G(M_{p-1},M_{p-1})\}$ は M_{p-1} の部分 F-加群であるが，$\alpha f(x)=0$ とすれば $\alpha=0$（$\because$ $f_i(x)$ は次数がちょうど i 次の多項式であるから，M_{p-1} は F-加群として $(f(x)=)f_{p-1}(x),\cdots,f_1(x),f_0(x)$ で生成される, i.e. $M_{p-1}=\langle f_{p-1}(x),\cdots,f_0(x)\rangle$，$\alpha f_{p-1}(x)=0$ であるが，もし $\alpha f_i(x)=0$ とすると，$\alpha f_{i-1}(x)=\alpha(f_i(x+1)-f_i(x))=\alpha(f_i^{\sigma_0}(x))=(\alpha f_i(x))^{\sigma_0}=0$ となる．したがって $\alpha M_{p-1}=0$ となる）．したがって，$\alpha\to\alpha f(x)$ は $\mathrm{Hom}_G(M_{p-1},M_{p-1})$ から M への同型写像であり，$\dim M\geq 3$ となる．とくに，$M\subsetneq Fx^{p-1}+F(\subseteq M_{p-1})$ であるから，$\mathrm{Hom}_G(M_{p-1},M_{p-1})$ の或る元 α に対して，$\alpha f(x)=g(x)$ の次数が r，ただし $1\leq r\leq p-2$，となる．$\alpha f_{p-1}(x)=g_{p-1}(x)$ であるが，もし $\alpha f_i(x)=g_i(x)$ が成り立てば，$\alpha f_{i-1}(x)=\alpha(f_i(x+1)-f_i(x))=\alpha(f_i^{\sigma_0}(x)-f_i(x))=(\alpha f_i(x))^{\sigma}-\alpha f_i(x)=g_i^{\sigma}(x)-g_i(x)=g_{i-1}(x)$ となり，したがって帰納法により $\alpha M_{p-1}=\alpha\langle f_{p-1}(x),\cdots,f_0(x)\rangle=\langle g_{p-1}(x),\cdots,g_0(x)\rangle=M_r$ となる．また，$M_{p-2}=\langle f_{p-2}(x),\cdots,f_0(x)\rangle$ であるから $\alpha M_{p-2}=M_{r-1}$ となる．M_{p-1},M_{p-2} は G-不変で $\alpha\in\mathrm{Hom}_G(M_{p-1},M_{p-1})$ であるから，M_r,M_{r-1} も G-不変となる．▌

定理 6.5(Burnside) (G,Ω) を素数$(=p)$次の置換群とする．(G,Ω) が可移で，しかし2重可移でないとすると，(G,Ω) は正則か，または Frobenius 群となる．

証明 いままでの記号をそのまま用いる．定理6.1により，G が F 上のアフィン変換群の部分群と同型となることを示せばよい．補題6.4により $\exists r\leq p-2$ に対して M_{r-1},M_r が共に部分 G-群となる．$M=\{f(x)\in M_{p-1}\,|\,f(x)M_{r-1}\subseteq$

$M_r\}$とおくと，これはM_{p-1}の部分F-加群であるが，Gの元は環M_{p-1}の自己同型写像であるからMは部分G-群である．$x \in M$であるが，$r \leq p-2$より$x^2 \notin M$．したがって$M=M_1$，i.e. M_1は部分G-群となる．したがって$G \ni \sigma$に対して，$x^\sigma=\lambda(\sigma)x+\mu(\sigma), \lambda(\sigma), \mu(\sigma) \in F$，と一意的に書ける．$G$の元$\sigma$に対して$F$上のアフィン変換$f_\sigma: x \to \lambda(\sigma^{-1})x+\mu(\sigma^{-1})$を対応させれば，これが$G$から$F$上のアフィン変換群(の中)への同型写像となっていることは見易い．∎

§7 原始置換群

§3でみたように，原始的でない置換群についての事柄は大雑把にいって次数のよりひくい置換群の問題に移されると考えられるから，置換群としての面白い問題の多くは原始置換群の性質の解明にあるといってよい．原始置換群は多重可移性をもつ場合ともたない場合で大きくその様相を異にする．歴史的にみて，どちらかといえば多重可移群に関する問題に対してより多くの興味がもたれ，目ざましい結果が得られているように思われるが，しかし多重可移でない原始置換群に関しても古くから面白い仕事がなされていて，とくに最近，新しい単純群の発見などに関連して，多重可移でない原始置換群の研究が新しい局面を見せはじめている．

ここでは多重可移でない原始置換群の考察における基本的な道具立てのいくつかについて紹介する．

7.1 可移群の軌道域とグラフ

(G,Ω)を可移置換群とする．Ωのn個の直積集合$\Omega^n=\underbrace{\Omega\times\cdots\times\Omega}_{n\text{個}}$の元$(a_1,\cdots,a_n)$に対する$G$の元$\sigma$の作用を

$$(a_1,\cdots,a_n)^\sigma=({a_1}^\sigma,\cdots,{a_n}^\sigma)$$

と定義すると，(G,Ω^n)は置換群となる．以下，GのΩ^nに対する作用はすべてこのように定義されるものとする．(G,Ω^2)の軌道の個数rを(G,Ω)の**階数**とよぶ．$\{(a,a) \mid a \in \Omega\}$は明らかに$(G,\Omega^2)$の1つの軌道であるが，これを$\Delta^{(1)}$とおき，残りの$r-1$個の$(G,\Omega^2)$の軌道を$\Delta^{(2)},\cdots,\Delta^{(r)}$で表わし，これら各$\Delta^{(i)}$を$(G,\Omega)$の**軌道域**とよぶ．とくに$\Delta^{(1)}$を**自明な軌道域**とよぶ．

a を Ω の元とする．(G,Ω) が可移であるから各 $\Delta^{(i)}$ に対して $\{b|(a,b)\in\Delta^{(i)}\}$ $\neq\phi$ であるが，これを $\Delta^{(i)}(a)$ とおくと，$\Delta^{(1)}(a)=\{a\}$ で

$$\Omega=\{a\}+\Delta^{(2)}(a)+\cdots+\Delta^{(r)}(a)$$

となり，これは (G_a,Ω) の軌道分解となる．したがって Ω の元 a を1つ定めると，(G,Ω) の軌道域の全体と (G_a,Ω) の軌道全体の間に1対1の対応 $\Delta^{(i)}\leftrightarrow\Delta^{(i)}(a)$ が存在する．いま G の元 σ_i を $a^{\sigma_i}\in\Delta^{(i)}(a)$ となるように各 i について任意に1つずつえらぶと，$G\ni\sigma$ に対して

$$a^\sigma\in\Delta^{(i)}(a)\Leftrightarrow(a,a^\sigma)\in\Delta^{(i)}\Leftrightarrow\exists\beta\in G_a,\ a^{\sigma_i}=a^{\sigma\beta}$$
$$\Leftrightarrow\exists\beta\in G_a,\ \sigma\beta\sigma_i{}^{-1}\in G_a\Leftrightarrow\sigma\in G_a\sigma_iG_a$$
$$\Leftrightarrow G_a\sigma G_a=G_a\sigma_iG_a$$

となるから，

$$G_a\sigma_iG_a=\{\sigma\in G|a^\sigma\in\Delta^{(i)}(a)\}$$

となり，各 i に対して G の G_a による両側剰余分解 $G_a\backslash G/G_a$ の元 $G_a\sigma_iG_a$ が一意的に定まる．したがって $a\in\Omega$ を1つ定めると，(G,Ω) の軌道域全体と $G_a\backslash G/G_a$ の間にはこのような自然な1対1の対応 $\Delta^{(i)}\leftrightarrow G_a\sigma_iG_a$ が一意的に存在する．Δ を (G,Ω) の軌道域とするとき，$\{(\alpha,\beta)|(\beta,\alpha)\in\Delta\}$ もまた (G,Ω) の軌道域となるが，これを Δ に**双対的な軌道域**とよび ${}^t\Delta$ で表わす．Ω の元 a を定めて Δ に対応する $G_a\backslash G/G_a$ の元を $G_a\sigma G_a$ とすると，$a^\sigma\in\Delta(a)\Leftrightarrow(a,a^\sigma)\in\Delta\Leftrightarrow(a,a^{\sigma^{-1}})=(a^\sigma,a)^{\sigma^{-1}}\in{}^t\Delta\Leftrightarrow a^{\sigma^{-1}}\in{}^t\Delta(a)$ となり，したがって

$$(7.1)\qquad\begin{cases}{}^t\Delta\ \text{には}\ G_a\sigma^{-1}G_a\ \text{が対応し，かつ}\\ {}^t\Delta(a)=\{a^\tau|a^{\tau^{-1}}\in\Delta(a),\tau\in G\}\end{cases}$$

となる．以上をまとめるとつぎの定理が得られる．

定理 7.1 (G,Ω) を可移置換群，a を Ω の1元とする．

(1) (G,Ω) の軌道域全体，(G_a,Ω) の軌道全体，および $G_a\backslash G/G_a$ の間には (G,Ω) の軌道域 Δ に対して (G_a,Ω) の軌道 $\Delta(a)$，$G_a\backslash G/G_a$ の元 $G_a\sigma G_a$，ただし $(a,a^\sigma)\in\Delta$，を対応させることにより1対1の対応が存在する．したがって

(2) (G,Ω) の階級を r とすると

$$r=(G_a,\Omega)\text{の軌道の数}=|G_a\backslash G/G_a|$$

(3) とくに (G,Ω) が2重可移 $\Leftrightarrow r=2$

(4) Δ を (G,Ω) の軌道域とすると

$$^t\Delta = \{(x, y) \mid (y, x) \in \Delta\}$$

も(G, Ω)の軌道域で，$^t\Delta(a) = \{a^\tau \mid a^{\tau^{-1}} \in \Delta(a), \tau \in G\}$となる．$\Delta$に対応する$G_a \backslash G / G_a$の元を$G_a \sigma G_a$とすると，$^t\Delta$には$G_a \sigma^{-1} G_a = (G_a \sigma G_a)^{-1}$が対応する．——

(G_a, Ω)の軌道$\Delta^{(i)}(a)$を(G, Ω)の(aにおける)**部分軌道**，$n_i = |\Delta^{(i)}(a)|$をこの**部分軌道の長さ**とよぶ．(G, Ω)が可移で，かつ$\Delta^{(i)}(a^\sigma) = \Delta^{(i)}(a)^\sigma$，$\sigma \in G$，であるので，$n_i$は$a$のとり方によらず$\Delta^{(i)}$により一意的に定まり$|\Delta^{(i)}| = |\Omega| n_i$となる．

$\Delta = {}^t\Delta$なる軌道域を**自己双対**(または対称)**な軌道域**とよぶ．$\Delta^{(1)}$は明らかに自己双対であるが，

定理 7.2　(G, Ω)が自己双対な自明でない軌道域をもつための必要十分条件は$|G|$が偶数となることである．

証明　$|G|$＝偶数とする．σをGの位数2の元とすると，Ωの或る元$a, b (\neq)$があって$a^\sigma = b$，$b^\sigma = a$となる．(b, a)をふくむ(G, Ω)の軌道域Δは自明でなく，$^t\Delta \cap \Delta \ni (a, b)$より$^t\Delta = \Delta$．逆に$\Delta$を自己双対な自明でない軌道域とすると，$\Delta$の元$(a, b)$に対して$(b, a) \in \Delta$であり，したがって$G$の或る元$\sigma$により$a^\sigma = b$，$b^\sigma = a$となり，$\sigma$は偶数位数の元となる．▌

Ωの関係，i.e. $\Omega \times \Omega$の部分集合Δが与えられたとき，Ωの各元をそれぞれ(たとえば，平面上の異なる)点で表わし，$(a, b) \in \Delta$のとき点a, bをaからbへの矢印$\underset{a}{\cdot}\!\longrightarrow\!\underset{b}{\cdot}$で結ぶことによってできる図形を$\Delta$により定まる**グラフ**とよび$(\Omega, \Delta)$で表わす．$\Omega$の元，$\Delta$の元をそれぞれこのグラフの**頂点**，**辺**とよぶ．また$\underset{a}{\cdot}\!\longrightarrow\!\underset{b}{\cdot}$，または$\underset{a}{\cdot}\!\longleftarrow\!\underset{b}{\cdot}$のとき，**頂点$a, b$は辺で結ばれている**という．頂点の列$a = a_0, a_1, \cdots, a_n = b$で，その隣り合う2頂点が辺で結ばれているとき，i.e. a_i, a_{i+1}に対して$\underset{a_i}{\cdot}\!\longrightarrow\!\underset{a_{i+1}}{\cdot}$または$\underset{a_i}{\cdot}\!\longleftarrow\!\underset{a_{i+1}}{\cdot}$となっているとき，この列を頂点$a$と$b$を結ぶ**長さ$n$の道**とよび，**$a$と$b$は道で結ばれている**という．とくにすべての$i$について$\underset{a_i}{\cdot}\!\longrightarrow\!\underset{a_{i+1}}{\cdot}$となっているとき，これを$a$から$b$への**向きのある道**とよぶ．2頂点$a, b$が道で結ばれているとき，$a \sim b$で表わすことにすると$\sim$は明らかに同値関係であり，これにより頂点の全体$\Omega$は類別される．$\Omega$自身が同値類であるとき，グラフ$(\Omega, \Delta)$は**連結**であるという．一般に$\Omega$の$\sim$による類別の類の1つを$\Omega_1$とするとき，$(\Omega_1, \Delta \cap \Omega_1^2)$は連結なグラフとなることは見易いが，これをグラフ$(\Omega, \Delta)$の**連結成分**とよぶ．

Ω 上の置換 σ が($\Omega\times\Omega$ 上の置換として) Δ を不変にするとき，σ をグラフ(Ω, Δ)の**自己同型写像**とよぶ．グラフ(Ω, Δ)の自己同型写像の全体 $\{\sigma\in S^{\Omega}\mid \Delta^{\sigma}=\Delta\}$ は群をつくるが，これをこのグラフの**自己同型群**とよび $\mathrm{Aut}(\Omega, \Delta)$ と書く．$\mathrm{Aut}(\Omega, \Delta)$ の部分群 G が Ω 上に可移に作用しているとき，G は**頂点可移に作用する**といい，(Ω, Δ)を**頂点可移グラフ**とよぶ．また G が Δ 上に可移に作用しているとき，G は**辺上可移に作用する**といい，(Ω, Δ)を**辺上可移グラフ**とよぶ．

定理 7.3 (Ω, Δ)が頂点可移グラフとする．このとき2頂点 a, b が道で結ばれておれば，必ず a から b への向きのある道が存在する．

証明 $\underset{a}{\cdot}\!\longrightarrow\!\underset{b}{\cdot}$ のとき，b から a への向きのある道の存在をいえば十分である．a から向きのある道で結ばれる点の全体を $\Gamma(a)$ とおく．$\underset{a}{\cdot}\!\longrightarrow\!\underset{b}{\cdot}$ より $\Gamma(a)\ni b$ であるから定義より $\Gamma(a)\supseteq\Gamma(b)$．$G=\mathrm{Aut}(\Omega, \Delta)$ が頂点可移に作用しているから G の元 σ で $a^{\sigma}=b$ となるものが存在する．$\Gamma(a^{\sigma})=\Gamma(a)^{\sigma}$ であるから，$|\Gamma(b)|=|\Gamma(a)^{\sigma}|=|\Gamma(a)|$ となり $\Gamma(b)=\Gamma(a)\ni b$．したがって $\Gamma(b)=\Gamma(a)=\Gamma(b^{\sigma^{-1}})=\Gamma(b)^{\sigma^{-1}}\ni b^{\sigma^{-1}}=a$．よって b から a への向きのある道が存在する．▌

系 7.4 (Ω, Δ)が連結な頂点可移グラフとすると，任意の2頂点 a, b に対して a から b への向きのある道が存在する．——

(G, Ω)を可移群とし，Δ をその1つの自明でない軌道域とする．Δ により定まるグラフ(Ω, Δ)に対して G は明らかに頂点可移，辺上可移に作用しているが，逆に頂点可移で，かつ辺上可移であるグラフ(Ω, Δ)に対して，$G=\mathrm{Aut}(\Omega, \Delta)$ を考えれば(G, Ω)は可移置換群で Δ はその1つの軌道域となっている．したがって，頂点可移，かつ辺上可移であるグラフを考えることと，可移置換群の軌道域を考えることとは同等である．可移置換群(G, Ω)の軌道域 Δ により定まるグラフを(可移置換群(G, Ω)の軌道域 Δ に対する)**軌道グラフ**とよぶ．

定理 7.5 (G, Ω)を可移置換群とする．(G, Ω)が原始的であるための必要十分条件は，自明でない軌道域に対応するすべての軌道グラフが連結となることである．

証明 この節のはじめに導入した記号にしたがい $\Delta^{(2)}, \cdots, \Delta^{(r)}$ を(G, Ω)の自明でない軌道域とする．まず，(G, Ω)を非原始的とし，ϕ を自明でない非原始域，a を ϕ の1元とする．G_a の元 σ に対しては，$\phi\cap\phi^{\sigma}\ni a$ より $\phi^{\sigma}=\phi$．したがって ϕ は G_a の不変域である．したがって $\phi-\{a\}$ は($G_a, \Omega-\{a\}$)のいくつ

かの軌道の和となるが，$\psi \supseteq \Delta^{(i)}(a)$ とするとき，グラフ $(\Omega, \Delta^{(i)})$ が連結とならないことを示す．いま $(\Omega, \Delta^{(i)})$ を連結と仮定しよう．$\Omega \supsetneqq \psi$ より b, c を $b \in \Delta^{(i)}(a)$，$c \in \Omega - \psi$ とえらび，b と c を結ぶグラフ $(\Omega, \Delta^{(i)})$ の道を

$$b = b_0,\ b_1,\ \cdots,\ b_t = c$$

とする．$\psi \ni b$，$\psi \not\ni c$ より，$\psi \ni b_0, b_1, \cdots, b_{j-1}, \psi \not\ni b_j$ となるような $(1 \leq) j$ が存在する．(b_{j-1}, b_j)，または (b_j, b_{j-1}) が $\Delta^{(i)}$ の元であるから，G の元 σ で $(a, b)^\sigma = (b_{j-1}, b_j)$，または $(a, b)^\sigma = (b_j, b_{j-1})$ となるものが存在する．いずれの場合でも $\psi \cap \psi^\sigma \ni b_{j-1}$ となり，$\psi = \psi^\sigma$ をうる．したがって $\psi \ni b_j$ となり矛盾．故に自明でない軌道グラフがすべて連結ならば (G, Ω) は原始的となる．

逆に，自明でない或る軌道グラフ $(\Omega, \Delta^{(i)})$ が連結でないとし，その連結成分の1つを (ψ, Δ) とする．$(\Omega, \Delta^{(i)})$ が連結でないから $\Omega \supsetneqq \psi$ である．また，$\psi \ni a$ に対して $\Delta^{(i)}(a)$ の元はすべて a と辺で結ばれているから $\Delta^{(i)}(a) \subseteq \psi$ となり，$|\psi| \neq 1$ である．G の任意の元 σ に対して，$(\psi^\sigma, \Delta^\sigma)$ もまた $(\Omega, \Delta^{(i)})$ の連結成分であるから，$\psi = \psi^\sigma$，または $\psi \cap \psi^\sigma = \phi$ となる．したがって ψ は自明でない非原始域である．▌

7.2 原始置換群の部分軌道

(G, Ω) を n 次の原始置換群とする．多重可移性をもたない場合を区別する必要のあるときは，2重可移でない原始置換群のことをとくに**純原始置換群**とよぶ．(G, Ω) の軌道域を§7.1における と同様に $\Delta^{(1)}, \Delta^{(2)}, \cdots, \Delta^{(r)}$（ここで $\Delta^{(1)}$ は自明な軌道域）で表わすが，さらにその番号づけをつぎのように定めることとする；$n_i = |\Delta^{(i)}(a)|$ としたとき，

$$1 (= n_1) \leq n_2 \leq \cdots \leq n_r.$$

定理 7.6 (1) 或る $i > 1$ に対して $\Delta^{(i)} = {}^t\Delta^{(i)}$ とすると nn_i は偶数となる．

(2) n を奇数とする．n_i を奇数とすると，$n_l = n_i$ となる $\Delta^{(l)}$ の個数は偶数個である．

証明 (1) $(a, b) \in \Delta^{(i)}$ とすれば $(b, a) \in \Delta^{(i)}$．したがって $|\Delta^{(i)}| = nn_i$ は偶数．

(2) もし $n_l = n_i$ となる $\Delta^{(l)}$ の個数が奇数とすると，そのような $\Delta^{(l)}$ のうちの少くも1つは自己双対となり，(1)から nn_i は偶数となり矛盾する．▌

定理 7.7 (G, Ω) を原始置換群とすると，(G, Ω) は正則であるか，または $n_2 > 1$ となる．

証明 $n_2=1$ とする．$\Omega\ni a$ に対して $\phi=F_\Omega(G_a)$ とおくと，定理3.4より ϕ は非原始域で $|\phi|>1$．したがって $\phi=\Omega$．▌

定理 7.8 (G,Ω) を原始置換群とする．

(1) $2\leq i\leq r$ に対して $n_i\leq n_2n_{i-1}$

(2) $n_i>1$ ならば，$(n_i,n_r)\neq 1$．

証明 (1) $i=2$ のときは明らかに成り立つ．或る $i>2$ とし，$n_i>n_2n_{i-1}$ と仮定する．Ω の任意の3元 a,b,c に対して

$$|c^{G_b}|=|G_b:G_{b,c}|\geq|G_{a,b}:G_{a,b,c}|=\frac{|G_a:G_{a,c}||G_{a,c}:G_{a,b,c}|}{|G_a:G_{a,b}|}$$
$$\geq\frac{|G_a:G_{a,c}|}{|G_a:G_{a,b}|}=\frac{|c^{G_a}|}{|b^{G_a}|}.$$

いま，$b\in\Delta^{(2)}(a)$，$c\in\Delta^{(j)}(a)$（ただし $j\geq i$），とえらぶと $|b^{G_a}|=|\Delta^{(2)}(a)|$，$|c^{G_a}|=|\Delta^{(j)}(a)|$ より

$$|c^{G_b}|\geq\frac{|c^{G_a}|}{|b^{G_a}|}=\frac{n_j}{n_2}>n_{i-1}$$

となり，これより，$c^{G_b}=\Delta^{(l)}(b)$ とすれば $l\geq i$ となる．したがって $\Gamma_a=\bigcup_{j\geq i}\Delta^{(j)}(a)$ とおくと，これは $\Gamma_a{}^{G_b}\subseteq\Gamma_b$ を意味し，(G,Ω) の可移性より $\Gamma_a{}^{G_b}=\Gamma_b$ をうる．よって $\Gamma_a=\Gamma_b{}^{G_b}=\Gamma_b$．もちろん $\Gamma_a{}^{G_a}=\Gamma_a$ であるから $\Gamma_a{}^{\langle G_a,G_b\rangle}=\Gamma_a$ となる．(G,Ω) の原始性より $\langle G_a,G_b\rangle=G$．したがって $(\Omega\supsetneqq)\Gamma(a)$ が G の不変域となり，(G,Ω) の可移性に反する．

(2) $(n_i,n_r)=1$ と仮定する．$a\in\Omega$ に対して $\Gamma_a=\bigcup_{n_l=n_r}\Delta^{(l)}(a)$ とおき，b,c を $b\in\Delta^{(i)}(a)$，$c\in\Gamma_a$ とする．$|G_a:G_{a,b,c}|=|G_a:G_{a,c}||G_{a,c}:G_{a,b,c}|$ より $|G_a:G_{a,b,c}|\equiv 0 \pmod{n_r}$．他方，$|G_a:G_{a,b,c}|=|G_a:G_{a,b}||G_{a,b}:G_{a,b,c}|$，$|G_a:G_{a,b}|=n_i$ から，仮定によって $|G_{a,b}:G_{a,b,c}|\equiv 0 \pmod{n_r}$，i.e. $|c^{G_{a,b}}|$ は n_r で割り切れる．$|c^{G_{a,b}}|\leq|c^{G_a}|=n_r$ より $|c^{G_{a,b}}|=|c^{G_b}|=n_r$，i.e. $\Delta^{(i)}(a)\ni\forall b$，$\Gamma_a\ni\forall c$ に対して $|c^{G_b}|=n_r$ となる．したがって $\Gamma_b\supseteq\Gamma_a$．$(G,\Omega)$ の可移性より $\Gamma_b=\Gamma_a$ となり，$\Gamma_a{}^{G_a}=\Gamma_a{}^{G_b}=\Gamma_a$．故に $\Gamma_a{}^G=\Gamma_a$，i.e. $\Omega=\Gamma_a(\not\ni a)$ となり矛盾．▌

この定理の(1)はグラフの考えを用いてつぎのように拡張される．

定理 7.9 (G,Ω) を可移置換群とする．もしグラフ $(\Omega,\Delta^{(2)})$ が連結であるとすれば

(1) $n_i\leq n_2n_{i-1}$，$2\leq\forall i\leq r$，となる．

さらに

(2)　$\Delta^{(2)}={}^t\Delta^{(2)}$とすると，$n_i\leq(n_2-1)n_{i-1}$，$3\leq\forall i\leq r$，となる．

証明　(1)　$i=2$のときは明らかであるから$i\geq3$とする．aをΩの1点とし，$\Gamma=\bigcup_{j\leq i-1}\Delta^{(j)}(a)$とおく．$(\Omega,\Delta^{(2)})$の連結性より，定理7.3に注意すれば，$\Omega-\Gamma$の任意の元$b$に対して$a$から$b$への向きのある道，

$$a=a_0,a_1,a_2,\cdots,a_t=b$$

が存在する．$\Gamma\ni a,\Gamma\not\ni b$より或る$s\leq t$があって$\Gamma\ni a,a_1,\cdots,a_{s-1}$，$\Gamma\not\ni a_s$となる．$a_1\in\Delta^{(2)}(a)$より$s\geq2$となる．いま$a_{s-1}$，$a_s$をふくむ$(G_a,\Omega-\{0\})$の軌道をそれぞれ$\Delta^{(p)}(a)$，$\Delta^{(q)}(a)$とする．$(a_{s-1},a_s)\in\Delta^{(2)}$に$G_a$の元を作用させることにより，$\Delta^{(q)}(a)$の任意の元$c$に対して$(d,c)\in\Delta^{(2)}$となる$\Delta^{(p)}(a)$の元$d$はつねに存在する．$\Delta^{(p)}(a)$の各元$d$に対して$(d,x)\in\Delta^{(2)}$となる$\Delta^{(q)}(a)$の元$x$は高々$n_2$個であるから

$$n_i\leq|\Delta^{(q)}(a)|\leq n_2|\Delta^{(p)}(a)|\leq n_2n_{i-1}$$

となる．

(2)　$\Delta^{(2)}={}^t\Delta^{(2)}$とする．上の考察において，$\Delta^{(p)}(a)$の元$a_{s-1}$に対して$(a_{s-1},a_{s-2})\in\Delta^{(2)}$，$a_{s-2}\in\Gamma$より$(a_{s-1},x)\in\Delta^{(2)}$となる$\Delta^{(q)}(a)$の元$x$は高々$n_2-1$個．したがって(1)と同様にして$n_i\leq(n_2-1)n_{i-1}$をうる．▌

定理 7.10　(G,Ω)を原始置換群，$a\in\Omega$，HをG_aの1でない部分群とする．$(G_a,\Omega-\{0\})$の任意の軌道$\Delta^{(i)}(a)$，$i\geq2$，に対してG_aの部分群Kで

(1)　HとKはGで共役

(2)　$K^{\Delta^{(i)}(a)}\neq1$　　(i. e. $F_\Omega(K)\not\supseteq\Delta^{(i)}(a)$)

となるものが存在する．

証明　もし$F_\Omega(H)\not\supseteq\Delta^{(i)}(a)$であれば，$K=H$とすればよい．したがって$F_\Omega(H)\supseteq\Delta^{(i)}(a)$と仮定する．$c$を$\Delta^{(i)}(a)$の1つの元とすると，$a\neq c$であり，したがって$(G,\Omega)$の原始性より$G$の元$\sigma$で$a\in F_\Omega(H)^\sigma$，$c\notin F_\Omega(H)^\sigma$となるものが存在する(定理3.8)．$K=H^\sigma$とおけば，$F_\Omega(K)=F_\Omega(H)^\sigma\ni a$，$\not\ni c$より$G_a\geq K$，かつ$F_\Omega(K)\not\supseteq\Delta^{(i)}(a)$となる．▌

系 7.11　n_iの素因子はすべてn_2以下である．

証明　pをn_iの素因子とする．PをG_aのSylow p-部分群とすると，$P\neq1$．したがって定理7.10よりG_aの適当なSylow p-部分群Qで$Q^{\Delta^{(2)}(a)}\neq1$となる

ものが存在する．故に $p\leq n_2$ となる．▌

系 7.12 (1) K を G_a の任意の組成因子とする．任意の i, $2\leq i\leq r$, に対して G_a の或る部分群 H があって $H^{\Delta^{(i)}(a)}$ は K と同型な組成因子をもつ．

(2) 或る i, $2\leq i\leq r$, に対して $G_a{}^{\Delta^{(i)}(a)}$ が可解群であれば，G_a も可解群である．

(3) 任意の i, $2\leq i\leq r$, に対して，$|G_a{}^{\Delta^{(i)}(a)}|$ の素因子の全体と $|G_a|$ の素因子の全体は一致する．

(4) 或る i, $2\leq i\leq r$, に対して $G_a{}^{\Delta^{(i)}(a)}$ が p-群であれば，G_a も p-群である．

証明 (1) H を G_a の部分群で，K を組成因子としてもつようなもののうちで位数最小のものとする．定理 7.10 より，H を適当にとることにより，$H^{\Delta^{(i)}(a)}\neq 1$ としてよい．したがって $H \trianglerighteq H_{\Delta^{(i)}(a)}$ で K は $H/H_{\Delta^{(i)}(a)}\simeq H^{\Delta^{(i)}(a)}$, $H_{\Delta^{(i)}(a)}$ のいずれかの組成因子として現われるが(第 2 章定理 3.1)，H のえらび方より，$H_{\Delta^{(i)}(a)}$ の組成因子としては現われない．

(2), (3), (4) はこれよりほとんど明らか．▌

定理 7.13 (G,Ω) を原始置換群とする．或る i, $2\leq i\leq r$, に対して $n_i=p=$ 素数であれば $|G_a|\not\equiv 0 \pmod{p^2}$ である．

証明 b を $\Delta^{(i)}(a)$ の 1 元とする．$H^{(0)}=G_a$, $K^{(0)}=G_b$, $S^{(0)}=H^{(0)}\cap K^{(0)}=G_{a,b}$ とおき，帰納的に G の部分群 $H^{(i)}, K^{(i)}, S^{(i)}$, $i\geq 1$ をつぎのように定義する；

$$H^{(i)}=\bigcap_{\sigma\in G_a} S^{(i-1)\sigma},\qquad K^{(i)}=\bigcap_{\sigma\in G_b} S^{(i-1)\sigma},\qquad S^{(i)}=H^{(i)}\cap K^{(i)}.$$

定義より

$$G_a\trianglerighteq H^{(i)}\geq S^{(i)}\geq H^{(i+1)}$$
$$G_b\trianglerighteq K^{(i)}\geq S^{(i)}\geq K^{(i+1)}$$

となり，とくに $S^{(i)}\trianglerighteq H^{(i+1)}$, $K^{(i+1)}$ より，$S^{(i)}\trianglerighteq S^{(i+1)}$, $H^{(i+1)}\trianglerighteq S^{(i+1)}$, $K^{(i+1)}\trianglerighteq S^{(i+1)}$ となる．$|G|<\infty$ より，或る l があって $S^{(l)}=S^{(l+1)}$ となるが，このとき $S^{(l)}=1$ となる．($\because$ $S^{(l)}\geq H^{(l+1)}$, $K^{(l+1)}$, $S^{(l+1)}=H^{(l+1)}\cap K^{(l+1)}$ より $S^{(l+1)}=H^{(l+1)}=K^{(l+1)}$．とくに $G_a\trianglerighteq S^{(l)}$, かつ $G_b\trianglerighteq S^{(l)}$ で，したがって $G=\langle G_a, G_b\rangle\trianglerighteq S^{(l)}$．$(G,\Omega)$ の原始性より，もし $S^{(l)}\neq 1$ とすると $(S^{(l)},\Omega)$ は可移となるが，一方，$S^{(l)}\leq G_a$ で固定点をもち，矛盾する．) $|H^{(0)}:S^{(0)}|=|G_a:G_{a,b}|=|\Delta^{(i)}(a)|=p$,

同様に $|K^{(0)}:S^{(0)}|=|{}^t\varDelta^{(i)}(a)|=p$（定理2.2,（2）に注意）となる．定義より，$H^{(1)}$ は置換表現 $(H^{(0)}, H^{(0)}/S^{(0)})$ の核となっているから，$|H^{(0)}:S^{(0)}|=p$ より，$|S^{(0)}:H^{(1)}|$ は p と素となる．同様に $|S^{(0)}:K^{(1)}|$ も p と素となる．いま或る i について $|S^{(i)}:H^{(i+1)}|$, $|S^{(i)}:K^{(i+1)}|$ が共に p と素であると仮定すると，同型定理より $H^{(i+1)}/S^{(i+1)}=H^{(i+1)}/H^{(i+1)}\cap K^{(i+1)}\simeq K^{(i+1)}H^{(i+1)}/K^{(i+1)}$ となり，$|H^{(i+1)}:S^{(i+1)}|$ は p と素となる．また G_a のすべての元 σ に対して $H^{(i+1)}=H^{(i+1)\sigma}\trianglerighteq S^{(i+1)\sigma}$ より，やはり同型定理を用いることによって，$H^{(i+1)}/H^{(i+2)}(=H^{(i+1)}/\bigcap_{\sigma\in G_a} S^{(i+1)\sigma})$ は p'-群となる．とくに $|S^{(i+1)}:H^{(i+2)}|$ は p と素になる．同様にして $|S^{(i+1)}:K^{(i+2)}|$ も p と素になる．したがって，帰納法によって，すべての $i(\geq 1)$ に対して $|S^{(i-1)}:H^{(i)}|$, $|H^{(i)}:S^{(i)}|$ がすべて p と素となることがわかる．$|G_a|=\prod_{i=0}^{l}|H^{(i)}:S^{(i)}||S^{(i)}:H^{(i+1)}|$ より，$|G_a|=p\cdot s$, $(s,p)=1$，となる．▌

系 7.14　或る i, $2\leq i\leq r$, に対して $n_i=p=$素数とすると，どの n_j も p^2 では割り切れない．

定理 7.15　$(G,\varOmega)$ を原始置換群とする．或る i, $2\leq i\leq r$, に対して $n_i=p=$素数とし，さらに $|G_a{}^{\varDelta^{(i)}(a)}|=p$ とすると，G は可解な Frobenius 群で，その次数は p と異なる或る素数 q の巾である．

証明　$|\varDelta^{(i)}(a)|=p$ より定理7.13によって，$|G_a|=p\cdot s$ で $(s,p)=1$．さらに系7.12,（3）により $|G_a|=p$ をうる．したがって $\varOmega$ のすべての元 a に対して，$|G_a|=p$ が成り立つ．$(G,\varOmega)$ が原始的であるから，$\varOmega$ の2元 $a,b(\neq)$ に対して，$G_a\neq G_b$, i.e. $G_{a,b}=1$ となる．したがって $(G,\varOmega)$ は Frobenius 群である．M を G の Frobenius 核 N の1でない特性部分群とすると，$G\trianglerighteq N\trianglerighteq M$ より $G\trianglerighteq M$. $(G,\varOmega)$ が原始的であるから，$(M,\varOmega)$ は可移．一方，N は $\varOmega$ 上正則であるから，$N=M$ となる．N は巾零（第2章定理11.5）で，その1でない特性部分群は N に一致する．したがって N は基本 Abel 群でその位数 $(=|\varOmega|)$ は或る素数 $q(\neq p)$ の巾である．▌

定理 7.16（Sims）　$(G,\varOmega)$ を原始置換群とする．或る i, $2\leq i\leq r$, に対して $n_i=3$ とすると，$a\in\varOmega$ に対して $|G_a|=3\cdot 2^m$, $m\leq 4$ または $m=6$ となる．

証明　$\varDelta_i=\varDelta$ とおく．$|\varDelta(a)|=3$ より $(G_a{}^{\varDelta(a)},\varDelta(a))=A_3$，または S_3 である．もし A_3 とすれば系7.12,（3），および定理7.13により $|G_a|=3$. したがって以下 $\varOmega$ のすべての元 a に対して $(G_a{}^{\varDelta(a)},\varDelta(a))=S_3$ としてよい．$|S_3|=6$ であるか

ら系 7.12,(3)および定理 7.13 から $|G_a|=3\cdot 2^m$ と書け，$(a,b)\in\varDelta$ に対して $|G_{a,b}|=2^m$ となる．

$P^{(k)}$により軌道グラフ$(\varOmega,\varDelta)$の向きのある長さ k の道の全体を表わす．$P^{(k)}$の元 $l=(a_0,a_1,\cdots,a_k)$ に対して G の元 σ の作用を $(a_0,a_1,\cdots,a_k)^\sigma=(a_0{}^\sigma,a_1{}^\sigma,\cdots,a_k{}^\sigma)$ と定義すれば，G が $P^{(k)}$上の置換群となっている．$P^{(k)}$の元 $l=(a_0,a_1,\cdots,a_k)$ の固定部分群 G_l は $(G,\varOmega)$ の固定部分群 $G_{a_0,\dots,a_k}$ と一致する．$P^{(k+1)}$の元 $\hat{l}$ のはじめの長さ k の部分が $P^{(k)}$の元 $l=(a_0,a_1,\dots,a_k)$ に一致しているとき，$\hat{l}$ を l を延長してできる道とよぶ．$|\varDelta(a_k)|=3$ であるから l を延長してできる道は3つ存在する．l を延長してできる3つの道の集合を $T(l)$ とする．$k\geq 1$ とするとき，$G_l=G_{a_0,\cdots,a_k}\leq G_{a_{k-1},a_k}$ であるから G_l は2群で $T(l)$ に作用している．したがって G_l は

(i) $T(l)$ のすべての元を固定するか，または

(ii) $T(l)$ の1元を固定し，他の2つの元を互換する．

いいかえれば，$\varDelta(a_k)=\{b_1,b_2,b_3\}$ とおくとき，

(i)′ ((i)が成り立つ場合) $|G_{a_0,\cdots,a_k}:G_{a_0,\cdots,a_k,b_i}|=1 \qquad \forall i\in\{1,2,3\}$

(ii)′ ((ii)が成り立つ場合) $|G_{a_0,\cdots,a_k}:G_{a_0,\cdots,a_k,b_{i_0}}|=1 \qquad \exists i_0\in\{1,2,3\}$

$$|G_{a_0,\cdots,a_k}:G_{a_0,\cdots,a_k,b_i}|=2 \qquad \forall i\in\{1,2,3\}-\{i_0\}$$

のいずれかが成り立つ．

補題 7.17 (1) $k=1$ に対して(i)の場合は決して起らない．くわしくいえば，

(2) $l=(a,b)$，$\varDelta(b)=\{c_1,c_2,c_3\}$ とおくと，l を延長してできる3つの道は $l_i=(a,b,c_i)$，$1\leq i\leq 3$，と表わされる．$G_{a,b}$ は $T(l)=\{l_1,l_2,l_3\}$ 上に作用するが，この作用により $T(l)$ は1つの固定点と長さ2の軌道に分れる．この場合，固定点を c_1 とすると，

$$|G_{a,b}:G_{a,b,c_1}|=1, \qquad |G_{a,b}:G_{a,b,c_i}|=2, \qquad i=2,3$$

となる．

証明 $P^{(1)}\ni l=(a,b)$ に対して(i)が起ったと仮定すると，

$$G_{a,b}=G_{a,b,\varDelta(b)}\leq G_{b,\varDelta(b)}, \qquad G_b{}^{\varDelta(b)}=G_b/G_{b,\varDelta(b)}$$

から

$$2^m=|G_{a,b}|\leq|G_{b,\varDelta(b)}|=|G_b|/|G_b{}^{\varDelta(b)}|=2^{m-1}$$

となり矛盾．(補題 7.17 の証明終)∎

$P^{(2)}$の部分集合 $E^{(2)}$を

$$E^{(2)}=\{(a_0,a_1,a_2)\in P^{(2)}\big||G_{a_0,a_1}:G_{a_0,a_1,a_2}|=2\}$$

と定義すれば，上の補題により $E^{(2)}\neq\phi$ である．$k\geq 3$ に対して $P^{(k)}$の部分集合 $E^{(k)}$を

$$E^{(k)}=\{(a_0,\cdots,a_k)\in P^{(k)}\big||G_{a_0,\cdots,a_i}:G_{a_0,\cdots,a_i,a_{i+1}}|=2,\ 1\leq\forall i\leq k-1\}$$

と定義し，また，$k\geq 2$ に対して $P^{(k)}$の部分集合 $H^{(k)}$を

$$H^{(k)}=\{(a_0,\cdots,a_k)\in P^{(k)}|(a_{i-2},a_{i-1},a_i)\in E^{(2)},\ 2\leq\forall i\leq k\}$$

と定義する．$|G_{a_0,\cdots,a_i}:G_{a_0,\cdots,a_i,a_{i+1}}|=2$ とすれば明らかに $|G_{a_{i-1},a_i}:G_{a_{i-1},a_i,a_{i+1}}|=2$ (一般に ≤ 2 であることに注意)であるから，$E^{(k)}\subseteq H^{(k)}$ となっている．また $E^{(2)}=H^{(2)}$である．$E^{(k)},H^{(k)}$は共に G の不変域であるが，G が $E^{(k)}$上に可移に作用していることは見易い．また，$E^{(k)}\ni(a_0,\cdots,a_k)$に対して

$$2^m=|G_{a_0,a_1}|=\left(\prod_{i=1}^{k-1}|G_{a_0,\cdots,a_i}:G_{a_0,\cdots,a_i,a_{i+1}}|\right)|G_{a_0,\cdots,a_k}|=2^{k-1}|G_{a_0,\cdots a_k}|$$

であるから，$|G_{a_0,\cdots,a_k}|=2^{m-(k-1)}$となる．したがって，つぎの補題をうる．

補題 7.18　$E^{(k)}\neq\phi$ ならば $E^{(k)}$の元 l に対して $|G_l|=2^{m-k+1}$ となる．とくに $m+1<k$ ならば $E^{(k)}=\phi$ である．

つぎに，

補題 7.19　$E^{(k)}\neq\phi$ であれば $H^{(k)}=E^{(k)}$となる．

証明　k についての帰納法で証明する．$k=2$ のとき定義から $H^{(2)}=E^{(2)}$である．$(a_0,\cdots,a_k)\in H^{(k)}$とすると，仮定から $|G_{a_{k-2},a_{k-1}}:G_{a_{k-2},a_{k-1},a_k}|=2$ であるが，補題 7.17 より $\Delta(a_{k-1})=\{a_k,c,d\}$ とおいたとき，

$$|G_{a_{k-2},a_{k-1}}:G_{a_{k-2},a_{k-1},c}|=2,\qquad |G_{a_{k-2},a_{k-1}}:G_{a_{k-2},a_{k-1},d}|=1$$

となっているとしてよい．$(a_0,\cdots,a_{k-1})\in H^{(k-1)}$であるが帰納法の仮定より $(a_0,\cdots,a_{k-1})\in E^{(k-1)}$である．$E^{(k)}\neq\phi$ より，$(b_0,\cdots,b_k)$を $E^{(k)}$の1元とする．$(b_0,\cdots,b_{k-1})\in E^{(k-1)}$で G は $E^{(k-1)}$上に可移であるから，G の元 σ があって $(b_0,\cdots,b_{k-1})^\sigma=(a_0,\cdots,a_{k-1})$ となる．$b_k{}^\sigma$ は $\Delta(a_{k-1})$の元であるが，d とは異なる．($\because$　$|G_{b_0,\cdots,b_{k-1}}:G_{b_0,\cdots,b_{k-1},b_k}|=2$ より，$|G_{a_0,\cdots,a_{k-1}}:G_{a_0,\cdots,a_{k-1},b_k{}^\sigma}|=2$．したがって $|G_{a_{k-2},a_{k-1}}:G_{a_{k-2},a_{k-1},b_k{}^\sigma}|=2$.) したがって $|G_{a_0,\cdots,a_{k-1}}:G_{a_0,\cdots,a_{k-1},a_k}|=2$ となる．これと $(a_0,\cdots,a_{k-1})\in E^{(k-1)}$より $(a_0,\cdots,a_k)\in E^{(k)}$をうる．(補題 7.19 の証明終)∎

$\varDelta \ni (a,b)$に対して

$$V(a,b)=\{(x,y)\in\varDelta \mid \exists k, \exists(a_0,\cdots,a_k)\in H^{(k)},\\ (a_0,a_1)=(a,b),\ (a_{k-1},a_k)=(x,y)\}$$

とおく．$V(a,b)\ni(c,d)$に対して$V(a,b)\supseteq V(c,d)$となるが，一方，$(G,\varDelta)$の可移性より，$|V(a,b)|=|V(c,d)|$．したがって$V(a,b)=V(c,d)$となる．また，このとき$V(c,d)\ni(c,d)$であるが，$(G,\varDelta)$の可移性より$\varDelta\ni\forall(x,y)$に対して$V(x,y)\ni(x,y)$が成り立つ．したがって

$$V(a,b)\ni(c,d)\Leftrightarrow V(a,b)=V(c,d)$$

である．したがって$\varDelta$の関係$\sim$を

$$(a,b)\sim(c,d)\Leftrightarrow V(a,b)\ni(c,d)$$

で定義すると，$\sim$は同値関係となることは見易い．

補題 7.20 $\varDelta$自身が$\sim$による同値類である．

証明 Ωの任意の2点は軌道グラフ$(\Omega,\varDelta)$の向きのある道で結ぶことができるから(定理7.3，7.5)，$\varDelta$の元(a,b)，(b,c)に対して$(b,c)\in V(a,b)$をいえばよい．$(a,b,c)\in H^{(2)}$であれば定義から$(b,c)\in V(a,b)$となる．$(a,b,c)\notin H^{(2)}$とし，$\varDelta(b)=\{c,d,e\}$とおく．補題7.17より(a,b,d)，(a,b,e)は共に$H^{(2)}$に入る．$(G_b,\varDelta(b))=$可移よりG_bの元σがあって$(b,d)^\sigma=(b,c)$となる．$(a,b,d)\in H^{(2)}$より$(a,b,d)^\sigma=(a^\sigma,b,c)\in H^{(2)}$となり，さらに$(a,b,e)\in H^{(2)}$より$(a^\sigma,b,e^\sigma)\in H^{(2)}$で$e^\sigma\in\{d,e\}$となる．これらより

$$(b,c)\sim(a^\sigma,b)\sim(b,e^\sigma)\ (=(b,d)\text{または}(b,e))\sim(a,b).$$

となり，$V(a,b)\ni(b,c)$．(補題7.20の証明終)∎

補題 7.21 $E^{(m+1)}\neq\phi$.

証明 補題7.18により或る$m'(\leq m+1)$に対して$E^{(m')}\neq\phi$，$E^{(m'+1)}=\phi$となる．$E^{(m')}$の1元をえらび$(a_0,\cdots,a_{m'})$とする．Ωの任意の元aに対して$(b,a)\in\varDelta$となるbが存在する．補題7.20より$\exists l>m', \exists a_{m'+1},\cdots,a_{l-1},a_l\in\Omega$で$(a_{l-1},a_l)=(b,a)$，$(a_0,\cdots,a_{m'},a_{m'+1},\cdots,a_{l-1},a_l)\in H^{(l)}$となるものが存在する．このとき，

$$G_{a_0,\cdots,a_{m'}}=G_{a_1,\cdots,a_{m'+1}}=\cdots=G_{a_{l-m'},\cdots,a_l}$$

が成り立つ．(実際，$E^{(m'+1)}=\phi$より$G_{a_0,\cdots,a_{m'}}=G_{a_0,\cdots,a_{m'},a_{m'+1}}\leq G_{a_1,\cdots,a_{m'+1}}$となるが，$G$が$E^{(m')}$に可移に作用していたから$|G_{a_0,\cdots,a_{m'}}|=|G_{a_1,\cdots,a_{m'+1}}|$．したがって$G_{a_0,\cdots,a_{m'}}=G_{a_1,\cdots,a_{m'+1}}$となる．同様にして$G_{a_1,\cdots,a_{m'+1}}=\cdots=G_{a_{l-m'},\cdots,a_l}$が得ら

れる.）故に $G_{a_0,\cdots,a_{m'}}$ は Ω の任意の点 a を固定し，したがって $G_{a_0,\cdots,a_{m'}}=1$. 一方，補題7.18より $|G_{a_0,\cdots,a_{m'}}|=2^{m-(m'-1)}$. したがって $m'=m+1$ となる.（補題7.21の証明終）▌

さて $(a_0,\cdots,a_{m+1})$ を $E^{(m+1)}$ の1元とする. $(a_0,\cdots,a_m)$, $(a_1,\cdots,a_{m+1})$ は $E^{(m)}$ の元で G が $E^{(m)}$ 上可移に作用しているから，G の元 σ で $(a_0,\cdots,a_m)^\sigma=(a_1,\cdots,a_{m+1})$ となるものが存在する. したがって $a_i{}^\sigma=a_{i+1}(0\leq i\leq m)$ であるが，$m+1<i$ および $0>j$ なる任意の整数 i,j に対して

$$a_i=a_{i-1}{}^\sigma,\qquad a_j=a_{j+1}{}^{\sigma^{-1}}$$

により，Ω の元 a_i,a_j を定義する. これによって，整数を添字としてもつ Ω の元の(重複をゆるした)列 $\{a_i|i\in\boldsymbol{Z}\}$ が定義される. $(a_0,\cdots,a_m)\in E^{(m)}$ であるから，補題7.18より $|G_{a_0,\cdots,a_m}|=2$. したがって位数2の元 x_0 が $G_{a_0,\cdots,a_m}=\langle x_0\rangle$ により定まる. $(a_l,\cdots,a_{l+m})=(a_0,\cdots,a_m)^{\sigma^l}\in E^{(m)\sigma^l}=E^{(m)}$ であるから，$G_{a_l,\cdots,a_{l+m}}=\langle x_l\rangle$ により位数2の元 x_l が定まるが，$G_{a_l,\cdots,a_{l+m}}=G_{a_0{}^{\sigma^l},\cdots,a_m{}^{\sigma^l}}=G_{a_0,\cdots,a_m}^{\sigma^l}$ より $x_l=x_0{}^{\sigma^l}$ となる. また $G_{a_0,\cdots,a_{m+1}}=1$ からすべての l について

$$G_{a_l,a_{l+1},\cdots,a_{l+m+1}}=1$$

となる.

補題 7.22　任意の i および任意の l，ただし $1\leq l\leq m+1$，に対して

$$x_{i+l+1}\notin\langle x_{i+1},\cdots,x_{i+l}\rangle=G_{a_{i+l},\cdots,a_{i+m+1}}$$

が成り立つ. とくに $|\langle x_{i+1},\cdots,x_{i+l}\rangle|=|G_{a_{i+l},\cdots,a_{i+m+1}}|=2^l\,(1\leq\forall l\leq m)$，$\langle x_{i+1},\cdots,x_{i+m+1}\rangle=G_{a_{i+m+1}}$，$\langle x_{i+1},\cdots,x_{i+m+1},x_{i+m+2}\rangle=G$ となる.

証明　σ の作用を考えれば $i=0$ の場合を証明すれば十分である.

$\langle x_j\rangle=G_{a_j,a_{j+1},\cdots,a_{j+m}}$ だから，$\langle x_1,\cdots,x_l\rangle\subseteq\left\langle\bigcup_{j=1}^{l}G_{a_j,a_{j+1},\cdots,a_{j+m}}\right\rangle\subseteq G_{a_l,\cdots,a_{m+1}}$ となる. もし $x_{l+1}\in\langle x_1,\cdots,x_l\rangle$ とすると $x_{l+1}\in G_{a_l}$ となり，したがって

$$x_{l+1}\in G_{a_l}\cap G_{a_{l+1},\cdots,a_{l+m+1}}=G_{a_l,\cdots,a_{l+m+1}}=1$$

となり矛盾. したがって $x_{l+1}\notin\langle x_1,\cdots,x_l\rangle$ をうる. またこれより，$|\langle x_1,\cdots,x_l\rangle|\lneqq|\langle x_1,\cdots,x_l,x_{l+1}\rangle|$ となり，

$$2^{l+1}\leq|\langle x_1,\cdots,x_{l+1}\rangle|.$$

他方，$l\leq m-1$ の場合は $|\langle x_1,\cdots,x_{l+1}\rangle|\leq|G_{a_{l+1},\cdots,a_{1+m}}|=2^{m-(m-l-1)}=2^{l+1}$ となり $|\langle x_1,\cdots,x_{l+1}\rangle|=|G_{a_{l+1},\cdots,a_{1+m}}|=2^{l+1}$，$\langle x_1,\cdots,x_{l+1}\rangle=G_{a_{l+1},\cdots,a_{1+m}}$ をうる. また $l=m$ の場合は $|\langle x_1,\cdots,x_{m+1}\rangle|\leq|G_{a_{1+m}}|=3\cdot2^m$ となり $\langle x_1,\cdots,x_{m+1}\rangle=G_{a_{m+1}}$ をうる.

$\langle x_1, \cdots, x_{m+1}\rangle = G_{a_{m+1}}$ は (G, Ω) の原始性より，極大部分群となり，$x_{m+2} \notin \langle x_1, \cdots, x_{m+1}\rangle$ であるから $\langle x_1, \cdots, x_{m+1}, x_{m+2}\rangle = G$ をうる．(補題 7.22 の証明終) ▌

補題 7.23 すべての $i \in \boldsymbol{Z}$ についてつぎの関係式が成り立つ．

(1) $[x_i, x_{i+1}] = 1$

(2) $[x_i, x_{i+l}] \in \langle x_{i+1}, \cdots, x_{i+l-1}\rangle$, $\quad 1 \leq \forall l \leq m-1$

(3) $m \geq 4$ のとき，$[x_i, x_{i+2}] = 1$

(4) $m \geq 5$, ただし $m \neq 6$, のとき $[x_i, x_{i+l}] = 1$, $\quad 1 \leq \forall l \leq [m/2]+1$.

ここで $[m/2]$ は $m/2$ 以下の最大整数を表わす．

証明 (1) 補題 7.22 により $|\langle x_i, x_{i+1}\rangle| = 4$, したがって $\langle x_i, x_{i+1}\rangle$ は可換群である．

(2) $T = \langle x_i, \cdots, x_{i+l}\rangle$, $S = \langle x_i, \cdots, x_{i+l-1}\rangle$, $R = \langle x_{i+1}, \cdots, x_{i+l}\rangle$ とおくと，補題 7.22 より $|T| = 2^{l+1}$, $|R| = |S| = 2^l$ より $T \rhd R$, $T \rhd S$ で，したがって $[x_i, x_{i+l}] \in [S, R] \leq S \cap R = \langle x_{i+1}, \cdots, x_{i+l-1}\rangle$ となる．

(3) $[x_1, x_3] = 1$ を示せばよい．第 1 章定理 2.6 により (x_i の位数 2 に注意して)，$[x_1, x_3, x_4]^{x_3}[x_3, x_4, x_1]^{x_4}[x_4, x_1, x_3]^{x_1} = 1$ となる．(1) より $[x_3, x_4] = 1$, したがって $[x_3, x_4, x_1] = 1$. また $m \geq 4$ だから (2) より $[x_4, x_1] \in \langle x_2, x_3\rangle$, したがって $[x_4, x_1, x_3] \in [\langle x_2, x_3\rangle, x_3] = 1$. 故に $[x_1, x_3, x_4] = 1$ となる．もし $[x_1, x_3] \neq 1$ とすると (2) より $[x_1, x_3] = x_2$, したがって $[x_2, x_4] = 1$. 一方，$[x_2, x_4] = [x_1{}^\sigma, x_3{}^\sigma] = [x_1, x_3]^\sigma = x_2{}^\sigma \neq 1$ であり矛盾．

(4) $i = 1$ のときを証明すれば十分である．(1), (3) より，$[x_1, x_2] = [x_1, x_3] = 1$. まず，$m \geq 5$ として $[x_1, x_4] = 1$ を示す．$[x_1, x_4, x_5]^{x_4}[x_4, x_5, x_1]^{x_5}[x_5, x_1, x_4]^{x_1} = 1$ であるが，(3) の場合と同様にこれより $[x_1, x_4, x_5] = 1$ をうる．また，$[x_1, x_4, x_0]^{x_4}[x_4, x_0, x_1]^{x_0}[x_0, x_1, x_4]^{x_1} = 1$ より同様に $[x_1, x_4, x_0] = 1$ となる．いま $[x_1, x_4] \neq 1$ と仮定する．$[x_0, x_3]$, $[x_2, x_5]$ は共に $[x_1, x_4]$ に共役であるから 1 でない．(2) より，$[x_1, x_4] \in \langle x_2, x_3\rangle$ だから $[x_1, x_4] = x_2{}^{\varepsilon_2}x_3{}^{\varepsilon_3}$ と書ける．ただし，ここで ε_i は 0, または 1 で少くとも一方は 1 である．$\varepsilon_2 = 1$ とすると $[x_1, x_4, x_5] = 1$ より $[x_2, x_5]^{x_3{}^{\varepsilon_3}}[x_3{}^{\varepsilon_3}, x_5] = [x_2 x_3{}^{\varepsilon_3}, x_5] = 1$, i.e. $[x_2, x_5] = 1$ となり矛盾．$\varepsilon_3 = 1$ とすると，$[x_1, x_4, x_0] = 1$ を用いて同様に $[x_0, x_3] = 1$ となり矛盾．したがって $[x_1, x_4] = 1$ となる．したがって $[5/2]+1 = 3$ より $m = 5$ に対しては (4) が成り立つ．つぎに $m \geq 7$ とし，$[x_1, x_5] = 1$ を示す．$[x_1, x_5, x_6]^{x_5}$

$[x_5, x_6, x_1]^{x_6}[x_6, x_1, x_5]^{x_1}=1$ であるが，すでに $[x_1, x_2]=[x_1, x_3]=[x_1, x_4]=1$ であるから，(3)と同様に $[x_1, x_5, x_6]=1$．x_6 の代りに x_7, x_0, x_{-1} を用いて同様に考えれば

$$(7.2)\qquad [x_1, x_5, x_7]=[x_1, x_5, x_0]=[x_1, x_5, x_{-1}]=1$$

をうる．いま $[x_1, x_5]\neq 1$ と仮定する．$[x_2, x_6]$，$[x_3, x_7]$，$[x_0, x_4]$，$[x_{-1}, x_3]$ はいずれも $[x_1, x_5]$ の共役であるから1でない．$[x_1, x_5]\in\langle x_2, x_3, x_4\rangle$ より $[x_1, x_5]=x_2^{\varepsilon_2}x_3^{\varepsilon_3}x_4^{\varepsilon_4}$ と表わされる．ただしここで ε_i は0，または1で，少くとも1つは1である．$[x_1, x_5, x_6]=1$ より（$[x_1, x_4]=1$ の証明の場合と同様に）$[x_2^{\varepsilon_2}, x_6]=1$ となり，$[x_2, x_6]\neq 1$ から $\varepsilon_2=0$．(7.2)の各式を用いると全く同様にして $\varepsilon_3=\varepsilon_4=\varepsilon_5=0$，となり矛盾する．$[7/2]+1=4$ より，$m=7$ に対して(4)が成り立つ．$m\geq 8$ の場合には同様な方法で統一的に証明できる．まず，いままでに見たように $[x_1, x_2]=[x_1, x_3]=[x_1, x_4]=[x_1, x_5]=1$ は成り立っている．そこで $[x_1, x_2]=[x_1, x_3]=\cdots=[x_1, x_l]=1$（ただし，$5\leq l\lneq[m/2]+1$）と仮定して $[x_1, x_{1+l}]=1$ を示せばよい．まず，任意の j について

$$(7.3)\qquad [x_1, x_{l+1}, x_{l+j}]^{x_{l+1}}[x_{l+1}, x_{l+j}, x_1]^{x_{l+j}}[x_{l+j}, x_1, x_{l+1}]^{x_1}=1$$

が成り立っている．j を $l+1\leq l+j\leq 2l-2$ を満たすとすると $[x_{l+1}, x_{l+j}]=[x_1, x_j]^{\sigma^l}=1$ より $[x_{l+1}, x_{l+j}, x_1]=1$．また，$l+j-1\leq 2l-3\leq 2([m/2]+1)-3=2[m/2]-1\leq m-1$ より(2)を適用して $[x_{l+j}, x_1, x_{l+1}]\in[\langle x_2, \cdots, x_{l+j-1}\rangle, x_{l+1}]=1$, i.e. $[x_{l+j}, x_1, x_{l+1}]=1$．故に(7.3)より $l+1\leq k\leq 2l-2$ を満たす k に対して $[x_1, x_{l+1}, x_k]=1$ が成り立つ．まったく同様にして $-l+4\leq k\leq 1$ を満たす k に対して $[x_1, x_{l+1}, x_k]=1$ が成り立つ．いま $[x_1, x_{l+1}]\neq 1$ とする．すべての j に対して，$[x_j, x_{l+j}]$ は $[x_1, x_{l+1}]$ の共役であるから1でない．(2)より $[x_1, x_{l+1}]\in\langle x_2, \cdots, x_l\rangle$ であるから，$[x_1, x_{l+1}]=x_2^{\varepsilon_2}\cdots x_l^{\varepsilon_l}$ と書ける．ここで ε_i は0，または1で，そのうちの少くとも1つは1である．$[x_1, x_5]=1$ の証明の場合と同様に，$l+1\leq k\leq 2l-2$ なる k に対して $[x_1, x_{l+1}, x_k]=1$ となることを用いると，$\varepsilon_2=\cdots=\varepsilon_{l-2}=0$ をうる．また，$-l+4\leq k\leq 1$ を満たす k に対して $[x_1, x_{l+1}, x_k]=1$ となることより $\varepsilon_4=\cdots=\varepsilon_l=0$ をうる．$l\geq 5$ より，すべての i について $\varepsilon_i=0$ となり矛盾．したがって(4)が成り立つ．（補題7.23の証明終）▌

さて以上の考察から定理7.16は容易に証明できる．補題7.22により $G=\langle x_0, x_1, \cdots, x_m, x_{m+1}\rangle$ と表わされるが，$m=5$，または $m\geq 7$ とすると補題7.23

(4)により $x_{[m/2]+1}$ はすべての $x_i(0\leq i\leq m+1)$ と可換となり $Z(G)\neq 1$. (G,Ω) の原始性より $(Z(G),\Omega)$ は可移となるが，これは(たとえば系2.12より)矛盾である．(定理7.16の証明終)▌

定理7.15，7.16は原始置換群 (G,Ω) の部分軌道 $\varDelta(a)$，および $(G_a,\varDelta(a))$ の構造から (G,Ω) の構造を決定するという問題について，その簡単な場合をとりあつかったものであるが，一般の場合についての解明はこれからの問題である．これに関連して(というよりも，こうした問題を解明するために必要な過程として)いくつかの部分軌道における構造の関係，とくに $(G_a,\varDelta(a))$ と $(G_a,{}^t\varDelta(a))$ の間の関係などがくわしく調べられている．

定理 7.24(Sims)　(G,Ω) を可移置換群とし，$\varDelta$ をその1つの軌道域で $|\varDelta(a)|>1$，$a\in\Omega$，とする．このとき $G_a{}^{\varDelta(a)}$ と $G_a{}^{{}^t\varDelta(a)}$ は共通の1でない準同型像をもつ，i.e. $\exists N_1\trianglelefteq G_a{}^{\varDelta(a)}$，$\exists N_2\trianglelefteq G_a{}^{{}^t\varDelta(a)}$ で $G_a{}^{\varDelta(a)}/N_1\simeq G_a{}^{{}^t\varDelta(a)}/N_2$ となるものが存在する．

証明　$G_a{}^{\varDelta(a)}$ と $G_a{}^{{}^t\varDelta(a)}$ が共通な1でない準同型像をもたないと仮定する．$P^{(m)}$ をグラフ $(\Omega,\varDelta)$ の向きのある長さ m の道の全体とする．このとき，すべての $m\geq 0$ に対して

A_m: G は $P^{(m)}$ 上に可移に作用する，

B_m: $(a_0,\cdots,a_m)\in P^{(m)}$ に対して

$$(G^{\varDelta(a_m)}_{a_0,\cdots,a_m},\varDelta(a_m))\simeq(G_a{}^{\varDelta(a)},\varDelta(a)),\qquad (G^{{}^t\varDelta(a_0)}_{a_0,\cdots,a_m},{}^t\varDelta(a_0))\simeq(G_a{}^{{}^t\varDelta(a)},{}^t\varDelta(a))$$

が成り立つ．(実際これは m についての帰納法でたしかめられる．$m=0$ のとき，A_0,B_0 の成立は定義から明らか．A_m,B_m が成り立つとして，A_{m+1},B_{m+1} を示す．まず A_m,B_m より $(G,P^{(m+1)})$ は可移，したがって A_{m+1} は成り立つ．$(a_0,\cdots,a_{m+2})\in P^{(m+2)}$ とし，$G_{a_1,\cdots,a_{m+1}}$ の $\Gamma=\varDelta(a_{m+1})\cup{}^t\varDelta(a_1)$ 上の作用を考える．

$G^{\Gamma}_{a_1,\cdots,a_{m+1}}$ は $G^{\varDelta(a_{m+1})}_{a_1,\cdots,a_{m+1}}\times G^{{}^t\varDelta(a_1)}_{a_1,\cdots,a_{m+1}}$ の部分群であるが，第2章定理2.3の仮定を満たしているから，$G^{\varDelta(a_{m+1})}_{a_1,\cdots,a_{m+1}}\trianglerighteq N_1=\{\sigma\in G^{\Gamma}_{a_1,\cdots,a_{m+1}}\mid x^\sigma=x,\forall x\in{}^t\varDelta(a_1)\}$，$G^{{}^t\varDelta(a_1)}_{a_1,\cdots,a_{m+1}}\trianglerighteq N_2=\{\sigma\in G^{\Gamma}_{a_1,\cdots,a_{m+1}}\mid x^\sigma=x,\forall x\in\varDelta(a_{m+1})\}$ に対して，$G^{\varDelta(a_{m+1})}_{a_1,\cdots,a_{m+1}}/N_1\simeq G^{{}^t\varDelta(a_1)}_{a_1,\cdots,a_{m+1}}/N_2$ となる．したがって，はじめにのべた仮定より $G^{\varDelta(a_{m+1})}_{a_1,\cdots,a_{m+1}}=N_1$，$G^{{}^t\varDelta(a_1)}_{a_1,\cdots,a_{m+1}}=N_2$，i.e. $G^{\varDelta(a_{m+1})}_{a_0,a_1,\cdots,a_{m+1}}=G^{\varDelta(a_{m+1})}_{a_1,\cdots,a_{m+1}}\simeq G^{\varDelta(a)}_a$，$G^{{}^t\varDelta(a_1)}_{a_1,\cdots,a_{m+2}}=G^{{}^t\varDelta(a_1)}_{a_1,\cdots,a_{m+1}}\simeq G^{{}^t\varDelta(a)}_a$ となり B_{m+1} をうる．) $|P^{(m)}|=|\Omega||\varDelta(a)|^m$ であるから，A_m より $|G|\geq|\Omega||\varDelta(a)|^m$，$\forall m\geq 1$. G は有限群だから，$|\varDelta(a)|=1$ となり，これは定理の仮定に反する．▌

一般に置換群についての性質 $\mathfrak{p}$ を与えたとき，置換表現 (G,Ω) に対して置換群 (G^Ω,Ω) (ここで $G^\Omega=G/G_\Omega$) が性質 $\mathfrak{p}$ を満たすとき，$(G,\Omega)\in\mathfrak{p}$ と表わすこととする．置換群についての性質 $\mathfrak{p}$ がつぎの条件(1),(2),(3)を満たすとき，C_m-**性質**とよぶ．

(1)　$(G,\Omega)\in\mathfrak{p}\Rightarrow|\Omega|=m$, (G,Ω) は可移，

(2)　$(G,\Omega)\in\mathfrak{p}$, (H,Ω) は置換表現で $H^\Omega\geq G^\Omega\Rightarrow(H,\Omega)\in\mathfrak{p}$.

(3)　$(G,\Omega),(G,\Delta)$ が共に m 次の可移な置換表現で $(G,\Delta)\notin\mathfrak{p}$, $(G,\Omega)\in\mathfrak{p}\Rightarrow\forall a\in\Delta$ に対して $(G_a,\Omega)\in\mathfrak{p}$.

さらに，

(4)　$(G,\Omega)\in\mathfrak{p}\Rightarrow(G,\Omega)$ は原始的，

(5)　$(G,\Omega)\in\mathfrak{p}$, $G\trianglerighteq K$, (K^Ω,Ω) は正則 $\Rightarrow G^\Omega/K^\Omega$ は K^Ω と同型な部分群をふくまない，

を満たすとき，$\mathfrak{p}$ を K_m-**性質**とよぶ．K_m-性質は C_m-性質であるから，C_m-性質で成立する一般的命題はすべて K_m-性質に対しても成り立つ．

定理 7.25 (Cameron)　$\mathfrak{p}$ を C_m-性質または K_m-性質，ただし $m>1$，とする．(G,Ω) を可移置換群，Δ を (G,Ω) の軌道域で $|\Delta(a)|=m$, $a\in\Omega$，とする．このとき

$$(G_a,\Delta(a))\in\mathfrak{p}\Leftrightarrow(G_a,{}^t\Delta(a))\in\mathfrak{p}.$$

証明　$(G_a,\Delta(a))\in\mathfrak{p}$, $(G_a,{}^t\Delta(a))\notin\mathfrak{p}$ と仮定する．$P^{(k)}$ をグラフ (Ω,Δ) の長さ k の向きのある道の全体とする．このとき，k に関する帰納法により，つぎの A_k, B_k がすべての $k\geq1$ について成り立つ：

A_k : G は $P^{(k)}$ 上に可移に作用する．

B_k : $(a_0,\cdots,a_{k-1})\in P^{(k-1)}$ に対して $(G_{a_0,\cdots,a_{k-1}},\Delta(a_{k-1}))\in\mathfrak{p}$. (∵　A_1,B_1 が成り立つことは明らか．A_k,B_k が成り立つと仮定する．$(a_1,\cdots,a_k)\in P^{(k-1)}$ とすると，B_k から $(G_{a_1,\cdots,a_k},\Delta(a_k))\in\mathfrak{p}$. また A_k より $(G_{a_1,\cdots,a_k},{}^t\Delta(a_1))$ は可移，$G_{a_1}^{{}^t\Delta(a_1)}\geq G_{a_1,\cdots,a_k}^{{}^t\Delta(a)}$. $(G_{a_1},{}^t\Delta(a_1))\notin\mathfrak{p}$ (はじめの仮定) であるから C_m-条件の(2)より $(G_{a_1,\cdots,a_k},{}^t\Delta(a_1))\notin\mathfrak{p}$. したがって C_m-条件の(3)より $\forall a_0\in{}^t\Delta(a_1)$ に対して

$$(G_{a_0,a_1,\cdots,a_k},\Delta(a_k))\in\mathfrak{p}.$$

i.e. B_{k+1} が成り立つ．A_k と B_{k+1} より A_{k+1} が得られることは明らか．) したがって A_k より $|G|\geq|\Omega||\Delta(a)|^k$, $\forall k\geq1$，となり，これは $|G|<\infty$ に反する．▌

定理 7.26　2重可移性は C_m-性質，$\forall m\geq2$，である．

証明　C_m-性質の条件のうち(1), (2)は明らか．条件(3)について：$|\Gamma|=|\Delta|=m\geq 2$, (G,Γ)は2重可移，(G,Δ)は可移で2重可移ではないとする．(したがって$m\geq 3$となる．) π_1,π_2を(G,Γ), (G,Δ)の置換行列表現の指標とすると，$(G,\Gamma\times\Delta)$の置換行列表現の指標は$\pi_1\pi_2$である．定理2.4, 2.5より，$\pi_1=1_G+\chi$, $\pi_2=1_G+\chi_1+\cdots+\chi_t$，ここで$1_G$は$G$の単位指標，$\chi$, $\chi_1,\cdots,\chi_t$はGの1_Gと異なる既約指標，$t\geq 2$，と表わされる．したがって，直交関係より$\sum_{\sigma\in G}\pi_1(\sigma)\pi_2(\sigma)=\sum_{\sigma\in G}\pi_1(\sigma)\pi_2(\sigma^{-1})=|G|$となり，指標$\pi_1\pi_2$は単位指標をただ1つふくみ，したがって定理2.4より$(G,\Gamma\times\Delta)$は可移となる．故に$(a,b)\in\Gamma\times\Delta$に対して$(G_a,\Gamma-\{a\})$, (G_a,Δ)は共に可移となる．$(|\Gamma-\{a\}|,|\Delta|)=1$より$(G_{a,b},\Gamma-\{a\})$は可移となり，$(G_b,\Gamma)$は2重可移となる．▌

定理7.25, 7.26よりつぎの系をうる．

系 7.27　(G,Ω)を可移置換群とし，Δをその1つの軌道域で$|\Delta(a)|>1$, $a\in\Omega$，とする．このとき，もし$(G_a,\Delta(a))$が2重可移であれば，$(G_a,{}^t\Delta(a))$も2重可移となる．

定理 7.28(Knapp)　$\mathfrak{p}$をK_m-性質，ただし$m>1$，とする．(G,Ω)を可移な置換表現，Δを(G,Ω)の軌道域で$|\Delta(a)|=m$, $a\in\Omega$，とする．このとき

$$(G_a,\Delta(a))\in\mathfrak{p}\Rightarrow G_a{}^{\Delta(a)}\simeq G_a{}^{{}^t\Delta(a)}.$$

証明　成り立たない場合があるとして，(G,Ω)を定理が成り立たない可移な置換表現とする．さらにここで，Gの可移な置換表現は有限個であるから(Gを固定したうえで)定理が成り立たない(G,Ω)のうちで$|\Omega|$を最大になるようにえらんでおく．Δを定理が成り立たない(G,Ω)の軌道域とする，i.e. $|\Delta(a)|=m$, $(G_a,\Delta(a))\in\mathfrak{p}$, $G_a{}^{\Delta(a)}\not\simeq G_a{}^{{}^t\Delta(a)}$とする．$K(a)=G_{a\cup\Delta(a)}$, $\tilde{K}(a)=G_{a\cup{}^t\Delta(a)}$とおくと，$G_a\trianglerighteq K(a)$, $\tilde{K}(a)$, $G_a{}^{\Delta(a)}=G_a/K(a)$, $G_a{}^{{}^t\Delta(a)}=G_a/\tilde{K}(a)$であるから，$K(a)\neq\tilde{K}(a)$となる．$(a,b)\in\Delta$とする．$\tilde{K}(a)\not\leq G_{a,b}$，または$K(b)\not\leq G_{a,b}$が成り立つ．($\because$　$\tilde{K}(a)\leq G_{a,b}$とすると，$\tilde{K}(a)\leq\bigcap_{\sigma\in G_a}G_{a,b}{}^\sigma=G_{a,\Delta(a)}=K(a)$．さらに$K(b)\leq G_{a,b}$とすると同様に$K(b)\leq\tilde{K}(b)$となり$|K(a)|=|\tilde{K}(a)|$．したがって$K(a)=\tilde{K}(a)$となり矛盾．) $\tilde{K}(a)\not\leq G_{a,b}$とすると，$1\neq\tilde{K}(a)^{\Delta(a)}\trianglelefteq G_a{}^{\Delta(a)}$で，$K_m$-性質の(4)より$(G_a,\Delta(a))$は原始的であるから，$(\tilde{K}(a),\Delta(a))$は可移となる．したがって$G_a=\tilde{K}(a)G_{a,b}$．故に$G_a{}^{{}^t\Delta(a)}=G_{a,b}{}^{{}^t\Delta(a)}$となる．同様に$K(b)\not\leq G_{a,b}$とすると$G_b{}^{\Delta(b)}=G_{a,b}{}^{\Delta(b)}$が成り立つ．定理7.25に注意すると，$\tilde{K}(a)\not\leq G_{a,b}$の場合と

$K(b)\not\leq G_{a,b}$ の場合はまったく平行に議論が成り立つから，以下 $\tilde{K}(a)\not\leq G_{a,b}$ と仮定する．したがって $G_a{}^{{}^t\Delta(a)}=G_{a,b}{}^{{}^t\Delta(a)}$ と $(G_a,{}^t\Delta(a))\in\mathfrak{p}$ (定理7.25) より $(G_{a,b},{}^t\Delta(a))\in\mathfrak{p}$ となり，とくに $G_{a,b}$ は ${}^t\Delta(a)$ に可移に作用する．

$(c,a)\in\Delta$ とし，置換表現 (G,Δ^2) の軌道域 $\{(a,b),(c,a)\}^G$ を Φ とおく．$G_{a,b}$ は ${}^t\Delta(a)$ 上に可移であるから，$\Phi((a,b))=\{(x,a)\mid(x,a)\in\Delta\}$ となり，対応 $\Phi((a,b))\ni(x,a)\leftrightarrow x\in{}^t\Delta(a)$ により $(G_{a,b},\Phi((a,b)))\simeq(G_{a,b},{}^t\Delta(a))$ かつ $G_{a,b}{}^{\Phi(a,b)}=G_{a,b}{}^{{}^t\Delta(a)}$ をうる．また Φ に双対な軌道域は ${}^t\Phi=\{((z,x),\ (x,y))\mid(x,y),\ (z,x)\in\Delta\}$ であり，したがって，$G_{a,b}$ は ${}^t\Phi((a,b))=\{(b,x)\mid(b,x)\in\Delta\}$ 上に可移に作用し，対応 ${}^t\Phi((a,b))\ni(b,x)\leftrightarrow x\in\Delta(b)$ により $(G_{a,b},{}^t\Phi((a,b)))\simeq(G_{a,b},\Delta(b))$ でこれは可移な作用かつ $G_{a,b}{}^{{}^t\Phi(a,b)}=G_{a,b}{}^{\Delta(b)}$ である．(G,Δ) は可移な作用で Φ はその軌道域，$(a,b)\in\Delta$ に対して $|\Phi((a,b))|=m$，$(G_{(a,b)},\ \Phi((a,b)))\simeq(G_{a,b},{}^t\Delta(a))\in\mathfrak{p}$ となっている．$|\Delta|>|\Omega|$ であるから，仮定より (G,Δ) に対して定理が成り立つ．したがって

$$G_a{}^{{}^t\Delta(a)}=G_{a,b}{}^{{}^t\Delta(a)}=G_{a,b}{}^{\Phi(a,b)}\simeq G_{a,b}{}^{{}^t\Phi(a,b)}=G_{a,b}{}^{\Delta(b)} \tag{7.4}$$

をうる．いま，もし $K(b)\not\leq G_{a,b}$ とすると先に示したように $G_b{}^{\Delta(b)}=G_{a,b}{}^{\Delta(b)}$ で，したがって，これと (7.4) より $G_a{}^{{}^t\Delta(a)}\simeq G_b{}^{\Delta(b)}\simeq G_a{}^{\Delta(a)}$ となり仮定に反する．したがって $K(b)\leq G_{a,b}$ となり，これより

$$K(b)\leq\bigcap_{\sigma\in G_b}G_{a,b}^{\sigma}=G_{b,{}^t\Delta(b)}=\tilde{K}(b)\leq G_{a,b}<G_a$$

をうる．$K(b)\neq\tilde{K}(b)$ より $K(b)\lneqq\tilde{K}(b)$，したがって $1\neq\tilde{K}(b)/K(b)=\tilde{K}(b)^{\Delta(b)}$ となり，K_m-性質より $(G_b,\Delta(b))$ が原始的で $G_b\triangleright\tilde{K}(b)$ であるから，$(\tilde{K}(b),\Delta(b))$ は可移となる．(7.4) から

$$G_b/\tilde{K}(b)=G_b{}^{{}^t\Delta(b)}\simeq G_a{}^{{}^t\Delta(a)}\underset{(7.4)}{\simeq}G_{a,b}{}^{\Delta(b)}=G_{a,b}/K(b)$$

によって，

$$|\tilde{K}(b):K(b)|=\frac{|G_b:K(b)|}{|G_b:\tilde{K}(b)|}=\frac{|G_b:K(b)|}{|G_{a,b}:K(b)|}=|G_b:G_{a,b}|=m$$

となり，$(\tilde{K}(b)^{\Delta(b)},\Delta(b))$ は正則となる．他方，

$$\begin{aligned}G_b{}^{\Delta(b)}/\tilde{K}(b)^{\Delta(b)}&\simeq G_b/K(b)/\tilde{K}(b)/K(b)\simeq G_b/\tilde{K}(b)=G_b{}^{{}^t\Delta(b)}\simeq G_a{}^{{}^t\Delta(a)}\\&\underset{(7.4)}{\simeq}G_{a,b}{}^{\Delta(b)}=G_{a,b}/K(b)\geq\tilde{K}(b)/K(b)=\tilde{K}(b)^{\Delta(b)}\end{aligned}$$

となり $G_b{}^{\Delta(b)}/\tilde{K}(b)^{\Delta(b)}$ が $\tilde{K}(b)^{\Delta(b)}$ と同型な部分群をふくむ．これは仮定 $(G_a,\Delta(a))\in\mathfrak{p}$ に反する．∎

第4章　諸　　例 —— 対称群と一般線形群 ——

対称群と一般線形群はもっとも基本的な，そして或る意味でもっとも一般的な群である．たとえば，すべての有限群はこのような群の部分群と考えられるし，また与えられた有限群は必要に応じてこれらの群の適当な部分群と考えることにより，その性質を明らかにすることができる．対称群と一般線形群についての考察は古くから(そして現在においても)いろいろな観点からなされているが，ここでは単なる例として，本書の内容に関連した範囲で，対称群と一般線形群についての基本的な事柄をのべることとする．

§1　対称群，交代群の共役類と組成列

§1~§4 においてはことわりのないかぎり Ω は集合 $\{1,2,\cdots,n\}$ を表わし，n 次の対称群 S_n は集合 Ω に作用しているとする．S_n の元 σ の型を $(t_1,\cdots,t_n)$, i.e. σ を互いに独立な巡回置換の積に分解したとき，そこに現われる長さ i の巡回置換の個数を $t_i\,(=t_i(\sigma))$ とするとき，$t_1,\cdots,t_n$ は

(i)　t_i は 0，または正の整数，

(ii)　$n=\sum_{i=1}^{n} it_i$

を満たす．整数 n の(i), (ii)を満たす分割を n の**Young 分割**とよぶ．n の任意の Young 分割 $n=\sum_{i=1}^{n} it_i$ に対して S_n の元 σ でその型が $(t_1,\cdots,t_n)$ となるものの存在することは明らかであるが，さらにそのような σ の個数は $n!\big/\prod_{i=1}^{n}(i^{t_i}t_i!)$ である．(∵　第3章定理1.2より，S_n の2つの元が共役であることと，型が同じであることとは同等である．したがって σ を1つ定めたとき求める個数は $|S_n;C_{S_n}(\sigma)|$ であるが，$|C_{S_n}(\sigma)|=\prod_{i=1}^{n} i^{t_i}t_i!$ は容易にたしかめられる．) $(t_1,\cdots,t_n)$ を σ の入る共役類の型ともいう．以上をまとめるとつぎの定理が得られる．

定理 1.1 (1) S_n の共役類の型 $(t_1, \cdots, t_n)$ は n の Young 分割であり，これにより S_n の共役類と n の Young 分割とは1対1に対応する.

(2) 型が $(t_1, \cdots, t_n)$ の共役類に入る元の個数は $n!/\prod_{i=1}^{n}(i^{t_i}t_i!)$ である. ——

偶置換からなる S_n の共役類は A_n に入るが，A_n での共役類になっているとは限らない. これについてはつぎの定理がある.

定理 1.2 (1) S_n の偶置換からなる共役類は A_n において高々2つの共役類に分かれる.

(2) 偶置換からなる S_n の共役類 K が A_n で2つの共役類に分かれるための必要十分条件は，K の型を $(t_1, \cdots, t_n)$ とするとき，

$$t_{2m}=0, \quad t_{2m+1}=0 \text{ または } 1 \tag{1.1}$$

となることである. この場合，K は A_n で同じ個数からなる2つの共役類に分かれる.

証明 σ を偶置換とし，σ を含む S_n, A_n の共役類を K, $\tilde{K}$ とすると $K \supseteq \tilde{K}$. $|S_n:A_n|=2$ より $|C_{S_n}(\sigma):C_{A_n}(\sigma)|\leq 2$. ゆえに $|K|=|\tilde{K}|$, または $|K|=2|\tilde{K}|$ が成り立ち，

$$K \text{ が } A_n \text{ で2つの共役類に分かれる} \Leftrightarrow C_{S_n}(\sigma)=C_{A_n}(\sigma) \Leftrightarrow C_{S_n}(\sigma)\leq A_n$$

となる. $t_{2m}(\sigma)\neq 0$ とすると，σ の巡回成分として長さ $2m$ の巡回置換 τ が含まれ，したがって $C_{S_n}(\sigma)$ は奇置換 τ を含む. また，$t_{2m+1}(\sigma)\geq 2$ とするとき，$(i_1, \cdots, i_{2m+1})$, $(j_1, \cdots, j_{2m+1})$ を σ の長さ $2m+1$ の2つの巡回成分とすると，$C_{S_n}(\sigma)$ は奇置換 $(i_1, j_1), \cdots, (i_{2m+1}, j_{2m+1})$ を含む. したがって，σ の型を $(t_1, \cdots, t_n)$ とおくと，K が A_n で2つの共役類に分かれれば，(1.1)が成り立つ. 逆に(1.1)が成り立つとする. σ を巡回表示したとき，同じ長さの巡回成分は高々1つである. したがって $C_{S_n}(\sigma)$ の元 τ の作用により σ の各巡回成分は不変である. よって $\sigma=\sigma_1\cdots\sigma_s$ を巡回表示とすると，(たとえば第3章系2.12により) τ は $\tau=\sigma_1^{r_1}\cdots\sigma_s^{r_s}, r_i\in \boldsymbol{Z}$, と分解され，各 σ_i が偶置換であるから $\tau\in A_n$. したがって K は A_n で2つの共役類に分かれる. ▌

つぎの定理は第3章系5.11で示されているが，別の観点から証明する.

定理 1.3 $n\geq 5$ とする. A_n は単純群であり，さらに N を S_n の正規部分群とすると，$N=\{1\}$, A_n または S_n である.

証明 まず，A_5 が単純なることを示す. 定理1.2より A_5 は5個の共役類を

もち，各共役類はそれぞれ 1, 12, 12, 15, 20 個の元を含む．N を A_5 の正規部分群とすると“正規”という性質より，N は A_5 のいくつかの共役類の合併である．単位元のみからなる共役類は N に含まれるから，N の位数は 1 と 12, 12, 15, 20 のいくつかとの和である．一方，$|N|$ は $|A_5|=60$ の約数．このことから $|N|=1$，または 60 が直ちに得られる．$n\geq 6$ の場合の $G=A_n$ の単純性は n に関する帰納法による．$G\gneq N\neq 1$ とする．Ω の 1 元 a に対して $N\cap G_a\trianglelefteq G_a \simeq A_{n-1}$．よって，帰納法の仮定より $N\cap G_a=1$，または G_a．(G,Ω) の原始性より，(N,Ω) は可移で，したがって $NG_a=G$．したがって $N\cap G_a=1$ となり，(N,Ω) は正則となる．これは第 3 章定理 5.6 に矛盾する．

つぎに $1\neq N\trianglelefteq S_n$ で $A_n\not\leq N$ とする．$N\cap A_n\ntrianglelefteq A_n$ より $N\cap A_n=1$，したがって $N\simeq N/N\cap A_n\simeq A_nN/A_n=S_n/A_n$ となり $|N|\leq 2$．一方，S_n は原始的であるから，(N,Ω) は可移，i. e. $|\Omega|\leq N\leq 2$ となり矛盾．∎

この定理から $n\geq 5$ の場合，$S_n\gneq A_n\gneq 1$ が S_n のただ 1 つの組成列，したがってただ 1 つの主組成列であることがわかる．S_4 の 1 でない真の正規部分群は A_4 と

$$K=\{\text{単位元},\ (1,2)(3,4),\ (1,3)(2,4),\ (1,4)(2,3)\}$$

のみであることは見易い．したがって $S_4\gneq A_4\gneq K\gneq 1$ は S_4 のただ 1 つの主組成列である．$|S_4:A_4|, |A_4:K|$ が素数で K は 1 でない 3 つの正規部分群をもつから，S_4 は 3 つの組成列をもつ．$S_3\gneq A_3\gneq 1$，$S_2\gneq 1$ はただ 1 つの主組成列である．以上まとめると，つぎの定理が得られる．

定理 1.4 (1) $S_n\gneq A_n\gneq 1$(ただし $n=3$, または $n\geq 5$ の場合), $S_4\gneq A_4\gneq K\gneq 1$, $S_2\gneq 1$ はそれぞれただ 1 つの主組成列である．また，これらは特性組成列でもある．

(2) $n=4$ を除いて，上記はそれぞれただ 1 つの組成列である．$n=4$ の場合，K は位数 2 の部分群が 3 個あり，S_4 は 3 つの組成列をもつ．

系 1.5 (1) $D(S_n)=A_n,\quad \forall n\geq 2$

(2) $D(A_n)=A_n\quad \forall n\geq 5,\ D(A_4)=K,\ D(A_3)=1$

(3) $Z(S_n)=1\quad \forall n\geq 3,\ Z(S_2)=S_2$

(4) $Z(A_n)=1\quad \forall n\geq 4,\ Z(A_3)=A_3$

§2 対称群，交代群の判定条件

この節では原始置換群の中から対称群，交代群を判別する条件を求める．

定理 2.1 (G,Ω)を原始置換群とする．

(1) Gが少なくとも1つの互換を含めば，$G=S^{\Omega}$となる．

(2) Gが少なくとも1つの長さ3の巡回置換を含めば，$G=A^{\Omega}$，またはS^{Ω}となる．

この定理はつぎのより一般的な定理に含まれる．

定理 2.2(Jordan) (G,Ω)を原始置換群，$\Omega=\varDelta+\Gamma$ (i. e. $\Omega=\varDelta\cup\Gamma, \varDelta\cap\Gamma=\phi$)，$1<|\Gamma|=m<n\,(=|\Omega|)$とする．このとき，$(G_{\varDelta},\Gamma)$が原始的であれば$(G,\Omega)$は，$(n-m+1)$重原始的である．

実際，(G,Ω)が互換，長さ3の巡回置換を含めば，定理2.2を適用して(G,Ω)はそれぞれn重，$(n-2)$重可移となり，第3章定理4.2より定理2.1が得られる．

定理2.2の証明の前につぎの補題を証明する．

補題 2.3 (G,Ω)を原始置換群，$\Omega=\varDelta+\Gamma$，$1<|\Gamma|<n$とする．

(1) $(G_{\varDelta},\Gamma)$が可移であれば，(G,Ω)は2重可移である．

(2) $(G_{\varDelta},\Gamma)$が原始的であれば，(G,Ω)は2重原始的である．

証明 $|\varDelta|=1$のときは(1), (2)いずれも明らか，したがって$|\varDelta|>1$とし，$|\varDelta|$についての帰納法で証明する．$(G_{\varDelta},\Gamma)$を可移とし，Gの元σをつぎのように選ぶ；$n/2\geq|\varDelta|$の場合は$\varDelta^{\sigma}\neq\varDelta$，$\varDelta^{\sigma}\cap\varDelta\neq\phi$，また$n/2<|\varDelta|$の場合には$\Gamma^{\sigma}\neq\Gamma$，$\Gamma^{\sigma}\cap\Gamma\neq\phi$(いずれの場合も，$(G,\Omega)$が原始的であることからこのような$\sigma$を選ぶことができる)．この$\sigma$に対して，いずれの場合にも$\varDelta\cap\varDelta^{\sigma}\neq\phi$，$\Gamma\cap\Gamma^{\sigma}\neq\phi$の

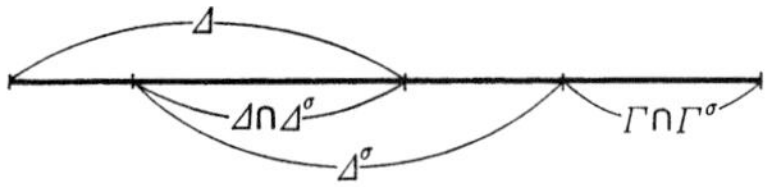

両方が成り立っている．したがって

$$\{\varDelta\cap\varDelta^{\tau}\,|\,\tau\in G,\ \varDelta\neq\varDelta^{\tau},\ \varDelta\cap\varDelta^{\tau}\neq\phi,\ \Gamma\cap\Gamma^{\tau}\neq\phi\}=\boldsymbol{\Lambda}$$

は空集合でない．また$\boldsymbol{\Lambda}$に入る$\varDelta\cap\varDelta^{\sigma}$に対しては，$G_{\varDelta\cap\varDelta^{\sigma}}\geq G_{\varDelta}$，$G_{\varDelta^{\sigma}}$で$(G_{\varDelta},\Gamma)$，$(G_{\varDelta^{\sigma}},\Gamma^{\sigma})$が可移であることより，$(G_{\varDelta^{\sigma}\cap\varDelta},\Gamma^{\sigma}\cup\Gamma)$も可移となる．

(1) $\Omega=(\Delta^\sigma\cap\Delta)\cup(\Gamma^\sigma\cup\Gamma)$に帰納法を適用して，$(G,\Omega)$の2重可移性をうる.

(2) $\boldsymbol{\Lambda}$の中の(包含関係での)極大元の1つを$\Delta\cap\Delta^\sigma$とし，$\Lambda=\Delta^\sigma-(\Delta\cap\Delta^\sigma)$とおく. $\Delta\cap\Delta^\sigma$の選び方より$G_{\Delta\cap\Delta^\sigma}\ni\forall\tau$に対して必ず$\Lambda^\tau=\Lambda$, または$\Lambda^\tau\cap\Lambda=\phi$が成り立つ. $G_{\Delta\cap\Delta^\sigma}\geq G_\Delta$, (G_Δ,Γ)は原始的，$\Gamma\supsetneqq\Lambda$より$|\Lambda|=1$. よって$|\Gamma\cup\Gamma^\sigma|=|\Gamma|+1$となり，$(G_{\Delta\cap\Delta^\sigma},\Gamma\cup\Gamma^\sigma)$は2重可移，特に原始的となる. したがって帰納法の仮定から(G,Ω)は2重原始的となる.（補題の証明終）▌

定理 2.2 の証明 $|\Delta|$についての帰納法による. $|\Delta|=1$のときは補題2.3の(2)である. よって$|\Delta|>1$とする. 補題2.3の(2)より(G,Ω)は2重原始的，したがって$\Delta\ni a$に対して$(G_a,\Omega-\{a\})$は原始的で，$((G_a)_{\Delta-\{a\}},\Gamma)$は原始的. よって帰納法の仮定より$(G_a,\Omega-\{a\})$は$(n-1)-m+1$重原始的となり，定理の主張をうる.（定理2.2の証明終）▌

定理2.2のいろいろな形での拡張が考えられている.

定理 2.4(Marggraf) (G,Ω)を原始置換群，$\Omega=\Delta+\Gamma$, (G_Δ,Γ)を可移とする.

(1) $1<|\Gamma|\leq n/2$とすると，(G,Ω)は3重可移である.

(2) $1<|\Gamma|\lneqq n/2$とすると，$G=A^\Omega$, またはS^Ωである.

まず準備として

補題 2.5 (G,Ω)を原始的，$\Omega=\Delta+\Gamma$, $1<|\Gamma|<n-1$, (G_Δ,Γ)を可移とする. $\{\Delta\cap\Delta^\sigma\,|\,\sigma\in G,\ \Delta\neq\Delta^\sigma,\ \Delta\cap\Delta^\sigma\neq\phi,\ \Gamma\cap\Gamma^\sigma\neq\phi\}$(これが空でないことは補題2.3で示されている)の中の包含関係での極大元を$\Delta^*=\Delta\cap\Delta^\sigma$とし，$\psi=\Delta-\Delta^*$, $N=\mathcal{N}_G(G_\Delta)$とおくと，

(1) $|\psi|<|\Gamma|$, $|\psi|\,\big|\,|\Gamma|$

(2) $(G_{\Delta^*},\Omega-\Delta^*)$, (N,Γ), (N_{Δ^*},ψ)はいずれも可移.

(3) $\Gamma\ni\forall a$に対して，$N=N_aG_\Delta$, したがって$N^\Delta=N_a{}^\Delta$となる.

(4) (N,Δ)は原始的である.

証明 (1) Δ^*の選び方より$G_{\Delta^*}\ni\forall\tau$に対して，$\psi^\tau=\psi$, または$\psi^\tau\cap\psi=\phi$. $G_{\Delta^*}\geq G_{\Delta^\sigma}$で$(G_{\Delta^\sigma},\Gamma^\sigma)$が可移，$\Gamma^\sigma\supseteq\psi$より$|\psi|\,\big|\,|\Gamma^\sigma|=|\Gamma|$. また，$\Gamma\cap\Gamma^\sigma\neq\phi$より，$|\psi|<|\Gamma|$.

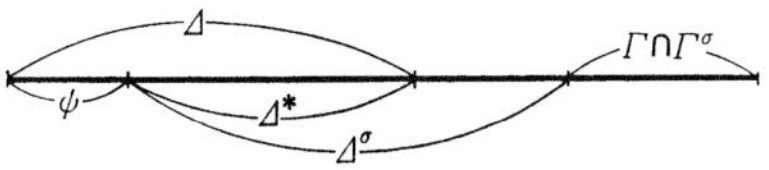

(2)　$\Gamma\cap\Gamma^\sigma\neq\phi$ より，$(G_{\Delta^*},\Omega-\Delta^*)$ は可移．(N,Γ) の可移性は自明．$\phi\ni\forall a,b$ に対して，$G_{\Delta^*}\ni\tau$ で $a^\tau=b$ なるものがある．$\Delta\cap\Delta^\tau\supseteq\Delta^*\cup\{b\}\supsetneqq\Delta^*$ より $\Delta=\Delta^\tau$．したがって $\tau\in G_{\langle\Delta\rangle}\leq N$．ゆえに $\tau\in N\cap G_{\Delta^*}=N_{\Delta^*}$ となり (N_{Δ^*},ϕ) は可移となる．

(3)　$N\ni\tau$ に対して，$a^\tau=b\in\Gamma$．(G_Δ,Γ) の可移性より，$\exists\rho\in G_\Delta$ があって $a^{\tau\rho}=a$．よって $\tau\rho\in G_a\cap N=N_a$．よって $\tau\in N_aG_\Delta$，i.e. $N=N_aG_\Delta$ をうる．

(4)　補題2.3により (G,Ω) は2重可移であり，したがってWittの定理(第3章，定理4.3)より $|\Delta|=2$ のときは明らか．$|\Delta|>2$ として $|\Delta|$ についての帰納法で証明する．まず $|\Delta|\leq|\Gamma|$ の場合，$\Delta\ni a_1,a_2,b_1,b_2$，$a_1\neq a_2$，$b_1\neq b_2$ とすると，(G,Ω) の2重可移性より G の元 τ で $b_1{}^\tau=a_1$，$b_2{}^\tau=a_2$ となるものが存在する．(G_Δ,Γ), $(G_{\Delta^\tau},\Gamma^\tau)$ が可移で $\Gamma\cap\Gamma^\tau\neq\phi$ であるから，$H=G_{\Delta\cap\Delta^\tau}\,(\geq G_\Delta,G_{\Delta^\tau})$ は $\Gamma\cup\Gamma^\tau=\Omega-(\Delta\cap\Delta^\tau)$ 上に可移に作用する．$H_{\Delta-(\Delta\cap\Delta^\tau)}(=G_\Delta)$，$H_{\Delta^\tau-(\Delta\cap\Delta^\tau)}(=G_{\Delta^\tau})$ がそれぞれ Γ,Γ^τ 上に可移に作用するから，第3章定理2.14により，H の元 ρ で $\Gamma^{\tau\rho}=\Gamma$ となるものがある．したがって $\tau\rho\in G_{\langle\Delta\rangle}\leq N$ で $b_i{}^{\tau\rho}=a_i$，$i=1,2$，が成り立つ．ゆえに (N,Δ) は2重可移で，特に原始的となる．つぎに $|\Delta|>|\Gamma|$ とする．(1)より $|\Delta^*|\geq2$．(2)より $(G_{\Delta^*},\Omega-\Delta^*)=$可移，したがって帰納法の仮定により $N^*=\mathcal{N}_G(G_{\Delta^*})$ は Δ^* 上に原始的に作用する．$\phi\ni\forall a$ に対して，$N^*{}_a\leq N$($\because$ $N^*{}_a\ni\tau$ に対して $\Delta\cap\Delta^\tau\supseteq\Delta^*\cup\{a\}\supsetneqq\Delta^*$ より $\Delta=\Delta^\tau$)．(3)より $N^*{}_a{}^{\Delta^*}=N^{*\Delta^*}$ となり，$N^*{}_a$ は Δ^* 上に原始的に作用する．$|\phi|\leq1/2|\Gamma|<1/2|\Delta|$ より $|\Delta^*|>1/2|\Delta|$ となる．第3章定理3.9より (N,Δ) は原始的となる．(補題の証明終)▌

定理2.4の証明　補題2.5の記号をそのまま用いる．

(1)　$\Gamma\ni a$ とする．補題2.3より $(G_a,\Omega-\{a\})$ は可移であるが，G_a の部分群 N_a は，補題2.5(3), (4)により，その軌道 Δ に原始的に作用する．$|\Delta|>1/2|\Omega-\{a\}|$ であるから第3章定理3.9により $(G_a,\Omega-\{a\})$ は原始的である．(G,Ω) の可移性より，$\Delta\ni\forall b$ に対しても $(G_b,\Omega-\{b\})$ は原始的である．$G_b\geq G_{b,\Delta-\{b\}}=G_\Delta$ は Γ 上に可移に作用しているから，補題2.3により $(G_b,\Omega-\{b\})$ は2重可移となり，(G,Ω) の3重可移性をうる．

(2)　$|\Omega|$ についての帰納法で証明する．まず $N^\Delta=A^\Delta$ または S^Δ となる．($\because$ まず $|\phi|=1$ の場合：補題2.5(2)より $(G_{\Delta^*},\Omega-\Delta^*)$ は2重可移，したがって特に原始的となる．よって定理2.2より，(G,Ω) は $|\Delta^*|+1=|\Delta|$ 重可移となる．Wittの定理(第3章定理4.3)から $N^\Delta=S^\Delta$ となる．つぎに $|\phi|\geq2$ の場合：補

題2.5より(N, Δ)は原始的. $\Delta=\Delta^*+\phi$, $|\phi|\leq 1/2|\Gamma|<1/2|\Delta|$, (N_{Δ^*}, ϕ)は可移となるから, (N^{Δ}, Δ)と$\Delta=\Delta^*+\phi$は定理の仮定を満たす. よって帰納法の仮定より$N^{\Delta}=A^{\Delta}$. またはS^{Δ}となる.) 補題2.5, (3)より$\Gamma\ni a$に対して$N_a{}^{\Delta}=N^{\Delta}$. ゆえに$|N_a|\geq 1/2|\Delta|!$. 他方, $|N_a{}^{\Gamma}|\leq(|\Gamma|-1)!$, $N_a{}^{\Gamma}\simeq N_a/N_{\Gamma}$より, $|N_{\Gamma}|\geq 1/2\cdot|\Delta|(|\Delta|-1)$. $|\Delta|>3$の場合は, これより$|N_{\Gamma}|>|\Delta|$となり, N_{Γ}はΔ上に正則でない. 一方, $N\trianglerighteq N_{\Gamma}$で$G_{\Delta}\cap N_{\Gamma}=1$より$N_{\Gamma}\simeq N_{\Gamma}G_{\Delta}/G_{\Delta}\trianglelefteq N/G_{\Delta}=A^{\Delta}$, または$S^{\Delta}$. ゆえに定理1.3より, $N_{\Gamma}{}^{\Delta}=A^{\Delta}$, または$S^{\Delta}$. ゆえに$N_{\Gamma}$(したがって$G$)は互換, または長さ3の巡回置換を含み, 定理2.1より$G=A^{\Omega}$, またはS^{Ω}. $|\Delta|\leq 3$とすると, $|\Gamma|<|\Delta|$より, $|\Omega|\leq 5$. 一方, (1)より(G, Ω)は3重可移であるから, $G=A^{\Omega}$, またはS^{Ω}をうる. (定理2.4の証明終)∎

定理2.1の形の直接の拡張として, つぎの定理が成り立つ.

定理 2.6(Jordan) (G, Ω)を原始置換群, $|\Omega|=n=p+k$, pは素数, $k\geq 3$とする. もしGが長さpの巡回置換を含めば, GはA^{Ω}, またはS^{Ω}に一致する.

証明 Gに含まれる長さpの巡回置換を$\sigma=(1,\cdots,p)$とし, $\Gamma=\{1,\cdots,p\}$, $\Delta=\Omega-\Gamma$とおく. $|\Gamma|=$素数より, (G_{Δ}, Γ)は原始的, したがって定理2.2よりGは$k+1$重可移となる. $\langle\sigma\rangle$はG_{Δ}のSylow p-部分群であるから, Wittの定理より$N=\mathscr{N}_G(\langle\sigma\rangle)$は$\Delta$上に$k$重可移に作用し, したがって$N^{\Delta}=S^{\Delta}$となる. $\Gamma\ni a$に対して$N=\langle\sigma\rangle N_a$となる($\because$ Nの任意の元τに対して, $a^{\tau}\in\Gamma$. よって$\langle\sigma\rangle$の元σ^iにより, $a^{\tau\sigma^i}=a$となり, $\tau\sigma^i\in N_a$. したがって$N=\langle\sigma\rangle N_a$). ゆえに$N_a{}^{\Delta}=S^{\Delta}$. $N_a{}^{\Gamma}$の元τは$\langle\sigma\rangle$の自己同型写像をひきおこすが, $a^{\tau}=a$より, もしτがσと可換とすると$i^{\tau}=i$, $\forall i=1,\cdots,p$, となり$\tau=1$. したがって, $N_a{}^{\Gamma}$は$\langle\sigma\rangle$の自己同型群の部分群と同型となり可換群となる. したがって$[N_a, N_a]=K$とおくと, $K^{\Gamma}=1$, $K^{\Delta}=A^{\Delta}$となる(系1.5). ゆえにKは長さ3の巡回置換を含み, $G\geq A^{\Omega}$となる. ∎

§3 S^{Ω}, A^{Ω} の部分群と自己同型群

A^{Ω}, S^{Ω}と異なるΩ上の原始置換群の位数はあまり大きくはなり得ない.

定理 3.1 (G, Ω)を原始置換群でA^{Ω}を含まないとすると

$$|S^\Omega : G| \geq \left[\frac{n+1}{2}\right]!.$$

補題 3.2 Ω 上の置換 σ, τ に対して，もし $|F_\Omega(\sigma) \cup F_\Omega(\tau)| = n-1$ とすると，$\sigma\tau\sigma^{-1}\tau^{-1}$ は長さ 3 の巡回置換である．

証明 $\Omega - (F_\Omega(\sigma) \cup F_\Omega(\tau)) = \{a\}$ とする．$b = a^{\sigma^{-1}}$, $c = a^{\tau^{-1}}$ とおくと，$\sigma\tau\sigma^{-1}\tau^{-1} = (a, c, b)$ となることは見易い．▌

定理 3.1 の証明 $\{k \mid k = |\Delta|,\ \Delta \subseteq \Omega,\ (S^\Omega)_\Delta \cap G = 1\}$ は空でない(実際，$n = |\Omega|$ はこれに入る)．k_0 をこのうちの最小値とし，Δ を $|\Delta| = k_0$, $(S^\Omega)_\Delta \cap G = 1$ となるように選ぶ．このとき，$k_0 \leq n/2$ となる．($\because$ $k_0 > n/2$ とする．$\Gamma = \Omega - \Delta$ とおくと，$|\Gamma| < n/2 < k_0$ より $(S^\Omega)_\Gamma \cap G \neq 1$．よって $G \ni \sigma (\neq 1)$ で $F_\Omega(\sigma) \supseteq \Gamma$ となるものがある．$\Delta \ni a$ を $a^\sigma \neq a$ と選ぶ．Δ のとり方より $(S^\Omega)_{\Delta - \{a\}} \cap G \neq 1$，したがって $G \ni \tau (\neq 1)$ で $F_\Omega(\tau) \supseteq \Delta - \{a\}$ となるものが存在する．$(S^\Omega)_\Delta \cap G = 1$ より $F_\Omega(\tau) \not\supseteq \Delta$ で，したがって $a^\tau \neq a$．ゆえに $F_\Omega(\sigma) \cup F_\Omega(\tau) = \Omega - \{a\}$ となり，補題 3.1 より G は長さ 3 の巡回置換を含み，$G \geq A^\Omega$ となり矛盾.) $(S^\Omega)_\Delta$ の 2 元 σ, τ が S^Ω/G の同じ剰余類の元とすると，$\sigma G = \tau G$，すなわち $\sigma^{-1}\tau \in G \cap (S^\Omega)_\Delta = 1$ となり $\sigma = \tau$．したがって $|S^\Omega : G| \geq |(S^\Omega)_\Delta| = (n-k_0)!$．$n - k_0 \geq n/2$ でかつ整数であるから求める不等式をうる．(定理 3.1 の証明終)▌

非原始的な可移置換群の大きさについては第 3 章定理 3.3 によりつぎの定理をうる．

定理 3.3 (G, Ω) を非原始的な可移置換群で，Δ をその 1 つの非原始域とし $|\Delta| = m_1, n = m_1 m_2$ とおく．このとき，G の位数は ${m_1}^{m_2} m_2!$ の約数である．

S_n の極大部分群に関して，まず，つぎの定理がある．

定理 3.4 H は A_n と異なる S_n の部分群で，$|H|$ が最大となるものとする．

(1) $n \neq 4$ のときは $|S_n : H| = n$.

(2) $n = 4$ のときは H は S_4 の Sylow 2-部分群で $|S_4 : H| = 3$.

証明 $\Omega \ni a$ に対して $|S^\Omega : (S^\Omega)_a| = n$ より $|S^\Omega : H| \leq n$ である．$n \geq 5$ とし，$|S_n : H| = k$ とおく．$H \not\geq A_n$ であるから第 3 章定理 4.2 より $k \geq 3$ である．置換表現 $(S_n, S_n/H)$ の核を N とすると，$k \geq 3$ より $N = \{1\}$．したがって S_n は S_k の部分群に同型となり，$n \leq k$．よって $n = k$．$n \leq 4$ の場合はほとんど明らかである．▌

定理 3.5 (1) $n \neq 6$ のとき，S_n の指数 n の部分群はすべて共役で n 個存在し，それぞれ Ω の 1 点の固定部分群である．

(2) $n=6$ のとき，S_6 の指数 6 の部分群は 12 個存在する．それらはいずれも S_5 に同型であるが，S_6 の共役作用により 6 個ずつ 2 つの共役類に分かれる．

補題 3.6 (1) $1<t<n-1$ とするとき，

$$(n-t)!t!<(n-1)!.$$

(2) $n=m_1m_2$, $m_1 \neq 1$, $m_2 \neq 1$ とする．$n>4$ のとき

$$(m_1!)^{m_2}m_2!<(n-1)!.$$

(3) $n>4$ で $n \neq 6$ のとき，$n<[(n+1)/2]!$.

証明 (1), (3) は明らか．

(2) $(im_1+1)\cdots(im_1+m_1)>(i+1)^{m_1}m_1!$ より $n!=1\cdot 2\cdot\cdots\cdot m_1\cdot(m_1+1)\cdot\cdots\cdot(m_1+m_1)\cdots\{(m_2-1)m_1+1\}\cdots(m_2m_1)>m_1!2^{m_1}m_1!3^{m_1}\cdots m_2{}^{m_1}\cdot m_1!=(m_1!)^{m_2}(m_2!)^{m_1}$. $m_2 \gneqq 2$ のときは $(m_2!)^{m_1-1}\geq m_1m_2=n$, よって $(n-1)!>(m_1!)^{m_2}m_2!$. $m_2=2$ のときは $n!=1\cdot 2\cdot\cdots\cdot m_1\cdot(m_1+1)\cdot\cdots\cdot 2m_1=(m_1!)^2(m_1+1)(m_1/2+1)\cdots(m_1/m_1+1)$, $m_1>2$ より，$>(m_1!)^2\cdot 2\cdot 2m_1=(m_1!)^2\cdot 2n$. (補題の証明終)∎

定理 3.5 の証明 S_n の指数 6 の部分群を G とする．

(1) $n\leq 4$ の場合は明らか．よって $n\geq 5$ とする．G が 1 点の固定部分群でないとする．G が可移でないとすると，その 1 つの軌道の長さ t に対して $|G|\leq t!(n-t)!$. G は 1 点の固定部分群ではないことから $1<t<n-1$. したがって補題 3.6 より，$|S_n:G|>n$ で矛盾．G を可移で非原始的とすると，定理 3.3 より $n=m_1m_2$, $m_1\neq 1\neq m_2$, $|G|\leq(m_1!)^{m_2}m_2!$ となる．補題 3.6 より $|S_n:G|>n$ で矛盾．したがって G は原始的となる．定理 3.1，補題 3.6 より $|S_n:G|\geq[(n+1)/2]!>n$ となり矛盾．

(2) G が 1 点の固定部分群でないとする．(1) の証明の過程からわかるように (G,Ω) は原始的である．置換表現 $(S_6, S_6/G)$ の核を N とすると，定理 1.3 より $N=1$, したがって $G\simeq S_5$ となる．よって (G,Ω) により S_5 の次数 6 の可移置換表現が得られる．S_5 の Sylow 5-部分群の正規化群 H の位数は 20 で $(S_5, S_5/H)$ は次数 6 の可移置換表現であるが，逆に S_5 の次数 6 の可移置換表現の 1 点の固定部分群の位数は 20 で，それは或る Sylow 5-部分群の正規化群となる．したがって Sylow の定理より，S_5 の次数 6 の可移置換表現はすべて同値であ

る．G_1, G_2 を S_6 の指数6の部分群で，いずれも G の1点の固定部分群ではないとする．$G_1 \simeq G_2 \simeq S_5$ であるから，いま述べたことにより (G_1, Ω), (G_2, Ω) は同値である．したがって第1章定理2.12により $S_6 \ni \exists \sigma$ があって $G_1^{\sigma} = G_2$ となる．したがって S_6 の指数6の部分群で Ω の1点の固定部分群とならないものは S_6 ですべて共役となる．したがってその個数は6個で定理の主張をうる．(定理3.5の証明終)▌

この定理の応用として，S_n の自己同型群が決定される．

定理 3.7 $\mathrm{Aut}(S_n)/\mathrm{Inn}(S_n)(=\mathrm{Out}\, S_n)$ の位数は S_n の指数 n の部分群からなる共役類の個数に等しい．すなわち

$$|\mathrm{Aut}(S_n) : \mathrm{Inn}(S_n)| = \begin{cases} 1 & n \neq 6 \\ 2 & n = 6. \end{cases}$$

証明 $S_n = G$, $\Omega = \{1, 2, \cdots, n\}$ とおく．$\mathrm{Aut}(S_n) \ni f$ に対して，もし $f(G_1) = G_j$, $\exists j \in \Omega$ とすると，$\{f(G_1), \cdots, f(G_n)\} = \{G_1, \cdots, G_n\}$ である(実際，$G_1 \underset{G}{\sim} G_i$ より $f(G_1) \underset{G}{\sim} f(G_i)$)．したがって或る $\sigma(\in S_n)$ があって $f(G_i) = G_{i\sigma}$, $\forall i \in \Omega$, であり，σ による S_n の内部自己同型写像を I_σ とおくと，$f(G_i) = I_\sigma(G_i)$, $\forall i \in \Omega$. $\forall i, j(\neq) \in \Omega$ に対して $\langle\!\langle (i,j) \rangle\!\rangle = \bigcap_{k \neq i,j} G_k$ から，$(I_\sigma^{-1} f)\langle\!\langle (i,j) \rangle\!\rangle = \bigcap_{k \neq i,j} I_\sigma^{-1} f(G_k) = \bigcap_{k \neq i,j} G_k = \langle\!\langle (i, j) \rangle\!\rangle$. したがって $I_\sigma^{-1} f$ はすべての互換を不変とするが，S_n は互換により生成されているから，$I_\sigma = f$ となる．したがって $n \neq 6$ のときは定理3.5(1)より $\mathrm{Aut}(S_n) = \mathrm{Inn}(S_n)$ となる．$n=6$ の場合は，定理3.5, (2)より S_6 は $\mathscr{C}_1 = \{G_1, \cdots, G_6\}$ のほかにもう一組指数6の部分群の共役類 $\mathscr{C}_2 = \{H_1, \cdots, H_6\}$ を含む．共役作用により $(S_6, \mathscr{C}_2)$ は忠実な置換表現であるが，$S_6 \ni \sigma$ のひきおこす $\mathscr{C}_2$ 上の置換を $\tilde{\sigma}$ とすると，$\sigma \to \tilde{\sigma}$ は S_6 から S_6 への同型写像，i.e. $\mathrm{Aut}(S_6)$ の元となり，これにより $\mathscr{C}_1$ は $\mathscr{C}_2$ にうつる．一般に，$\mathrm{Aut}(S_6)$ の元 f は $\{\mathscr{C}_1, \mathscr{C}_2\}$ 上の置換 $\tilde{f}$ をひきおこし，$f \to \tilde{f}$ は $\mathrm{Aut}(S_n)$ から S_2 への準同型写像であり，いま示したことから，これは上への準同型写像でその核は $\mathrm{Inn}(S_n)$ となる．したがって $|\mathrm{Aut}(S_n)/\mathrm{Inn}(S_n)| = 2$ となる．▌

つぎに $\mathrm{Aut}(A_n)$ を決定する．$\mathscr{C}$ により A_n の長さ3の巡回置換の全体を表わすこととする．

補題 3.8 $n \neq 6$ とする．$\mathrm{Aut}\, A_n \ni \forall \sigma$ に対して $\mathscr{C}^{\sigma} = \mathscr{C}$.

証明 $n = 3, 4, 5$ の場合は $\mathscr{C}$ は位数3の元の全体である．したがって定理は

成り立つ．よって $n\geq 7$ とする．定理1.2により $\mathscr{C}$ は A_n の共役類である．$\mathscr{C}$ がつぎの性質を持つことは見易い；(i) $\mathscr{C}\ni x\Rightarrow |x|=3$, (ii) $\mathscr{C}\ni x, y\Rightarrow |xy|\leq 5$. 逆に T は(i), (ii)を満たす A_n の共役類とする．T の元はすべて同じ型を持ち，位数が3であることから，その型は $(s, 0, r, 0, \cdots, 0)$ と書ける．$\mathscr{C}\neq T$ とすると $r\geq 2$ である．もし $s>0$ とすると，$x=(1,2,3)(4,5,6)(7)\cdots$, $y=(1,2,4)(3,5,7)(6)\cdots$ なる元が T に入り，$xy=(1,4,7,3,2,5,6)\cdots$ となり(ii)に反する．したがって $s=0$ となる．$n\geq 7$ より $n\geq 9$ となり，T は $x=(1,2,3)(4,5,6)(7,8,9)\cdots$, $y=(1,2,4)(3,5,7)(6,8,9)\cdots$ となる形の元を含むが，$xy=(1,4,7,9,3,2,5,8,6)\cdots$ となり(ii)に反する．したがって $\mathscr{C}=T$ となる．特に $\mathscr{C}^{\sigma}=\mathscr{C}$ となる．▌

補題 3.9 $\mathrm{Aut}\,A_n\ni\sigma$, $\mathscr{C}^{\sigma}=\mathscr{C}\Rightarrow\sigma=I_{\tau}$, $\exists\tau\in S_n$. ここで，I_{τ} は S_n の τ による内部自己同型写像である．

証明 $n=3$ のときは明らか．$n\geq 4$ とする．A_n の2つの長さ3の巡回置換 (a,b,c), (a',b',c') の積が位数2となるのは，$|\{a,b,c\}\cap\{a',b',c'\}|=2$ の場合に限る．$x=(1,2,3)$, $y_i=(1,2,i)$(ただし $i\geq 4$)とおくと $|xy_i|=|y_iy_j|=2$(ただし $i\neq j$)より，$|x^{\sigma}y_i{}^{\sigma}|=|y_i{}^{\sigma}y_j{}^{\sigma}|=2$ となり，したがって $x^{\sigma}=(a_1, a_2, a_3)$, $y_i{}^{\sigma}=(a_1, a_2, a_i)$ となることがわかる．このとき，$(i,j,k)^{\sigma}=(a_i,a_j,a_k)$ となる(実際，$(i,j,k)=(1,2,j)^2(1,2,i)^2(1,2,j)(1,2,k)^2(1,2,i)(1,2,k)$ となるからこの両辺に σ を作用させて，$(i,j,k)^{\sigma}=(a_i,a_j,a_k)$ をうる)．したがって $\sigma=I_{\tau}$, $\tau=\begin{pmatrix} i \\ a_i \end{pmatrix}\in S_n$, となる．▌

定理 3.10 $$\mathrm{Aut}\,A_n=\begin{cases}\text{位数2の群} & n=3\\ \simeq\mathrm{Aut}\,S_n & n>3\end{cases}$$

証明 (1) $n=3$ のときは明らか．

(2) $n>3$, $n\neq 6$ のとき，補題3.8, 3.9により $\mathrm{Aut}\,A_n\simeq\mathrm{Inn}\,S_n=\mathrm{Aut}\,S_n$ となる．

(3) $n=6$ のとき，A_6 の位数3の共役類は2つある．したがって補題3.9より $|\mathrm{Aut}\,A_6:\mathrm{Inn}\,S_6|\leq 2$ となる．一方，$\mathrm{Aut}\,S_6$ の元は A_6 の自己同型写像をひきおこし，したがって $\mathrm{Aut}\,S_6$ から $\mathrm{Aut}\,A_6$ への準同型写像をうるが，これの核は明らかに1となる．したがって $\mathrm{Aut}\,A_6\simeq\mathrm{Aut}\,S_6$ となる．▌

§4 S_n, A_n の生成元と基本関係式

すでに第3章§1で注意したように S_n の元はすべて互換の積で表わされるが，$i=1,\cdots,n-1$ に対して $a_i=(i,i+1)$ とおくと，他の互換 (i,j)，ただし $i<j$，は

$$(i,j) = a_i a_{i+1}\cdots a_{j-2}a_{j-1}a_{j-2}\cdots a_{i+1}a_i$$

と表わされる．したがって，$\{a_i | 1\leq i\leq n-1\}$ は S_n の生成系である．これらの生成元はつぎの関係式

$$(4.1)\qquad \begin{cases} a_i^2 = 1 & 1\leq \forall i\leq n-1 \\ (a_i a_{i+1})^3 = 1 & 1\leq \forall i\leq n-2 \\ (a_i a_j)^2 = 1 & |i-j|>1 \end{cases}$$

を満たしていることは容易に確かめられるが，これらがこの生成系に関する G の基本関係式となっていることを示す．

定理 4.1 生成系 $\{x_1,\cdots,x_{n-1}\}$，基本関係式

$$x_i^2 = 1 \qquad 1\leq i\leq n-1$$

$$(x_i x_{i+1})^3 = 1 \qquad 1\leq i\leq n-2$$

$$(x_i x_j)^2 = 1 \qquad |i-j| > 1$$

で定義される群 G は S_n と同型である．

証明 n についての帰納法で証明する．$n=2$ のときは明らかに成り立っている．$n\geq 3$ とする．G の中で $x_1,\cdots,x_{n-2}$ で生成される部分群を H とする．帰納法の仮定より，S_{n-1} から H の上への準同型写像が存在するから $|H|\leq(n-1)!$ が成り立つ．G の H による左剰余類 H, Hx_{n-1}, $Hx_{n-1}x_{n-2}$, $\cdots$, $Hx_{n-1}x_{n-2}\cdots x_2x_1$ の合併を K とおく．K は G の生成元 $x_1,\cdots,x_{n-1}$ を含むが，これが G の部分群となることを示す．そのためには，$1\leq\forall i,j\leq n-1$ に対して

$$(Hx_{n-1}x_{n-2}\cdots x_{i+1}x_i)x_j \subseteq K$$

を示せばよい．

$$j < i-1 \Rightarrow (Hx_{n-1}\cdots x_i)x_j = Hx_{n-1}\cdots x_i \subseteq K$$

$$j = i-1 \Rightarrow (Hx_{n-1}\cdots x_i)x_{i-1} \subseteq K$$

$$j = i \quad\ \Rightarrow (Hx_{n-1}\cdots x_i)x_i = Hx_{n-1}\cdots x_{i+1} \subseteq K$$

$$j > i \quad\ \Rightarrow (Hx_{n-1}\cdots x_i)x_j = (Hx_{n-1}\cdots x_{j+1})(x_j x_{j-1} x_j)(x_{j-2}\cdots x_i)$$

$$=(Hx_{n-1}\cdots x_{j+1})(x_{j-1}x_jx_{j-1})(x_{j-2}\cdots x_i)=Hx_{n-1}\cdots x_i\subseteq K.$$

したがって K は G の部分群となり，$G=K$ をうる．したがって特に $|G:H|\leq n$ となり，$|G|\leq n!$．一方，G から S_n の上への準同型写像が存在するから $G\simeq S_n$ となる．▌

A_n はつぎの $n-2$ 個の元 $a_1=(1,2,3)$，$a_i=(1,2)(i+1,i+2)$，$2\leq i\leq n-2$，により生成される．(実際，A_n の任意の元は互換の偶数個の積で表わされるが，$(i,j)(k,l)=(i,j)(1,2)(1,2)(k,l)$ より，$(1,2)(i,j)$ なる形の元が $a_1,\cdots,a_{n-1}$ の積で書けることをいえばよい．すなわち

$$(1,2)(1,2)=1,\qquad (1,2)(2,3)=(1,3,2),\qquad (1,2)(1,3)=(1,2,3),$$

$$(1,2)(1,k)=(1,2,k)=\begin{cases} a_{k-2}a_{k-3}\cdots a_2a_1a_2\cdots a_{k-3}a_{k-2} & k=\text{奇数}\geq 3\ \text{の場合} \\ (a_{k-2}a_{k-3}\cdots a_2a_1a_2\cdots a_{k-3}a_{k-2})^2 & k=\text{偶数}\geq 4\ \text{の場合}, \end{cases}$$

$$(1,2)(2,k)=(1,k,2)=(1,2,k)^2$$

$$(1,2)(i,j)=a_{i-1}\cdots a_{j-3}a_{j-2}a_{j-3}\cdots a_{i-1}\qquad (\text{ただし}\ 3\leq i<j)$$

となり，主張をうる．) $a_1,\cdots,a_{n-2}$ はつぎの関係式

$$\begin{cases} a_1{}^3=a_i{}^2=1 & 2\leq \forall i\leq n-2 \\ (a_ia_{i+1})^3=1 & 1\leq \forall i\leq n-3 \\ (a_ia_j)^2=1 & |i-j|>1 \end{cases}$$

を満たすことは見易いが，これらが A_n における生成系 $\{a_1,\cdots,a_{n-2}\}$ の基本関係式となっていることを示す．

定理 4.2 生成系 $\{x_1,\cdots,x_{n-2}\}$，基本関係式

$$x_1{}^3=x_i{}^2=1\qquad 2\leq i\leq n-2$$

$$(x_ix_{i+1})^3=1\qquad 1\leq i\leq n-3$$

$$(x_ix_j)^2=1\qquad |i-j|>1$$

で定義される群を G とおくと，$G\simeq A_n$.

証明 n についての帰納法で証明する．$n=3$ のときは明らかに成り立つ．$n\geq 4$ とする．$x_1,\cdots,x_{n-3}$ で生成される G の部分群を H とおくと，帰納法の仮定より，A_{n-1} から H の上への準同型写像が存在する．したがって $|H|\leq(n-1)!/2$ となる．G に H による左剰余類 H，Hx_{n-2}，$Hx_{n-2}x_{n-1}$，$\cdots$，$Hx_{n-2}x_{n-1}\cdots x_1$，$Hx_{n-2}\cdots x_2x_1{}^2$ の合併を K とおく．K は G の生成元 $x_1,\cdots,x_{n-2}$ を含むが，さらに G の部分群となる．そのためには，

$$(Hx_{n-1}\cdots x_i)x_j \subseteq K \qquad 1 \leq \forall i,j \leq n-2$$
$$(Hx_{n-1}\cdots x_2x_1{}^2)x_j \subseteq K \qquad 1 \leq \forall j \leq n-2$$

を示せばよい．まず $(Hx_{n-1}\cdots x_i)x_j$ については

$$j < i-1 \Rightarrow (Hx_{n-2}\cdots x_i)x_j = Hx_{n-2}\cdots x_i \subseteq K$$
$$j = i-1 \Rightarrow (Hx_{n-2}\cdots x_i)x_{i-1} \subseteq K$$
$$j = i \quad \Rightarrow (Hx_{n-2}\cdots x_i)x_i = Hx_{n-2}\cdots x_{i+1} \subseteq K$$
$$j > i, j \geq 3 \Rightarrow (Hx_{n-2}\cdots x_i)x_j = Hx_{n-2}\cdots x_{j+1}x_jx_{j-1}x_jx_{j-2}\cdots x_i$$
$$= Hx_{n-2}\cdots x_{j+1}x_{j-1}x_jx_{j-1}x_{j-2}\cdots x_i = Hx_{n-2}\cdots x_i \subseteq K$$
$$j = 2, i = 1 \Rightarrow (Hx_{n-2}\cdots x_2x_1)x_2 = Hx_{n-2}\cdots x_2x_1{}^2 \subseteq K.$$

また，$(Hx_{n-2}\cdots x_1{}^2)x_j$ については

$$j = 1 \Rightarrow (Hx_{n-2}\cdots x_2x_1{}^2)x_1 = Hx_{n-2}\cdots x_2 \subseteq K$$
$$j = 2 \Rightarrow (Hx_{n-2}\cdots x_2x_1{}^2)x_2 = (Hx_{n-2}\cdots x_3)(x_1x_2x_1) = Hx_{n-2}\cdots x_2x_1 \subseteq K$$
$$j > 2 \Rightarrow (Hx_{n-2}\cdots x_2x_1{}^2)x_j = Hx_{n-2}\cdots x_2x_1{}^2 \subseteq K.$$

したがって，K は G の部分群となり，$G=K$ となる．ゆえに $|G:H| \leq n$ となり $|G| \leq n!/2$ をうる．一方，G から A_n の上への準同型写像が存在するから，$G \simeq A_n$ をうる．▌

A_5 に対する別の生成系，基本関係式としてつぎの定理が成り立つ．

定理 4.3 生成系 $\{x_1, x_2\}$，基本関係式

$$x_1{}^5 = x_2{}^2 = (x_1x_2)^3 = 1$$

で定義される群を G とすると，$G \simeq A_5$.

証明 A_5 の元 $a_1=(1,2,3,4,5)$，$a_2=(1)(2,3)(4,5)$ は関係式 $a_1{}^5=a_2{}^2=(a_1a_2)^3=1$ を満たし，A_5 の生成元となっている．したがって G から A_5 の上への準同型写像が存在する．したがって $|G| \geq 60$.

$y_1=x_1x_2$，$y_2=x_2x_1{}^3x_2x_1$ とおくと，$y_1{}^3=y_2{}^3=(y_1y_2)^2=(y_2y_1)^2=1=[y_1y_2, y_2y_1]$ が成り立つ．（∵ $(x_1x_2)^3=1$ より $y_2{}^3=(x_2x_1{}^3x_2x_1)(x_2x_1{}^3x_2x_1)(x_2x_1{}^3x_2x_1)=(x_2x_1{}^2)(x_1x_2x_1x_2x_1x_2)x_2x_1(x_1x_2x_1x_2x_1x_2)x_2x_1{}^2x_2x_1 = x_2x_1{}^2x_2x_1x_2x_1{}^2x_2x_1=(x_2x_1)(x_1x_2x_1x_2x_1x_2)(x_2x_1x_2x_1)=1$. $(y_1y_2)^2=(y_2y_1)^2=1$ は容易である．これより $1=y_2y_1(y_1y_2y_1y_2)y_2y_1 = y_2y_1{}^{-1}y_2y_1y_2{}^{-1}y_1 = y_2(y_2y_1y_2)y_2y_1y_2{}^{-1}y_1 = y_2{}^{-1}y_1y_2{}^{-1}y_1y_2{}^{-1}y_1$. よって $y_1y_2{}^{-1}y_1=y_2y_1{}^{-1}y_2$ となり $[y_1y_2, y_2y_1]=1$ をうる.）したがって，$K=\langle y_1y_2, y_2y_1\rangle$ とおくと，$|K|=4$. $H=\langle y_1, y_2\rangle$ とおくと，$H \triangleright K$,

$|H:K|=3$ となる（$\because$　$y_1^{-1}(y_1y_2)y_1=y_2y_1\in K$.　$y_1^{-1}(y_2y_1)y_1=y_1^{-1}y_2y_1^{-1}=(y_1y_2^{-1}y_1)^{-1}\in K$）．$G$ における H の左剰余類 $H, Hx_1, Hx_1^2, Hx_1^3, Hx_1^4$ の合併を L とおく．L は G の生成元を含むが，これは G の部分群となることがわかる．そのためには $Hx_1^ix_2\subseteq L$ を示せばよい．

$$\begin{aligned}
x_1x_2 &= y_1\in H\\
x_1^2x_2 &= x_1x_1x_2 = x_1x_2x_2x_1x_2 = x_1x_2x_1^{-1}x_2x_1^{-1}\\
&= x_1x_2x_1x_2x_2x_1^3x_2x_1x_1^3 = y_1^2y_2x_1^3\in L.\\
x_1^3x_2 &= x_1^2(x_1x_2) = x_1^2x_2x_1^{-1}x_2x_1^{-1} = y_1^2y_2x_1^3x_1^{-1}x_2x_1^{-1}\\
&= y_1^2y_2x_1^2x_2x_1^{-1} = y_1^2y_2y_1^2y_2x_1^3x_1^{-1}\in L\\
x_1^4x_2 &= x_1x_2x_2x_1^3x_2x_1x_1^{-1} = y_1y_2x_1^4\in L.
\end{aligned}$$

したがって $G=L$ となり，$|G:H|\leq 5$.　ゆえに $|G|\leq 60$.　ゆえに $G\simeq A_5$ をうる．∎

§5　一般半線形群の構造

$V=V(n+1,q)$，ただし $n\geq 1$，を q 元からなる有限体 F_q 上の $n+1$ 次元ベクトル空間，$\boldsymbol{P}=\boldsymbol{P}(n,q)$ を F_q 上の n 次元射影空間とする．$\boldsymbol{P}$ の点全体を Ω で，また i 次元部分空間の全体を $\mathfrak{B}^{(i)}$ で表わす；

$$\Omega=\{\langle v\rangle\,|\,0\neq v\in V\},\quad \mathfrak{B}^{(i)}=\{[U]\,|\,U \text{ は } V \text{ の } i+1 \text{ 次元部分空間}\}.$$

すでに第1章§5においてつぎのことを示した．

(i)　一般半線形群 $\Gamma L(V)$ の元は Ω 上の置換としてつぎのように自然に作用する；

$$\langle v\rangle^\sigma=\langle v^\sigma\rangle\qquad \sigma\in\Gamma L(V),\qquad \langle v\rangle\in\Omega.$$

これにより $\Gamma L(V)$ の Ω 上の置換表現をうるが，その核は $Z(V)=\{\lambda 1_V\,|\,\lambda(\neq 0)\in F_q\}$ となる．ここで 1_V は V の恒等変換（$=\Gamma L(V)$ の単位元）である．

(ii)　(i)の作用により $\Gamma L(V)$ の元はデザイン $\boldsymbol{P}_i(n,q)=(\Omega,\mathfrak{B}^{(i)})$，$i\geq 1$，の自己同型をひきおこし，$\dim V=n+1\geq 3$ の場合には $\Gamma L(V)/Z(V)\simeq \mathrm{Aut}\,\boldsymbol{P}_i(n,q)=\mathrm{Aut}\,\boldsymbol{P}$ となる．

$P\Gamma L(V)=\Gamma L(V)/Z(V)$ とおき，これを**射影一般半線形群**とよぶ．$P\Gamma L(V)$ の部分群 $PGL(V)=GL(V)/Z(V)$，$PSL(V)=SL(V)Z(V)/Z(V)\simeq SL(V)/Z(V)$

$\cap SL(V)$をそれぞれ**射影一般線形群，射影特殊線形群**とよぶ．

$\Gamma L(V)$の元σに対して，σに属するF_qの自己同型写像$\theta(\sigma)$を対応させる写像$\theta:\Gamma L(V)\to\mathrm{Aut}\,F_q$は準同型写像となる．$\mathrm{Aut}\,F_q$の任意の元$\varphi$に対して，$V$の$F_q$-基$u_0,\cdots,u_n$を1つ定めて$V$から$V$への写像$\sigma$を$(\sum\lambda_iu_i)^\sigma=\sum\lambda_i^\varphi u_i$と定義すると，$\sigma\in\Gamma L(V)$でかつ$\theta(\sigma)=\varphi$となり，$\theta$は上への写像である．$\mathrm{Ker}\,\theta=GL(V)$であることから，$\Gamma L(V)\trianglerighteq GL(V)$，$\Gamma L(V)/GL(V)\simeq\mathrm{Aut}\,F_q$をうる．$GL(V)\ni\sigma$に対して$\det\sigma$を対応させる写像は$GL(V)$から$F_q{}^*=F_q-\{0\}$上への準同型写像で，その核は$SL(V)$となる．したがって$GL(V)\trianglerighteq SL(V)$，$GL(V)/SL(V)\simeq F_q{}^*$をうる．以上の考察より，つぎの補題をうる．

補題 5.1 (1) $\Gamma L(V)\trianglerighteq GL(V)$，$P\Gamma L(V)\trianglerighteq PGL(V)$で$\Gamma L(V)/GL(V)\simeq P\Gamma L(V)/PGL(V)\simeq\mathrm{Aut}\,F_q$(=巡回群)となる．

(2) $GL(V)\trianglerighteq SL(V)$, $PGL(V)\trianglerighteq PSL(V)$で$GL(V)/SL(V)\simeq F_q{}^*$(=巡回群), $PGL(V)/PSL(V)\simeq F_q{}^*/F_q{}^{*n+1}$(=巡回群)となる．

［注意］ 最後の同型は$PGL(V)/PSL(V)\simeq GL(V)/SL(V)Z(V)$より得られる．

補題 5.2 $q=p^r$，p=素数，とすると

(1) $|\Gamma L(V)|=r|GL(V)|=r(q-1)|SL(V)|=rq^{n(n+1)/2}\prod_{i=1}^{n+1}(q^i-1)$

(2) $|P\Gamma L(V)|=r|PGL(V)|=r(q-1,n+1)|PSL(V)|=rq^{n(n+1)/2}\prod_{i=2}^{n+1}(q^i-1)$.

証明 VのF_q-基$u_0,\cdots,u_n$を1つ定める．$GL(V)\ni\sigma$とすると，$u_0{}^\sigma,\cdots,u_n{}^\sigma$は$V$の$F_q$-基で$(\sum\lambda_iu_i)^\sigma=\sum\lambda_iu_i{}^\sigma$．逆に$V$の任意の$F_q$-基$v_0,\cdots,v_n$に対して$V$から$V$への写像：$\sum\lambda_iu_i\to\sum\lambda_iv_i$は$V$の正則な1次変換となる．したがって$|GL(V)|$は$V$の$F_q$-基の個数と一致し，したがって

$$|GL(V)|=\prod_{i=0}^{n}(q^{n+1}-q^i)=q^{n(n+1)/2}\prod_{i=1}^{n+1}(q^i-1)$$

をうる．$|F_q{}^*|=q-1=|Z(V)|$，$|Z(V)\cap SL(V)|=(q-1,n+1)$，$|\mathrm{Aut}\,F_q|=r$に注意すれば，補題5.1より主張をうる．▌

定理 5.3 (1) $SL(V)$は$\mathfrak{B}^{(i)}$，$n-1\geq i\geq 0$上に可移に作用するが，さらに

(2) $SL(V)$は$\Omega(=\mathfrak{B}^{(0)})$上，および$\mathfrak{B}^{(n-1)}$上に2重可移に作用する．

(3) $n=1$の場合(i.e. $V=V(2,q)$)，$GL(V)$はΩ上に3重可移に作用する．

証明 (1) $\mathfrak{B}^{(i)}$の2元$[U_1]$，$[U_2]$(ここでU_1,U_2はVの$(i+1)$次元部分空間)をとる．$\{u_0,\cdots,u_i\}$，$\{v_0,\cdots,v_i\}$をそれぞれU_1,U_2のF_q-基とすると，こ

れらをその一部とするような V の F_q-基 $\{u_0, \cdots, u_i, u_{i+1}, \cdots, u_n\}$, $\{v_0, \cdots, v_i, v_{i+1}, \cdots, v_n\}$ をつくることができる. $\sum \lambda_i u_i \to \sum \lambda_i v_i$ なる V から V への写像を σ とし, V から V への写像 τ を $\sum_{i=0}^{n} \lambda_i u_i \to \lambda_0 (\det \sigma)^{-1} v_0 + \sum_{i=1}^{n} \lambda_i v_i$ と定義すると, $\tau \in SL(V)$ となり $[U_1]^\tau = [U_2]$.

(2) $\langle u_0 \rangle, \langle u_1 \rangle$ を Ω の相異なる2点とすると, u_1, u_2 は V の1次独立なベクトルとなる. $\langle v_0 \rangle, \langle v_1 \rangle$ を Ω の任意の相異なる2点とするとき, $\{u_0, u_1\}$, $\{v_0, v_1\}$ に対して(1)と同様にして V から V への写像 τ を定義すれば $\tau \in SL(V)$ で $\langle u_0 \rangle^\tau = \langle v_0 \rangle$, $\langle u_1 \rangle^\tau = \langle v_1 \rangle$ となる. したがって $SL(V)$ は Ω 上に2重可移に作用する. $n=1$ のときは, $\Omega = \mathfrak{B}^{(n-1)}$. したがって $SL(V)$ は $\mathfrak{B}^{(n-1)}$ に2重可移に作用する. $n>1$ の場合は $\boldsymbol{P}_{n-1}(n, q) = (\Omega, \mathfrak{B}^{(n-1)})$ は対称デザインで $PSL(V) \leq \mathrm{Aut}\, \boldsymbol{P}_{n-1}(n, q)$ であるから, 第1章定理5.9により $SL(V)$ は $\mathfrak{B}^{(n-1)}$ 上にも2重可移に作用する.

(3) (2)により $GL(V)(\geq SL(V))$ は Ω 上に2重可移に作用している. したがって $\Omega \ni \langle u_0 \rangle, \langle u_1 \rangle (\neq)$ とし, $GL(V)$ のこの2点の固定部分群を H とするとき, H が $\Omega_0 = \Omega - \{\langle u_0 \rangle, \langle u_1 \rangle\}$ 上に可移に作用することを示せばよい. u_0 と u_1 は V の1次独立なベクトルであるから, Ω_0 の元はすべて $\langle u_0 + \lambda u_1 \rangle$, $\lambda \neq 0 \in F_q$, と表わされる. $\lambda (\neq 0) \in F_q$ に対して, V から V への写像 σ を $(\lambda_0 u_0 + \lambda_1 u_1)^\sigma = \lambda_0 u_0 + \lambda_1 \lambda u_1$ と定義すると $\sigma \in H$ で $\langle u_0 + u_1 \rangle^\sigma = \langle u_0 + \lambda u_1 \rangle$, H は Ω_0 上可移となる. ▌

$V = V(2, q)$ の場合, 補題5.2より $|PGL(V)| = (q+1)q(q-1)$. 一方, $|\Omega| = q+1$ であるから, 上の定理より $(PGL(V), \Omega)$ は純3重可移群である. また $P\Gamma L(V)$ $(\geq PGL(V))$ は Ω 上3重可移に作用しており, $P\Gamma L(V)$ の Ω の相異なる3点の固定部分群を K とすると, $P\Gamma L(V) = KPGL(V)$, $K \cap PGL(V) = 1$ より, $K \simeq P\Gamma L(V)/PGL(V) \simeq \mathrm{Aut}\, F_q =$ 位数 r の巡回群(ここで $q = p^r$, $p =$ 素数). したがってつぎの定理をうる.

定理 5.4 $V = V(2, q)$, $q = p^r$, $p =$ 素数とすると

(1) $(PGL(V), \Omega)$ は純3重可移群である.

(2) $(P\Gamma L(V), \Omega)$ は3重可移群で, その(相異なる)3点の固定部分群は位数 r の巡回群である.

［注意］ (1)はすでに第3章定理4.7でも得られている.

補題5.1より $P\Gamma L(V)/PGL(V)$, $PGL(V)/PSL(V)$ の構造はわかったから,

$P\Gamma L(V)$の構造を知るためには$PSL(V)$の構造を決定しなければならない.

Uを$V=V(n+1,q)$の超平面(n次元部分空間)とする. $GL(V)$の元$\tau(\neq 1)$が

$$u^\tau = u \quad \forall u \in U, \qquad v^\tau - v \in U \quad \forall v \in V$$

を満たすとき, τはVのUに関する**移換**(transvection)であるという. Uを移換τの**軸**という. Uに入らないVの元の1つをv_0とすると, $\tau\neq 1$より$v_0^\tau \neq v_0$, Vの任意の元vは$v=\lambda_0 v_0+u$, $\lambda_0 \in F_q$, $u\in U$と書けて$v^\tau - v=\lambda_0(v_0^\tau - v_0)$となる. したがって$\{v^\tau - v \mid v\in V\}=\langle v_0^\tau - v_0\rangle$となり, τによりUの1次元部分空間が定まる. この1次元部分空間(またはその生成元)を移換τの**方向**という. u_0をτの方向とするとき, τのVの元への作用は

$$v^\tau = v+\lambda_v u_0 \qquad \forall v \in V \qquad \exists\, \lambda_v \in F_q$$

と表わされる. λ_vはvの関数とみてV(からF_qへ)の線形関数であり, その核はUとなる. したがって, 移換τはVの線形関数$f(\neq 0)$, 軸の元$u_0(\neq 0)$があって

$$v^\tau = v+f(v)u_0 \qquad \forall v \in V \tag{5.1}$$

と表わされる. 逆にVの任意の0でない線形関数fをとり, $u_0(\neq 0)$を$f(u_0)=0$なるVの任意の元とするとき, (5.1)によりVからVへの写像τを定義すると$\mathrm{Ker}\, f$はVの超平面でτは$\mathrm{Ker}\, f$を軸とし, u_0を方向とする移換となることは見易い. τ_{f,u_0}により(5.1)で定義される移換を表わすものとする. つぎの補題は定義よりほとんど明らかである.

補題 5.5 (1) $\tau_{f,u}{}^{-1} = \tau_{f,-u}$, $\tau_{f,u} = \tau_{\lambda f,\lambda^{-1}u} \qquad \forall \lambda \in F_q{}^*$

(2) $\tau_{f,u_1}\tau_{f,u_2} = \tau_{f,u_1+u_2}$ (ただし$u_1+u_2\neq 0$とする)

(3) $\tau_{f_1,u}\tau_{f_2,u} = \tau_{f_1+f_2,u}$ (ただし$f_1+f_2\neq 0$とする)

(4) $\tau_{f_1,u_1} = \tau_{f_2,u_2} \Leftrightarrow F_q{}^*$の元$\lambda$があって$u_1=\lambda u_2, f_2=\lambda f_1$

(5) $\Gamma L(V)\ni\sigma$ に対して $\tau_{f,u}{}^{\sigma} = \tau_{\sigma^{-1}f,u^\sigma}$.

ここで$(\sigma^{-1}f)(v)=f(v^{\sigma^{-1}})^\theta$, θはσに属するF_qの自己同型写像, $\sigma^{-1}f$はVの線形関数である.

補題 5.6 (1) Vの移換の全体は$GL(V)$で1つの共役類をつくる.

(2) Vの移換はすべて$SL(V)$に入る. 逆に$SL(V)$の元$\tau(\neq 1)$が或る超平面のすべての点を固定すれば, τはVの移換となる.

(3)　$\dim V=n+1\geq 3$ とすると，移換の全体は $SL(V)$ で1つの共役類をつくる．

証明　(1)　$\tau_1=\tau_{f,u_0}$，$\tau_2=\tau_{g,v_0}$ とする．u_0, v_0 を用いて V の2組の基 $\{u_0, u_1, \cdots, u_n\}$，$\{v_0, v_1, \cdots, v_n\}$ をつぎのように選ぶことができる；

(i)　$\operatorname{Ker} f = \langle u_0, u_1, \cdots, u_{n-1}\rangle$,　　$\operatorname{Ker} g = \langle v_0, v_1, \cdots, v_{n-1}\rangle$

(ii)　$f(u_n) = 1 = g(v_n)$.

$GL(V)$ の元 σ を $u_i{}^{\sigma}=v_i$，$i=0,\cdots,n$，と選ぶと，$\sigma^{-1}\tau_1\sigma=\tau_2$．実際，補題5.5(5)より $\sigma^{-1}\tau_1\sigma=\tau_{\sigma^{-1}f, u_0{}^{\sigma}}$ となるが，$u_0{}^{\sigma}=v_0$．また V の任意の元 $u=\sum_{i=0}^{n}\lambda_i v_i$ に対して $(\sigma^{-1}f)(u)=f(\sum\lambda_i v_i{}^{\sigma^{-1}})=\lambda_n=g(u)$ となり $\sigma^{-1}f=g$．したがって $\sigma^{-1}\tau_1\sigma=\tau_2$ をうる．

(2)　(1)よりすべての移換は共役であるから，その det は一定値 λ をとる．補題5.5(2)により $\lambda^2=\lambda$．$\lambda\neq 0$ より $\lambda=1$．よってすべての移換は $SL(V)$ に入る．逆に $SL(V)\ni\tau(\neq 1)$ が或る超平面 U の点をすべて固定すると仮定しよう．$u_0, \cdots, u_{n-1}$ を U の基とする．U に入らない任意の V の元 u に対して $u_0,\cdots,u_{n-1}$，$u_n=u$ は V の基である．$u^{\tau}=\sum_{i=0}^{n}\lambda_i u_i$ とすると，$u_i{}^{\tau}=u_i$，$i=0,\cdots,n-1$，なることから，$1=\det\tau=\lambda_n$ となり，$u^{\tau}-u\in U$．したがって τ は移換となる．

(3)　(1)の証明における σ のとり方をつぎのように修正する．$n+1\geq 3$ より，$n\geq 2$．よってもし(1)の証明における σ が $SL(V)$ に入らない場合には，$GL(V)$ の元 σ' を $u_i{}^{\sigma'}=v_i$，$\forall i\neq 1$，$u_1{}^{\sigma'}=\lambda^{-1}v_1$（ここで $\lambda=\det\sigma$）と選ぶと，$\det\sigma'=1$ で $\sigma'^{-1}\tau_1\sigma'=\tau_2$ となる．▌

定理 5.7　$SL(V)$ は移換で生成される．

証明　$SL(V)\ni\sigma(\neq 1)$ に対して $I(\sigma)=\{u\in V\,|\,u^{\sigma}=u\}$ とおくと $I(\sigma)$ は V の部分空間となる．$\dim(V/I(\sigma))$ に関する帰納法により σ が移換の積となることを証明する．$\dim(V/I(\sigma))=1$ のときは $I(\sigma)$ は V の超平面で補題5.6,(2)により σ は移換である．よって $\dim(V/I(\sigma))=t>1$ とする．

(a)　V の元 $u(\neq 0)$ で，u^{σ} と u が $I(\sigma)$ を法として1次独立となるものが存在する場合：この場合，$u^{\sigma}-u$ と u^{σ} も $I(\sigma)$ を法として1次独立，したがって V の $n-1$ 次元部分空間 W を $I(\sigma)$ と $\langle u-u^{\sigma}\rangle$ を含み，$\langle u^{\sigma}\rangle$ を含まないように選ぶことができる．そこで V の線形関数 f を $f(W)=0$，$f(u^{\sigma})=1$ と選ぶと，$W\supseteq I(\sigma)$ より $\sigma\tau_{f,u-u^{\sigma}}$ は $I(\sigma)$ の元をすべて固定し，さらに $u^{\sigma\tau_{f,u-u^{\sigma}}}=u^{\sigma}+f(u^{\sigma})(u-$

$u^{\sigma})=u$ となり，$I(\sigma\tau_{f,u-u^{\sigma}})\supsetneqq I(\sigma)$. よって帰納法の仮定から，$\sigma\tau_{f,u-u^{\sigma}}$, したがって σ は移換の積となる.

(b) V のすべての元 $u(\neq 0)$ に対して u^{σ} と u が $I(\sigma)$ を法として1次従属となっている場合：このとき V の元 u を $u^{\sigma}\neq u$ と選び，V の超平面 W を $I(\sigma)$ を含み u を含まないように選ぶ. f を $f(W)=0$, $f(u^{\sigma})=1$ なる V の線形関数とし，$W-I(\sigma)$ の任意の元 u_0 を選び，$\tau=\tau_{f,-u_0}$ とすると，$u^{\sigma\tau}=u^{\sigma}-f(u^{\sigma})u_0=u^{\sigma}-u_0$, したがって $u^{\sigma\tau}-u=u^{\sigma\tau}-u^{\sigma}+u^{\sigma}-u=-u_0+u^{\sigma}-u\notin I(\sigma)$. $I(\sigma\tau)\supseteq I(\sigma)$ であるが，もし $I(\sigma\tau)\supsetneqq I(\sigma)$ ならば帰納法の仮定で σ は移換の積となる. また，もし $I(\sigma\tau)=I(\sigma)$ とすると，$u^{\sigma\tau}$ と u は $I(\sigma\tau)$ を法として1次独立となり，(a)の場合に帰着され σ は移換の積となる. ▌

［注意］ 定理5.7はすでに第1章§4.2においてもっと強い形で証明ずみである. 実際，そこにおける $A_{i,j:\lambda}$ は移換の行列表示であり，したがって $SL(V)$ が移換の(全部でなくて)一部で生成されることが示されている. 一方，定理5.7の上の証明は $SL(V)$ の元は高々 $2n+1$ 個の移換の積となることを示しており，これは第1章§4.2の結果にふくまれない.

定理 5.8 G を $GL(V)$ の部分群で $SL(V)$ の元による共役作用で不変とする. このとき，$\dim V=2$ で $F_q=F_2$ または F_3 の場合を除いて，$G\leq Z(V)$ または $SL(V)\leq G$ となる.

証明 (a) $\dim V\geq 3$ の場合：すべての移換が $SL(V)$ で共役であることから，$G\nleq Z(V)$ を仮定して G が少なくも1つの移換を含むことを示せばよい. まず $G\cap SL(V)$ の元 $\rho(\neq 1)$ で，$\langle v^{\rho}-v\,|\,v\in V\rangle\neq V$ なるものが存在する. ($\because$ $G\nleq Z(V)$ より u^{σ} と u が1次独立となる $\sigma\in G$ と $u\in V$ が存在する. $\tau=\tau_{f,u}$ を u を方向とする移換の1つとし $\rho=\tau^{-1}\tau^{\sigma}(\in SL(V))$ とおくと，$\tau^{\sigma}=\tau_{\sigma^{-1}f,u^{\sigma}}$ は u^{σ} を方向とする移換であるから $\rho\neq 1$. G は移換による共役作用で不変であるから，$\rho=(\tau^{-1}\sigma^{-1}\tau)\sigma\in G$. $V\ni v$ に対して $v^{\rho}=v^{\tau^{-1}\tau^{\sigma}}=(v-f(v)u)^{\tau^{\sigma}}=v-f(v)u+f(v^{\sigma^{-1}}-f(v)u^{\sigma^{-1}})u^{\sigma}$ より $\langle v^{\rho}-v\,|\,v\in V\rangle\subseteq\langle u,u^{\sigma}\rangle$ となり，$\dim V\geq 3$ より $\langle v^{\rho}-v\,|\,v\in V\rangle\neq V$.) このような ρ に対して $\langle v^{\rho}-v\,|\,v\in V\rangle$ を含む V の超平面の1つを U とすると，$U^{\rho}=U$($\because$ $v\in U$ とすると $v^{\rho}-v\in U$ より $v^{\rho}\in U$) で V の任意の元 v に対して $v^{\rho}-v\in U$ となっている. $\tau=\tau_{f,u}$ を U を軸とする移換とすると，$\rho^{-1}f$ と f はいずれも超平面 U を核とする V の線形関数であるから $\rho^{-1}f=\lambda f$ ($\exists\lambda\in$

F^*_q)と書け，$\tau^{\rho}=\tau_{\rho^{-1}f,u^{\rho}}=\tau_{\lambda f,u^{\rho}}=\tau_{f,\lambda u^{\rho}}$. ρ と τ を可換とすると，$\tau_{f,u}=\tau_{f,\lambda u^{\rho}}$ より $u=\lambda u^{\rho}$ で，したがって V の任意の元 v に対して $v^{\rho\tau}=v^{\tau\rho}$ より $f(v-\lambda v^{\rho})=0$, i.e. $v-\lambda v^{\rho}\in U$ をうる．一方，$v-v^{\rho}\in U$ で $U\neq V$ なることから $\lambda=1$ となり $u^{\rho}=u$ をうる．したがって，もし ρ が U を軸とするすべての移換と可換であれば，ρ は U のすべての元を固定し，補題5.6(2)により ρ は移換となる．U を軸とする移換で ρ と可換でないもの $\tau=\tau_{f,u}$ が存在する場合は，$1\neq[\tau,\rho]=\tau^{-1}\tau^{\rho}=\tau_{f,-u}\tau_{f,\lambda u^{\rho}}=\tau_{f,-u+\lambda u^{\rho}}$ となり $[\tau,\rho]$ は G に入る移換となる．

(b) $\dim V=2$ の場合: $G\not\leq Z(V)$ とする．$Z(V)$ に入らない G の元 σ に対し，V の或る元 u があって u,u^{σ} は1次独立となる．$\dim V=2$ より $v_1=u$, $v_2=u^{\sigma}$ は V の基となり，σ の作用は $v_1{}^{\sigma}=v_2$, $v_2{}^{\sigma}=\lambda_1v_1+\lambda_2v_2$ ($\lambda_1\neq0$, $\lambda_1,\lambda_2\in F_q$) と書ける．$K\neq F_2,F_3$ より K の元 λ_0 ($\neq0$) を $\lambda_0{}^2\neq-\lambda_1{}^{-1}$ となるように選ぶことができる．$GL(V)$ の元 τ を $v_1{}^{\tau}=\lambda_0\lambda_2v_1-\lambda_0v_2$, $v_2{}^{\tau}=\lambda_0{}^{-1}v_1$ と選ぶと，この定義より $\det\tau=1$ となり $\tau\in SL(V)$. したがって $\rho=\tau^{-1}\sigma^{-1}\tau\sigma$ とおくと $\rho\in G\cap SL(V)$ で

$$v_1{}^{\rho}=\mu_1v_1,\qquad v_2{}^{\rho}=\mu_2v_1+\mu_1{}^{-1}v_2$$

となる．ここで $\mu_1=-\lambda_0{}^2\lambda_1\neq1$, $\mu_2=-\lambda_2(1+\lambda_0{}^2\lambda_1)\neq0$. これより G が v_1 を方向とする移換を含むことがわかる．(実際，$\mu_1{}^2=1$ のときは $v_1{}^{\rho^2}=v_1, v_2{}^{\rho^2}=2\mu_1\mu_2v_1+v_2$ で，F_q の標数が2でないことから，$\rho^2\in G$ は v_1 を方向とする移換となる．$\mu_1{}^2\neq1$ のときは，$GL(V)$ の元 τ_1 を $v_1{}^{\tau_1}=v_1$, $v_2{}^{\tau_1}=v_1+v_2$ と選ぶと，$\tau_1\in SL(V)$ で，したがって $\rho_1=\tau_1{}^{-1}\rho^{-1}\tau_1\rho\in G$ であるが，$v_1{}^{\rho_1}=v_1$, $v_2{}^{\rho_1}=(\mu_1{}^2-1)v_1+v_2$ となり ρ は v_1 を方向とする移換となる．) いま G に含まれる v_1 を方向とする移換の1つを τ とし，$v_1{}^{\tau}=v_1$, $v_2{}^{\tau}=\lambda v_1+v_2$ とする．$F_q\ni\nu$ ($\neq0$) に対して $SL(V)$ の元 ρ_{ν} を $v_1{}^{\rho_{\nu}}=\nu v_1$, $v_2{}^{\rho_{\nu}}=\nu^{-1}v_2$ とすると，$\rho_{\nu}{}^{-1}\tau\rho_{\nu}\in G$ で $v_1{}^{\rho_{\nu}{}^{-1}\tau\rho_{\nu}}=v_1$, $v_2{}^{\rho_{\nu}{}^{-1}\tau\rho_{\nu}}=\lambda\nu^2v_1+v_2$ となる．第1章定理3.12より，$F_q{}^*$ の任意の元 ν ($\neq0$) に対して F_q の元 ν_1,ν_2 で $\nu=\lambda(\nu_1{}^2+\nu_2{}^2)$ を満たすものが存在する．したがって $\tilde{\tau}=\rho_{\nu_1}{}^{-1}\tau\rho_{\nu_1}\rho_{\nu_2}{}^{-1}\tau\rho_{\nu_2}$ とおくと，$\tilde{\tau}\in G$ かつ $v_1{}^{\tilde{\tau}}=v_1$, $v_2{}^{\tilde{\tau}}=\nu v_1+v_2$, i.e. $\tilde{\tau}$ は移換となる．したがって G は v_1 を方向とするすべての移換を含む．定理5.3，補題5.5, (5)より G はすべての移換を含み，したがって $G\geq SL(V)$ となる．▌

定理 5.9 (1) $\dim V=2$ で $F_q=F_2$ または F_3 の場合を除いて $PSL(V)$ は非可換単純群である．

(2) $V=V(2,F_3)$ のとき，$PSL(V)\simeq A_4$

(3)　$V=V(2,F_2)$ のとき，$PSL(V)\simeq S_3$.

証明　(1)　定理5.8より $PSL(V)$ は単純．非可換なることはほとんど明らか.

(2)　$PSL(2,F_3)$ は $\boldsymbol{P}(1,F_3)$ の点集合 Ω 上に2重可移に作用している(定理5.3). $|\Omega|=4$, $|PSL(V)|=4\cdot 3$, i.e. $PSL(V)$ は S_4 の位数12の部分群に同型だから，定理1.4より $PSL(V)\simeq A_4$ となる.

(3)　(2)と同様に $PSL(2,F_2)$ は $\boldsymbol{P}(1,F_2)$ の点集合 Ω 上の置換群であるが，位数を比較して $PSL(V)\simeq S_3$ となる. ▌

§6　$PSL(V)$，ただし $\dim V\geq 3$，の置換群としての性質

§5の記号をそのまま用いる．$\dim V\geq 3$ とする．第1章定理5.16によって $P\Gamma L(V)\simeq \mathrm{Aut}\,\boldsymbol{P}$, i.e. $\boldsymbol{P}$ の自己同型はすべて $\Gamma L(V)$ の元によりひきおこされる．$\Gamma L(V)\ni\tau$ のひきおこす $\mathrm{Aut}\,\boldsymbol{P}$ の元を $\bar{\tau}$ で表わすこととする．$\tau=\tau_{f,u_0}$ を V の移換とするとき，$\bar{\tau}$ の $\boldsymbol{P}$ での作用を考える．τ は $U=\mathrm{Ker}\,f$ のすべての元を固定するから $\bar{\tau}$ は $\boldsymbol{P}$ の超平面 $[U]$ のすべての点を固定する．また，$V\ni v\neq 0$ に対して $v^\tau\in\langle v,u_0\rangle$ より $\langle v,u_0\rangle^\tau=\langle v,u_0\rangle$, i.e. $\bar{\tau}$ は $\boldsymbol{P}$ の点 $\langle u_0\rangle(\in[U])$ を通るすべての1次元部分空間を固定する．したがって V の移換 τ に対して $\mathrm{Aut}\,\boldsymbol{P}$ の元 $\rho=\bar{\tau}$ は

(i)　$\boldsymbol{P}$ の超平面 $[U]$ があって，ρ は $[U]$ の各点を固定する.

(ii)　$[U]$ の点 $\langle u_0\rangle$ があって，ρ は $\langle u_0\rangle$ を通る $\boldsymbol{P}$ の1次元部分空間(＝直線)をすべて固定する.

を満たす.

逆に $\mathrm{Aut}\,\boldsymbol{P}$ の元 ρ が(i), (ii)を満足すると仮定すると ρ は V の或る移換 τ により $\rho=\bar{\tau}$ と書けることを示す．まず $P\Gamma L(V)\simeq\mathrm{Aut}\,\boldsymbol{P}$ より $\Gamma L(V)$ の或る元 τ で $\rho=\bar{\tau}$ と書ける，i.e. $v\in V$ に対して $\langle v\rangle^\rho=\langle v^\tau\rangle$. U の任意の元 $u(\neq 0)$ に対して $\langle u\rangle^\rho=\langle u\rangle$ より $u^\tau=\lambda_u u$, $\lambda_u\in F_q$, と書ける．$u_1,\cdots,u_n$ を U の基とすると，$u=\sum_{i=1}^n u_i$ に対して $u^\tau=\lambda_u u=\sum_{i=1}^n\lambda_u u_i$ であるが，一方，$u^\tau=\sum_{i=1}^n u_i{}^\tau=\sum_{i=1}^n\lambda_{u_i}u_i$ より $\lambda_{u_1}=\cdots=\lambda_{u_n}=\lambda_u$. したがって U のすべての元 u に対して $u^\tau=\lambda_0 u$ となる F_q の元 λ_0 が存在する．v を U に入らない V の任意の元とすると $[\langle v,u_0\rangle]^\rho=[\langle v,$

$u_0\rangle]$, i.e. $v^\tau\in\langle v, u_0\rangle$, したがって $v^\tau=\lambda v+\mu u_0$ と書ける. $\dim U\geq 2$ より u を U の元で u_0 と1次独立に選ぶと, $(v+u)^\tau=v^\tau+u^\tau$ より $\lambda=\lambda_0$ をうる. ゆえに τ_0 を $v^{\tau_0}=\lambda_0^{-1}v$, $\forall v\in V$, なる $Z(V)$ の元とすると, $\tau\tau_0^{-1}$ は V の移換で $\overline{\tau\tau_0^{-1}}=\bar{\tau}=\rho$ となる. Aut $\boldsymbol{P}$ の元 ρ が(i), (ii)を満たすとき, ρ を $\langle u_0\rangle$ を中心, $[U]$ を軸とする $\boldsymbol{P}$ の**移換**(transvection, または elation)とよぶ. いままでのべたことをまとめると, つぎの定理の(1), (2)をうる.

定理 6.1 $\dim V=n+1\geq 3$ とする.

(1) $PSL(V)$ は $\boldsymbol{P}$ の移換で生成される.

(2) V の移換 τ に対して $\bar{\tau}$ は $\boldsymbol{P}$ の移換であるが, 逆に $\boldsymbol{P}$ の移換はすべてこのようにして V の移換から得られる. この対応で V の移換と $\boldsymbol{P}$ の移換とは1対1に対応する.

(3) x を $\boldsymbol{P}$ の点とする. $A(x)=\{\sigma\in\mathrm{Aut}\,\boldsymbol{P}\mid\sigma=1$, または x を中心とする移換$\}$ は Aut $\boldsymbol{P}$ の部分群である. $A(x)$ は位数 $q^n=p^{rn}$ の基本 Abel 群で $(\mathrm{Aut}\,\boldsymbol{P})_x$ ($=x$ の固定部分群)の正規部分群となる.

(4) $\boldsymbol{P}$ の点 x に対して, x を固定しかつ x を通るすべての直線を固定するような Aut $\boldsymbol{P}$ の位数 p の元は x を中心とする $\boldsymbol{P}$ の移換となる. したがって

$A(x)=\{\sigma\in\mathrm{Aut}\,\boldsymbol{P}\mid\sigma=1$, または σ は位数 p で x および x を通るすべての直線を固定$\}$

となる.

証明 (1) $SL(V)$ が V の移換で生成されることから明らか.

(2) τ を移換として $\bar{\tau}=\overline{\tau'}$ とすると $\tau'=\tau\sigma$, $\sigma\in Z(V)$. よって, τ' も移換とすると $\sigma=1$. 他はすでに示した.

(3) 補題5.5(1), (3)より $A(x)$ は Aut $\boldsymbol{P}$ の部分群. また補題5.5(5)より, $A(x)\trianglelefteq(\mathrm{Aut}\,\boldsymbol{P})_x$. $x=\langle u_0\rangle$ とすると $A(x)\ni\bar{\tau}=\bar{\tau}_{f,u_0}$ に対して, f を対応させることにより(ただし $\bar{\tau}=1$ に対しては $f=0$ を対応させる), 補題5.5(3)に注意すれば $A(x)$ と加法群 $\{f\in\mathrm{Hom}_{F_q}(V, F_q)\mid f(u_0)=0\}$ の間の同型写像をうる. 後者が基本 Abel 群で, 位数 q^n となることは明らか.

(4) Aut $\boldsymbol{P}\ni\bar{\tau}$ を条件を満たす位数 p の元とする. $x=\langle u_0\rangle$ とし, $u_0, u_1, \cdots, u_n$ を V の基とする. $\langle u_0\rangle^\tau=\langle u_0\rangle$ より $u_0{}^\tau=\lambda_0 u_0$, また $\langle u_i\rangle^\tau\in\langle u_i, u_0\rangle$ より $u_i{}^\tau=\lambda_i u_i+\mu_i u_0$ であるが, $(u_i+u_j)^\tau=u_i{}^\tau+u_j{}^\tau$ より $\lambda_1=\cdots=\lambda_n$ となる. したがって $\sigma\in$

$Z(V)$ を $v^\sigma=\lambda_1 v$, $\forall v\in V$, とすると $\bar\tau=\overline{\tau\sigma^{-1}}$ で $u_i{}^{\tau\sigma^{-1}}-u_i\in\langle u_0\rangle$, $i=1,\cdots,n$, となる．したがって $\bar\tau$ の代表をとりかえることにより，はじめから

$$u_0{}^\tau=\lambda_0 u_0,\qquad u_i{}^\tau=u_i+\mu_i u_0,\qquad i=1,\cdots,n$$

としてよいが，このとき，$\lambda_0=1$ となる．(実際，$\lambda_0\neq1$ とすると，$\bar\tau^p=1$ より $u_1{}^{\tau^p}=u_1+\mu_1(1+\lambda_0+\cdots+\lambda_0{}^{p-1})u_0\in\langle u_1\rangle$ となり，$\mu_1(1+\lambda_0+\cdots+\lambda_0{}^{p-1})=0$ となる．$\lambda_0\neq1$ から $1+\lambda_0+\cdots+\lambda_0{}^{p-1}=(\lambda_0{}^p-1)/(\lambda_0-1)\neq0$ であるから，$\mu_1=0$ となる．したがって $\bar\tau^p=1$ より，$(u_1+u_0)^{\tau^p}=u_1+\lambda_0{}^p u_0\in\langle u_0+u_1\rangle$ より $\lambda_0{}^p=1$, i.e. $\lambda_0=1$ となり矛盾.）したがって V(から F_q へ)の線形関数 f を $V\ni v=\sum_{i=0}^n\xi_i u_i$ に対して

$$f(v)=\sum_{i=1}^n\xi_i\mu_i$$

と定義すれば，$\tau=\tau_{f,u_0}$, i.e. τ は u_0 を中心とする移換となる．▌

$G=P\Gamma L(V)$ は $\boldsymbol{P}$ の点集合 Ω 上の2重可移群であるが，$\Omega\ni x$ に対して $A(x)$ の元 $\sigma\,(\neq1)$ は或る超平面 $[U]$ のすべての元を固定する．したがって $H=A(x)$ とおくと，

(i)　H は G_x の可換な正規部分群 $(\neq1)$ であって，$(H,\Omega-\{x\})$ は半正則でない．

また $K=G_{\langle[U]\rangle}$ とおくと，$(G,\mathfrak{B}^{(n-1)})$ が(2重)可移であることおよび $|\Omega|=|\mathfrak{B}^{(n-1)}|$ なることから $|G:K|=|\Omega|$ となる．また，(G,Ω) が2重可移なることから K は Ω 上に固定点をもたない．また $K_{[U]}(=G_{[U]})$ は移換を含むから1でない．したがって，

(ii)　K は G の部分群で，$|G:K|=|\Omega|$, $F_\Omega(K)=\phi$, K の U 上での作用は忠実でない．

第6章において，(i), (ii)の性質を持つ H,K の存在が $PSL(V)$ の Ω ($=\boldsymbol{P}$ の点集合)上の置換群としての基本的性質であることが示される．

§7　位数の小さい対称群と一般線形群

位数の小さい対称群，一般線形群のいくつかは同じ構造を持つ．まず，

定理 7.1　(1)　$PSL(2,2)=SL(2,2)=GL(2,2)\simeq S_3$

(2)　$PSL(2,3)\simeq A_4$,　　$PGL(2,3)\simeq S_4$

(3)　$PGL(2,4) \simeq PSL(2,4) = SL(2,4) \simeq PSL(2,5) \simeq A_5$，$PGL(2,5) \simeq S_5$.

証明　(1)および(2)の $PSL(2,3)$ については定理 5.9 で示した．(2)の $PGL(2,3)$ は $\boldsymbol{P}(1,3)$ の点集合 $\Omega(|\Omega|=4)$ 上の置換群となるが，位数を比較して $PGL(2,3) \simeq S_4$.

(3)　$PGL(2,4)$ は $\boldsymbol{P}(1,4)$ の点集合上の置換群として S_5 の部分群と考えられるが，位数を比較して S_5 の指数 2 の部分群，i. e. A_5 に同型となる．$PGL(2,5)$ は $\boldsymbol{P}(1,5)$ の点集合上の置換群として S_6 の或る部分群 H に同型となるが，位数を比較して $|S_6:H|=6$ となるから，定理 3.5 によって，$PGL(2,5) \simeq S_5$ となる．$PSL(2,5)$ は $PGL(2,5)$ の指数 2 の部分群であるから A_5 と同型となる．▌

定理 7.2　A_5 は位数が 60 であるただ 1 つの単純群であり，かつ位数が最小の非可換な単純群である．

証明　G を位数 60 の単純群とし，$G \not\simeq A_5$ と仮定して矛盾をみちびく．$G \not\simeq A_5$ より G は指数 5 の部分群を含まない(∵　G が指数 5 の部分群 H を含めば $(G, G/H)$ は G の 5 次の置換表現となり，G が単純なることから，G は S_5 の指数 2 の部分群，したがって第 3 章定理 4.2(3) より $G \simeq A_5$ となる)．P_1 を G の Sylow 2-部分群とすると，$|G:\mathcal{N}_G(P_1)|=3, 5$，または 15 であるが，仮定より $|G:\mathcal{N}_G(P_1)|=15$．したがって $\mathcal{N}_G(P_1)(=P_1)=\mathcal{C}_G(P_1)$ となり，第 2 章系 8.5(Burnside) により G は正規 2-補群をもつ．これは G の単純性に反する．

つぎに G を位数が 60 未満の群とする．Burnside の定理(第 2 章定理 10.17) より，G が非可換単純群であるとすれば，その位数を割る相異なる素数は 3 個以上ある．したがって G の位数は $7\cdot3\cdot2$，$5\cdot3\cdot2$ のいずれかである．いずれの場合も G の Sylow 2-部分群を P とすると $\mathcal{N}_G(P)=\mathcal{C}_G(P)$ となり，第 2 章系 8.5 より G は正規 2-補群をもつ．これは G の単純性に反する．▌

定理 7.3　$PSL(2,7)$ は位数 168 のただ 1 つの単純群である．位数が 168 未満の非可換単純群は A_5 のみである．

証明　G を位数が $168(=7\cdot3\cdot8)$ の単純群とする．$P=\langle\sigma\rangle$ を G の Sylow 7-部分群とする．Sylow の定理より，$\mathcal{N}_G(P)$ の位数は $21=7\cdot3$，$\mathcal{N}_G(P)$ の位数 3 の元を ρ とすると $\mathcal{N}_G(P)=\langle\sigma,\rho\rangle$ と書けるが，G の単純性より $\mathcal{N}_G(P) \neq \mathcal{C}_G(P)=P$ (たとえば第 2 章系 8.5)．したがって第 2 章定理 11.3 より $\mathcal{N}_G(P)$ は Frobenius 群である．$Q=\langle\rho\rangle$ は G の Sylow 3-部分群であるが，Sylow の定理より $\mathcal{N}_G(Q)$

の位数は$3\cdot 2$，または$3\cdot 8$. もし$3\cdot 8$とすると，$|G:\mathcal{N}_G(Q)|=7$で，GはSylow 3–部分群をちょうど7個含むが，すでに$\mathcal{N}_G(P)$に7個のSylow 3–部分群が存在し，$\mathcal{N}_G(P)$はそれらで生成されているから$\mathcal{N}_G(P)\trianglelefteq G$となり矛盾. よって$|\mathcal{N}_G(Q)|=6$. τを$\mathcal{N}_G(Q)$の位数2の元とすると，$\mathcal{N}_G(Q)=\langle\rho,\tau\rangle$で$\mathcal{N}_G(P)$の場合と同様の理由で$\mathcal{N}_G(Q)\neq\mathcal{C}_G(Q)=Q$. よって$\tau\rho\tau=\rho^{-1}$. $G\geq\langle\sigma,\rho,\tau\rangle$で$|G:\langle\sigma,\rho,\tau\rangle|\leq 4$より，$G$の単純性に注意すれば$G=\langle\sigma,\rho,\tau\rangle$.

Gの$\Omega=G/\langle\sigma,\rho\rangle$上の置換表現を考える. Ωの($\langle\sigma,\rho\rangle$に対応する) 1点を$\infty$とおく. $G_\infty=\langle\sigma,\rho\rangle(=\mathcal{N}_G(P))$でこれは$\Omega-\{\infty\}$上(7次)の置換群，したがってFrobenius群の置換群としての表現である. 第3章定理6.1により，$\Omega-\{\infty\}$をF_7の元で表わすことにより$\langle\sigma,\rho\rangle$は$F_7$上のアフィン変換と見ることができる. したがって，$\Omega-\{\infty\}=F_7=\{0,1,2,\cdots,6\}$の$\sigma,\rho$の作用は($\sigma,\rho$を必要に応じて適当にとることにより)

$$\sigma: x\to x+1$$
$$\rho: x\to 2x$$

と考えてよい. $|\langle\sigma,\rho\rangle|\not\equiv 0 \pmod 2$より$\tau$は$\Omega$上に固定点を持たず，さらに$\langle\rho\rangle^\tau=\langle\rho\rangle$であるから，

$$\tau: \infty\leftrightarrow 0,\qquad \{1,2,4\}\leftrightarrow\{3,6,5\}$$

であるが，さらに$\rho\tau=\tau\rho^{-1}$から$2^\tau=(1^\rho)^\tau=(1^\tau)^{\rho^{-1}}=2^{-1}1^\tau$，$4^\tau=(2^\rho)^\tau=(2^\tau)^{\rho^{-1}}=2^{-1}2^\tau=4^{-1}\cdot 1^\tau$となり，したがって$1^\tau=a$とおくことによって，

$$\tau: x\to\frac{a}{x}$$

と書ける. (ここで$a\in\{3,6,5\}$に注意する.)

したがって$G=\langle\sigma,\rho,\tau\rangle$は$F_7$上の1次分数変換群，i.e. $PGL(2,7)$の部分群と考えられる. 位数からGは$PGL(2,F_7)$の指数2の部分群であるが，σに対応する行列$\begin{bmatrix}1&0\\1&1\end{bmatrix}$の行列式は1，また$\rho,\tau$に対応する行列$\begin{bmatrix}2&0\\0&1\end{bmatrix}$，$\begin{bmatrix}0&1\\a&0\end{bmatrix}$の行列式の値は2，$-a$でいずれも$\{1,2,4\}(=\{1,3^2,2^2\})$の元で平方数. したがって，$G\leq PSL(2,7)$となり$G=PSL(2,7)$をうる.

つぎにGを位数が168未満の非可換単純群とする. pをGの位数を割る最大の素数とし，PをGのSylow p–部分群とする. まずBurnsideの定理(第2

章定理 10.17)より G の位数を割る相異なる素数は3個以上である．Sylow の定理より $|G:\mathcal{N}_G(P)|\geq p+1$，また第2章系 8.5 より $\mathcal{N}_G(P)\gneq\mathcal{C}_G(P)$ である．したがって $2p(p+1)\leq 167$ が成り立ち，$p\leq 7$ となる．またもし G の位数が p^2 で割れるとすると，$2p^2(p+1)\leq 167$ が成り立ち $p\leq 3$ となるが，これは G の位数が $3^a\cdot 2^b$ となり矛盾．まず $p=7$ とすると，$|G|<168$ より第2章系 8.5，定理 10.17 と Sylow の定理より G の位数は $7\cdot 3\cdot 8\,(=168)$ 以上となり矛盾する．したがって $p=5$ であり，G の位数は $5\cdot 3^a\cdot 2^b$ と書ける．ここで $(a,b)=(2,1)$，$(1,1)$，$(1,2)$，または $(1,3)$ である．$b=1$ とすると，第2章系 8.5 より G は単純群とならない．したがって G の位数は $5\cdot 3\cdot 2^3$，または $5\cdot 3\cdot 2^2$ である．G の位数を $5\cdot 3\cdot 2^3$ と仮定する．Q を G の Sylow 3–部分群とすると，Sylow の定理より $|\mathcal{N}_G(Q)|=3$，または 12 であるが，第2章系 8.5 より，$|\mathcal{N}_G(Q)|=12$ で $|\mathcal{C}_G(Q)|=6$ となる．したがって G は位数 6 の元を持つ．一方，P を G の Sylow 5–部分群とすると Sylow の定理より $|\mathcal{N}_G(P)|=20$ となり $(G, G/\mathcal{N}_G(P))$ は G の 6 次の(忠実な)置換表現であるが，6 次の置換群において位数 6 の元は奇置換となる．したがって G は指数 2 の部分群を含むことになり G は単純でない．したがって G の位数は $5\cdot 3\cdot 2^2=60$ で定理 7.2 より $G\simeq A_5$ となる．▮

系 7.4 $PSL(2,7)\simeq PSL(3,2)$.

証明は $|PSL(2,7)|=|PSL(3,2)|$ と定理 7.3 より明らか．▮

定理 7.5 $PSL(4,2)=GL(4,2)\simeq A_8$.

証明 両方の群の位数を計算すれば位数の等しいことはわかる．定理 4.2 により A_8 は 6 元からなる生成系 $\{a_1,\cdots,a_6\}$ とその基本関係式 $\{a_1{}^3=a_i{}^2=1(2\leq i\leq 6), (a_ia_{i+1})^3=1(1\leq i\leq 5), (a_ia_j)^2=1(|i-j|>1)\}$ を持つことがわかっている．したがって $GL(4,2)$ の元 $b_1,\cdots,b_6$ (ただし，すべては 1 でない)で上の $a_1,\cdots,a_6$ と同じ関係式を満たすものの存在がいえれば，A_8 の単純性より $A_8\simeq\langle b_1,\cdots,b_6\rangle\leq GL(4,2)$ となり，位数の関係より $A_8\simeq GL(4,2)$ となる．実際，$GL(4,2)$ の元 $b_1,\cdots,b_6$ を

$$b_1=\begin{bmatrix}1&1&1&1\\0&0&0&1\\1&1&0&0\\0&1&0&1\end{bmatrix},\quad b_2=\begin{bmatrix}0&1&0&1\\0&0&1&0\\0&1&0&0\\1&0&1&0\end{bmatrix},\quad b_3=\begin{bmatrix}0&1&1&1\\0&1&0&1\\1&1&0&0\\0&0&0&1\end{bmatrix},$$

$$b_4=\begin{bmatrix}1&0&1&0\\0&1&0&0\\0&0&1&0\\0&1&0&1\end{bmatrix},\quad b_5=\begin{bmatrix}0&0&1&0\\0&1&0&1\\1&0&0&0\\0&0&0&1\end{bmatrix},\quad b_6=\begin{bmatrix}0&1&1&1\\0&0&1&0\\0&1&0&0\\1&1&1&0\end{bmatrix}.$$

と選べば，$b_1{}^3=b_i{}^2=1(2\leq i\leq 6)$, $(b_ib_{i+1})^3=1(1\leq i\leq 5)$, $(b_ib_j)^2=1(|i-j|>1)$を満たすことは容易に確かめられる．▌

$V=V(4,2)$をF_2上の4次元ベクトル空間とする．$GL(4,2)$は$V-\{0\}$に作用しているが，$V-\{0\}$は$\boldsymbol{P}(3,F_2)$の点の全体と一致し(正確には，同一視できるというべきであるが)，定理5.3によって$GL(4,2)(=PGL(4,2))$は$V-\{0\}$上に2重可移に作用する．$GL(4,2)\simeq A_8$によりA_8の部分群A_7(1点の固定部分群を1つ決める)に対応する$GL(4,2)$の部分群をGとおく．このときつぎの定理が得られる．

定理 7.6 $(G,V-\{0\})$は(15次の)2重可移である．

証明 $|G|=(1/2)7!$よりGは位数7の元σ，位数5の元τを含む．$|V-\{0\}|=15$よりσの$V-\{0\}$での固定点の個数は1，または8であるが，もし8とすれば固定点はVを生成する．したがって$\sigma=1_V(=GL(4,2)$の単位元)となり矛盾．したがってσはただ1つの固定点を持ち，2つの長さ7の巡回成分を持つ．τの$V-\{0\}$での固定点の個数は0,5，または10であるが，10であればσの場合と同様に$\sigma=1_V$となり矛盾．また5であるとすれば，σはVの或る3次元部分空間Wの点をすべて固定する．Wの基をe_1,e_2,e_3とし，これを拡張してVの基e_1,e_2,e_3,e_4をつくると，この基によるτの行列表示は$\begin{bmatrix}1&&&0\\&1&&\\0&&1&\\a&b&c&1\end{bmatrix}$．したがって$\sigma^2=1$となり矛盾．したがって$\sigma$は3つの長さ5の巡回成分の積となる．まず，

(a) $(G,V-\{0\})$は可移となる．(∵ 軌道の長さは，Gがσを含むことから7,8,14，または15．一方，τを含むことより，5の倍数．したがって$(G,V-\{0\})$は可移となる．)

(b) $(G,V-\{0\})$は2重可移である．(∵ $V-\{0\}\ni 1$, $\Lambda=V-\{0,1\}$，Hを1の固定部分群とする．$|G:H|=15$より，Hは位数7の元σを含み，σはΛを

長さ7の2つの軌道に分ける．したがって，もし$(G, V-\{0\})$が2重可移でないとすると，(H, Λ)は長さ7の2つの軌道を持つ．$G\simeq A_7$は単純群であるから，GはHに入らない位数2の元ρを持つ．$1^\rho=i(\neq 1)$とおくと，$H\cap \rho^{-1}H\rho=K$は2点$1, i$の固定部分群であるが，(H, Λ)の軌道の長さ7より，$|K|=|H|/7=24$．$K^\rho=K$より，$\langle K, \rho\rangle$はGの部分群で位数$2\cdot 24=48$となるが，一方$48\nmid |G|=(1/2)7!$で矛盾.）▌

定理 7.7　$PSL(2, p^f)$がA_5と同型な部分群を含むための必要十分条件は

(i)　$p=5$，または

(ii)　$p^{2f}-1 \equiv 0 \pmod 5$

を満たすことである．

証明　$|PSL(2,p^f)|=\dfrac{1}{(2,p^f-1)}p^f(p^{2f}-1)$から(i), (ii)は必要条件である．したがって十分条件であることを示す．$PSL(2,5)\simeq A_5$より$PSL(2,5^f)\geq PSL(2,5)\simeq A_5$．したがって，以下$p^{2f}-1\equiv 0 \pmod 5$と仮定する．

(a)　$p^f-1\equiv 0 \pmod 5$の場合：このとき，$PSL(2,p^f)$の元$\bar{A}, \bar{B}$をつぎのように選ぶ．aを乗法群$F_{p^f}-\{1\}$の位数5の元とし$(5|p^f-1$よりそのような元は存在する)，$b\in F_{p^f}$を$b(a-a^4)=1$と選び，$c, d\in F_{p^f}$を$b^2+cd=-1$となるように選ぶ．$SL(2,p^f)$の元A, Bを

$$A=\begin{bmatrix} a & 0 \\ 0 & a^{-1}\end{bmatrix},\qquad B=\begin{bmatrix} b & c \\ d & -b\end{bmatrix}$$

と選び，A，Bの$PSL(2,p^f)(=SL(2,p^f)/SL(2,p^f)\cap Z(2,p^f))$における像を$\bar{A}$，$\bar{B}$とおく．容易に$\bar{A}\neq 1$，$\bar{B}\neq 1$，$\bar{A}^5=\bar{B}^2=(\bar{A}\bar{B})^3=1$が確かめられる．したがって定理4.3により$A_5$から$PSL(2,p^f)$への準同型写像が存在するが，$A_5$の単純性より同型写像となる．

(b)　$p^f+1 \equiv 0 \pmod 5$の場合：

補題 7.8　$GL(2,p^{2f})$の部分集合Gを

$$G=\left\{\begin{bmatrix} a & b \\ -\bar{b} & \bar{a}\end{bmatrix}\middle| a, b\in F_{p^{2f}}, a\bar{a}+b\bar{b}=1\right\},\qquad \text{ただし } a\in F_{p^{2f}} \text{ に対して } \bar{a}=a^{p^f},$$

とおくと，Gは$GL(2,p^{2f})$の部分群で，$G\simeq SL(2,p^f)$となる．

証明　Gが$GL(2,p^{2f})$の部分群となることは見易い．$a\bar{a}=a^{1+p^f}=1$となる$F_{p^{2f}}$の元は$1+p^f$個存在し，そのような1元aに対して$a\bar{a}+b\bar{b}=1$なるbはた

だ1つ，i.e. $b=0$ が定まる．また $a\bar{a}\neq 1$ となる $F_{p^{2f}}$ の元 a は $p^{2f}-p^f-1$ 個あり，そのような1元 a に対して $a\bar{a}+b\bar{b}=1$ となる b は p^f+1 個存在する．(実際，$1-a\bar{a}\in F_{p^f}-\{0\}$，$F_{p^{2f}}-\{0\}$ は巡回群であることから，$x^{p^f+1}=1-a\bar{a}$ は $F_{p^{2f}}$ に少なくとも1つの解を持つ．$x^{p^f+1}=1$ は $F_{p^{2f}}$ で p^f+1 個の解を持つことから，$x^{p^f+1}=1-a\bar{a}$ も $F_{p^{2f}}$ で p^f+1 個の解を持つ．) したがって $|G|=(p^f+1)+(p^{2f}-p^f-1)(p^f+1)=(p^f+1)p^f(p^f-1)=|SL(2,p^f)|$ となる．したがって，$G\simeq SL(2,p^f)$ を示すには，G から $SL(2,p^f)$ への同型写像の存在をいえばよい．$p\neq 2$ の場合は，$F_{p^{2f}}$ の元 a_0 を $a_0\neq\bar{a}_0$，$a_0\bar{a}_0=-1$ となるように選び，$\alpha=\begin{bmatrix}1 & a_0\\ \bar{a}_0 & -1\end{bmatrix}$ とおき，また $p=2$ のときは，$F_{2^{2f}}$ の元 $a_0\neq 1$ を $a_0\bar{a}_0=1$ となるように選び，$\alpha=\begin{bmatrix}a_0 & 1\\ 1 & \bar{a}_0\end{bmatrix}$ とおくと，いずれの場合にも $\alpha G\alpha^{-1}\leq SL(2,p^f)$ となることは容易に確かめられ，$G\simeq SL(2,p^f)$ をうる．(補題の証明終)▌

定理7.7の証明にもどる．いま，証明した補題によって補題における群 G のその中心による剰余群 $\bar{G}$ が A_5 と同型な部分群を含むことを示せばよい．a を $F_{p^{2f}}-\{0\}$ の位数5の元，$b=(a-\bar{a})^{-1}$，$F_{p^{2f}}$ の元 c を $c\bar{c}=1-b\bar{b}$ を満たすように選ぶ．(c の存在については $1-b\bar{b}\in F_{p^f}$ より明らか．) G の元 α,β を

$$\alpha=\begin{bmatrix}a & 0\\ 0 & \bar{a}\end{bmatrix},\qquad \beta=\begin{bmatrix}b & c\\ -\bar{c} & \bar{b}\end{bmatrix}$$

とすると α,β の $\bar{G}$ での像 $\bar{\alpha},\bar{\beta}$ が

$$\bar{\alpha}^5=\bar{\beta}^2=(\bar{\alpha}\bar{\beta})^3=1$$

を満たすことは容易に確かめられる(ここで $p^f+1\equiv 0 \pmod 5$ より $a\bar{a}=a^{p^f+1}=1$ なることに注意する)．したがって $\bar{G}$ は A_5 と同型な部分群を含む．(定理7.7の証明終)▌

定理 7.9　$PSL(2,9)\simeq A_6$.

証明　定理7.7により $PSL(2,9)$ は A_5 と同型な部分群 H を含む．位数を比較することによって，$|PSL(2,9):A_5|=6$ となり，$PSL(2,9)$ は次数6の置換表現をうるが，$PSL(2,9)$ の単純性より，$PSL(2,9)$ は S_6 の(指数が2の)部分群に同型，したがって $PSL(2,9)\simeq A_6$ となる．▌

定理 7.10　(1)　$PGL(2,9)$ と S_6 の指数2の部分群は互いに同型(な単純群)であるが，$PGL(2,9)\neq S_6$.

(2)　$PSL(4,2)$ と $PSL(3,4)$ は位数の等しい単純群であるが同型でない．

証明　(1)　前半は定理 7.9 によって明らか．$PGL(2,9)$ は位数 8 の元を含む(実際，$F_9-\{0\}$ の生成元を a とすると，$\begin{bmatrix}1 & 0\\ 0 & a\end{bmatrix}$ の $PGL(2,9)$ での像の位数は 8 である)．しかし S_6 に位数 8 の元のないことは明らか．したがって $PGL(2,9) \not\cong S_6$.

(2)　$PSL(4,2)$ と $PSL(3,4)$ の位数の等しいことは補題 5.2 より得られる．

$$P=\overline{\left\{\begin{bmatrix}1 & 0 & 0 & 0\\ a_1 & 1 & 0 & 0\\ a_2 & a_3 & 1 & 0\\ a_4 & a_5 & a_6 & 1\end{bmatrix}\middle| a_i\in F_2\right\}}$$

は $PSL(4,2)$ の Sylow 2-部分群であるが，容易に P の中心は位数 2 であることがわかる(実際，$a_4=1$，他の a_i がすべて 0 となる P の元が中心の生成元である)．同様に

$$Q=\overline{\left\{\begin{bmatrix}1 & 0 & 0\\ a_1 & 1 & 0\\ a_2 & a_3 & 1\end{bmatrix}\middle| a_i\in F_4\right\}}$$

は $PSL(3,4)$ の Sylow 2-部分群でその中心の位数は 4 となることがわかる(実際，Q の中心は a_2 が任意で $a_1=a_3=0$ となる Q の元からなる)．したがって，$PSL(4,2)\not\cong PSL(3,4)$ となる．∎

定理 7.7 により $PSL(2,11)$ は A_5 と同型な部分群 H を含むが，位数の比較によって $|PSL(2,11):H|=11$ となり $PSL(2,11)$ は 11 次の置換表現($PSL(2,11)$, $PSL(2,11)/H$)を持つ．$PSL(2,11)$ の A_5 と同型な部分群の個数をしらべる．いままでと同様に $SL(2,11)$ の元 α の $PSL(2,11)$ での像を $\bar{\alpha}$ と書く．まずつぎの補題は(単なる行列の計算により)容易に得られる．

補題 7.11　$\alpha=\begin{bmatrix}a & b\\ c & d\end{bmatrix}\in SL(2,11)$ に対して

(1)　$\alpha^2=1 \Rightarrow \alpha=\pm\begin{bmatrix}1 & 0\\ 0 & 1\end{bmatrix}$

(2)　$\alpha^4=1$，$\alpha^2\neq 1 \Leftrightarrow \alpha=\begin{bmatrix}a & b\\ c & -a\end{bmatrix}$，$a^2+bc=-1$，$bc\neq 0$. ——

a_0 を $F_{11}-\{0\}$ の位数 5 の元とすると，$\bar{\alpha}_0=\overline{\begin{bmatrix}a_0 & 0\\ 0 & {a_0}^{-1}\end{bmatrix}}$ は $PSL(2,11)$ の位数 5 の

元である．また $PSL(2,11)$ の位数2の元は補題7.11より $\bar{\beta}=\begin{bmatrix} a & b \\ c & -a \end{bmatrix}$（ただし $a^2+bc=-1$，$bc\neq 0$），と書ける．このとき，

補題 7.12　$(\bar{\alpha}_0\bar{\beta})^3=1 \Leftrightarrow a(a_0^{-1}-a_0)=\pm 1.$

証明　$(\alpha_0\beta)^3$ の成分を計算すると，

$$(\alpha_0\beta)^3=\begin{bmatrix} u_1 & u_2 \\ u_3 & u_4 \end{bmatrix},\quad \begin{aligned} u_1 &= a_0a(a_0{}^2a^2+bc)+a_0abc(1-a_0{}^{-2}) \\ u_2 &= a_0b\{a^2(a_0{}^2-1)+a_0{}^{-2}a^2+bc\} \\ u_3 &= a_0{}^{-1}c\{a^2(a_0{}^{-2}-1)+a_0{}^2a^2+bc\} \\ u_4 &= a_0{}^{-1}abc(a_0{}^2-1)-a_0{}^{-1}a(a_0{}^{-2}a^2+bc) \end{aligned}$$

となる．$u_2=0 \Leftrightarrow a^2(a_0{}^2-1)+a_0{}^{-2}a^2-a^2=1 \Leftrightarrow a^2(a_0-a_0{}^{-1})^2=1 \Leftrightarrow u_3=0$ となる．また $a^2(a_0-a_0{}^{-1})^2=1$ とし，これを u_1, u_2 に代入すると $u_1=u_4=a(a_0{}^{-1}-a_0)$ となる．したがって $(\bar{\alpha}_0\bar{\beta})^3=1 \Leftrightarrow a(a_0{}^{-1}-a_0)=\pm 1$ となる．▌

$P=\langle\bar{\alpha}_0\rangle$ は $PSL(2,11)$ の Sylow 5–部分群であるが，$PSL(2,11)$ の元 $\bar{\beta}$ に対して

$$P^{\bar{\beta}}=P \Leftrightarrow \beta=\begin{bmatrix} x & 0 \\ 0 & x^{-1} \end{bmatrix},\ \text{または} \begin{bmatrix} 0 & y \\ -y^{-1} & 0 \end{bmatrix}$$

となる．したがって $|\mathcal{N}_{PSL(2,11)}(P):P|=2$ となり，$PSL(2,11)$ は66個の Sylow 5–部分群，したがって 66×4 個の位数5の元を含む．補題7.12より

$$|\{\bar{\beta}\in PSL(2,11)\,|\,\bar{\beta}^2=(\bar{\alpha}_0\bar{\beta})^3=1\}|=10.$$

したがって

$$|\{(\bar{\alpha},\bar{\beta})\,|\,\bar{\alpha},\bar{\beta}\in PSL(2,11),\ \bar{\alpha}^5=\bar{\beta}^2=(\bar{\alpha}\bar{\beta})^3=1\}|=10\times 66\times 4$$

となる．一方，A_5 は6個の Sylow 5–部分群，したがって 6×4 個の位数5の元を含み，1つの位数5の元 α を定めたとき $|\{\beta\in A_5\,|\,\beta^2=1,\ (\alpha\beta)^3=1\}|=5$ となる．(実際，$\alpha=(1,2,3,4,5)$ とするとき，$1\leq i\leq 5$ の各点に対してそれを固定点として条件を満たす β は1つずつ存在する．）したがって $|\{(\alpha,\beta)\,|\,\alpha,\beta\in A_5,\ \alpha^5=\beta^2=(\alpha\beta)^3=1\}=6\times 4\times 5$．ゆえに $PSL(2,11)$ に含まれる A_5 と同型な部分群の数は $2\cdot 11$ 個である．H を A_5 と同型な $PSL(2,11)$ の部分群とすると，$PSL(2,11)$ が単純群で H がその極大部分群であるから，$\mathcal{N}_{PSL(2,11)}(H)=H$ となり，したがって $PSL(2,11)$ において A_5 と同型な部分群は2つの共役類に分かれる．($PSL(2,11)$，$PSL(2,11)/H$) は素数次の置換群で $PSL(2,11)$ が単純群であるこ

とから，第3章定理6.1および定理6.5によって，これは2重可移群となる．したがって(後述の)第6章定理1.1により(点の個数が11である)対称デザイン $\boldsymbol{D}$ が構成され，$PSL(2,11) \leq \mathrm{Aut}\,\boldsymbol{D}$ となる．$\boldsymbol{D}$ のパラメーターは第1章定理5.1により $(11,6,3)$，または $(11,5,2)$ となり，したがって $\boldsymbol{D}$ は Hadamard デザインで $PSL(2,11)$ はその自己同型群に含まれる．

以上まとめるとつぎの定理になる．

定理 7.13　(1)　$PSL(2,11)$ は11次の2重可移群として表わされ，1点の固定部分群は A_5 に同型となる．

(2)　$PSL(2,11)$ の A_5 と同型な部分群は22個存在し2つの共役類に分かれる．

(3)　(1), (2) より Hadamard デザイン $\boldsymbol{D}$ が構成され，$PSL(2,11) \leq \mathrm{Aut}\,\boldsymbol{D}$ となる．——

$SL(2,q)$ は定理5.3で示したようにつねに次数 $q+1$ の2重可移な置換表現を持っているが，いくつかの q に対して $SL(2,q)$ は $q+1$ より小さい次数 $(=m)$ の2重可移な置換表現を持つことがいままでの考察の中で示された．それらをまとめると，つぎのようになる．

(i)　$SL(2,2)$,　$m=2$　(定理1.4, 7.1)

(ii)　$SL(2,3)$,　$m=3$　(定理1.4, 7.1)

(iii)　$SL(2,5)$,　$m=5$　(定理7.1)

(iv)　$SL(2,7)$,　$m=7$　(定理7.4)

(v)　$SL(2,9)$,　$m=6$　(定理7.9)

(vi)　$SL(2,11)$,　$m=11$　(定理7.12)

このような性質，i. e. $q+1$ より小さい次数の2重可移な置換表現を持つ $SL(2,q)$ が上記に限るということが古くから(Galois の定理として)知られている．

第5章　有限射影幾何

§1　射影平面とアフィン平面

射影平面，アフィン平面は結合構造のうちでもっとも単純なものの一つである．しかし，その構造の見かけ上の単純さとはうらはらに，内容的には複雑なものをもっており，現在もなおいくつかの面白い問題を提供している．第1章§5で定義した体上の射影平面，アフィン平面は，その中でもっとも基本的な平面であり，これらの平面に特徴的な性質は何であるかを調べることは重要な問題の1つである．この節では，この方面での顕著な結果であるOstrom, Wagner等による仕事(定理1.32, 1.33)の紹介を目標とする．これは第6章の問題に対して本質的な道具の1つである．

ことわりのない限り，この節では$(v, k, 1)$は射影平面のパラメーターを表わす．

1.1　双　対　性

射影平面の性質をよく理解するために，定義のいいかえを考えよう．結合構造$(\Omega, \mathfrak{B})$についてのつぎの4つの条件を考える．Ωの元を点，$\mathfrak{B}$の元を**直線**とよぶこととする．

(i)　異なる2点a_1, a_2に対して，つねにa_1, a_2をふくむ直線がただ一つ存在する．(この直線を$\overline{a_1a_2}$で表わす．)

(ii)　異なる2直線l_1, l_2に対して，つねに$|l_1 \cap l_2|=1$.

(iii)　どの3点も同一直線上にないような4点が存在する．

(iii)′　どの3直線も1点で交わらないような4直線が存在する．

定理 1.1　$(\Omega, \mathfrak{B})$を結合構造とするとき，つぎは同値である．

(1)　$(\Omega, \mathfrak{B})$は射影平面である．

(2)　$(\Omega, \mathfrak{B})$は(i), (ii), (iii)を満たす.

(3)　$(\Omega, \mathfrak{B})$は(i), (ii), (iii)′を満たす.

証明　(1)を仮定する．すなわち，$(\Omega, \mathfrak{B})$はパラメーターが$v=b$, $k=r$, $\lambda=1$のブロック・デザインで，$v-1>k>2$とする．$\lambda=1$より(i)は明らか．(ii)は第1章定理5.3に示されている．$k=r>2$より，1点aで交わる2直線l_1, l_2をとり，l_1からaと異なる2点a_1, a_2，l_2上からaと異なる2点a_3, a_4をとると，a_1, a_2, a_3, a_4は(iii)を満たす．同様に，1直線lを定め，l上の2点a_1, a_2をとり，a_1を通りlと異なる2直線をl_1, l_2，a_2を通りlと異なる2直線をl_3, l_4とすると，l_1, l_2, l_3, l_4は(iii)′を満たす．したがって(1)より(2), (3)が得られる．(3)を仮定し，(iii)′を満たす4直線をl_1, l_2, l_3, l_4とすると$l_1\cap l_2, l_2\cap l_3, l_3\cap l_4, l_4\cap l_1$は(iii)を満たし，(3)⇒(2)をうる．最後に(2)⇒(1)を示す．まず

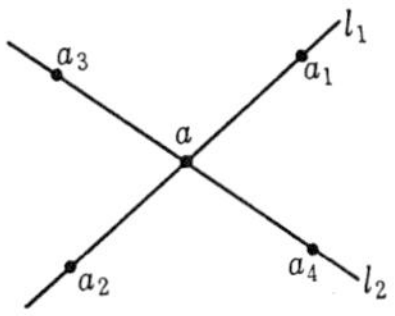

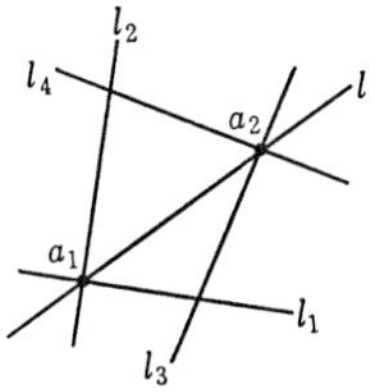

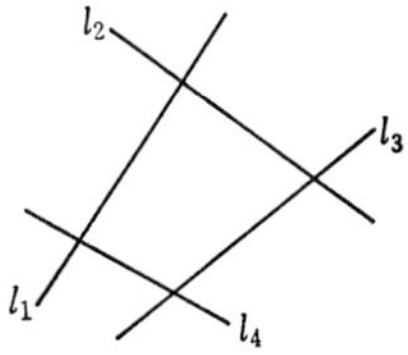

(a)　各直線は同じ個数≥ 3の点を含む．何故ならば：(iii)を満たす4点をa_1, a_2, a_3, a_4とする．$\overline{a_1a_2}\not\ni a_3, a_4$より，$\overline{a_1a_2}\cap\overline{a_3a_4}=a_5$は$a_1, a_2, a_3, a_4$のいずれとも異なる．同様に$\overline{a_1a_3}\cap\overline{a_2a_4}=a_6$は$a_1, \cdots, a_5$のいずれとも異なる．このとり方から，$a_1, \cdots, a_6$をすべてふくむような2直線をとることはできない．したがって任意の2直線l_1, l_2に対して，そのどちらにもふくまれない点aが存在する．$l_1\ni x$に対して，l_2上の点$y=l_2\cap\overline{ax}$が一意的に定まり，これによりl_1, l_2

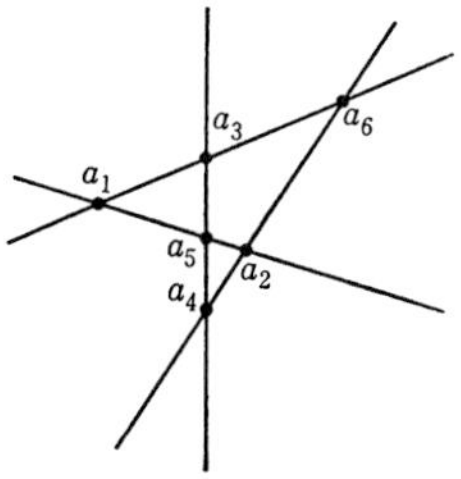

上の点の間に1対1対応がつく．故にすべての直線は同じ個数の点をふくむが，$\overline{a_1a_2}\ni a_5$ よりその個数 ≥ 3.

同様にして

(a′) 各点は同じ個数 ≥ 3 の直線にふくまれる．

(b) 1直線上の点の個数 = 1点を通る直線の個数．何故ならば：直線 l と l 上にない点 a をとる．a を通る直線は l とただ1つの点で交わり，かつ l の任意の点と a を結ぶ直線は存在する．したがって(b)の等式が成り立つ．

(i)および(a)より $(\Omega, \mathfrak{B})$ はブロック・デザインで，そのパラメーターを (v, b, k, r, λ) とすると，$\lambda=1$. (b)より $k=r$. したがって第1章定理5.3より $v=b$. したがって対称である．また $k\geq 3$ よりこのデザインは自明でないことは明らか．故に $(\Omega, \mathfrak{B})$ は射影平面となる．▌

$\boldsymbol{P}=(\Omega, \mathfrak{B})$ を射影平面とする．$\Omega\ni a$ に対して $\mathfrak{B}$ の部分集合 $\mathfrak{B}_a$ を $\mathfrak{B}_a=\{l\in\mathfrak{B} | l\ni a\}$ と定義する．Ω の異なる2点 a_1, a_2 に対しては，$k=r>1$ より $\mathfrak{B}_{a_1}\neq\mathfrak{B}_{a_2}$ となる．したがって，いましばらく $\mathfrak{B}$ の元を点と考え，$\mathfrak{B}$ の元の集まり $\mathfrak{B}_a$ を Ω の元 a を用いて表わすと $\Omega\subseteq 2^{\mathfrak{B}}$ とみなされ，結合構造 $\hat{\boldsymbol{P}}=(\mathfrak{B}, \Omega)$ が考えられる．$\boldsymbol{P}$ は(i), (ii), (iii)を満たすから $\hat{\boldsymbol{P}}$ は(i), (ii), (iii)′ を満たし，したがって，定理1.1により $\hat{\boldsymbol{P}}$ も射影平面となる．(もちろんこれは，定理1.1による射影平面の定義のいいかえをすることなく，射影平面のはじめの定義と，第1章定理5.3から明らかなことではあるが．)

さて一般に，射影平面に関する性質・条件または命題Pにおいて，その中に現われる"点"を"直線"に，"直線"を"点"におきかえて，それに対応してPに現われる点，直線に関する概念をすべて直線，点に関する対応する概念におきかえたものを $\hat{\mathrm{P}}$ で記し，Pに**双対的**な性質・条件または命題とよぶ．$\mathrm{P}=\hat{\mathrm{P}}$ のとき，Pは**自己双対**であるという．Qを射影平面に関する或る条件とし，Pを条件Qを満たす射影平面 $\boldsymbol{P}=(\Omega, \mathfrak{B})$ においてつねに成り立つ命題とする．$\hat{\boldsymbol{P}}=(\mathfrak{B}, \Omega)$ が射影平面となることから，命題 $\hat{\mathrm{P}}$ は条件 $\hat{\mathrm{Q}}$ を満たす射影平面においてつねに成り立つ．とくにPがすべての射影平面において成り立つ命題であれば，$\hat{\mathrm{P}}$ もすべての射影平面において成り立つ．これを**射影平面の双対性**とよぶ．

1.2 体上の射影平面，アフィン平面の座標表示

2つの射影平面 $\boldsymbol{P}^{(1)}=(\Omega^{(1)}, \mathfrak{B}^{(1)})$，$\boldsymbol{P}^{(2)}=(\Omega^{(2)}, \mathfrak{B}^{(2)})$ において，$\Omega^{(1)}$ から $\Omega^{(2)}$

の上への1対1対応 f が存在して，それがさらに $\mathfrak{B}^{(1)}$ から $\mathfrak{B}^{(2)}$ の上への1対1対応をひきおこすとき，$\boldsymbol{P}^{(1)}$ と $\boldsymbol{P}^{(2)}$ は**同型**であるといい，$\boldsymbol{P}^{(1)} \simeq \boldsymbol{P}^{(2)}$ で表わす．

射影平面の考察において，その1つの直線を定めて l_∞ と表わしたとき，l_∞ を**無限遠直線**，l_∞ 上の点を**無限遠点**，l_∞ 以外の直線を**有限直線**，l_∞ 上にない点を(l_∞ に関する)**有限点**とよぶ．有限直線 l に対して，$\hat{l}=l-(l\cap l_\infty)$ とおく．直線 l とその上の点 a の組 (a, l) を**旗**とよぶ．a も l も有限のときは**有限旗**とよぶ．2つの有限直線 l_1, l_2 が，$l_1\cap l_2 \in l_\infty$ を満たすとき，l_1, l_2 は(l_∞ に関して)**平行**であるという．

すでに第1章§5でみたように，射影平面 $\boldsymbol{P}=(\Omega, \mathfrak{B})$ の1直線 l_∞ を定めると，$\tilde{\Omega}=\Omega-l_\infty$, $\tilde{\mathfrak{B}}=\{\hat{l}\,|\,=l-(l\cap l_\infty),\ l_\infty\neq l\in\mathfrak{B}\}$ によりアフィン平面 $\boldsymbol{A}=(\tilde{\Omega}, \tilde{\mathfrak{B}})$ が定義され，しかもすべてのアフィン平面はこのようにして得られる．$\hat{l}=l-(l\cap l_\infty)$ を $\boldsymbol{P}$ の有限直線 l に対応する $\boldsymbol{A}$ の**直線**とよぶ．また l_∞ を $\boldsymbol{A}$ の**無限遠直線**とよぶ(これは $\boldsymbol{A}$ の直線ではないことに注意する)．2つのアフィン平面 $\boldsymbol{A}^{(1)}=(\tilde{\Omega}^{(1)}, \tilde{\mathfrak{B}}^{(1)})$，$\boldsymbol{A}^{(2)}=(\tilde{\Omega}^{(2)}, \tilde{\mathfrak{B}}^{(2)})$ において，$\tilde{\Omega}^{(1)}$ と $\tilde{\Omega}^{(2)}$ の間の1対1対応が $\tilde{\mathfrak{B}}^{(1)}$ と $\tilde{\mathfrak{B}}^{(2)}$ の1対1対応をひきおこすとき，$\boldsymbol{A}^{(1)}, \boldsymbol{A}^{(2)}$ は同型であるといい，$\boldsymbol{A}^{(1)} \simeq \boldsymbol{A}^{(2)}$ で表わす．

定理 1.2　$\boldsymbol{P}^{(1)}, \boldsymbol{P}^{(2)}$ を射影平面，$\boldsymbol{A}^{(1)}, \boldsymbol{A}^{(2)}$ を $\boldsymbol{P}^{(1)}, \boldsymbol{P}^{(2)}$ から得られるアフィン平面とする．もし $\boldsymbol{A}^{(1)} \simeq \boldsymbol{A}^{(2)}$ ならば，$\boldsymbol{P}^{(1)} \simeq \boldsymbol{P}^{(2)}$．

証明　$\boldsymbol{P}^{(i)}=(\Omega^{(i)}, \mathfrak{B}^{(i)})$ とおき，$l_\infty{}^{(i)}$ を $\boldsymbol{A}^{(i)}=(\tilde{\Omega}^{(i)}, \tilde{\mathfrak{B}}^{(i)})$ の無限遠直線とする $(i=1,2)$．$\tilde{f}$ を $\tilde{\Omega}^{(1)}$ から $\tilde{\Omega}^{(2)}$ の上への写像で，$\boldsymbol{A}^{(1)}$ と $\boldsymbol{A}^{(2)}$ の同型を与えるものとするとき，$\Omega^{(1)}$ から $\Omega^{(2)}$ への写像 f をつぎのように定義する．まず $\tilde{\Omega}^{(1)}$ 上では $\tilde{f}$ と同じとする．$l_\infty{}^{(1)} \ni a^{(1)}$ に対しては，$a^{(1)}$ をふくむ $\boldsymbol{P}^{(1)}$ の有限直線 $l^{(1)}$ をとり，$\tilde{f}(\hat{l}^{(1)})=\hat{l}^{(2)}$ に対応する $\boldsymbol{P}^{(2)}$ の有限直線 $l^{(2)}$ により $a^{(2)}=l_\infty{}^{(2)}\cap l^{(2)} \in l_\infty{}^{(2)}$ が定まる．$a^{(2)}$ は $a^{(1)}$ に対して一意的に定まる(実際，$l_\infty{}^{(1)}\cap l^{(1)\prime}=\{a^{(1)}\} \Rightarrow \tilde{f}(\hat{l}^{(1)})\cap \tilde{f}(\hat{l}^{(1)\prime})=\phi$ より，$f(\hat{l}^{(1)\prime})$ に対応する $\boldsymbol{P}^{(2)}$ の有限直線を $l^{(2)\prime}$ とすると，$l^{(2)}\cap l^{(2)\prime} \in l_\infty{}^{(2)}$)．$a^{(2)}=f(a^{(1)})$ と定義する．f は $\boldsymbol{P}^{(1)}, \boldsymbol{P}^{(2)}$ の同型を与えることはほとんど明らか．∎

q 個の元をもつ有限体 K 上の射影平面 $\boldsymbol{P}=\boldsymbol{P}_1(2, K)$ の点，直線を K の元で表示すること——座標表示——を考える．$\boldsymbol{V}=\boldsymbol{V}(3, K)$ の基を1つ定め，$\boldsymbol{V}$ の元を ${}^3K$ の元(行ベクトル)で表示する．$\boldsymbol{P}$ の点は，$\boldsymbol{V}$ の1次元部分空間である

から，Kのすべては0でない3元$\lambda_1, \lambda_2, \lambda_3$により$\{(\lambda\lambda_1, \lambda\lambda_2, \lambda\lambda_3) | \lambda \in K\}$と表わされる．これを$\langle\lambda_1, \lambda_2, \lambda_3\rangle$と書くことにすると，$\boldsymbol{P}$の点はすべて$\langle 0,1,0\rangle$，$\langle 1,\lambda,0\rangle$，$\langle\lambda,\mu,1\rangle$ $(\lambda,\mu\in K)$のいずれかの形に一意的に表わされる．$\langle 0,1,0\rangle=(\infty)$，$\langle 1,\lambda,0\rangle=(\lambda)$，$\langle\lambda,\mu,1\rangle=(\lambda,\mu)$と表わし，$\lambda,\mu$を$\boldsymbol{P}$の点$(\lambda,\mu)$の$x$**座標**，$y$**座標**とよぶ．$\boldsymbol{V}\ni\alpha=(\lambda_1,\lambda_2,\lambda_3)$，$\beta=(\mu_1,\mu_2,\mu_3)$に対して，$(\alpha,\beta)=\sum\lambda_i\mu_i$により$\boldsymbol{V}$の正則で対称な内積が定義される．$\boldsymbol{P}$の直線は$\boldsymbol{V}$の2次元部分空間と1対1に対応しているから，この内積を用いて表わせば，$\boldsymbol{P}$の直線は$\langle\lambda,1,\mu\rangle^{\perp}$，$\langle 1,0,\mu\rangle^{\perp}$，$\langle 0,0,1\rangle^{\perp}$のいずれかの形に一意的に表わされる．$\langle 0,0,1\rangle^{\perp}$に対応する直線を$l_\infty$，$\langle 1,0,\mu\rangle^{\perp}$に対応する直線を$x+\mu=0$（または$l_{x+\mu=0}$），$\langle\lambda,1,\mu\rangle^{\perp}$に対応する直線を$y+\lambda x+\mu=0$（または$l_{y+\lambda x+\mu=0}$）と表わす．容易に$l_\infty=\{(\lambda)|\lambda\in K\}\cup\{(\infty)\}$，$l_{x+\mu=0}=\{(-\mu,\lambda)|\lambda\in K\}\cup\{(\infty)\}$，$l_{y+\lambda x+\mu=0}=\{(\xi,\eta)|\xi,\eta\in K,\eta+\lambda\xi+\mu=0\}\cup(-\lambda)$となる．逆に$K$を体，$[\infty]$を$K$，および$K\times K$の元を表わさない記号とし，$\Omega=K\times K\cup K\cup\{[\infty]\}$とおき，$K\times K$の元を$[\lambda,\mu]$，$K$の元を$[\lambda]$で表わす．$\Omega$の部分集合として，

$$(1.1)\qquad \begin{cases} l_\infty=\{[\xi]|\xi\in K\}\cup\{[\infty]\} \\ l_\lambda=\{[-\lambda,\eta]|\eta\in K\}\cup\{[\infty]\} \\ l_{\lambda,\mu}=\{[\xi,\eta]\,|\,\xi,\eta\in K,\eta+\lambda\xi+\mu=0\}\cup[-\lambda] \end{cases}$$

の全体を$\mathfrak{B}$とおくと，$\tilde{\boldsymbol{P}}=(\Omega,\mathfrak{B})$は射影平面となり$\tilde{\boldsymbol{P}}\simeq\boldsymbol{P}_1(2,K)$となることはほとんど明らかである．またアフィン平面$\boldsymbol{A}_1(2,K)=(\tilde{\Omega},\tilde{\mathfrak{B}})$は$\boldsymbol{P}_1(2,K)$の座標表示を用いれば，つぎのように表わされる．

$$(1.2)\qquad \begin{cases} \tilde{\Omega}=\{(\xi,\eta)|\xi,\eta\in K\} \\ \tilde{\mathfrak{B}}=\{\hat{l}_{(\lambda,\mu)}\,|\,\lambda,\mu\in K\}\cup\{\hat{l}_\lambda|\lambda\in K\}, \end{cases}$$

ここで

$$\hat{l}_{(\lambda,\mu)}=\{(\xi,\eta)|\xi,\eta\in K,\eta+\lambda\xi+\mu=0\}$$
$$\hat{l}_\lambda=\{(-\lambda,\eta)|\eta\in K\}.$$

以上まとめるとつぎの定理が得られる．

定理 1.3 Kを有限体とする．(1.1)で定義される結合構造$(\Omega,\mathfrak{B})$はK上で定義された射影平面，(1.2)で定義される結合構造$(\tilde{\Omega},\tilde{\mathfrak{B}})$は$K$上で定義されたアフィン平面である．逆に$K$上で定義された射影平面，アフィン平面はすべてこのように表わされる．

1.3　自己同型写像

射影平面 $\boldsymbol{P}=(\Omega, \mathfrak{B})$ の自己同型群を $\mathrm{Aut}\,\boldsymbol{P}$ で表わす．すなわち，$\mathrm{Aut}\,\boldsymbol{P}=\{\sigma\in S^{\Omega}\,|\,l\in\mathfrak{B}\Rightarrow l^{\sigma}\in\mathfrak{B}\}$．$\boldsymbol{A}=(\tilde{\Omega}, \tilde{\mathfrak{B}})$ を $\boldsymbol{P}$ から得られるアフィン平面とし，l_{∞} を $\boldsymbol{A}$ の無限遠直線とする．$G=\{\sigma\in\mathrm{Aut}\,\boldsymbol{P}\,|\,l_{\infty}{}^{\sigma}=l_{\infty}\}$ は $\mathrm{Aut}\,\boldsymbol{P}$ の部分群で，G の元 σ は $\boldsymbol{A}$ の自己同型をひきおこし，G の異なる元は $\boldsymbol{A}$ の異なる自己同型をひきおこす．他方，定理 1.2 より，$\boldsymbol{A}$ の自己同型はすべてこのようにして得られる．したがって，G と $\mathrm{Aut}\,\boldsymbol{A}$ を同一視することにより，$\mathrm{Aut}\,\boldsymbol{A}$ は $\mathrm{Aut}\,\boldsymbol{P}$ の部分群となる．

$\mathrm{Aut}\,\boldsymbol{P}\ni\sigma$ に対して，点 a と直線 l が存在して，σ が l 上のすべての点，および a を通るすべての直線を固定するとき，すなわち，

(1)　$l\ni x\Rightarrow x^{\sigma}=x$

(2)　$a\in l'\Rightarrow l'^{\sigma}=l'$

を満たすとき，σ を (a, l)-**配景写像**，または単に**配景写像**とよび，a をその**中心**，l をその**軸**とよぶ．定義から明らかなように，σ_1, σ_2 を (a, l)-配景写像とすると，$\sigma_1{}^{-1}$，$\sigma_1\sigma_2$ もまた (a, l)-配景写像であり，$\mathrm{Aut}\,\boldsymbol{P}\ni\tau$ による共役元 $\sigma_1{}^{\tau}$ は (a^{τ}, l^{τ})-配景写像である．σ が (a, l)-配景写像で $a\in l$ のとき，σ を (a, l)-**elation**——単に elation，場合によって a-elation，または l-elation など——とよび，$a\notin l$ のとき (a, l)-**homology**——単に homology，a-homology，l-homology など——とよぶ．elation の全体で生成される $\mathrm{Aut}\,\boldsymbol{P}$ の部分群を $PSL(\boldsymbol{P})$ と記し，$\boldsymbol{P}$ の**小自己同型群**とよぶ．上に注意したように，elation の $\mathrm{Aut}\,\boldsymbol{P}$ での共役はまた elation であるから，$PSL(\boldsymbol{P})\trianglelefteq\mathrm{Aut}\,\boldsymbol{P}$ である．

配景写像を定義する条件(1), (2)は同等な条件で一方から他方がでる．すなわち，つぎの定理が成り立つ．

定理 1.4　$\boldsymbol{P}=(\Omega, \mathfrak{B})$ を射影平面，$1\neq\sigma\in\mathrm{Aut}\,\boldsymbol{P}$ とする．

(1)　Ω の元 a_0 があって $l^{\sigma}=l$, $\forall l\ni a_0\Rightarrow\mathfrak{B}$ の元 l_0 で $x^{\sigma}=x$, $\forall x\in l_0$, なるものが存在する．

(2)　$\mathfrak{B}$ の元 l_0 があって $x^{\sigma}=x$, $\forall x\in l_0\Rightarrow\Omega$ の元 a_0 で $l^{\sigma}=l$, $a_0\in\forall l\in\mathfrak{B}$, なるものが存在する．

証明　(1)　もし $a_0\notin\exists l_0$ で $l_0{}^{\sigma}=l_0$ なるものが存在すると，l_0 の任意の元 x は $x=\overline{a_0x}\cap l_0$ と表わされ，$x^{\sigma}=\overline{a_0x}^{\sigma}\cap l_0{}^{\sigma}=\overline{a_0x}\cap l_0=x$．したがって $l_0\ni\forall x$ に対

して $x^\sigma=x$. したがって以下, a_0 を通らない直線はすべて σ で固定されないと仮定する. l を a_0 を通らない1直線とし, $\{a_1\}=l^\sigma\cap l$ とおく. このとき, $l_0=\overline{a_0a_1}$ 上の点がすべて σ で固定されることを示す. まず, $\{a_1\}=l\cap\overline{a_0a_1}$ であるから, $\{a_1{}^\sigma\}=l^\sigma\cap\overline{a_0a_1}^\sigma=l^\sigma\cap\overline{a_0a_1}\ni a_1$ となり, $a_1{}^\sigma=a_1$. l_0 上の任意の点 x, x を通り a_0 を通らない直線 l' を任意にとると $l'^\sigma\cap l'=\{x\}$(何故ならば: $l'^\sigma\cap l'=\{c\}$, $c\neq x$ とする. 上で示した $a_1{}^\sigma=a_1$ と同様ににして $c^\sigma=c$. したがって, $\overline{a_1c}^\sigma=\overline{a_1c}\not\ni a_0$ で仮定に反する). よって, 再び $a_1{}^\sigma=a_1$ と同様に $x^\sigma=x$. (2)は双対性から明らか. ▌

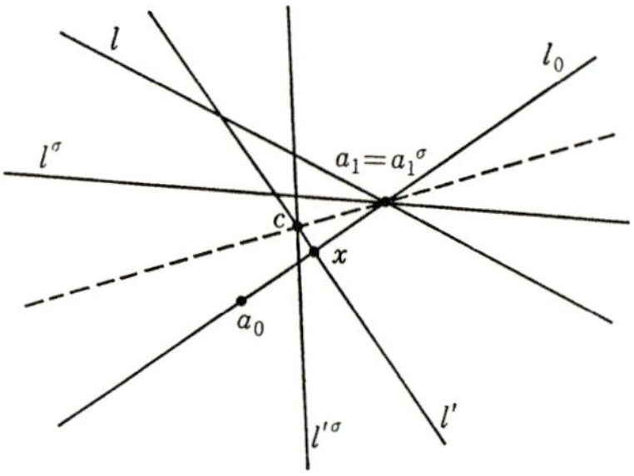

定理 1.5 σ を配景写像とする. $\sigma\neq 1$ とすると, σ の中心, 軸は一意的に定まる.

証明 σ が2つの軸 l_1, l_2 をもつとする. l を $l_1\cap l_2$ を通らない直線とすると, $l=\overline{a_1a_2}$, $\{a_1\}=l\cap l_1$, $\{a_2\}=l\cap l_2$. 故に $l^\sigma=\overline{a_1a_2}^\sigma=\overline{a_1a_2}=l$. x を $l_1\cup l_2$ 上にない任意の点とすると x を通り $l_1\cap l_2$ を通らない2直線が存在するから $x^\sigma=x$. 故に $\sigma=1$. 中心については双対性より明らか. ▌

系 1.6 σ を配景写像とする.

(i) 軸にふくまれない点で σ で固定されるものがあれば, それは σ の中心である.

(ii) 中心を通らない直線で σ で固定されるものがあれば, それは σ の軸である.

系 1.7 $\boldsymbol{P}$ を位数 $n(=k-1)$ の射影平面, σ はその配景写像で, その(Aut $\boldsymbol{P}$ の元としての)位数を m とする.

(i) σ が elation $\Leftrightarrow m|n$

(ii) σ が homology $\Leftrightarrow m|n-1$.

証明　σ の中心を a，軸を l とし，l' を a を通り l と異なる直線とすると，系1.6より σ は $l'-\{a, l\cap l'\}$ 上に半正則に作用している．これより系1.7の主張は明らか．

定理 1.8　σ_1, σ_2 が l-elation$\Rightarrow\sigma_1\sigma_2$ も l-elation．このとき，もし σ_1, σ_2 の中心が異なれば，$\sigma_1\sigma_2$ の中心はそのいずれの中心とも異なる．

証明　σ_1, σ_2 のいずれかが1のときは明らか．したがって共に1でないとする．$\sigma_1\sigma_2$ は l 上のすべての点を固定する．したがって $\sigma_1\sigma_2$ は配景写像である．σ_1, σ_2 の中心が一致すれば，それは $\sigma_1\sigma_2$ の中心となるから，σ_1, σ_2 の中心が異なる場合を考えればよい．$\sigma_1\sigma_2$ の中心を a とし，$a\notin l$ として矛盾を出す．$a^{\sigma_1\sigma_2}=a$ より $a^{\sigma_1}=a^{\sigma_2^{-1}}$．系1.6より $a\neq a^{\sigma_1}$．$\overline{aa^{\sigma_1}}\cap l=\{b\}$ とすると，$\overline{ab}^{\sigma_1}=\overline{a^{\sigma_1}b}=\overline{ab}$．故に系1.6より b は σ_1 の中心となる．$\overline{aa^{\sigma_1}}=\overline{aa^{\sigma_2^{-1}}}$ より b は $\sigma_2{}^{-1}$，したがって σ_2 の中心にもなり，仮定に反する．よって $\sigma_1\sigma_2$ の中心は l 上にある．これが σ_1, σ_2 の中心と異なることはほとんど明らか．▌

双対的な定理としてつぎが成り立つ．

定理 1.8′　σ_1, σ_2 が a-elation$\Rightarrow\sigma_1\sigma_2$ も a-elation．このとき，もし σ_1, σ_2 の軸が異なれば，$\sigma_1\sigma_2$ の軸はそのいずれの軸とも異なる．——

定理1.8より，l-elation の全体は Aut $\boldsymbol{P}$ の部分群となる．これを $E(l)$ と書き，**l-elation 群**とよぶ．同様に a-elation の全体 $E(a)$ は Aut $\boldsymbol{P}$ の部分群となり，これを **a-elation 群**とよぶ．$\boldsymbol{A}$ を射影平面 $\boldsymbol{P}$ から得られるアフィン平面とし，l_∞ をその無限遠直線とする．$E(l_\infty)$ は Aut $\boldsymbol{A}$ の部分群と考えられるが，これを $\boldsymbol{A}$ の**平行移動**(translation)**群**とよぶ．点 a，直線 l に対して，(a, l)-配景写像の全体を $G(a, l)$，l-配景写像の全体を $G(l)$，a-配景写像の全体を $G(a)$ と表わすと，これらはすべて Aut $\boldsymbol{P}$ の部分群で

$$G(l)=\bigcup_{a\in\Omega}G(a, l), \qquad G(a)=\bigcup_{l\in\mathfrak{B}}G(a, l)$$

であり，

$$(\mathrm{Aut}\,\boldsymbol{P})_{\langle l\rangle}\geq(\mathrm{Aut}\,\boldsymbol{P})_l=G(l)\geq E(l), \qquad (\mathrm{Aut}\,\boldsymbol{P})_a\geq G(a)\geq E(a)$$

となる．系1.6から直ちにつぎの系が得られる．

系 1.9　$E(l)\ni\forall\sigma\neq1$ は $\Omega-l$ の点を固定しない．したがって $E(l)$ は $\Omega-l$ 上に半正則に作用し，$|E(l)|\,\big|\,n^2$．ここで n は $\boldsymbol{P}$ の位数$(=k-1)$である．

定理 1.10　l を射影平面 $\boldsymbol{P}$ の直線とし，l 上の2点 $c_1, c_2(\neq)$ で $G(c_1, l)$, $G(c_2, l)$ が単位群でないものが存在すれば，$E(l)$ は基本 Abel 群である．（したがって，その位数は或る素数 p の巾である．）

証明　$G(c_i, l)\ni\sigma_i\neq 1$, $i=1,2$ とし，$a\notin l$ とする．$\overline{c_ix}^{\sigma_i}=\overline{c_ix}$, $\forall x, \in\Omega$ に注意すれば，$a=\overline{c_1a}\cap\overline{c_2a}$ より

$$a^{\sigma_1}=\overline{c_1a}\cap\overline{c_2a^{\sigma_1}}, \qquad a^{\sigma_1\sigma_2}=\overline{c_1a^{\sigma_2}}\cap\overline{c_2a^{\sigma_1}}.$$

同様に $a^{\sigma_2\sigma_1}=\overline{c_2a^{\sigma_1}}\cap\overline{c_1a^{\sigma_2}}$．故に $a^{\sigma_1\sigma_2}=a^{\sigma_2\sigma_1}$ がすべての点について成り立つ．したがって $\sigma_1\sigma_2=\sigma_2\sigma_1$ で，これは単位元でなく，定理 1.8 より中心が c_1, c_2 と

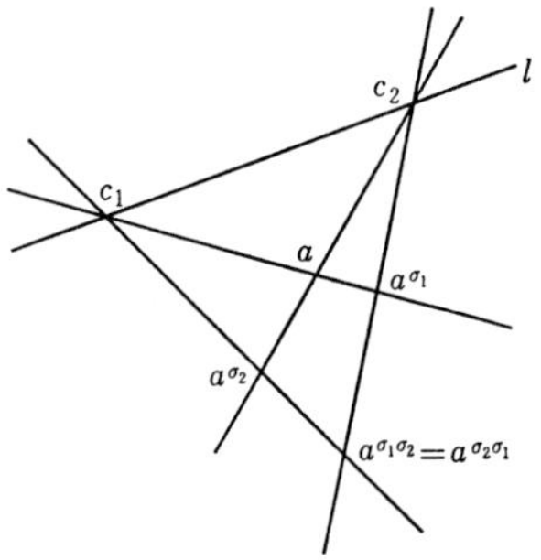

異なる l-elation である．またこれは，中心が異なる l-elation の積はすべて可換であることを示している．τ を $G(c_1, l)$ の任意の元とする．$\sigma_1\tau\in G(c_1, l)$ に注意すれば，$\sigma_2(\sigma_1\tau)=(\sigma_1\tau)\sigma_2=\sigma_1(\tau\sigma_2)=\sigma_1(\sigma_2\tau)=(\sigma_2\tau)\sigma_1=\sigma_2(\tau\sigma_1)$．故に $\tau\sigma_1=\sigma_1\tau$．したがって $E(l)$ は Abel 群となる．$G(c_1, l)$ の素数位数 p の元の1つを σ とする．$\rho\neq 1$ を $G(c_1, l)$ に入らない $E(l)$ の元とすると，定理 1.8 から $\sigma\rho$ は中心が σ, ρ のいずれの中心とも異なる $E(l)$ の元．他方，$(\sigma\rho)^p=\sigma^p\rho^p=\rho^p$ より，もし $\rho^p\neq 1$ のときは ρ と $\sigma\rho$ の中心は一致して矛盾．よって $\rho^p=1$．これより $E(l)$ のすべての元は p 乗して単位元となり定理をうる．▌

定理 1.11　$\sigma_i(i=1,2)$ を $\boldsymbol{P}$ の位数2の (c_i, l_i)-homology で，$c_1\in l_2$, $c_2\in l_1$, $l_1\neq l_2$, $c_1\neq c_2$ とする．$\sigma_1\sigma_2$ は位数2の (c, l)-homology である．ここで $c=l_1\cap l_2$, $l=\overline{c_1c_2}$.

証明　$c_1\in l_2$, $c_2\in l_1$ より ${c_2}^{\sigma_1}=c_2$, ${l_2}^{\sigma_1}=l_2$．故に ${\sigma_2}^{\sigma_1}$ は (c_2, l_2)-homology．したがって $\sigma_1\sigma_2\sigma_1\sigma_2={\sigma_2}^{\sigma_1}\sigma_2$ は (c_2, l_2)-homology．同様に $\sigma_1\sigma_2\sigma_1\sigma_2=\sigma_1{\sigma_1}^{\sigma_2}$ は (c_1, l_1)-homology．したがって $(\sigma_1\sigma_2)^2=1$ となり，$\sigma_1\sigma_2$ の位数は2．定義より $c^{\sigma_1\sigma_2}=c$,

$l^{\sigma_1\sigma_2}=l$. $b\notin l$ で $b\neq c$ とする．$b\in l_1$ ならば系 1.6 より $b^{\sigma_1\sigma_2}=b^{\sigma_2}\neq b$. また $b\notin l_1$ ならば同じく系 1.6 より，$\overline{c_2b}\neq\overline{c_2b}^{\sigma_1}\ni c_2$. したがって，$b^{\sigma_1}\notin\overline{c_2b}$, $b^{\sigma_1\sigma_2}\notin\overline{c_2b}^{\sigma_2}=\overline{c_2b}$ となり，$\sigma_1\sigma_2$ の固定点は c と l 上以外には存在しない．$l^{\sigma_1\sigma_2}=l$ であるから c を通る直線がすべて固定されることを示せば，系 1.6 より $\sigma_1\sigma_2$ が (c,l)–homology となる．$l_i^{\sigma_1\sigma_2}=l_i$ は明らか．$b\notin l\cup l_1\cup l_2$ とする．$\overline{bb^{\sigma_1}}\not\ni c_2$ より，$\overline{bb^{\sigma_1\sigma_2}}\not\ni c_2$. $\overline{bb^{\sigma_1\sigma_2}}$, l_1 は $\sigma_1\sigma_2$ で不変．したがって $\overline{bb^{\sigma_1\sigma_2}}\cap l_1$ は $\sigma_1\sigma_2$ で不変．$c_2=l\cap l_1$ より $\overline{bb^{\sigma_1\sigma_2}}\cap l_1$ は l 上の点でない．したがって $\overline{bb^{\sigma_1\sigma_2}}\ni c$. 故に $\overline{cb}^{\sigma_1\sigma_2}=\overline{cb}$.

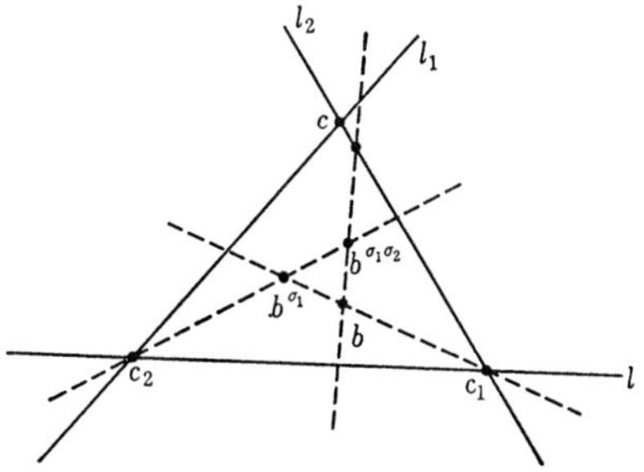

定理 1.12　$G\leq\mathrm{Aut}\,\boldsymbol{P}$ で，$\boldsymbol{P}$ の(無限遠)直線 l_∞ に対して $l_\infty{}^\sigma=l_\infty$ $(\forall\sigma\in G)$ とする．このとき，つぎの条件は同値である．

(i)　$(G,\mathfrak{B}-\{l_\infty\})$ は可移，

(ii)　$(G,\Omega-l_\infty)$, (G,l_∞) は共に可移，

(iii)　G はすべての有限旗の集合の上に可移．

証明　(i)⇒(ii)：第1章定理 5.8 より明らか．

(ii)⇒(iii)：$|\Omega-l_\infty|=n^2$, $|l_\infty|=n+1$ より $(|\Omega-l_\infty|,|l_\infty|)=1$. 故に $\Omega-l_\infty\ni a$, $l_\infty\ni b$ に対して，$|G:G_{a,b}|=n^2(n+1)$. $l=\overline{ab}$ とおくと，$l\cap l_\infty=\{b\}$ より $G_{\langle l\rangle}$ は b を固定し，したがって $G_{a,\langle l\rangle}=G_{a,b}$. よって $|G:G_{a,\langle l\rangle}|=n^2(n+1)$ となるが，他方，有限旗の個数も $n^2(n+1)$ であるから，G は有限旗全体の上に可移に作用する．

(iii)⇒(i) は自明．∎

系 1.13　定理 1.12 と同じ設定のもとに，条件(i)(したがって(ii), (iii))を満たすと仮定する．$a\in l$ を有限旗，$|G_{a,\langle l\rangle}|=h$ とし，また $b\in l_\infty$ とする．このときつぎが成り立つ．

(1)　$|G|=n^2(n+1)h$,　　(2)　$|G_b|=n^2h$,　　(3)　$|G_{\langle l\rangle}|=nh$,

(4)　$|G_a|=(n+1)h$,　　　(5)　$|G_{a,b}|=|G_{a,\langle l\rangle}|=h$.

定理 1.14　定理1.12と同じ設定のもとに，

$$(G,\Omega-l_\infty)\text{が可移}\Leftrightarrow l_\infty\ni\forall a\text{に対して}(G_a,\mathfrak{B}_a-\{l_\infty\})\text{が可移.}$$

証明　⇒：Gによるl_∞の軌道分解を$l_\infty=T_1+\cdots+T_r$とする．$i\neq j$のとき，T_iの点を通る有限直線をT_jの点を通る有限直線へGの元によってはうつせない．したがって，第1章定理5.8により，各iについて，T_iの点を通るすべての直線上にGは可移に作用する．とくに，$T_i\ni\forall a$に対して$(G_a,\mathfrak{B}_a-\{l_\infty\})$は可移.

⇐：$\mathfrak{B}=\{l_\infty\}+\mathfrak{B}_1+\cdots+\mathfrak{B}_r$を$G$による軌道分解とすると，$(G,l_\infty)$の軌道の数$=r$．したがって$(G,\Omega-l_\infty)$は可移. ▌

系 1.15　定理1.12と同じ設定のもとに，条件(i)（したがって(ii), (iii)）を満たすと仮定する．l_∞の任意の2点a,b，および，bを通る任意の2つの有限直線l,mに対して，

$$|G_{a,b,\langle l\rangle}|=|G_{a,b,\langle m\rangle}|.$$

証明　仮定より，Gは$\Omega-l_\infty$, l_∞上可移．$(|\Omega-l_\infty|,|l_\infty|)=1$より，$G_a$は$\Omega-l_\infty$上可移．したがって，定理1.14によって$G_{a,b}$は$b$を通る有限直線上に可移となり，$|G_{a,b,\langle l\rangle}|=|G_{a,b,\langle m\rangle}|$をうる. ▌

1.4　(a,l)-可移性

この節を通して$\boldsymbol{P}=(\Omega,\mathfrak{B})$を位数$n$の射影平面とする．$a,l$を射影平面$\boldsymbol{P}$の点，直線とする．$G(a,l)$が$a$を通る或る直線$l'$に対して，$l'-\{a,l\cap l'\}$上に可移に作用するとき，$\boldsymbol{P}$は$(a,l)$-**可移平面**である，または$(a,l)$-**可移性**をもつという．$H$を$\mathrm{Aut}\,\boldsymbol{P}$の部分群とし，或る直線$l$があって$l^\sigma=l\,(\forall\sigma\in H)$でかつ$H$が$\Omega-l$上に可移に作用しているとき，$\boldsymbol{P}$を直線$l$に関する$H$-**可移平面**であるという．双対的に，或る点$a$があって$a^\sigma=a\,(\forall\sigma\in H)$でかつ$H$が$\mathfrak{B}-\mathfrak{B}_a$上に可移に作用しているとき，$\boldsymbol{P}$を点$a$に関する$H$-**可移平面**であるという．まずはじめに，つぎの定理を考察する.

定理 1.16　つぎの条件は同値である.

(1)　$\boldsymbol{P}$は(a,l)-可移平面，i.e. $\mathfrak{B}_a$の元l'があって$G(a,l)$は$l'-\{a,l\cap l'\}$上に可移に作用する.

(2)　$G(a,l)$はaを通るlと異なるすべての直線l'に対して，$l'-\{a,l\cap l'\}$上

に可移に作用する.

(3)　$G(a,l)$はl上のaと異なるすべての点a'に対して，$\mathfrak{B}_{a'}-\{l,\overline{aa'}\}$上に可移に作用する.

(4)　$G(a,l)$はl上の或る点a'に対して，$\mathfrak{B}_{a'}-\{l,\overline{aa'}\}$上に可移に作用する.

証明　まず(1)を仮定する. $a'\in l-\{a,l\cap l'\}$とするとき，$\mathfrak{B}_{a'}-\{l,\overline{aa'}\}\ni l_1,l_2$に対して，$c_i=l_i\cap l'$とすると，$\exists\sigma\in G(a,l)$で$c_1{}^\sigma=c_2$, i. e. $l_1{}^\sigma=l_2$となる. したがって$\forall a'\in l-\{a,l\cap l'\}$に対して(3)が成り立つ. 全く双対的に，(4)を仮定すると$\forall l'\in\mathfrak{B}_a-\{l,\overline{aa'}\}$に対して(2)が成り立つ. これから(1)~(4)の同値はほとんど明らか. ▌

系 1.9，定理1.10よりつぎの定理が得られる.

定理 1.17　$\boldsymbol{P}$がlに関する$E(l)$-可移平面であれば，$\boldsymbol{P}$の位数nは或る素数pの巾であり，$E(l)$は位数がp巾の基本Abel群である. ——

双対命題としてつぎの定理が成り立つ.

定理 1.17′　$\boldsymbol{P}$が点aに関する$E(a)$-可移平面であれば，$\boldsymbol{P}$の位数nは或る素数pの巾であり，$E(a)$は位数がp巾の基本Abel群である.

定理 1.18　σ_1,σ_2をそれぞれ(c_1,l)-，(c_2,l)-homologyとし，$c_1\neq c_2$とする. $\langle\sigma_1,\sigma_2\rangle$は$c_1{}^\tau=c_2$を満たす$l$-elation τをふくむ.

証明　$\langle\sigma_1,\sigma_2\rangle=H$とおく. $l'=\overline{c_1c_2}$はHの不変域であるから，$l\cap l'=a$はHの固定点. $l'=\{a\}+M_1+\cdots+M_t$をH-軌道分解で$|M_i|=n_i$とする. $M_i\ni a_i$の固定部分群H_{a_i}の位数をh_iとすると，$|H|=n_ih_i$. Hの元はすべてl-配景写像で，配景写像は軸上以外の固定点は高々1個であるから，$l'-\{a\}\ni x,y\,(\neq)$に対して，$H_x\cap H_y=\{1\}$. したがって$|H|\geq 1+\sum_{i=1}^{t}n_i(h_i-1)$. これより，$h_i>1$なる$i$は高々1つである. (∵　もし，$i\neq j$, $h_i>1$, $h_j>1$, $n_i\geq n_j$とすると，$|H|\geq 1+n_i(h_i-1)+n_j(h_j-1)\gneq n_jh_j$となり矛盾.) $\sigma_i\in H_{c_i}$, $i=1,2$, より，$|H_{c_i}|>1$, $i=1,2$. したがって，c_1,c_2は同じH-軌道M_iにふくまれる. (H,M_i)はFrobenius群であるから，そのFrobenius核の元τで$c_1{}^\tau=c_2$となるものがある. τはlを軸とする配景写像で，l'を固定し$l'-\{a\}$に固定点をもたないから，aはτの中心となる. したがってτは(a,l)-elation. ▌

系 1.19　l,mを$\boldsymbol{P}$の2直線で，$l\cap m=a$とする. Gが$\mathrm{Aut}\,\boldsymbol{P}$の部分群で，$m-\{a\}$の各元$x$に対して少なくとも1つの$(x,l)$-homologyが$G$に入るとす

ると，$G \geq G(a,l)$で$\boldsymbol{P}$は(a,l)-可移平面である．

系 1.20　lを$\boldsymbol{P}$の直線とする．$l \not\ni \forall a$に対してつねに(a,l)-homologyが存在すれば，$\boldsymbol{P}$はlに関して$E(l)$-可移平面である．——

双対的な系としてつぎが成り立つ．

系 1.19′　a,bを$\boldsymbol{P}$の2点とし，$\mathfrak{B}_a - \{\overline{ab}\} \ni \forall m$に対してつねに$(b,m)$-homologyが存在すれば，$\boldsymbol{P}$は$(b,\overline{ab})$-可移平面である．

系 1.20′　aを$\boldsymbol{P}$の点とする．$a \notin \forall l$に対してつねに(a,l)-homologyが存在すれば，$\boldsymbol{P}$はaに関して$E(a)$-可移平面である．——

以後，“lに関する$E(l)$-可移平面”を単に“**$E(l)$-可移平面**”，また“aに関する$E(a)$-可移平面”を単に“**$E(a)$-可移平面**”とよぶこととする．

定理 1.21　lを$\boldsymbol{P}$の直線，$c_1, c_2\,(\neq)$をl上の2点とする．$\boldsymbol{P}$が(c_i,l)-可移平面$(i=1,2)$とすると，$\boldsymbol{P}$は$E(l)$-可移平面である．

証明　a,bをlに入らない任意の2点とする．$\overline{c_1a} \cap \overline{c_2b} = d$とすると，$G(c_1,l) \ni \exists \sigma_1$で$a^{\sigma_1}=d$なるもの，および$G(c_2,l) \ni \exists \sigma_2$で$d^{\sigma_2}=b$なるものが存在する．故に$a^{\sigma_1\sigma_2}=b$となり，$E(l)$-可移平面となる．▌

双対的な定理としてつぎが成り立つ．

定理 1.21′　aを$\boldsymbol{P}$の点，$l_1, l_2\,(\neq)$をaを通る2直線とする．$\boldsymbol{P}$が(a,l_i)-可移平面$(i=1,2)$であれば，$\boldsymbol{P}$は$E(a)$-可移平面である．

定理 1.22　lを$\boldsymbol{P}$の直線，$G \leq \mathrm{Aut}\,\boldsymbol{P}$で，$l$は$G$で不変で，$G \cap E(l) \neq 1$かつ$G$は$l$上可移に作用すると仮定する．このとき，$\boldsymbol{P}$は$E(l)$-可移平面で，$G \geq E(l)$となる．

証明　(G,l)の可移性，および$G \cap E(l) \neq 1$より，$l \ni \forall x$に対して$G \cap G(x,l) \neq 1$で$|G \cap G(x,l)|$はxのとり方によらず一定である．この一定値を$h \geq 2$とおく．$l \ni a,\ b\,(\neq)$に対して，$G(a,l) \cap G(b,l)=1$より，$|G \cap E(l)|=(n+1)(h-1)+1$．他方，$G \cap E(l)$は$\Omega - l$に半正則に作用するから，$G \cap E(l)$による$\Omega - l$の軌道の個数を$m$とすると，$n^2 = m|G \cap E(l)| = m((n+1)(h-1)+1)$となり，これより$m|n^2$，$n^2 \gneqq m$および$n^2 \equiv m \pmod{n+1}$となる．したがって$m=1$となり，$G \cap E(l)$は$\Omega - l$に可移に作用する．$G \cap E(l) = E(l)$となることは系1.9より明らか．▌

$E(l)$-可移平面の位数は，定理1.17より，或る素数の巾となるが，他方，いままでに知られている射影平面の位数はすべて素数の巾であることから，“射影平面の位数はつねに素数の巾ではなかろうか？”ということが予想されている．この章の目的であるOstrom–Wagnerの定理の証明においても，適当な仮定のもとに，位数が素数の巾となることを示すことが証明における主要な点の1つとなっている．

定理 1.23　l を $\boldsymbol{P}$ の直線，$c \notin l$ とする．l 上の任意の2点 $a, b(\neq)$ に対してつねに $|G(b, \overline{ac})|=$偶数であれば，$\boldsymbol{P}$ の位数 n は素数巾となる．

証明　a を l の1点とし，$\overline{ca}=l_\infty$ とおく．仮定より $\boldsymbol{P}$ の位数$(=|l-\{a\}|)$は奇数である．$H=\langle \sigma \mid \sigma$ は位数2の$(y, \overline{cx})$-homology，$\exists y, x \in l\rangle$，$K=\langle \sigma \mid \sigma$ は位数2の(y, l_∞)-homology，$\exists y \in l\rangle$ とおくと，K は H の部分群であり，H_a の元は l_∞ を固定するから，$H_a \trianglerighteq K$．定理1.18より K は $l-\{a\}$ に可移に作用し，さらに K の元はすべて l_∞ を軸とする配景写像であるから，$(K, l-\{a\})$ はFrobenius群である．また仮定より，H は l に作用して，a を固定しない元をふくむ．したがって H は l に2重可移に作用していて，l の元 a に対して K は $l-\{a\}$ に忠実にFrobenius群として作用し，$|K|=$偶数，$|l-\{a\}|=$奇数である．したがって第3章補題4.8により，H_a は $l-\{a\}$ に原始的に作用する．N を$(K, l-\{a\})$のFrobenius核とすると，$H_a \trianglerighteq K \trianglerighteq N$ より $H_a \trianglerighteq N$ で$(N, l-\{a\})$は正則，したがって第3章定理3.6(2)により N は H_a の極小正規部分群である．N は巾零であるから，N の特性部分群 N_0 で基本Abel群となるものが存在するが，$G \trianglerighteq N_0$ となるから $N=N_0$．したがって $\boldsymbol{P}$ の位数$=|l-\{a\}|=|N|=|N_0|=$素数の巾となる．▌

つぎの定理はOstrom–Wagnerの定理の証明において基本的である．

定理 1.24　l_∞ を $\boldsymbol{P}$ の直線，$G=\{\sigma \in \mathrm{Aut}\,\boldsymbol{P} \mid l_\infty{}^\sigma=l_\infty\} \leq \mathrm{Aut}\,\boldsymbol{P}$ がつぎの2条件を満たすとする．

(1)　任意の有限旗 $a \in l$ に対して，$G_{a,\langle l\rangle}$ は位数2のhomologyをふくむ．

(2)　$a, b(\neq)$ を l_∞ の2元，l を b を通る有限直線とする．このとき，$G_{a,b,\langle l\rangle}$ が位数2のhomologyをふくめば，b を通る任意の有限直線 m に対して $G_{a,b,\langle m\rangle}$ が位数2のhomologyをふくむ．

このとき，n は素数の巾となり，かつ，つぎのいずれかの条件が成り立つ．

(i)　$\boldsymbol{P}$ は $E(l_\infty)$-可移平面である，

(ii)　$\boldsymbol{P}$ は $E(a)$-可移平面である，ただし $\exists a\in l_\infty$,

(iii)　$l_\infty\not\ni\exists o$ があって，l_∞ の任意の2元 $a, b(\neq)$ に対してつねに $|G(a,\overline{bo})|=$ 偶数である.

証明　(i), (ii), (iii)のいずれかが成り立つことを証明すれば，定理1.17, 1.17′, 1.23より $n=$素数の巾が得られる．さていくつかの場合に分けてこれを証明する.

(a)　どの有限点も G に入る位数2の homology の中心とならない場合：仮定(1)より G は位数2の homology σ をふくむが，σ の中心 a は l_∞ に入り，したがって軸 l は l_∞ と異なる．$l\cap l_\infty=b$ とおくと $\sigma\in G_{a,b,\langle l\rangle}$．仮定(2)より $b\in\forall m\neq l_\infty$ に対して，$G_{a,b,\langle m\rangle}\ni\exists\tau=$位数2の homology．$\tau$ の中心は l_∞ 上にあるから，τ の中心は系1.6より a，または b であるが，もし τ の中心を b とすると τ の軸 l' は a を通り，定理1.11により G は $l'\cap l$(有限点)を中心とする位数2の homology をふくむことになり仮定に反する．したがって，τ の中心は a であり，系1.6より軸は m である．G は a を中心とし，b を通る任意の有限直線を軸とする homloogy をふくむ．したがって，系1.19′により $\boldsymbol{P}$ は (a, l_∞)-可移平面である.

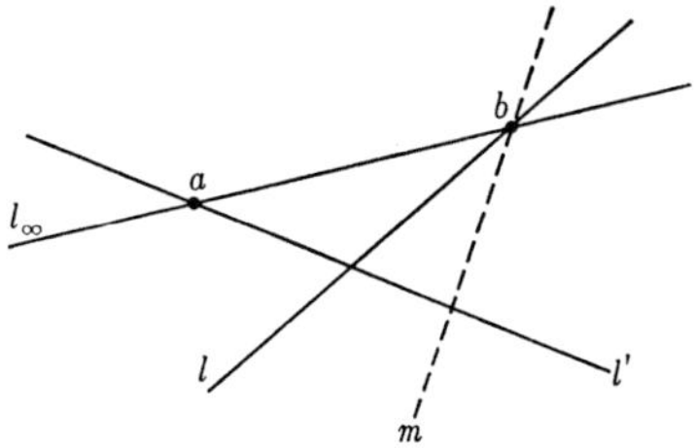

(a.1)　もし a と異なる点 a' で G の位数2の homology の中心となるものが存在すれば，同様にして $\boldsymbol{P}$ は (a', l_∞)-可移平面となり，したがって定理1.21により $\boldsymbol{P}$ は $E(l_\infty)$-可移平面となる.

(a.2)　もし G の位数2の homology の中心がすべて a とすると，仮定(1)より G は a をふくまない任意の有限直線 l に対して (a, l)-homology をふくむ．したがって系1.20′により $\boldsymbol{P}$ は $E(a)$-可移平面となる.

(b)　ただ1つの有限点 o が G の位数2の homology の中心となる場合：$G\ni\forall\tau$ に対して，o^τ も或る G の位数2の homology の中心．したがって o は G の

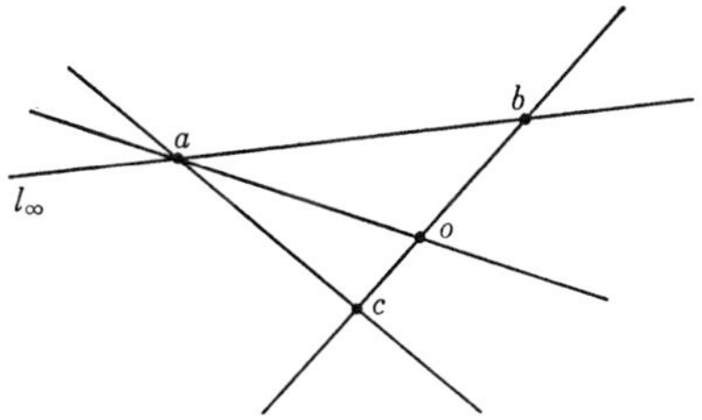

固定点となる．$l_\infty \ni a, b(\neq)$，$\overline{bo} \ni c(\neq b, o)$とすると，仮定(1)より$G_{c, \langle \overline{ac} \rangle}$は位数2のhomology σをふくむ．σはa, b, c, oを固定するから，σの中心はa，軸は$\overline{bo}$となる．したがって定理の主張(iii)をうる．

(c)　2つ以上の有限点がGの位数2のhomologyの中心となる場合：系1.6よりGの有限点が中心であるhomologyの軸はl_∞であるから，定理1.18より$E(l_\infty) \neq 1$．また，σを有限点oを中心とするGの位数2のhomologyとすると，$l_\infty \ni \forall a, b$に対して$G_{a, b, \langle \overline{bo} \rangle} \ni \sigma$，したがって仮定(2)より$l_\infty$の任意の2点$a, b$，および$b$を通る任意の有限直線$l$に対して，$G_{a, b, \langle l \rangle}$は位数2のhomologyをふくむ．

(c.1)　或る直線lがあって，l上に位数2のhomologyの中心となる有限点が存在しない場合：$a = l \cap l_\infty$とおく．$G_{a, \langle l \rangle}$は$l_\infty - \{a\}$上に可移に作用する(実際，$l_\infty - \{a\} = \Lambda_1 + \cdots + \Lambda_r$を$G_{a, \langle l \rangle}$による軌道分解とする．$\Lambda_1 \ni b$とし，$G_{a, b, \langle l \rangle}$にふくまれる位数2のhomologyの1つを$\sigma$とする．$\sigma$の中心は$l$上にないから，$\sigma$は$l_\infty$を軸としない．したがって，$l_\infty$上の$\sigma$の固定点は$a, b$のみであるから，$|\Lambda_1| =$奇数，$|\Lambda_2| = \cdots = |\Lambda_r| =$偶数．もし$r > 1$とすると，$\Lambda_2 \ni b'$について同じ考察をすれば，$|\Lambda_1| =$偶数となり矛盾)．$G \ni \forall \sigma$に対して$l^\sigma$も$l$と同じ条件を満たすから，$G_{a^\sigma, \langle l^\sigma \rangle}$は$l_\infty - \{a^\sigma\}$上に可移．したがって，もし$a^\sigma \neq a$なる$\sigma$があれば，$G$は$l_\infty$上に可移となり，定理1.22によって$\boldsymbol{P}$は$E(l_\infty)$-可移となり定理の主張(i)をうる．したがって$G \ni \forall \sigma$に対して$a^\sigma = a$と仮定してよい．このとき，$l \ni \forall c$に対して$G_{a, c}$は$l_\infty - \{a\}$上に可移に作用する．(実際，$l_\infty - \{a\} = \Lambda_1 + \cdots + \Lambda_r$を$G_{a, c}$による軌道分解とする．$\Lambda_1 \ni b$に対して，仮定(1)により$G_{c, \langle \overline{bc} \rangle}$は位数2のhomology σをふくむ．σがl_∞上にa, b以外の固定点をもてば，cがσの中心となり，(c)の仮定に反する．したがって，l_∞上のσによる固

定点はa, bのみで，とくに，$r>1$とすると，$|\Lambda_1|=$奇数，$|\Lambda_2|=\cdots=|\Lambda_r|=$ 偶数となる．Λ_2の元b'をとり，同様の考察を行えば，$|\Lambda_1|=$ 偶数となり矛盾.）$\boldsymbol{P}$は(a,l)-可移平面となる．(実際，$c\in l-\{a\}$，$b\in l_\infty-\{a\}$とし，仮定(1)より，$G_{c,\langle \overline{bc}\rangle}$は位数2の homology σをふくむが，上の考察と同様にσの中心はa，またはb．aがσの中心のときは，$\overline{bc}$がσの軸となり，$(G_{a,c}, l_\infty-\{a\})$の可移性より，$G$は$a$を中心とし，$c$を通り$l$と異なる任意の直線を軸とする homology をふくむ．したがって系1.19′より$\boldsymbol{P}$は(a,l)-可移平面となる．bがσの中心のときは，lがσの軸となり，同様にして，Gはlを軸とし，$l_\infty-\{a\}$の任意の点を中心とする homology をふくむ．したがって，系1.19によって，$\boldsymbol{P}$は(a,l)-可移平面となる.）さて(c)の仮定より，或る有限点oを中心(したがって，必然的にl_∞を軸)とする位数2の homology τが存在するが，$l\not\ni o$より$l^\tau\neq l$．$a^\tau=a$より，$\boldsymbol{P}$は(a,l)-可移かつ(a,l^τ)-可移な平面で$l^\tau\neq l$．したがって，定理1.21′より$\boldsymbol{P}$は$E(a)$-可移平面となる．

(c.2)　すべて有限直線上に，Gにふくまれる位数2の homology の中心となる有限点が存在する場合：$l_\infty\ni\forall a$に対して，G_aは$\mathfrak{B}_a-\{l_\infty\}$上に可移に作用する．(実際，$\mathfrak{B}_a-\{l_\infty\}=\Lambda_1+\cdots+\Lambda_r$を$G_a$による軌道分解とする．$\Lambda_1\ni l$に対して，仮定から$l$上に或る有限点を中心(したがって，$l_\infty$を軸)とする位数2の homology σが存在するが，σによる$\mathfrak{B}_a$の固定直線はl_∞, lのみであるから，$|\Lambda_1|=$奇数で，$r>1$とすると$|\Lambda_2|=$偶数．$r>1$とすると，$\Lambda_2\ni l'$をとり同様の考察をすると$|\Lambda_1|=$偶数となり矛盾.）したがって，$l_\infty\ni\forall a$に対してG_aは$\mathfrak{B}_a-\{l_\infty\}$上に可移であるから，定理1.14より，$G$は$\Omega-l_\infty$上に可移となる．したがって$G$にはすべての有限点に対してそれを中心(したがって，l_∞を軸)とする位数2の homology が存在する．故に系1.20より$\boldsymbol{P}$は$E(l_\infty)$-可移平面である．∎

1.5　部分平面と位数

$\boldsymbol{P}=(\Omega,\mathfrak{B})$を射影平面とする．$\Omega$の部分集合$\Omega_1$に対して，$\mathfrak{B}_1=\{l\cap\Omega_1 \mid |l\cap\Omega_1|>1\}$とおいてできる結合構造$(\Omega_1,\mathfrak{B}_1)$を$\boldsymbol{P}(\Omega_1)$で表わす．$\boldsymbol{P}(\Omega_1)$が射影平面となるとき，これを$\boldsymbol{P}$の**部分平面**とよぶ．さらに$\Omega\supsetneqq\Omega_1$のとき**真の部分平面**とよぶ．Aut $\boldsymbol{P}$の部分群Gに対して，$\Omega_1=F_\Omega(G)$，$\mathfrak{B}_1=\{l\cap\Omega_1 \mid l\in F_{\mathfrak{B}}(G)\}$とおいてできる結合構造$(\Omega_1,\mathfrak{B}_1)$を$F_{\boldsymbol{P}}(G)$で表わす．$F_{\boldsymbol{P}}(G)$が射影平面となってい

るとき，$F_{P}(G)=\boldsymbol{P}(F_{\Omega}(G))$, i.e. $F_{P}(G)$は$\boldsymbol{P}$の部分平面である．（∵ $\mathfrak{B}$の元lが$|l\cap\Omega_1|>1$を満たせば$l^G=l$, i.e. $l\in F_{\mathfrak{B}}(G)$である．逆に$F_{\mathfrak{B}}(G)\ni l$とする．$F_{P}(G)$が射影平面であるから，$F_{\mathfrak{B}}(G)$にはどの3直線も1点で交わらないような4直線が存在し，したがってこれらとlの交点は2点以上存在してそれらはΩ_1に入る．したがって$|l\cap\Omega_1|>1$. 故に$\{l\cap\Omega_1\,\big|\,|l\cap\Omega_1|>1\}=\{l\cap\Omega\,|\,l\in F_{\mathfrak{B}}(G)\}$となり，$F_{P}(G)=\boldsymbol{P}(F_{\Omega}(G))$.）$F_{P}(G)$が射影平面となっているとき，これを$\boldsymbol{P}$の$G$-**部分平面**とよぶ．さしさわりのない限り，$\mathfrak{B}_1$の元を表わすのに対応する$F_{\mathfrak{B}}(G)$の元を用いる．$G$が2-群の場合，$G$-部分平面$F_{P}(G)$を2-**部分平面**とよぶ．また，“$G(\leq \mathrm{Aut}\,\boldsymbol{P})$に関する2-部分平面”により，$G$の或る2-部分群$H$による2-部分平面$F_{P}(H)$を意味するものとする．

まず，定義からつぎはほとんど明らかである．

定理 1.25 Gを$\mathrm{Aut}\,\boldsymbol{P}$の部分群とする．

$F_{P}(G)$は射影平面$\Leftrightarrow$ $\Omega_1=F_{\Omega}(G)$はそのどの3点も$\boldsymbol{P}$の同一直線上にない4点をふくむ．

定理 1.26 $\boldsymbol{P}=(\Omega,\mathfrak{B})$を位数$n$の射影平面，$\boldsymbol{P}_1=(\Omega_1,\mathfrak{B}_1)$をその真の部分平面とする．このとき$\boldsymbol{P}_1$の位数を$m$とすると，(i) $n=m^2$, または，(ii) $n\geq m^2+m$が成り立つ．

証明 $|\{l\in\mathfrak{B}\,\big|\,|l\cap\Omega_1|=1\}|\leq|\mathfrak{B}|-|\mathfrak{B}_1|$. $\Omega_1\ni\forall x$に対して$x\in l\notin\mathfrak{B}_1$なる$l$の個数は$n-m$. したがって，左辺$=(m^2+m+1)(n-m)$. 他方，右辺$=(n^2+n+1)-(m^2+m+1)=(n-m)(n+m+1)$より$m^2\leq n$（$\boldsymbol{P}_1$が真の部分平面となることから$n\neq m$に注意）．$m^2<n$とすると，$\Omega_1$の元をふくまない直線が存在する．その1つを$l_0$とする．$\mathfrak{B}_1$に対応する$\mathfrak{B}$の$m^2+m+1$本の直線$\{l\in\mathfrak{B}\,|\,l\cap\Omega_1\in\mathfrak{B}_1\}$と$l_0$との交点は$\Omega_1$に入らず，したがってすべて異なる．故に$m^2+m+1\leq n+1$で$m^2+m\leq n$をうる．▌

定理 1.27 σを$\mathrm{Aut}\,\boldsymbol{P}$の位数2の元とする．$\sigma$が配景写像でなければ，$F_{P}(\langle\sigma\rangle)$は$\boldsymbol{P}$の部分平面となり，その位数を$m$とすると$n=m^2$である．

証明 $\boldsymbol{P}$の直線は必ず$\Omega_1=F_{\Omega}(\langle\sigma\rangle)$の元をふくむ．（実際，$|\sigma|=2$であるから，$\mathfrak{B}\ni l$が$l^\sigma\neq l$であれば，$l^\sigma\cap l\in\Omega_1$. $l^\sigma=l$とする．$\forall a\notin l$に対して$a^\sigma=a$とすると，$\sigma=1$. したがって，$\exists a\notin l$で$a^\sigma\neq a$なるものをとれば$\overline{aa^\sigma}$はσ-不変で，$l\cap\overline{aa^\sigma}\in\Omega_1$.）したがって$F_{P}(\langle\sigma\rangle)$が射影平面であることがいえれば，定理1.26の証明

によって，$n=m^2$，$m=F_P(\langle\sigma\rangle)$ の位数，となる．$F_P(\langle\sigma\rangle)$ が射影平面でないと仮定して矛盾をみちびく．定理 1.25 により，Ω_1 の元は高々 1 点を除いてすべて或る直線 l にふくまれる．すべてが l に入る場合，l の任意の点 x に対して x を通り l と異なる任意の直線を l_x とすると，$\phi\neq l_x\cap\Omega_1\subseteq l_x\cap l=x$ より $x\in\Omega_1$．したがって，$l=\Omega_1$ となり σ は配景写像となり矛盾する．また，$\exists c\in\Omega_1$ で $\Omega_1-\{c\}\subseteq l$，$c\notin l$ のときも，l の任意の x を通り，c を通らない直線を l_x とすれば，同様に $x\in\Omega_1$ となり $l\subseteq\Omega_1$，i.e. σ は配景写像となり矛盾する．▌

定理 1.28 $\boldsymbol{P}=(\Omega,\mathfrak{B})$ を位数 n の射影平面とし，$\boldsymbol{P}_1=(\Omega_1,\mathfrak{B}_1)$ をその真の 2-部分平面とする．$\boldsymbol{P}_1$ の位数を m とすると，或る自然数 t があって $n=m^{2^t}$.

証明 n についての帰納法による．$\boldsymbol{P}_1=F_{\boldsymbol{P}}(G)$，$G$ を $\mathrm{Aut}\,\boldsymbol{P}$ の 2-部分群とすると，$\boldsymbol{P}_1$ が真の部分平面であるから $G\neq1$ である．σ を G の中心に入る位数 2 の元とする．$\Omega\supsetneqq F_\Omega(\langle\sigma\rangle)\supseteq\Omega_1=F_\Omega(G)$ から，定理 1.25 によって，$\tilde{\boldsymbol{P}}=(F_\Omega(\langle\sigma\rangle), F_{\mathfrak{B}}(\langle\sigma\rangle))$ は部分平面で，その位数を $\tilde{n}$ とすると定理 1.27 より $n=\tilde{n}^2$．σ は G の中心の元であるから，G は $\mathrm{Aut}\,\tilde{\boldsymbol{P}}$ の部分群 $\tilde{G}$ に準同型で，$F_P(G)=F_{\tilde{P}}(\tilde{G})$ となる．帰納法の仮定より $\tilde{n}=m^{2^s}$ となり，$n=\tilde{n}^2=(m^{2^s})^2=m^{2^{s+1}}$．▌

定理 1.29 $\boldsymbol{P}$ は位数 $(=n)$ が奇数の射影平面，l_∞ を $\boldsymbol{P}$ の直線とし，$G=(\mathrm{Aut}\,\boldsymbol{P})_{\langle l_\infty\rangle}$ が $\mathfrak{B}-\{l_\infty\}$ に可移に作用していると仮定する．$\boldsymbol{P}_1=(\Omega_1,\mathfrak{B}_1)$ を $\boldsymbol{P}$ の G に関する 2-部分平面で極小なものとし，$H=G^{\Omega_1}_{\langle\Omega_1\rangle}\leq\mathrm{Aut}\,\boldsymbol{P}_1$ とする．このとき，つぎの (1), (2) が成り立つ．

(1) $\boldsymbol{P}_1$ の任意の有限旗 $c\in l$ に対して，$H_{c,\langle l\rangle}$ は位数 2 の homology をふくむ．(ここで $l_\infty\in\mathfrak{B}_1$ であり，$c\in l$ は l_∞ に関する有限旗とする．)

(2) a, b を $\boldsymbol{P}_1$ における l_∞ 上の 2 点とする．b を通る $\boldsymbol{P}_1$ の或る有限直線 l に対して $H_{a,b,\langle l\rangle}$ が位数 2 の homology をふくめば，b を通る $\boldsymbol{P}_1$ の任意の有限直線 m に対して $H_{a,b,\langle m\rangle}$ は位数 2 の homology をふくむ．

証明 系 1.13 により $|G|=n^2(n+1)h$，$h=|G_{c,a}|=|G_{c,\langle l\rangle}|$ である(ここで，a は l_∞ 上の任意の点，$c\in l$ は $\boldsymbol{P}$ の任意の有限旗)．$2^u\top n+1, 2^v\top h$ とおくと，$u\geq1$．G の 2-部分群 P を，$\boldsymbol{P}_1=F_{\boldsymbol{P}}(P)$ となるような極大のものにとり，$|P|=2^w$ とする．$c\in l$ を $\boldsymbol{P}_1$ の有限旗にとることができるから，そのようにとれば $G_{c,\langle l\rangle}\geq P$ となり $w\leq v$．したがって P は G の Sylow 2-部分群でないから，G の 2-部分群 $\tilde{P}$ で $[\tilde{P}:P]=2$ となるものが存在する．$\tilde{P}\rhd P$ より，$\tilde{P}$ の元は $\boldsymbol{P}_1$ の自己同型

をひきおこし，$\boldsymbol{P}_1$ の極小性から $\tau\in\tilde{P}$, $\notin P$ は $\boldsymbol{P}_1$ の位数 2 の配景写像をひきおこす．定理 1.28 より $\boldsymbol{P}_1$ の位数も奇数となるから系 1.7 より τ は homology をひきおこす．したがって，τ は $\boldsymbol{P}_1$ の或る有限旗 $c'\in l'$ を固定し，$\tilde{P}\leq G_{c',\langle l'\rangle}$ となる．定理 1.12 より $|G_{c',\langle l'\rangle}|=|G_{c,\langle l\rangle}|$，したがって $w\lneqq v$ となり，$G_{c,\langle l\rangle}\geq\tilde{\tilde{P}}\rhd P$, $[\tilde{\tilde{P}}:P]=2$ なる $\tilde{\tilde{P}}$ が存在する．$\sigma\in\tilde{\tilde{P}}$, $\notin P$ とすると，σ は $\boldsymbol{P}_1$ の位数 2 の homology をひきおこし，定理の主張(1)をうる．系 1.15 によって，$\boldsymbol{P}_1$ における l_∞ 上の 2 点 a,b, b を通る $\boldsymbol{P}_1$ の有限直線 l,m に対して，$|G_{a,b,\langle l\rangle}|=|G_{a,b,\langle m\rangle}|$. いま $H_{a,b,\langle l\rangle}$ が位数 2 の homology をふくめば，$G_{a,b,\langle l\rangle}$ の或る元が $\boldsymbol{P}_1$ の位数 2 の homology をひきおこし，したがって P は $G_{a,b,\langle l\rangle}$ の Sylow 2-部分群ではない．故に P は $G_{a,b,\langle m\rangle}$ の Sylow 2-部分群でなく $P\lhd\tilde{P}\leq G_{a,b,\langle m\rangle}$ で $[\tilde{P}:P]=2$ となる 2-部分群 $\tilde{P}$ が存在する．$\boldsymbol{P}_1$ のとり方から，$\tau\in\tilde{P}-P$ は $\boldsymbol{P}_1$ の位数 2 の homology をひきおこす． ▌

この定理と定理 1.24 とによりつぎの定理が成り立つ．

定理 1.30　$\boldsymbol{P}$ を奇数位数 n の射影平面とする．或る直線 l があって，$(\mathrm{Aut}\,\boldsymbol{P})_{\langle l\rangle}$ が $\mathfrak{B}-\{l\}$ 上に可移に作用すれば，n は素数の巾である．

1.6　$E(l)$-可移性とデザルグ性

有限体上の射影平面についての基本的な定理を証明する．射影平面 $\boldsymbol{P}$ のいくつかの点が 1 つの直線 l 上にあるとき，これらの点は**共線**である(または，共線 l をもつ)という．双対的にいくつかの直線が点 a で交わるとき，これらの直線は**共点**である(または，共点 a をもつ)という．共線でない相異なる 3 点を 3 角形という．$\boldsymbol{P}$ においてつぎの性質(*)が成り立つとき，$\boldsymbol{P}$ は **Desargues 性**をもつ，または $\boldsymbol{P}$ において Desargues の定理が成り立つという．

(*)　$\boldsymbol{P}$ の 2 つの 3 角形 $\{a_1,a_2,a_3\}$，$\{b_1,b_2,b_3\}$ において $\overline{a_1b_1}$, $\overline{a_2b_2}$, $\overline{a_3b_3}$ が共点であれば，$\overline{a_1a_2}\cap\overline{b_1b_2}$, $\overline{a_1a_3}\cap\overline{b_1b_3}$, $\overline{a_2a_3}\cap\overline{b_2b_3}$ は共線である．

また $\boldsymbol{P}$ においてつぎの性質(**)が成り立つとき，$\boldsymbol{P}$ は**弱 Desargues 性**をもつという．

(**)　$\boldsymbol{P}$ の 2 つの 3 角形 $\{a_1,a_2,a_3\}$，$\{b_1,b_2,b_3\}$ において $\overline{a_1b_1}$, $\overline{a_2b_2}$, $\overline{a_3b_3}$ が共点 d をもち，かつ d, $\overline{a_1a_2}\cap\overline{b_1b_2}$, $\overline{a_1a_3}\cap\overline{b_1b_3}$ が共線であれば，$\overline{a_2a_3}\cap\overline{b_2b_3}$ もその共線上にある．

定理 1.31　射影平面 $\boldsymbol{P}$ に関してつぎの条件は同値である．

(1)　$\boldsymbol{P} \simeq \boldsymbol{P}_1(2, K)$,　　ここで$K$は有限体.

(2)　$\boldsymbol{P}$はDesargues性をもつ.

(3)　$\boldsymbol{P}$は弱Desargues性をもつ.

(4)　$\boldsymbol{P}$の任意の直線lに関して$\boldsymbol{P}$は$E(l)$-可移平面である.

証明　(1)⇒(2)：$\boldsymbol{P}=\boldsymbol{P}_1(2, K)$とする．2つの3角形$\{a_1, a_2, a_3\}$，$\{b_1, b_2, b_3\}$において，$\overline{a_1b_1}$，$\overline{a_2b_2}$，$\overline{a_3b_3}$が共点$O$をもつと仮定し，$d_1=\overline{a_2a_3}\cap\overline{b_2b_3}$，$d_2=\overline{a_1a_3}\cap\overline{b_1b_3}$，$d_3=\overline{a_1a_2}\cap\overline{b_1b_2}$が共線であることを示す．$O$が$a_i, b_i\,(i=1,2,3)$のいずれかに等しい場合，2つの3角形の頂点のうち一致するものがある場合，および，或る$i, j\,(\neq)$に対して$\overline{a_ia_j}=\overline{b_ib_j}$となる場合において(2)が成り立つことはほとんど明らかである．したがって$O, a_i, b_j\,(1\leq i, j\leq 3)$はすべて相異なり，かつすべての$i, j\,(\neq)$について$\overline{a_ia_j}\neq\overline{b_ib_j}$と仮定することができる．

(a)　$O\notin\overline{d_1d_2}$の場合：$V=V(3, K)$より$\boldsymbol{P}_1(2, K)$が得られるとし，$d_2=\langle e_1\rangle$，$O=\langle e_2\rangle$，$d_1=\langle e_3\rangle$とする．仮定よりe_1, e_2, e_3はVの基となるが，これによって$\boldsymbol{P}_1(2, K)$の点，直線を座標表示する．§1.2の記号に従うと，$d_1=(0,0)$，$O=(\infty)$，$d_2=(0)$，$\overline{d_1d_2}=l_{y=0}$，$\overline{a_2a_3}\ni(0,0)$，$\overline{a_2a_3}\not\ni O$，$i=1,3$に対して$a_i, b_i\notin\overline{Od_2}=l_\infty$となっている．

(a.1)　$a_2\notin\overline{Od_2}$の場合：Kの元$\lambda_1(\neq 0)$があって$\overline{a_2a_3}=l_{y=\lambda_1x}$と書ける．したがって，$K$の元$\mu, \nu\,(\neq)$があって$a_2=(\mu, \lambda_1\mu)$，$a_3=(\nu, \lambda_1\nu)$と書ける．同様に

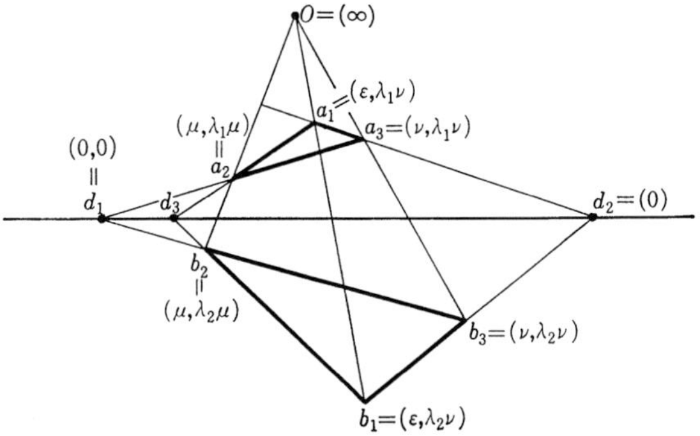

$\overline{b_2b_3}\ni(0,0)$および$\overline{a_ib_i}\ni(\infty)\,(i=2,3)$を注意すれば，$K$の元$\lambda_2(\neq 0, \lambda_1)$があって$\overline{b_2b_3}=l_{y=\lambda_2x}$，$b_2=(\mu, \lambda_2\mu)$，$b_3=(\nu, \lambda_2\nu)$と書ける．$\overline{a_1a_3}\ni(0)\in\overline{b_1b_3}$，$\overline{a_1b_1}\ni(\infty)$，および$a_1, b_1\notin l_\infty$より，$a_1=(\varepsilon, \lambda_1\nu)$，$b_1=(\varepsilon, \lambda_2\nu)$と書ける．したがって

$$\overline{a_1a_2}=l_{\lambda_1(\mu-\nu)x+(\varepsilon-\mu)y=\lambda_1\mu(\varepsilon-\nu)},\qquad \overline{b_1b_2}=l_{\lambda_2(\mu-\nu)x+(\varepsilon-\mu)y=\lambda_2\mu(\varepsilon-\nu)}$$

となり，$\overline{a_1a_2}\cap\overline{b_1b_2}=d_3=(\mu(\varepsilon-\nu)/(\mu-\nu),0)\in\overline{d_1d_2}$ が成り立つ.

(a. 2) $a_2\in\overline{Od_2}$ の場合：$l_\infty\ni a_2$, b_2 (≠) より，$a_2=(\lambda_1)$, $b_2=(\lambda_2)$, $\lambda_1\neq\lambda_2$ と書ける．これより K の元 ν,μ があって $a_3=(\mu,\lambda_1\mu)$, $b_3=(\mu,\lambda_2\mu)$, $a_1=(\nu,\lambda_1\mu)$, $b_1=(\nu,\lambda_2\mu)$, $\overline{a_1a_2}=l_{y=\lambda_1x+\lambda_1(\mu-\nu)}$, $\overline{b_1b_2}=l_{y=\lambda_2x+\lambda_2(\mu-\nu)}$, と書け $\overline{a_1a_2}\cap\overline{b_1b_2}=d_3=(\nu-\mu,0)\in\overline{d_1d_2}$ が成り立つ.

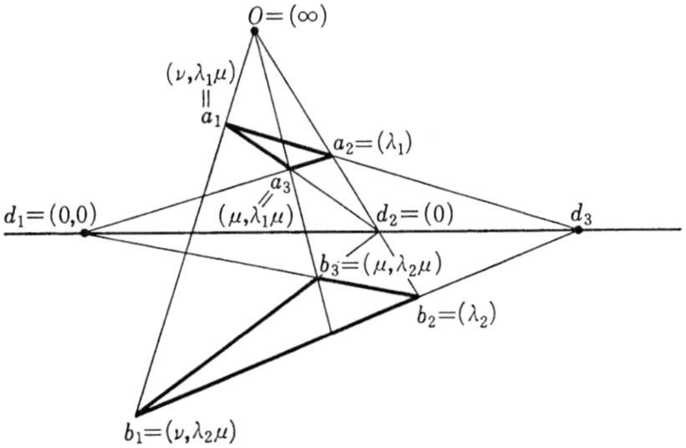

(b) $O\in\overline{d_1d_2}$ の場合：$d_2=\langle e_1\rangle$, $b_3=\langle e_2\rangle$, $O=\langle e_3\rangle$ とおく．e_1,e_2,e_3 は V の基となるから，(a)の場合と同様にこれによる座標表示を考える．$O=(0,0)$, $b_3=(\infty)$, $d_2=(0)$ となるが，さらに e_1,e_2,e_3 を適当にスカラー倍することにより，$a_1=(1,1)$ とすることができる．そうすると，$b_1=(1)$, $a_3=(0,1)$, $b_2=(\lambda,\lambda m)$, ただし $\lambda m\neq0$, と書け，$d_1=(\lambda,0)$, $\overline{b_1b_2}=l_{y=x+(\lambda m-\lambda)}$, $\overline{d_1a_3}=l_{y=-\lambda^{-1}x+1}$, $\overline{b_2O}=l_{y=mx}$ となる．$a_2=\overline{d_1a_3}\cap\overline{b_20}$ より，

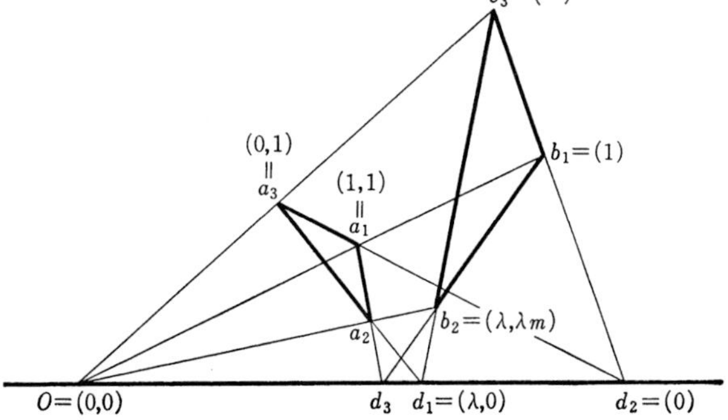

$$a_2=\begin{cases}(m) & m\lambda+1=0\text{ のとき}\\ \left(\dfrac{\lambda}{m\lambda+1},\ \dfrac{m\lambda}{m\lambda+1}\right) & m\lambda+1\neq 0\text{ のとき}\end{cases}$$

となり，これより，

$$\overline{a_1a_2}=\begin{cases}l_{y=\frac{1}{m\lambda-\lambda+1}x+\frac{m\lambda-\lambda}{m\lambda-\lambda+1}} & m\lambda+1\neq\lambda\text{ のとき}\\ l_{x=1} & m\lambda+1=\lambda\text{ のとき}\end{cases}$$

$$d_3=\overline{a_1a_2}\cap\overline{b_1b_2}=\begin{cases}(\lambda-m\lambda,0) & m\lambda+1\neq\lambda\text{ のとき}\\ (1,0) & m\lambda+1=\lambda\text{ のとき}\end{cases}$$

となり，$d_3\in\overline{d_1d_2}$ をうる．

(2)⇒(3)については(**)は(*)の一部であることから明らか．

(3)⇒(4)：$P=(\Omega,\mathfrak{B})$ とする．l を直線，$l\not\ni a_1, b_1(\neq)$ とするとき，a_1 を b_1 にうつす l-elation の存在を示す．まず，$\Omega-\overline{a_1b_1}$ 上の置換 σ_{a_1,b_1} をつぎのように定義する．

(i) $l\ni c$ に対しては，$c^{\sigma_{a_1,b_1}}=c$

(ii) $l\not\ni c$ に対しては，$\overline{a_1c}\cap l=d$，$\overline{db_1}\cap\overline{cO}=b$ とするとき，$c^{\sigma_{a_1,b_1}}=b$(ただし $O=\overline{a_1b_1}\cap l$ とする)．

つぎの補題が基本的である．

補題 1.32 $\Omega-(\overline{a_1b_1}\cup l)\ni a_2$ をとり，$a_2{}^{\sigma_{a_1,b_1}}=b_2$ とする．このとき，$a_2\neq b_2$ で，かつ σ_{a_1,b_1} と σ_{a_2,b_2} の $\Omega-(\overline{a_1b_1}\cup\overline{a_2b_2})$ での作用は一致する．

証明 $a_2\neq b_2$ は明らか．$\Omega-(\overline{a_1b_1}\cup\overline{a_2b_2})\ni a_3$ とし，$a_3{}^{\sigma_{a_1,b_1}}=b_3$ とする．$a_3\in\overline{a_1a_2}$ のときは明らかに $a_3{}^{\sigma_{a_2,b_2}}=b_3$．$a_3\notin\overline{a_1a_2}$ とする．2つの3角形$\{a_1, a_2, a_3\}$，$\{b_1, b_2, b_3\}$について弱 Desargues 性より，$\overline{a_2a_3}\cap\overline{b_2b_3}\in l$ となり，$a_3{}^{\sigma_{a_2,b_2}}=b_3$ となる．(補題の証明終)▌

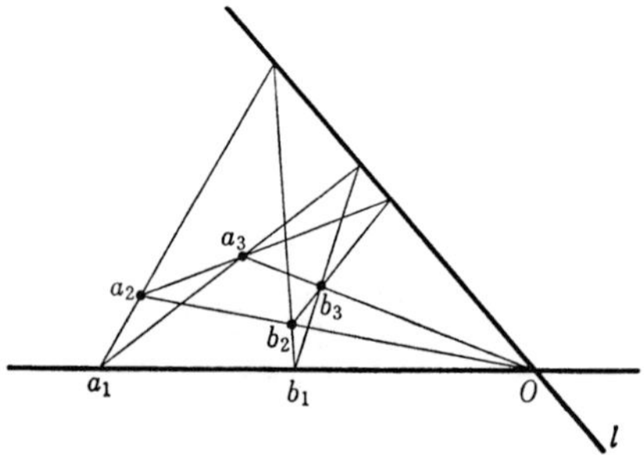

この補題を用いて，σ_{a_1,b_1} を Ω 上の置換 σ につぎのようにして拡張する．$\Omega-(\overline{a_1b_1}\cup l)$ の1点を a_2 とし，$a_2^{\sigma_{a_1,b_1}}=b_2$ とするとき，

$$a^{\sigma}=\begin{cases} a^{\sigma_{a_1,b_1}} & a\notin\overline{a_1b_1} \\ a^{\sigma_{a_2,b_2}} & a\in\overline{a_1b_1} \end{cases}$$

と定義する．補題より，この σ は a_2 のとり方によらず σ_{a_1,b_1} のみに関係して一意的に定まり，$\Omega-l$ 上に固定点をもたない．l 上の各点，および O を通る直線は定義により σ で固定される．また a_1 を通る直線は σ により直線にうつる．したがって補題から，σ によって任意の直線が直線にうつる．したがって σ は l-elation で $a_1^{\sigma}=b_1$.

(4)⇒(1)：(a)座標の導入　$\boldsymbol{P}$ の4点でそのどの3点も共線でないものを1組えらび，O, I, X, Y とする．$l_\infty=\overline{XY}$, $l_\infty\cap\overline{OI}=Z$ とおく．$\boldsymbol{P}$ の位数を n とし，K を n 個の元からなる集合とし，そのうちの2元を任意に定めて $0, 1$ とおく．$|\Omega-l_\infty|=n^2$ であるが，$\Omega-l_\infty$ の点を $K\times K$ の元で表わすことを考える．まず $O=(0,0)$, $I=(1,1)$ とおき，これの拡張となる $\overline{OI}-\{Z\}$ と $\tilde{K}=\{(a,a)\,|\,a\in K\}$ の間の1対1対応を1つ定め，$\overline{OI}-\{Z\}$ の点をその対応する $\tilde{K}$ の元で表わす．$l_\infty\not\ni A$ に対して $\overline{AY}\cap\overline{OI}=(a,a)$, $\overline{AX}\cap\overline{OI}=(b,b)$ のとき，$A=(a,b)$ と表わす．∞ を K の元を表わさない記号とし，$Y=(\infty)$ と表わす．$l_\infty\ni B(\neq Y)$ に対しては，$\overline{OB}\cap\overline{YI}=(1,b)$ のとき，$B=(b)$ と表わす．とくに $Z=(1)$, $X=(0)$

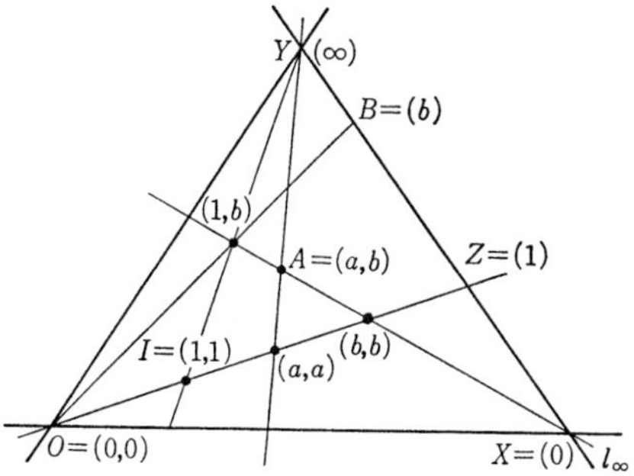

である．このようにして，Ω の元は K の2元の組 (a,b)，または K の元 a により (a)，または (∞) として一意的に表わされる．これらをそれぞれの点の座標とよび，各点を座標により $p_{(a,b)}, p_{(a)}, p_{(\infty)}$ などとも表わす．とくに $p_{(a,b)}$ に対して，a をこの点の x **座標**，b を y **座標**とよぶ.

(b)演算の導入　K に和，積をつぎのように定義する．$K \ni y,\ x,\ b$ が $\overline{p_{(0,b)}Z} \cap \overline{p_{(x,x)}Y}=p_{(x,y)}$ のとき，$y=x+b$ と定義する．また $\overline{p_{(b)}O} \cap \overline{p_{(x,x)}Y}=p_{(x,y)}$ のとき，$y=xb$ と定義する．$y=x+b$ の場合，$\overline{p_{(x,y)}Z} \cap \overline{OY}=p_{(0,b)}$，$\overline{p_{(0,b)}Z} \cap \overline{Xp_{(y,y)}}=p_{(x,y)}$ より，y, x, b のうちの2つが定まれば他は一意的に定まる．また $y=xb$ において，$\overline{Op_{(x,y)}} \cap l_\infty=p_{(b)}$，$\overline{Op_{(b)}} \cap \overline{Xp_{(y,y)}}=p_{(x,y)}$ より，y, x, b がいずれも0でない場合，そのうち2元が定まれば他は一意的に定まる．

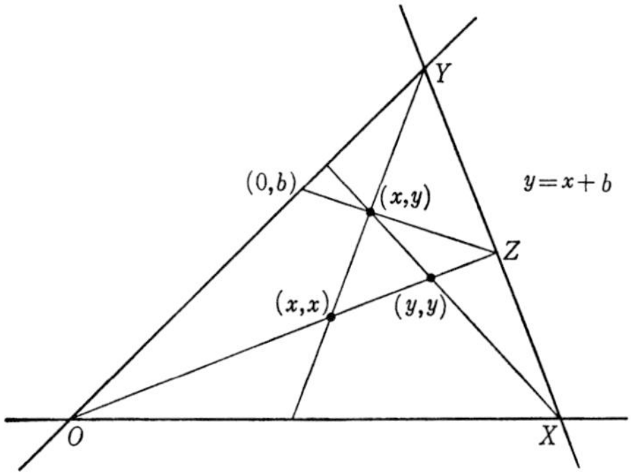

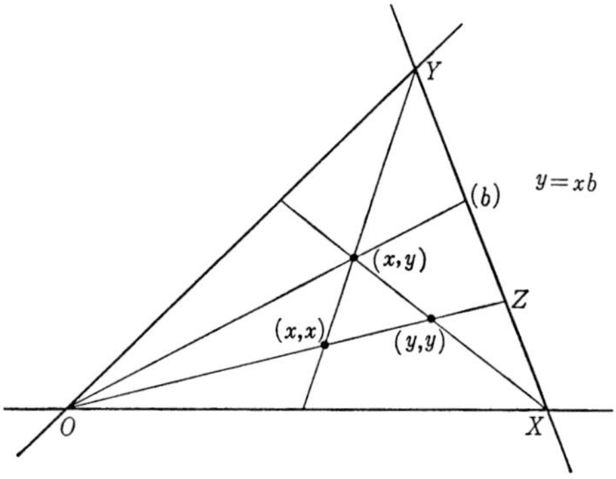

(c)直線の座標表示　$\boldsymbol{P}$ の直線の K の元による表示を考える．まず定義より $l_\infty=\{(a)\,|\,a\in K$ または $a=\infty\}$．Y を通り l_∞ と異なる直線を l とする．$l \cap \overline{OI}=(a,a)$ とすると，定義より $l=\{(a,b)\,|\,b\in K\} \cup \{(\infty)\}$ となる．この直線 l を $x=a$ で表わす．最後に Y を通らない任意の直線を l とする．$l\cap l_\infty=p_{(m)}$，$l \cap \overline{OY}=p_{(0,b)}$ とすると，$l=\{(x, xm+b)\,|\,x\in K\} \cup \{m\}$．(実際，$l \ni A=p_{(x,y)}$ とすると，

$$\overline{Op_{(m)}} \cap \overline{YA} = B = p_{(x,xm)}$$

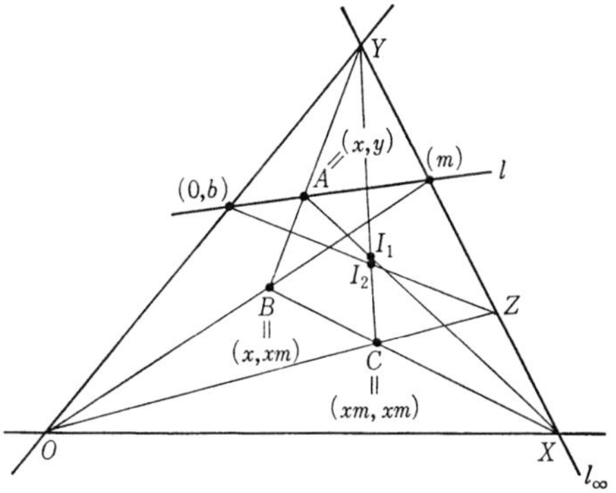

$$\overline{BX}\cap\overline{OZ}=C=p_{(xm,xm)}.$$

故に $\overline{YC}$ 上の点$(\neq Y)$はすべて$(xm,*)$と表わされるが，とくに$\overline{CY}\cap\overline{AX}=I_1=(xm,y)$，$\overline{CY}\cap\overline{p_{(0,b)}Z}=I_2=(xm,xm+b)$となるから，$I_1=I_2$を示せばよい．仮定により$\boldsymbol{P}$は$E(l_\infty)$-可移平面だから$G(Z,l_\infty)\ni\sigma_1$，$G(p_{(m)},l_\infty)\ni\sigma_2$，$G(X,l_\infty)\ni\sigma_3$を$O^{\sigma_1}=C$, $O^{\sigma_2}=B$, $B^{\sigma_3}=C$となるようにえらぶことができる．$O^{\sigma_2\sigma_3\sigma_1{}^{-1}}=O$であるが，$\sigma_2\sigma_3\sigma_1{}^{-1}\in E(l_\infty)$より系1.9から$\sigma_2\sigma_3=\sigma_1$．故に$p_{(0,b)}^{\sigma_2\sigma_3}=p_{(0,b)}^{\sigma_1}$．$p_{(0,b)}^{\sigma_1}=I_2$．また$p_{(0,b)}^{\sigma_2\sigma_3}=A^{\sigma_3}=I_1$．故に$I_1=I_2$.）　この直線$l$を$y=xm+b$と表わす．したがって，$\boldsymbol{P}$のすべての直線は，$l_\infty$，$x=a$，または$y=xm+b\,(a,b,m\in K)$の形に一意的に表わされる．

2直線$y=xm_1+b_1$，$y=xm_2+b_2$で$m_1\neq m_2$とすると，これらは相異なり，かつl_∞上では交わらない．したがってKの元a,bが$b=am_1+b_1, b=am_2+b_2$を満たすとすると，(a,b)はこれら2直線の交点として一意的に定まる．

さて，以下において順をおって(b)で導入した和と積に関してKが交代体となることを示す．

(d)　Kは＋に関してAbel群となる：$b\in K$に対して$G(Y,l_\infty)\ni\sigma$を$O^\sigma=p_{(0,b)}$とすると$p_{(u,u)}^\sigma=p_{(u,u+b)}$, $\forall u\in K$，$l_{y=u}^\sigma=l_{y=u+b}$，したがって$p_{(v,u)}^\sigma=p_{(v,u+b)}$, $\forall u,v\in K$となる．$c\in K$に対して$G(Y,l_\infty)\ni\tau$を$O^\tau=p_{(0,c)}$とえらぶと，$O^{\sigma\tau}=p_{(0,b)}^\tau=p_{(0,b+c)}$．故に$p_{(0,a)}^{\sigma\tau}=p_{(0,a+(b+c))}$, $\forall a\in K$．他方$p_{(0,a)}^{\sigma\tau}=p_{(0,a+b)}^\tau=p_{(0,(a+b)+c)}$．故に$a+(b+c)=(a+b)+c$．また定理1.10により$\sigma\tau=\tau\sigma$．したがって$b+c=c+b$．$\overline{p_{(0,a)}Z}\cap\overline{OY}=p_{(0,a)}$より$0+a=a$．また$\overline{OZ}\cap\overline{p_{(a,a)}Y}=p_{(a,a)}$から$a+0=a$．したがって0は単位元．(b)でみたように$a$に対して$a+b=0$となる$b$は

存在する．したがって K は $+$ について可換群となる．

(e) 積に関して1は単位元となり，また $0a=a0=0$, $\forall a\in K$, が成り立つ：$\overline{ZO}\cap\overline{p_{(a,a)}Y}=p_{(a,a)}$ より $a=a1$．また，定義より $l_{y=xa}=\overline{p_{(1,a)}O}\ni p_{(1,a)}$ であるから $a=1a$．後者は定義より明らか．

(f) $(a+b)c=ac+bc$, $c(a+b)=ca+cb$, $\forall a,b,c\in K$: $\overline{p_{(c)}p_{(b,0)}}=l_{y=xm+t}$ は $p_{(c)}$ を通ることから，$m=c$．また $p_{(b,0)}$ を通ることから，$0=bc+t$．故に $y=xc-$

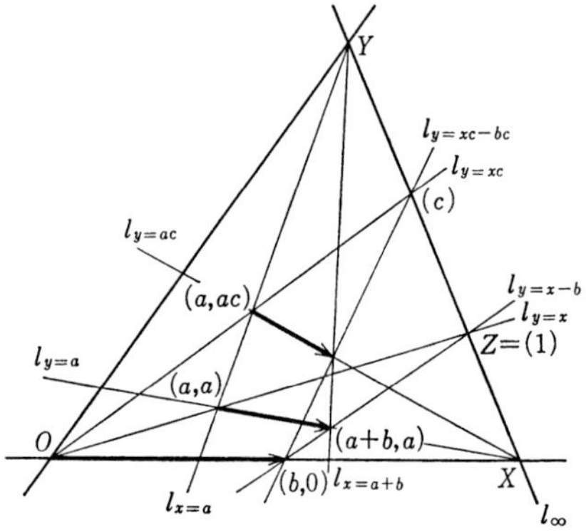

bc. $G(X,l_\infty)\ni\sigma$ を $O^\sigma=p_{(b,0)}$ ととる．$p_{(a,a)}=l_{y=x}\cap l_{y=a}$ より $p^\sigma_{(a,a)}=l^\sigma_{y=x}\cap l^\sigma_{y=a}=l_{y=x-b}\cap l_{y=a}=p_{(a+b,a)}$，したがって $l^\sigma_{x=a}=l_{x=a+b}$．$p_{(a,ac)}=l_{y=xc}\cap l_{x=a}$ より $p^\sigma_{(a,ac)}=l^\sigma_{y=xc}\cap l^\sigma_{x=a}=l_{y=xc-bc}\cap l_{x=a+b}=p_{(a+b,(a+b)c-bc)}$．他方 $p_{(a,ac)}=l_{x=a}\cap l_{y=ac}$ より，$p^\sigma_{(a,ac)}=l^\sigma_{x=a}\cap l^\sigma_{y=ac}=l_{x=a+b}\cap l_{y=ac}=p_{(a+b,ac)}$．故に $(a+b)c=ac+bc$．

つぎに $G(Y,\overline{OY})\ni\sigma$ を $X^\sigma=p_{(a)}$ とえらぶ．$\overline{p_{(0,d)}X^\sigma}=\overline{p_{(0,d)}p_{(a)}}$ より $l^\sigma_{y=d}=l_{y=xa+d}$．したがって，$p_{(c,cb)}=l_{y=cb}\cap l_{x=c}$ より，$p^\sigma_{(c,cb)}=l^\sigma_{y=cb}\cap l^\sigma_{x=c}=l_{y=xa+cb}\cap l_{x=c}$

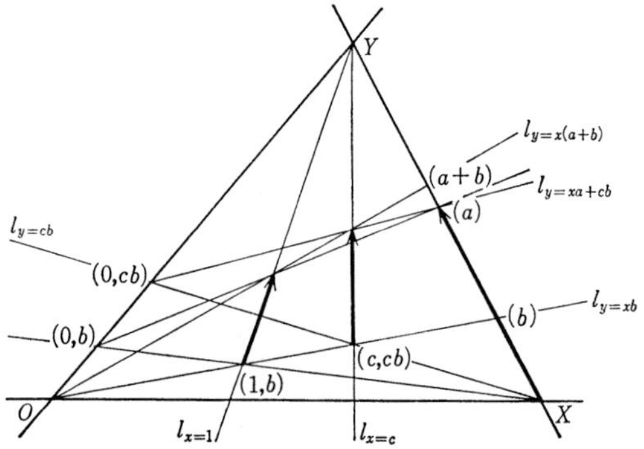

$=p_{(c,ca+cb)}$．とくに $p^{\sigma}_{(1,b)}=p_{(1,a+b)}$ より $l^{\sigma}_{y=xb}=l_{y=x(a+b)}$．したがって $p_{(c,cb)}=l_{y=xb}\cap l_{x=c}$ より $p^{\sigma}_{(c,cb)}=l_{y=x(a+b)}\cap l_{x=c}=p_{(c,c(a+b))}$．故に $c(a+b)=ca+cb$.

(g) K の 0 でない任意の元 a に対して逆元 a^{-1}(i. e. $a^{-1}a=aa^{-1}=1$ を満たすもの)が存在し，かつ $a^{-1}(ab)=(ba)a^{-1}=b$, $\forall b\in K$, が成り立つ：a に対して $G(O,\overline{OY})$ の元 σ を $X^{\sigma}=p_{(-1-a,0)}$ とえらぶ．K の 0 でない任意の元 b に対して $\overline{p_{(0,b+ab)}X}=l_{y=b+ab}$，$\overline{p_{(0,b+ab)}p_{(-1-a,0)}}=l_{y=xb+b+ab}$，$p^{\sigma}_{(0,b+ab)}=p_{(0,b+ab)}$ より $l^{\sigma}_{y=b+ab}=l_{y=xb+b+ab}$．また $p_{(1,b+ab)}=l_{x=1}\cap l_{y=b+ab}\cap l_{y=x(b+ab)}$，$l^{\sigma}_{y=x(b+ab)}=l_{y=x(b+ab)}$ より $p^{\sigma}_{(1,b+ab)}=l^{\sigma}_{x=1}\cap l_{y=xb+b+ab}\cap l_{y=x(b+ab)}$ となるが，$b\neq 0$ とすると(b)より $b\neq b+ab$ となり $l_{y=xb+b+ab}$ と $l_{y=x(b+ab)}$ は l_{∞} 上では交わらない．したがって，K の元 c があって $l^{\sigma}_{x=1}=l_{x=c}$ と書ける．故に $p^{\sigma}_{(1,b+ab)}=p_{(c,cb+b+ab)}=p_{(c,c(b+ab))}$ となり，$cb+b+ab=c(b+ab)$, $\forall b\in K$, が成り立つ．ここで $c=1+a'$ とおくと $a'(ab)=b$, $\forall b\in K$, をうる．$a'\neq 0$ より同様にして a' に対して或る $a''\in K$ があって $a''(a'd)=d$, $\forall d\in K$, が成り立つ．$b=1$, $d=1$ とおくと，$a'a=1=a''a'$，また $d=a$ と

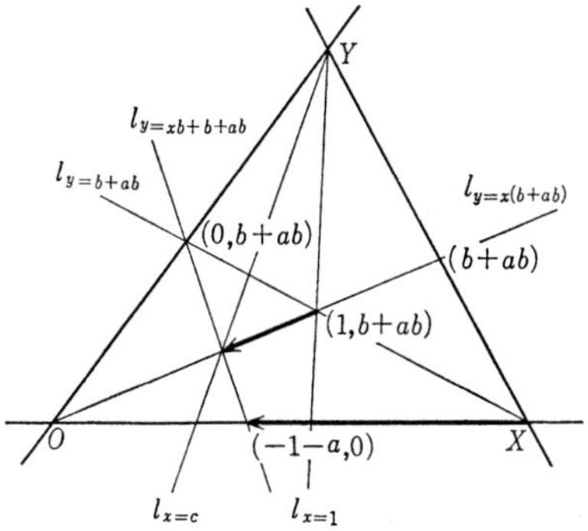

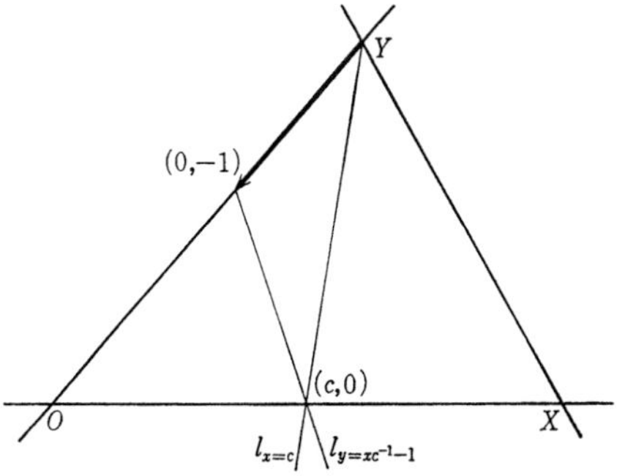

おくと $a''=a$. 故に a' は a の逆元となり，$a^{-1}(ab)=b$, $\forall b\in K$, が成り立つ.

つぎに $G(O,OX)$ の元 σ を $Y^\sigma=(0,-1)$ とえらぶ. K の 0 でない任意の元 c に対して $l_{x=c}^\sigma=\overline{p_{(c,0)}Y^\sigma}=\overline{p_{(c,0)}p_{(0,-1)}}=l_{y=xc^{-1}-1}$. b を K の 0 でない任意の元とするとき，

$$p_{(1,1-ab)}=l_{x=1}\cap l_{y=x(1-ab)} \quad \text{より} \quad p_{(1,1-ab)}^\sigma=l_{y=x-1}\cap l_{y=x(1-ab)}=p_{((ab)^{-1},(ab)^{-1}-1)}.$$

また

$$p_{(a,1-ab)}=l_{x=a}\cap l_{y=x(a^{-1}-b)} \quad \text{から} \quad p_{(a,1-ab)}^\sigma=l_{y=xa^{-1}-1}\cap l_{y=x(a^{-1}-b)}=p_{(b^{-1},b^{-1}a^{-1}-1)}.$$

$\overline{p_{(1,1-ab)}X}\ni p_{(a,1-ab)}$ より $\overline{p_{(1,1-ab)}^\sigma X}\ni p_{(a,1-ab)}^\sigma$ となり，$(ab)^{-1}=b^{-1}a^{-1}$ をうる. 前半より $a(a^{-1}b^{-1})=b^{-1}$ が成り立つから，両辺の逆元をとれば，$(ba)a^{-1}=b$, $\forall b\in K$, が成り立つ.

(h) $a(ab)=(aa)b$, $(ba)a=b(aa)$: $a^{-1}(ab)=b$ より $a(ab)=(aa)b$ を導く. $a=\pm1$ のときは明らか. よって $a\pm1\neq0$ とし，$t=(a^{-1}-(a+1)^{-1})(a^2+a)$ とおく. この両辺に $a+1$ を左から掛けて整理すると，

$$\begin{aligned}(a+1)t &= (a+1)(a+1-(a+1)^{-1}a^2-(a+1)^{-1}a)\\ &= (a+1)^2-a^2-a = a+1.\end{aligned}$$

したがって $(a+1)^{-1}((a+1)t)=1$ となり，(g) より $t=1$. 故に $a^{-1}-(a+1)^{-1}=(a^2+a)^{-1}$ となり，K の任意の元 b に対して $b=(a^{-1}-(a+1)^{-1})((a^2+a)b)$. $w=(a^{-1}-(a+1)^{-1})(a(ab)+ab)$ とおくと，

$$\begin{aligned}(a+1)w &= (a+1)(ab+b-(a+1)^{-1}(a(ab))-(a+1)^{-1}(ab))\\ &= (a+1)(ab+b)-a(ab)-ab = (a+1)b.\end{aligned}$$

したがって $w=b$. 故に $(a^2+a)b=a(ab)+ab$ となり，$(aa)b=a(ab)$ をうる. $(ba)a=b(aa)$ については左右対称にして全く同様に得られる.

以上(d)～(h)によって K は交代体となるが，$|K|<\infty$ に注意すれば Artin-Zorn の定理(第1章定理3.18)により K は有限体となる. したがって(c)に示された座標表示は有限体 K での座標表示であり，定理1.3より，$\boldsymbol{P}\simeq\boldsymbol{P}_1(2,K)$ をうる. ∎

1.7 Ostrom-Wagner の定理

§1の目標であったつぎの定理を証明する.

定理 1.33 (Ostrom-Wagner) $\boldsymbol{P}=(\Omega,\mathfrak{B})$ を射影平面とする. Aut $\boldsymbol{P}$ が Ω 上に2重可移に作用しておれば，有限体 K があって $\boldsymbol{P}\simeq\boldsymbol{P}_1(2,K)$ となる.

これは，つぎのもう少し一般な定理の系として得られる．

定理 1.34(Wagner)　$\boldsymbol{P}=(\Omega,\mathfrak{B})$ を射影平面とし，l_∞ をその1つの直線，G は $\mathrm{Aut}\,\boldsymbol{P}$ の部分群で $l_\infty{}^G=l_\infty$ を満たすものとする．G が $\mathfrak{B}-\{l_\infty\}$ 上に可移に作用しておれば，$\boldsymbol{P}$ は $E(l_\infty)$-可移平面で $G\geq E(l_\infty)$ である．

まず定理1.33が定理1.34より容易に得られることに注意する．実際：$G=\mathrm{Aut}\,\boldsymbol{P}$ は Ω 上に2重可移に作用しているから，第1章定理5.12によって$(G,\mathfrak{B})$は2重可移．したがって $\boldsymbol{P}$ の任意の直線 l に対して $G_{\langle l\rangle}$ は $\mathfrak{B}-\{l\}$ 上に可移に作用し，定理1.34より $\boldsymbol{P}$ は $E(l)$-可移平面となる．すべての $l\in\mathfrak{B}$ に対して $\boldsymbol{P}$ は $E(l)$-可移平面であるから，定理1.31によって或る有限体 K があって $\boldsymbol{P}\simeq\boldsymbol{P}_1(2,K)$ である．

定理1.34の証明　n を $\boldsymbol{P}$ の位数とする．定理1.13より，$|G|=n^2(n+1)h$, $h=|G_{a,b}|=|G_{b,\langle l\rangle}|$, ここで a は l_∞ 上の点，$b\in l$ は有限旗である．

(1)　$n=$偶数の場合：$2^u\top n$, $2^v\top h$ とすると $u\geq1$ で $2^{2u+v}\top|G|$. S を G のSylow 2-部分群とすると，$|S|=2^{2u+v}\neq1$. σ を S の中心に入る位数2の元とする．$\sigma\in E(l_\infty)$ を示せば，定理1.12，定理1.22より定理の結論をうる．したがって $\sigma\notin E(l_\infty)$ と仮定して矛盾をひきだす．σ が配景写像でないとすると，定理1.27より $F_{\boldsymbol{P}}(\langle\sigma\rangle)$ は位数 $\sqrt{n}$ の部分平面となる．したがって $|F_\Omega(\sigma)|=n+\sqrt{n}+1$. $l_\infty{}^\sigma=l_\infty$ より $|F_{l_\infty}(\sigma)|=\sqrt{n}+1$. したがって $|F_{\Omega-l_\infty}(\sigma)|=n$. また σ が配景写像とすると $n=$偶数より σ は elation となるが，$\sigma\notin E(l_\infty)$ より l_∞ は σ の軸でない．したがって $|F_{\Omega-l_\infty}(\sigma)|=n$. いずれの場合にも $|F_{\Omega-l_\infty}(\sigma)|=n$ となる．σ は S の中心に入るから，S は $F_{\Omega-l_\infty}(\sigma)$ 上に作用する．$F_{\Omega-l_\infty}(\sigma)$ の S による軌道分解を $F_{\Omega-l_\infty}(\sigma)=T_1+\cdots+T_r$ とする．各 T_i から1点 a_i をえらぶ．$(G,\Omega-l_\infty)$ が可移であるから，$|G:G_{a_i}|=n^2$. したがって $2^{2u}\,\big|\,|G:S_{a_i}|$. 故に $2^{2u}\,\big|\,|S:S_{a_i}|$ となり，$2^{2u}\,\big|\,|T_i|$. したがって $2^{2u}\,\big|\,|F_{\Omega-l_\infty}(\sigma)|=n$. 他方，$2^u\top n$ より $u=0$ となり矛盾．

(2)　n が奇数の場合：$n=$偶数の場合の証明と同様に，G が l_∞-elation をふくむこと，i.e. $G\cap E(l_\infty)\neq\phi$ を示せばよい．定理1.30より $n=p^s$, $p=$奇素数となる．$p^t\top h$ とする．$l_\infty\ni a$ に対して S を G_a の Sylow p-部分群とする．S は G の Sylow p-部分群でもあり，$|S|=p^{2s+t}$. $l_\infty\not\ni c$ とし，$|c^S|=p^u(\leq n^2=p^{2s})$ とおくと，$|S_c|=p^{2s+t-u}$. $|G_{a,c}|=h$, $G_{a,c}\geq S_c$ より $p^{2s+t-u}\,|\,h$. したがって $p^{2s}\leq p^u$ となり $p^{2s}=p^u$. 故に$(S,\Omega-l_\infty)$は可移．これより $l_\infty\ni\forall x$ に対して$(S_x,\mathfrak{B}_x-\{l_\infty\})$

は可移となる(実際：$l_\infty=T_1+\cdots+T_r$ を S による軌道分解とすると，(S,Ω) の軌道の数$=r+1=(S,\mathfrak{B})$ の軌道の数となる．したがって $\mathfrak{B}_{T_i}=\{l\neq l_\infty \mid l\cap T_i\neq\phi\}$ とおくと $\mathfrak{B}=\{l_\infty\}+\mathfrak{B}_{T_1}+\cdots+\mathfrak{B}_{T_r}$ が，$(S,\mathfrak{B})$ の軌道分解である．したがってとくに $(S_x,\mathfrak{B}_x-\{l_\infty\})$ は可移となる)．$l_\infty\ni x(\neq a)$ のうちで $|S_x|$ が最大となるようなものをえらび，それを b とする．すなわち $l_\infty\ni\forall x(\neq a,b)$ に対して $|S_x|\leq|S_b|$ とする．$F_{l_\infty}(S_b)-\{a,b\}$ の元 c に対して $S_b\leq S_c$ であるが，b のとり方より $S_b=S_c$ となり，したがって $S_b(=S_c)$ は $\mathfrak{B}_c-\{l_\infty\}$ に可移に作用する．$S_b\neq\{1\}$ より S_b の中心に入る位数 p の元の1つを σ とすると，$\sigma\in E(l_\infty)$ となる．(実際：$F_\Omega(\sigma)\ni a,b$ より $|F_\Omega(\sigma)|\geq 2$．したがって第1章定理5.10から $|F_\mathfrak{B}(\sigma)|\geq 2$．$F_\mathfrak{B}(\sigma)\ni l(\neq l_\infty)$ を1つえらび，$c=l\cap l_\infty$ とおく．$c\in F_{l_\infty}(S_b)$ と仮定すると S_b は $\mathfrak{B}_c-\{l_\infty\}$ 上に可移であるが，S_b の中心の元 σ は，$\mathfrak{B}_c$ の元 $l(\neq l_\infty)$ を固定するから，$\mathfrak{B}_c$ の元をすべて固定する．したがって σ は c を中心とする配景写像となる．$|\sigma|=p\geq 3$ で $|l_\infty|=1+p^s$，$l_\infty{}^\sigma=l_\infty$，$|F_{l_\infty}(\sigma)|\geq 2$ より $|F_{l_\infty}(\sigma)|\geq 3$ となる．したがって系1.6より l_∞ は σ の軸となり，$\sigma\in E(l_\infty)$ をうる．また $c\notin F_{l_\infty}(S_b)$ とすると，S_b の元 τ があって $c^\tau=d\neq c$ となる．したがって $e=l\cap l^\tau$ とおくと，$e\notin l_\infty$ でかつ $e^\sigma=l^\sigma\cap l^{\tau\sigma}=l\cap l^\tau=e$．$S_b$ は $\mathfrak{B}_b-\{l_\infty\}$ 上に可移に作用しているが，S_b の中心の元 σ は $\mathfrak{B}_b$ の元 $\overline{be}\,(\neq l_\infty)$ を固定するから，σ は $\mathfrak{B}_b$ の元すべてを固定する．したがって σ は b を中心とする配景写像となるが，一方，l,l^τ は b を通らない直線で σ で不変となる．したがって，系1.6より $\sigma=1$ となり矛盾．) 故に定理1.12，定理1.22より定理の結論をうる．▌

§2　高次元射影幾何

結合構造 $\boldsymbol{P}=(\Omega,\mathfrak{B})$ がつぎの3条件を満たすとき，これを(有限)**射影幾何**とよび，Ω の元を**点**，$\mathfrak{B}$ の元を**直線**とよぶ．

(1)　$\Omega\ni\forall p_1,p_2(\neq)$ に対して，p_1,p_2 をふくむ直線がただ1つ定まる(この直線を $\overline{p_1p_2}$ で表わす)．

(2)　$\mathfrak{B}\ni\forall l$ に対して，$|l|\geq 3$

(3)　$\Omega\ni p_1,p_2,p_3,p_4,p_5(\neq)$ が $\overline{p_1p_2}\ni p_4$，$\overline{p_1p_3}\ni p_5$ を満たせば $\overline{p_4p_5}\cap\overline{p_2p_3}\neq\phi$．

$|\mathfrak{B}|\leq 1$ の場合を除いて射影幾何は $(v,k,1)$-デザインである．(実際：$(v,k,1)$-

デザインであることをいうには，直線上の点の個数が一定を示すことのみが必要である．l_1, l_2 を1点 p_3 で交わる2直線とすると，$\Omega \ni p_1, p_2, p_4 (\neq)$ を $l_1 = \overline{p_1 p_3}$, $l_2 = \overline{p_2 p_3}$, $\overline{p_1 p_2} \ni p_4$ とえらんで(3)を適用すれば，$l_1 \ni p_5 \to \overline{p_4 p_5} \cap l_2 \in l_2$ は l_1, l_2 上の点の間の1対1対応を与える．したがって $|l_1| = |l_2|$. l_1, l_2 が交わらない2直線のときは，$l_1 \ni p_1$, $l_2 \ni p_2$ を任意にとれば，$|l_1| = |\overline{p_1 p_2}| = |l_2|$.) $k-1 = |l|-1$ (i.e. デザインとしての位数)をこの射影幾何の**位数**とよぶ.

$\boldsymbol{P} = (\Omega, \mathfrak{B})$ を射影幾何とする．$\Omega \supseteq \tilde{\Omega}$, $\mathfrak{B} \supseteq \tilde{\mathfrak{B}}$ が

(i) $\tilde{\Omega} \ni a, b (\neq) \Rightarrow \overline{ab} \subset \tilde{\Omega}$

(ii) $\tilde{\mathfrak{B}} = \{l \in \mathfrak{B} \mid l = \overline{ab},\ \exists a, b \in \tilde{\Omega}\}$

を満たすとき，$(\tilde{\Omega}, \tilde{\mathfrak{B}})$ を $\boldsymbol{P}$ の**部分空間**とよぶ．部分空間は，それ自体で考えて射影幾何となっている．$(\Omega_1, \mathfrak{B}_1)$, $(\Omega_2, \mathfrak{B}_2)$ を $\boldsymbol{P}$ の部分空間とすると，$(\Omega_1 \cap \Omega_2, \mathfrak{B}_1 \cap \mathfrak{B}_2)$ も $\boldsymbol{P}$ の部分空間である．したがって，$\Omega \supset \Lambda = \{a_0, a_1, \cdots, a_r\}$ に対して，Λ をふくむ最小の部分空間が存在する．これを $\langle \Lambda \rangle$，または $\langle a_0, a_1, \cdots, a_r \rangle$ で表わし，$a_0, \cdots, a_r$ で張られる**部分空間**とよぶ．$\Omega \supseteq \Lambda = \{a_0, \cdots, a_r\}$ が，すべての i に対して $\langle \Lambda \rangle \neq \langle \Lambda_i \rangle$，ただし $\Lambda_i = \Lambda - \{a_i\}$，となっているとき，$\Lambda$ は**独立**であるという．Λ が独立で $\boldsymbol{P} = \langle \Lambda \rangle$ のとき，Λ を $\boldsymbol{P}$ の**基**とよぶ．また $\boldsymbol{P}$ の部分空間 $\boldsymbol{P}_1 = (\Omega_1, \mathfrak{B}_1)$, $\boldsymbol{P}_2 = (\Omega_2, \mathfrak{B}_2)$ に対して，$\langle \boldsymbol{P}_1, \boldsymbol{P}_2 \rangle = \langle \Omega_1 \cup \Omega_2 \rangle$, $\boldsymbol{P}_1 \cap \boldsymbol{P}_2 = \langle \Omega_1 \cap \Omega_2 \rangle$ と定義し，それぞれ $\boldsymbol{P}_1, \boldsymbol{P}_2$ の**合成部分空間**，**共通部分空間**とよぶ.

補題 2.1 $\boldsymbol{P} = (\Omega, \mathfrak{B})$ を位数 m の射影幾何とする.

(1) $\Lambda = \{a_0, a_1, \cdots, a_r\}$ を独立，$\boldsymbol{P}_1 = \langle \Lambda \rangle = (\Omega_1, \mathfrak{B}_1)$ とし，b を $\Omega - \Omega_1$ の任意の元，$\boldsymbol{P}_2 = \langle \Lambda \cup \{b\} \rangle = (\Omega_2, \mathfrak{B}_2)$ とおく．このとき，$\{a_0, a_1, \cdots, a_r, b\}$ は独立で，$|\Omega_2| = m|\Omega_1| + 1$.

(2) とくに Λ が $\boldsymbol{P}$ の基で，$|\Lambda| - 1 = r$ とすると $|\Omega| = 1 + m + \cdots + m^r$. したがって $|\Lambda|$ は基のとり方によらず一定である．$r = |\Lambda| - 1$ を $\boldsymbol{P}$ の次元とよび，dim $\boldsymbol{P}$ と記す.

証明 (1) $\tilde{\Omega} = \{x \mid x \in \overline{by}, y \in \Omega_1\}$ とおく．$\tilde{\Omega} \ni x_1, x_2$ に対して，$\overline{x_1 x_2} \subset \tilde{\Omega}$ (実際：$x_i \in \overline{b y_i}$, $\exists y_i \in \Omega_1$, $\overline{x_1 x_2} \ni \forall x$ に対して，射影幾何の定義(3)より $\phi \neq \overline{bx} \cap \overline{y_1 y_2} \in \Omega_1$). したがって $\tilde{\Omega} = \Omega_2$ で，$|\Omega_2| = m|\Omega_1| + 1$. これより $\{a_0, a_1, \cdots, a_r, b\}$ が独立であることも明らか．(2)は(1)より明らか． ▍

部分空間の次元をその射影幾何としての次元で定義する．$\Lambda = \phi$ のとき，$\langle \Lambda \rangle$

$=\phi$ と表わす．ϕ は -1 次元となる．$\Lambda=\{a\}$ のとき，$\langle\Lambda\rangle=\{a\}$ は0次元で，これは Ω の1点 a を意味する．$\Lambda=\{a,b\}$，$a\neq b$，のとき，$\langle\Lambda\rangle$ は1次元で，これは $\boldsymbol{P}$ の直線 $\overline{ab}$ を意味する．2次元部分空間を $\boldsymbol{P}$ の**平面**とよぶ．$\boldsymbol{P}$ が n 次元のとき，$n-1$ 次元部分空間を**超平面**とよぶ．また1次元射影幾何を**射影直線**とよぶ．2次元射影幾何は前節で取扱った射影平面であることは見易い．

定理 2.2　$\boldsymbol{P}$ を射影幾何とし，$\boldsymbol{P}_1,\boldsymbol{P}_2$ を $\boldsymbol{P}$ の部分空間とする．このとき

$$\dim\boldsymbol{P}_1+\dim\boldsymbol{P}_2=\dim\langle\boldsymbol{P}_1,\boldsymbol{P}_2\rangle+\dim\boldsymbol{P}_1\cap\boldsymbol{P}_2$$

が成り立つ．

証明　$\dim\langle\boldsymbol{P}_1,\boldsymbol{P}_2\rangle-\dim(\boldsymbol{P}_1\cap\boldsymbol{P}_2)=r$ についての帰納法で示す．$r=0$ のときは $\boldsymbol{P}_1=\boldsymbol{P}_2$ で明らかに成り立つ．$r>0$ とする．$\boldsymbol{P}_1\cap\boldsymbol{P}_2=\boldsymbol{P}_1$ または $\boldsymbol{P}_2$ のときは明らか．したがって $\boldsymbol{P}_i\neq\boldsymbol{P}_1\cap\boldsymbol{P}_2$，$i=1,2$ とする．$\boldsymbol{P}_i=(\Omega_i,\mathfrak{B}_i)$，$i=1,2$，$\boldsymbol{P}_1\cap\boldsymbol{P}_2=(\Omega_0,\mathfrak{B}_0)$ とすると $\Omega_i\supsetneqq\Omega_0$，$i=1,2$ で $\Omega_1\cap\Omega_2=\Omega_0$．$\Omega_2-\Omega_1\ni\beta$ を任意にえらび，$\tilde{\boldsymbol{P}}=\langle\Omega_1,\beta\rangle$，$\tilde{\boldsymbol{P}}_2=\tilde{\boldsymbol{P}}\cap\boldsymbol{P}_2$ とおく．$\tilde{\boldsymbol{P}}\neq\langle\boldsymbol{P}_1,\boldsymbol{P}_2\rangle$ のときは，帰納法の仮定により，$\dim\tilde{\boldsymbol{P}}+\dim\boldsymbol{P}_1\cap\boldsymbol{P}_2=\dim\boldsymbol{P}_1+\dim\tilde{\boldsymbol{P}}_2$，および $\dim\langle\boldsymbol{P}_1,\boldsymbol{P}_2\rangle+\dim\tilde{\boldsymbol{P}}_2=\dim\tilde{\boldsymbol{P}}+\dim\boldsymbol{P}_2$ より定理をうる．したがって $\tilde{\boldsymbol{P}}=\langle\boldsymbol{P}_1,\boldsymbol{P}_2\rangle$ としてよい．$\Omega_2\ni\forall\gamma$ に対して，$\overline{\beta\gamma}\cap\Omega_1\subseteq\Omega_2\cap\Omega_1=\Omega_0$，したがって $\langle\Omega_0,\beta\rangle=\boldsymbol{P}_2$．故に補題2.1より $\dim\boldsymbol{P}_2-\dim\boldsymbol{P}_1\cap\boldsymbol{P}_2=1=\dim\langle\boldsymbol{P}_1,\boldsymbol{P}_2\rangle-\dim\boldsymbol{P}_1$ となり定理をうる．▌

2次元射影幾何(i. e. 射影平面)においては，§1でみたように一般の射影平面と有限体上の射影平面とのちがいの解明が大きな問題であったが，3次元以上の射影幾何においてはこの問題は消滅する．すなわち，$n(\geq 3)$ 次元射影幾何はすべて或る有限体 K 上の射影空間より $\boldsymbol{P}_1(n,K)$ として得られる．これを示すため，準備として $\boldsymbol{P}_1(n,K)$ の座標表示を用意する．体 K 上の $n+1$ 次元の K-加群 $V=V(n+1,K)$ から得られる射影空間を $\boldsymbol{P}(n,K)$，$\boldsymbol{P}_1(n,K)=(\Omega,\mathfrak{B})$ をその点と直線から定義される射影幾何とする．V の基 $\mathfrak{a}_0,\mathfrak{a}_1,\cdots,\mathfrak{a}_n$ を1つ定め固定する．Ω の元は V の0でない元 $\mathfrak{a}$ により $\langle\mathfrak{a}\rangle=\{\lambda\mathfrak{a}\,|\,\lambda\in K\}$ と表わされるが，$\mathfrak{a}=\lambda_0\mathfrak{a}_0+\cdots+\lambda_n\mathfrak{a}_n$ のとき，$\langle\mathfrak{a}\rangle=[\lambda_0,\cdots,\lambda_n]$ と表わし，$\lambda_0,\cdots,\lambda_n$ を $\langle\mathfrak{a}\rangle$ の $\mathfrak{a}_0,\cdots,\mathfrak{a}_n$ に関する**座標**とよぶ．定義から容易に $[\lambda_0,\cdots,\lambda_n]=[\mu_0,\cdots,\mu_n]\Leftrightarrow\mu_i=\lambda\lambda_i$，$i=0,\cdots,n$，$\exists\lambda(\neq 0)\in K$ である．また $\mathfrak{B}$ の元 l は，l 上の相異なる2点を $[\lambda_0,\cdots,\lambda_n]$，$[\mu_0,\cdots,\mu_n]$ とすると，$l=\{[\lambda\lambda_0+\mu\mu_0,\cdots,\lambda\lambda_n+\mu\mu_n]\,|\,(0,0)\neq(\lambda,\mu)\in K\times K\}$ と表わされる．

定理 2.3 $\boldsymbol{P}=(\Omega, \mathfrak{B})$を3次元以上の射影幾何とする．$\boldsymbol{P}$のすべての平面(射影平面)においてDesarguesの定理が成り立つ．

証明 πを$\boldsymbol{P}$の平面とする(πによりその点集合をも表わすものとする)．定理1.31から，πはその任意の直線lに関して$E(l)$-可移となることを示せばよい．πをふくむ$\boldsymbol{P}$の3次元部分空間$\boldsymbol{P}_0$をとり，πとlで交わる$\boldsymbol{P}_0$の(πと異なる)平面をπ'，pを$\boldsymbol{P}_0$の点でπ, π'にふくまれないとする．このようなpの存在は，たとえば補題2.1より明らかである．pに関係して，πからπ'への同型写像f_pをつぎのように定義する．Xをπの点とすると，定理2.2より，dim $(\overline{pX} \cap \pi')=0$，したがって$\pi'$の点$Y=\overline{pX} \cap \pi'$が定まる．これは明らかに$\pi$と$\pi'$の間の1対1の対応であるが，射影幾何の定義の(3)から，f_pによって直線は直線にうつり，f_pはπからπ'への同型写像となる．f_pの逆写像をg_pで表わす．p, qを$\boldsymbol{P}_0$の点でπ, π'上にないとすると，$f_p g_q$はπの自己同型写像となるが，これはl上の点を固定し，したがって$f_p g_q$は配景写像となる．さてA, Bを$\pi-l$の任意の異なる2点とする．$\overline{AB} \cap l=C$, pをπ, π'上にない$\boldsymbol{P}_0$の点とし，$\overline{pA} \cap \pi'=A'$, $\overline{BA'} \cap \overline{pC}=q$とおく．(これらの点がとれることは定理2.2と射影幾何の定義の(3)より明らかである．)

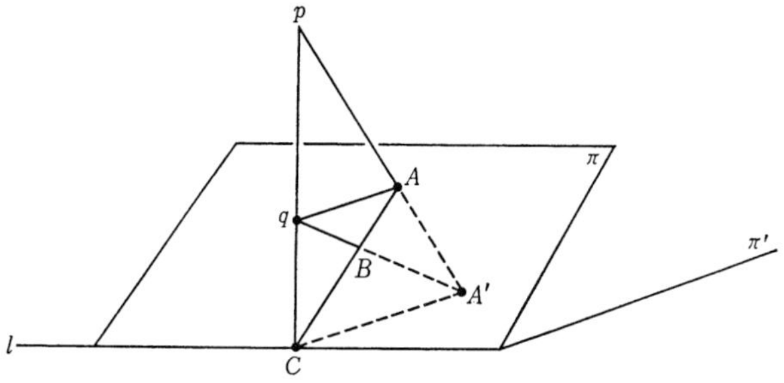

このとき$\sigma=f_p g_q$は$E(l)$の元で$A^{\sigma}=B$となることは明らかである．▌

定理 2.4 $\boldsymbol{P}$を$n(\geq 3)$次元射影幾何とすると，或る有限体Kが存在して$\boldsymbol{P} \simeq \boldsymbol{P}_1(n, K)$となる．

証明 直線にふくまれる点の個数は一定であるから，定理1.31，2.3により或る有限体Kがあってすべての平面は$\boldsymbol{P}_1(2, K)$と同型になる．nについての帰納法で証明することとし，$\boldsymbol{P}$の$n-1$次元部分空間はすべて$\boldsymbol{P}_1(n-1, K)$と同型であると仮定し，$\boldsymbol{P} \simeq \boldsymbol{P}_1(n, K)$を示す．

$\boldsymbol{P}_0$を$\boldsymbol{P}$の$n-2$次元部分空間とし，$\boldsymbol{P}_1, \boldsymbol{P}_2$を$\boldsymbol{P}_0$をふくむ$\boldsymbol{P}$の相異なる$n-1$次元部分空間とする(存在することは補題2.1より明らか)．a, bをそれぞれ$\boldsymbol{P}_1, \boldsymbol{P}_2$の点で$\boldsymbol{P}_0$に入らないものとする．$\boldsymbol{P}_0 \simeq \boldsymbol{P}_1(n-2, K)$より，$\boldsymbol{P}_0$に座標が入るが，それを一つ定めてそれを$\boldsymbol{P}_1, \boldsymbol{P}_2$に拡張する．$\boldsymbol{P}_0$の座標を1つ定め，それにより$\boldsymbol{P}_0$の点$x$の表示が$[\lambda_1, \cdots, \lambda_{n-1}]$のとき，$x$を$\boldsymbol{P}$の点と考えた場合$[0, \lambda_1, \cdots, \lambda_{n-1}, 0]$と表わすこととする．これを拡張して$a=[1, 0, \cdots, 0]$となるように$\boldsymbol{P}_1$の座標を入れることができる．同様に$b=[0, \cdots, 0, 1]$となるように$\boldsymbol{P}_2$の座標を入れることができる．$\boldsymbol{P}_1$の点は$[\lambda_0, \lambda_1, \cdots, \lambda_{n-1}, 0]$，$\boldsymbol{P}_2$の点は$[0, \lambda_1, \cdots, \lambda_n]$とすべて表わされ，$[\lambda\lambda_0, \cdots, \lambda\lambda_{n-1}, 0]=[\lambda_0, \cdots, \lambda_{n-1}, 0]$，$[0, \lambda\lambda_1, \cdots, \lambda\lambda_n]=[0, \lambda_1, \cdots, \lambda_n]$となる．$\boldsymbol{P}_1, \boldsymbol{P}_2$に入らない$\boldsymbol{P}$の点$x$の座標はつぎのように導入する．

(a)　$\overline{ab} \not\ni x$の場合：定理2.2により，つぎのようにして3点c, d, eが定まる．

$$\overline{ax} \cap \boldsymbol{P}_2 = c, \qquad \overline{bx} \cap \boldsymbol{P}_1 = d$$
$$\overline{bc} \cap \overline{ad} = \langle a, b, x \rangle \cap \boldsymbol{P}_0 = e.$$

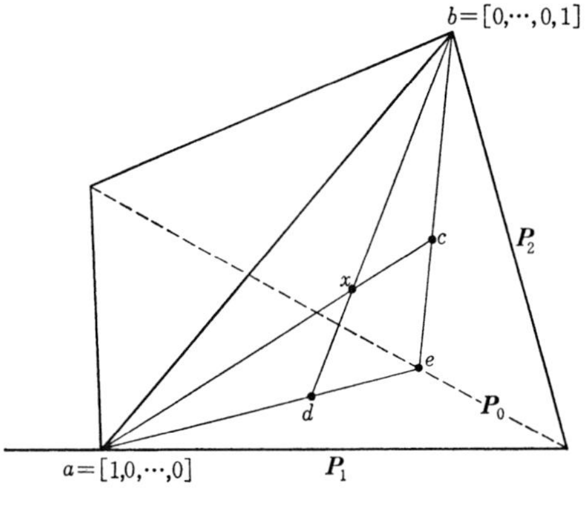

$e=[0, \nu_1, \cdots, \nu_{n-1}, 0]$とすると$d=[\nu_0, \nu_1, \cdots, \nu_{n-1}, 0]$，$c=[0, \nu_1, \cdots, \nu_n]$と表わされるが，このとき，$x=[\nu_0, \nu_1, \cdots, \nu_n]$と表わすこととする．

(b)　$\overline{ab} \ni x$の場合：$\boldsymbol{P}_0$の点c，$\overline{xc}$上の点でx，cと異なる点dを任意にとる．

$$c = [0, \nu_1, \cdots, \nu_{n-1}, 0], \qquad d = [\nu_0, \nu_1, \cdots, \nu_{n-1}, \nu_n]$$

のとき，$x=[\nu_0, 0, \cdots, 0, \nu_n]$と定義する．これは$c, d$のとり方によらず(定数倍を除いて)一意的に定まる．(実際：$e_1=\overline{bd} \cap \overline{ac}=[\nu_0, \nu_1, \cdots, \nu_{n-1}, 0]$，$e_2=\overline{ad} \cap$

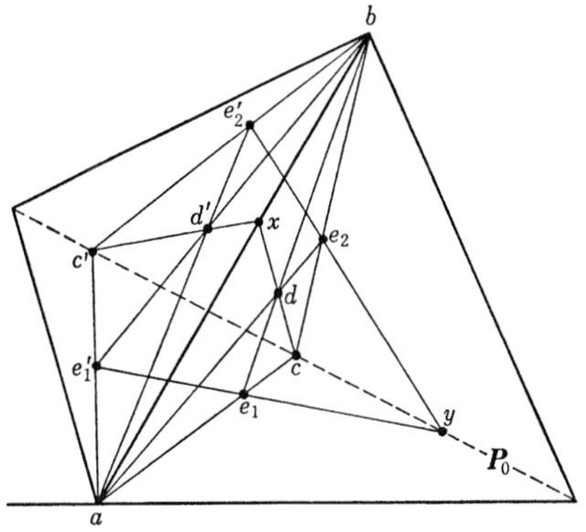

$\overline{bc}=[0,\nu_1,\cdots,\nu_{n-1},\nu_n]$．ほかに，$\boldsymbol{P}_0$ の点 c'，$\overline{xc'}$ 上の点 $d'(\neq c',x)$ を任意にえらび，$c'=[0,\mu_1,\cdots,\mu_{n-1},0]$，$d'=[\mu_0,\mu_1,\cdots,\mu_{n-1},\mu_n]$ とすると，$e_1'=\overline{bd'}\cap\overline{ac'}=[\mu_0,\cdots,\mu_{n-1},0]$，$e_2'=\overline{ad'}\cap\overline{bc'}=[0,\mu_1,\cdots,\mu_{n-1},\mu_n]$．$e_1\in\overline{ac}$，$e_1'\in\overline{ac'}$ から $\overline{cc'}\cap\overline{e_1e_1'}\neq\phi$，また $d\in\overline{xc}$，$d'\in\overline{xc'}$ より $\overline{cc'}\cap\overline{dd'}\neq\phi$，また $d\in\overline{be_1}$，$d'\in\overline{be_1'}$ から $\overline{dd'}\cap\overline{e_1e_1'}\neq\phi$，したがって $\overline{e_1e_1'}\cap\overline{cc'}=\overline{dd'}\cap\overline{cc'}\neq\phi$．同様に $\overline{e_2e_2'}\cap\overline{cc'}=\overline{dd'}\cap\overline{cc'}\neq\phi$．故に $\overline{e_1e_1'}\cap\overline{cc'}=\overline{e_2e_2'}\cap\overline{cc'}\neq\phi$ となる．この点を y とすると，$\boldsymbol{P}_1,\boldsymbol{P}_2$ がいずれも $\boldsymbol{P}_1(n-1,K)$ であることから

$$y=[\nu\nu_0+\mu\mu_0,\cdots,\nu\nu_{n-1}+\mu\mu_{n-1},0]=[0,\nu'\nu_1+\mu'\mu_1,\cdots,\nu'\nu_n+\mu'\mu_n]$$
$$\exists\nu,\mu,\nu',\mu'\in K$$

となる．したがって $\nu_0:\mu_0=\mu:-\nu$，$\nu_n:\mu_n=\mu':-\nu'$ となる．さらに c,c' が $\boldsymbol{P}_0$ の異なる2点であることから $1\leq\exists i,j\leq n-1$ があって $\nu_i:\nu_j\neq\mu_i:\mu_j$ となり，したがって $\mu:-\nu=\mu':-\nu'$．故に $\nu_0:\mu_0=\nu_n:\mu_n$ をうる．)

以上により $\boldsymbol{P}$ の点はすべて $[\nu_0,\nu_1,\cdots,\nu_n]$（ただし $\nu_0,\cdots,\nu_n\in K$ ですべては0でない）と表わされるが，$[\nu_0,\nu_1,\cdots,\nu_n]=[\mu_0,\mu_1,\cdots,\mu_n]\Leftrightarrow K\ni\exists\lambda\neq0$ があって，$\nu_i=\lambda\mu_i$，$i=0,\cdots,n$，であることは見易い．したがって定理の証明のためには $\boldsymbol{P}$ の2点 $x=[\nu_0,\cdots,\nu_n]$，$y=[\mu_0,\cdots,\mu_n]$（$\neq$）を通る直線が $\{[\nu\nu_0+\mu\mu_0,\cdots,\nu\nu_n+\mu\mu_n]\mid(0,0)\neq(\nu,\mu)\in K\times K\}$ と表わされることを示せばよい．

(c)　x,y が共に $\boldsymbol{P}_1$，または $\boldsymbol{P}_2$ の点であるときは明らか．

(d)　x が $\boldsymbol{P}_1$，y が $\boldsymbol{P}_2$ の点の場合：

$$x=[\nu_0,\nu_1,\cdots,\nu_{n-1},0],\qquad y=[0,\mu_1,\cdots,\mu_n]$$

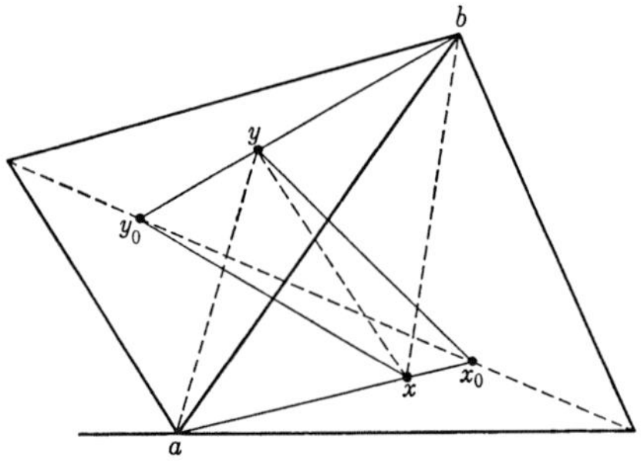

とする．$\overline{ax}\cap \boldsymbol{P}_2=x_0=[0,\nu_1,\cdots,\nu_{n-1},0]$であるから，

$$\overline{yx_0}=\{[0,\nu\nu_1+\mu\mu_1,\cdots,\nu\nu_{n-1}+\mu\mu_{n-1},\mu\mu_n]\,|\,\nu,\mu\in K\}$$

となる．したがって平面$\langle a,y,x_0\rangle$上の点はすべて$[\xi,\nu\nu_1+\mu\mu_1,\cdots,\nu\nu_{n-1}+\mu\mu_{n-1},\mu\mu_n]$，$\nu,\mu,\xi\in K$，の形で表わされるが，同様にして平面$\langle b,y_0,x\rangle$上の点はすべて$[\nu\nu_0,\nu\nu_1+\mu\mu_1,\cdots,\nu\nu_{n-1}+\mu\mu_{n-1},\eta]$，$\nu,\mu,\eta\in K$，の形で表わされる．$\overline{yx}$は2平面$\langle a,y,x_0\rangle$，$\langle b,y_0,x\rangle$の交わりであるから，$\overline{yx}=\{[\nu\nu_0,\nu\nu_1+\mu\mu_1,\cdots,\nu\nu_{n-1}+\mu\mu_{n-1},\mu\mu_n]\,|\,\nu,\mu\in K\}$となる．

(e) (c), (d)でない場合：$\overline{xy}\cap\boldsymbol{P}_1\neq\overline{xy}\cap\boldsymbol{P}_2$とするとこれは(d)に帰着される．$\overline{xy}\cap\boldsymbol{P}_1=\overline{xy}\cap\boldsymbol{P}_2=z$の場合，$\overline{xy}\cap\overline{ab}=\phi$のときは$\overline{xy}$は2平面$\langle a,z,x\rangle$，$\langle b,z,y\rangle$の交線であるから(d)と全く同様にして定理をうる．また$\overline{xy}\cap\overline{ab}\neq\phi$のときは座標の導入の仕方からほとんど明らかである．▌

§3 射影幾何の特徴づけ

射影幾何に関係して現われるブロック・デザイン$\boldsymbol{P}_r(n,K)$は特殊ではあるが，しかし基本的なもので，とくに置換群と関連した問題においてはしばしばそこで現われるブロック・デザインが$\boldsymbol{P}_r(n,K)$と一致することを示す必要が起こってくる．§1，定理1.31，§2，定理2.4はこのような問題に対していままでに得られている結果のうち，もっとも基本的なものである．この節ではこれらの結果に帰着する形で，Dembowski–Wagnerによる結果を紹介する．

$\boldsymbol{D}=(\Omega,\mathfrak{B})$をパラメーターが$(v,b,k,r,\lambda)$のブロック・デザインとする．$\Omega$のいくつかの点$a_1,\cdots,a_n$に対して，$\bigcap_{\{a_1,\cdots,a_n\}\subseteq B\in\mathfrak{B}} B$を$a_1,\cdots,a_n$で張られる$\boldsymbol{D}$の部

分空間とよび，$\langle a_1, \cdots, a_n\rangle$ で表わす．ただし，$\{a_1, \cdots, a_n\} \subseteq B$ なる $\mathfrak{B}$ の元 B が存在しない場合は $\langle a_1, \cdots, a_n\rangle = \Omega$ とおく．とくに，$\Omega \ni a, b(\neq)$ に対して $\langle a, b\rangle$ を a, b を結ぶ**直線**（1次元部分空間）とよび，$\overline{ab}$ で表わす．ブロック・デザインの定義から直線はそれにふくまれる2点により一意的に定まる．すなわち，$\overline{ab} \ni c, d(\neq)$ ならば $\overline{ab} = \overline{cd}$ である．$\langle a_1, \cdots, a_n\rangle$ が直線のとき，$a_1, \cdots, a_n$ は**共線**であるという．$\Omega \ni a, b, c(\neq)$ が共線でないとき，$\langle a, b, c\rangle$ を**平面**（2次元部分空間）とよぶ．直線の場合とちがって，平面 $\langle a, b, c\rangle$ の共線でない3点 a', b', c' に対しては，$\langle a, b, c\rangle \supseteq \langle a', b', c'\rangle$ ではあるが，これらが一致するとは限らない．平面をふくむ $\mathfrak{B}$ の元の個数が平面のとり方によらず一定のとき，$\boldsymbol{D}$ **を滑らかなブロック・デザイン**とよぶ．滑らかなデザインの場合には，直線の場合と同様に平面はそれにふくまれる共線でない3点によって一意的に定まる．滑らかなデザインにおいては直線にふくまれる点の個数は直線によらず一定である．すなわち

定理 3.1　$\boldsymbol{D} = (\Omega, \mathfrak{B})$ は滑らかなブロック・デザインで，そのパラメーターを (v, b, k, r, λ) とし，1つの平面をふくむブロックの個数(平面のとり方によらない一定値)を t とする．このとき，直線上の点の個数は直線のとり方によらず一定で，それを h とおくと

$$\lambda(k-h) = (v-h)t \tag{3.1}$$

が成り立つ．

証明　直線 l を任意にとり，$\{(B, x) \mid B \in \mathfrak{B},\ B \supset l,\ B - l \ni x\}$ の元の個数を(第1章定理5.1の証明と同様に) 2通りに数えれば $\lambda(k-|l|) = (v-|l|)t$ となる．▌

したがって，これは，$\boldsymbol{D}$ の直線をブロックと考えることにより新しいブロック・デザインが定義されることを示している．また，$\boldsymbol{D}$ の1点 a を与えたとき，a を通る直線を点と考え，a を通るブロック（正確には a を通るブロックにふくまれる a を通る直線全体）をブロックとすることで，新しいブロック・デザインが定義されることを示している．すなわち，つぎの定理が成り立つ．

定理 3.2　$\boldsymbol{D} = (\Omega, \mathfrak{B})$ をパラメーターが (v, b, k, r, λ) の滑らかなブロック・デザインとし，t を1平面をふくむブロックの個数，h を1直線上の点の個数とする．

(1)　$\mathfrak{B}^*$ を $\boldsymbol{D}$ の直線全体とすると，$\boldsymbol{D}^* = (\Omega, \mathfrak{B}^*)$ はパラメーターが $(v, v(v-1)/h(h-1), h, (v-1)/(h-1), 1)$ のデザインである．

(2) $\Omega_a=\{l \mid l$ は $\boldsymbol{D}$ の直線，$l\ni a\}$，$\mathfrak{B}_a=\{[B] \mid a\in B\in\mathfrak{B}\}$，ただし$[B]=\{l \mid \boldsymbol{D}$ の直線，$B\supset l\ni a\}$，とおくと，$\lambda>1$ なる仮定のもとに $\boldsymbol{D}_a=(\Omega_a,\mathfrak{B}_a)$ はパラメーターが $((v-1)/(h-1), r, (k-1)/(h-1), \lambda, t)$ のデザインである．(ただし，(1)，(2)において自明なデザインになる場合もふくまれる.)

(3) $(v-1)\leq r(h-1)$，$(r-1)t\leq\lambda(\lambda-1)$ で $\boldsymbol{D}$ が対称的ならば等号が成立する．

証明 (1)，(2)はほとんど明らか．(3)のはじめの不等式は，$\lambda=1$ のときは第1章定理5.1，また $\lambda>1$ のときは $\boldsymbol{D}_a$ における Fisher の不等式である．(3.1)を変形すると

$$h-1=\frac{\lambda(k-1)-t(v-1)}{\lambda-t}=\frac{(\lambda^2-tr)(v-1)}{(\lambda-t)r}.$$

これをはじめの不等式に代入して整理すると，あとの不等式 $(r-1)t\leq\lambda(\lambda-1)$ が得られる．また $\boldsymbol{D}$ が対称的とすると，$\mathfrak{B}_a\ni[B_1],[B_2](\neq)$ に対して $|B_1\cap B_2|$ ＝一定，したがって $[B_1]\cap[B_2]$＝一定となり，$\boldsymbol{D}_a$ は対称的．したがってはじめの不等式は等式となり，これよりあとの不等式も等式となる．▌

定理 3.3 (Dembowski-Wagner) $\boldsymbol{D}=(\Omega,\mathfrak{B})$ をパラメーターが (v,b,k,r,λ) の自明でないデザインとする．このときつぎの条件は互いに同値である．

(1) $\boldsymbol{D}$ は次元が2以上の射影幾何の点と超平面からなるデザインである．

(2) $\boldsymbol{D}$ は滑らかな対称的デザインである．

(3) 各平面はちょうど $\lambda(\lambda-1)/k-1$ 個のブロックに含まれる．

(4) 各直線上にはちょうど $(b-\lambda)/(r-\lambda)$ 個の点がある．

(5) 任意の直線は任意のブロックと交わる．

証明 (1)⇒(2)：次元2のとき，$\boldsymbol{D}$ は射影平面で(2)を満たすことは明らか(平面をふくむブロックの数＝0)．次元 ≥ 3 のときは，定理2.4により或る有限体 K があって $\boldsymbol{D}=\boldsymbol{P}_{n-1}(n,K)$ となり(2)は明らか．

(2)⇒(3)：定理3.2の(3)より明らか(対称性より $k=r$)．

(3)⇒(4)：定理3.2の(3)より $\lambda(\lambda-1)/(k-1)\leq\lambda(\lambda-1)/(r-1)$，したがって $k\geq r$．他方，Fisher の不等式によって $k\leq r$ であるから $\boldsymbol{D}$ は対称的．定理3.1の等式 $\lambda(k-h)=(v-h)t$ に $t=\lambda(\lambda-1)/(k-1)$ を代入して，$v=b$，$k=r$，$(v-1)\lambda=k(k-1)$ を用いて整理すれば(4)をうる．

(4)⇒(5)：直線 l をふくむブロックは λ 個，直線 l と1点で交わるブロックは

$(r-\lambda)(b-\lambda)/(r-\lambda)=(b-\lambda)$ 個となり，両方で b 個．したがって，l はすべてのブロックで交わる．

(5)⇒(1): $\lambda=1$ の場合は第1章定理 5.5 より次元 2 の射影幾何(射影平面)となる．つぎに $\lambda>1$ とする．l を任意の直線とする．l がすべてのブロックと交わることから $|l|(r-\lambda)+\lambda=b$ となり，すべての直線は $(b-\lambda)/(r-\lambda)$ 個の点をふくむ．また a を l 上にない任意の点とし，t を平面 $\langle a,l\rangle$ をふくむブロックの個数とすると，a をふくむブロックの個数を計算することにより $r=t+(\lambda-t)(b-\lambda)/(r-\lambda)$ となり，$\boldsymbol{D}$ は滑らかなデザインである．$\mathfrak{B}^*$ を $\boldsymbol{D}$ の直線全体としたとき，$\boldsymbol{P}=(\Omega,\mathfrak{B}^*)$ は射影幾何となることを示す．実際: (1) 直線がそれにふくまれる2点で定まることは明らか．(2) 直線は少くとも3点をふくむ．何故ならば，いま直線は2点のみをふくむとする．点 a と a をふくまないブロック B を任意にとると，a を通る直線はすべて B と交わり，かつそれらの直線上には2点しか存在しないことから $|B|=v-1$．したがって $\boldsymbol{D}$ は自明なデザインとなり仮定に反する．(3) $\pi=\langle a,b,c\rangle$ を平面，$d\in\overline{ab}$，$e\in\overline{ac}$ とする．B を $\overline{bc}$ をふくみ a をふくまないブロックとする．$\overline{de}$ は B と交わるがその交点を f とすると，$\langle f,b,c\rangle\subsetneqq\langle a,b,c\rangle$．したがって，$f,b,c$ は共線で $\overline{de}\cap\overline{bc}\neq\phi$．したがって $\boldsymbol{P}=(\Omega,\mathfrak{B}^*)$ は射影幾何となる．$\boldsymbol{D}$ の各ブロック B は明らかに $\boldsymbol{P}$ の部分空間となるが B はすべての直線と交わっていることから，超平面となる(たとえば，定理 2.4 により $\boldsymbol{P}\simeq\boldsymbol{P}_1(n,K)$ となることから，または定理 2.2 だけからもわかる)．$b\geq v$ より $\mathfrak{B}$ は $\boldsymbol{P}$ の超平面の全体と一致する．▌

第6章　有限群と有限幾何

有限幾何 $\boldsymbol{D}=(\Omega, \mathfrak{B})$ に対してその自己同型群として Ω 上の置換群が得られるが，逆に置換群 (G, Ω) が与えられたとき，G がその自己同型群の部分群となるような有限幾何 $\boldsymbol{D}=(\Omega, \mathfrak{B})$ を構成し，それによって置換群の性質をしらべることができる．この立場から“有限幾何の性質”と“置換群の性質”の間の対応をしらべることが問題となる．たとえば“デザイン $\boldsymbol{P}_i(n, K)$ はどのような置換群の性質に対応して得られるであろうか？”．この章では2重可移群についてこのような問題をとりあつかう．

§1　2重可移群から構成されるデザイン

(G, Ω) を n 次の可移置換群とする．k を $2 \leq k \leq n-1$ を満たす正の整数とし，Ω の k 個の元からなる部分集合の全体を $\Omega^{(k)}$ とおく．G は自然な作用により $\Omega^{(k)}$ 上の置換群と考えられるが，$\mathfrak{B}$ をその任意の不変域とするとき，これから幾何構造 $\boldsymbol{D}=(\Omega, \mathfrak{B})$ が得られる．G は $\boldsymbol{D}$ の自己同型群の部分群となり，仮定から $\boldsymbol{D}$ の自己同型群$(\geq G)$は $\boldsymbol{D}$ の点集合 Ω 上に可移に作用する．さらに (G, Ω) を2重可移群とすると，Ω の2点を通る $\mathfrak{B}$ の元の個数は (G, Ω) の2重可移性より2点のとり方によらず一意的に定まり，$\boldsymbol{D}$ はデザインとなる．逆に点上2重可移に作用する自己同型群をもつデザインはすべてこのようにして得られることはほとんど明らかである．とくに $(G, \Omega^{(k)})$ が可移でなく，$\mathfrak{B}$ がその自明でない不変域(i. e. $\Omega^{(k)} \supsetneq \mathfrak{B}$)とするとき(かつそのときに限り) $\boldsymbol{D}=(\Omega, \mathfrak{B})$ は自明でないデザインとなる(仮定より $2 \lneq k \lneq n-1$ が得られることに注意する)．2重可移群 (G, Ω) を与えたとき，B を $\Omega^{(k)}$ の1元とし，$\mathfrak{B}$ として B をふくむ $(G, \Omega^{(k)})$ の可移域

$$\mathfrak{B}(B)=B^G=\{X\in\Omega^{(k)}\,|\,X=B^\sigma,\ \sigma\in G\}$$

をえらぶことによって得られるデザインを$\boldsymbol{D}(B)$と表わす．デザイン$\boldsymbol{D}(B)$のパラメーターを$(v_B, b_B, k_B, r_B, \lambda_B)$で表わす．定義より$v_B=|\Omega|$, $b_B=|\mathfrak{B}(B)|=|G:G_{\langle B\rangle}|$で$\boldsymbol{D}(B)$の自己同型群($\geq G$)は点上2重可移，ブロック上可移に作用する．$\Omega$の部分集合$B$のとり方を変えるとデザイン$\boldsymbol{D}(B)$の性質も変わるが，$B$を適当にえらぶことによって$\boldsymbol{D}(B)$として特別なデザインが現われる場合の考察が，この章でとりあつかう問題である．

まず，$\boldsymbol{D}(B)$が自明でない対称デザインとなる場合を考えよう．

定理 1.1　(G,Ω)をn次の2重可移群とする．

(1)　$\boldsymbol{D}(B)$が自明でない対称デザインとなるようなΩの部分集合Bが存在するための必要十分条件は，つぎの(i), (ii)を満たすGの部分群Hが存在することである．

(i)　$|G:H|=n$

(ii)　置換群(H,Ω)は可移でなく，かつ固定点をもたない．

(2)　実際の構成としては，$\boldsymbol{D}(B)$が自明でない対称デザインとなるΩの部分集合Bに対して$H=G_{\langle B\rangle}$が(i), (ii)を満足し，逆に(i), (ii)を満たすGの部分群Hがあれば，(H,Ω)の任意の軌道Bに対して$\boldsymbol{D}(B)$は自明でない対称デザインとなる．またこの場合，(H,Ω)はちょうど2つの軌道をもつ．

証明　(2)を証明すればよい．$\boldsymbol{D}(B)$を自明でない対称デザインとする．対称なることから，$n=v_B=b_B=|G:G_{\langle B\rangle}|$となり，$H=G_{\langle B\rangle}$は(i)を満たす．もし$G_{\langle B\rangle}$が固定点$a$をもてば，$n=|G:G_{\langle B\rangle}|\geq|G:G_a|=n$から$G_{\langle B\rangle}=G_a$. (G,Ω)の2重可移性によって$B=\{a\}$，または$\Omega-\{a\}$となり，$\boldsymbol{D}(B)$が自明でないことに反する．したがって$H=G_{\langle B\rangle}$は(ii)を満たす．逆にGの部分群Hが(i), (ii)を満たすとして，Bを(H,Ω)の軌道の1つとする．$1\lneq|B|\lneq n-1$より，$|B|=k$とおくと，$|\Omega^{(k)}|>n$. 一方，$|B^G|=|G:G_{\langle B\rangle}|\leq|G:H|=n$より$(G,\Omega^{(k)})$は可移でなく，$\boldsymbol{D}(B)$は自明でないデザインとなる．$b_B=|B^G|\leq n=v_B$とFisherの不等式から$b_B=v_B$となり，$\boldsymbol{D}(B)$は対称デザインとなる．

つぎにHを(i), (ii)を満たすGの部分群とし，(H,Ω)の軌道の個数をrとする．(ii)より$r\geq2$. χを(G,Ω)の置換指標とすると，(G,Ω)の2重可移性から第3章定理2.6によって，χはGの単位指標1_Gと或る既約指標χ_0との和とな

る；$\chi=1_G+\chi_0$．第3章定理2.4から，$(1_H,\chi_{|H})=1/|H|\sum_{\sigma\in H}\chi(\sigma)=r$ となり，これより $(1_H,\chi_{0|H})=r-1$．したがって，第2章定理10.13より $(1_H{}^G,\chi_0)=r-1$ となり，G の単位元を e とすると

$$n=(1_H{}^G)(e)\geq(r-1)\chi_0(e)=(r-1)(n-1)$$

となって，$r\leq 2$ をうる．よって $r=2$ となる．▌

つぎに $\lambda_B=1$ となる自明でないデザイン $\boldsymbol{D}(B)$ が構成される条件をしらべる．$\lambda_B=1$ とし，a を B の1元とし $\Delta=B-\{a\}$ とおく．G_a の元 σ に対して $\Delta^\sigma\cap\Delta\neq\phi$ とすると，$|B^\sigma\cap B|\geq 2$．$\lambda_B=1$ の仮定より $B=B^\sigma$．すなわち，$\Delta^\sigma=\Delta$ となり，Δ は $(G_a,\Omega-\{a\})$ の非原始域となる．とくに $|B|>2$ とすると $(G_a,\Omega-\{a\})$ は原始的でない．したがって，まず，つぎの補題をうる．

補題 1.2　(G,Ω) を2重可移群，B を Ω の部分集合で $|B|>2$ とする．$\boldsymbol{D}(B)$ が $\lambda_B=1$ となる自明でないデザインであれば，(G,Ω) は2重原始的でない．実際，$B-\{a\}$ が $(G_a,\Omega-\{a\})$ の自明でない非原始域となる．——

逆に (G,Ω) が2重可移で，しかし2重原始的ではないとする．a を Ω の1点とし，Δ を $(G_a,\Omega-\{a\})$ の自明でない非原始域とし，$B=\Delta\cup\{a\}$ とおく．$B^G\neq\Omega^{(|B|)}$ であるから(正確には $n\leq 5$ の場合を除いて)，$\boldsymbol{D}(B)$ は自明でないデザインとなるが，一般に $\lambda_B=1$ となるとはかぎらない．$\lambda_B=1$ となる条件を求めよう．

(G,Ω) を2重可移群とする．Ω の2元 a,b をとり D を $(G_a,\Omega-\{a\})$ の b をふくむ1つの非原始域とし，$B=\Delta(a,b)=\{a\}\cup D$ とおく．x,y を Ω の任意の2元とし，G の元 σ を $a^\sigma=x$，$b^\sigma=y$ とえらび

$$\Delta(x,y)=\Delta(a,b)^\sigma=\{x\}\cup D^\sigma$$

とおく．これは D が $(G_a,\Omega-\{a\})$ の非原始域なることから σ のとり方によらず x,y により一意的に定まるが，さらに Ω の任意の2元 x,y に対して

(1.1)　　$\Delta(x,y)\supseteq\{x,y\}$

(1.2)　　$\Delta(x,y)^\sigma=\Delta(x^\sigma,y^\sigma),\quad\forall\sigma\in G$

(1.3)　　$\Delta(x,y)=\Delta(x,z),\quad\forall z\in\Delta(x,y)-\{x\}$

を満たす．(1.1)，(1.2)，(1.3)を満たす $\Omega\times\Omega-\{(x,x)\mid x\in\Omega\}$ から 2^Ω への写像 Δ を2重可移群 (G,Ω) の**非原始域写像**とよぶ．とくに $2\lneqq|\Delta(x,y)|\lneqq n$ のとき，**Δ を自明でない非原始域写像**とよぶ．先の考察は $(G_a,\Omega-\{a\})$ の非原始域系に

対して(G,Ω)の非原始域写像が定まることを示しているが，逆にΔを(G,Ω)の非原始域写像とすると，$\Delta(a,b)-\{a\}$が$(G_a,\Omega-\{a\})$の非原始域となる．このようにして$(G_a,\Omega-\{a\})$の非原始域系と(G,Ω)の非原始域写像の間には互いに一方から他方への対応が存在し，それらは互いに逆の対応である．またこれにより自明でない非原始域系と自明でない非原始域写像とが対応する．したがって，

補題 1.3　(G,Ω)を2重可移群とする．(G,Ω)が2重原始的でないための必要十分条件は自明でない非原始域写像をもつことである．——

Δを非原始域写像とするとき，$B=\Delta(a,b)$より得られるデザイン$\boldsymbol{D}(B)$を$\boldsymbol{D}(\Delta)$で表わし，そのパラメーターを$(v_\Delta,b_\Delta,k_\Delta,r_\Delta,\lambda_\Delta)$と書く．

非原始域写像Δがさらに，条件

(1.4)　　Ωの或る2元x,yに対して　$\Delta(x,y)=\Delta(y,x)$,

を満たすとき，Δは**対称**であるという．2重可移性よりこれは条件

(1.5)　　Ωのすべての2元x,yに対して　$\Delta(x,y)=\Delta(y,x)$,

と同等である．

非原始域写像の概念を用いて，$\lambda_B=1$となる条件はつぎのようにのべることができる．

定理 1.4　(G,Ω)を2重可移群とする．

(1)　Δを(自明でない)対称な非原始域写像とすると，$\boldsymbol{D}(\Delta)$は$\lambda_\Delta=1$なる(自明でない)デザインである．

(2)　逆にΩの或る部分集合Bに対して$\boldsymbol{D}(B)$が$\lambda_B=1$なる(自明でない)デザインとすると，(自明でない)対称な非原始域写像Δが存在して$\boldsymbol{D}(B)=\boldsymbol{D}(\Delta)$となる．実際，$\Delta$は$\Omega\ni x,y(\neq)$に対して$B^\sigma\ni x,y$となる$G$の元$\sigma$をとることにより，$\Delta(x,y)=B^\sigma$と定義される．

証明　(1)　$\Delta(x,y)\ni a,b(\neq)$に対して$\Delta(x,y)=\Delta(a,b)$をいえばよい．$x=a$ならば，Δの性質(1.3)より成り立つ．$x\neq a$とすると，$\Delta(x,y)=\Delta(x,a)=\Delta(a,x)=\Delta(a,b)$.

(2)　$\lambda_B=1$より，Ωの2元$x,y(\neq)$に対して，これをふくむ$B^\sigma,\sigma\in G$，はσのとり方によらず一意的に定まる．したがって，これより対称な非原始域写像Δが定義され$\boldsymbol{D}(B)=\boldsymbol{D}(\Delta)$となる．∎

つぎに $\lambda_B=1$ なるデザイン $\boldsymbol{D}(B)$ が構成できるための群論的条件を考察する．

H を G の部分群，K を H の部分群とする．これらがつぎの条件

$$(*)\qquad K^\sigma \leq H,\quad \sigma \in G,\ \Rightarrow K^\sigma = K$$

を満たすとき，K は (G,H)-**弱閉**(weakly closed)**な部分群**であるという．さらにこれより強い条件

$$(**)\qquad K^\sigma \cap H \leq K,\quad \forall \sigma \in G$$

を満たすとき，K は (G,H)-**強閉**(strongly closed)**な部分群**であるという．いずれの場合も，$K \trianglelefteq H$ であることは明らかである．

定理 1.5　(G,Ω) を 2 重可移群とする．a,b を Ω の 2 元，W を $G_{a,b}$ の単位元と異なる部分群とし，$B=F_\Omega(W)$ とおく．W が

(i)　$(G,G_{a,b})$-弱閉な部分群，または

(ii)　$(G_a,G_{a,b})$-強閉な部分群

であれば，$\boldsymbol{D}(B)$ は $\lambda_B=1$ なるデザインとなる．

証明　Ω の任意の 2 元 x,y に対して $a^\sigma=x$，$b^\sigma=y$ となる G の元 σ をえらぶと，(i), (ii) のいずれの場合においても $W \trianglelefteq G_{a,b}$ であるから，W^σ は σ のとり方によらず x,y により一意的に定まることは見易い．これを $W(x,y)$ と表わし $\Delta(x,y)=F_\Omega(W(x,y))$ とおく．Δ が (G,Ω) の対称な非原始域写像であることを示せば，定理 1.4 により $\boldsymbol{D}(B)$ は $\lambda_B=1$ のデザインとなる．$\Delta(x,y)\ni x,y$ は明らかである．また $G\ni\sigma$ に対して，

$$\Delta(x,y)^\sigma = F_\Omega(W(x,y))^\sigma = F_\Omega(W(x^\sigma,y^\sigma)) = \Delta(x^\sigma,y^\sigma)$$

となる．条件 (1.3), (1.4) をたしかめるのに (i), (ii) の場合を分けて考える．まず

(i)　W が $(G,G_{a,b})$-弱閉の場合：Ω の任意の 2 元 x,y に対して，$W(x,y)$ は明らかに $(G,G_{x,y})$-弱閉となる．$\Delta(x,y)\ni z\,(\neq x)$ に対して $W(x,y)\leq G_{x,z}$ となるから弱閉性より $W(x,y)=W(x,z)$ となり $\Delta(x,y)=\Delta(x,z)$ をうる．同様に $W(y,x)\leq G_{x,y}$ となり，これより $W(y,x)=W(x,y)$，i.e. $\Delta(y,x)=\Delta(x,y)$ をうる．したがって，Δ は対称な非原始域写像である．つぎに

(ii)　W が $(G_a,G_{a,b})$-強閉の場合：Ω の任意の 2 元 x,y に対して，$W(x,y)$ は明らかに $(G_x,G_{x,y})$-強閉となる．したがって定義より

$$W(x,y)\cap G_z \leq W(x,z),\qquad \forall z \in \Omega-\{x\}$$

をうる．とくに $\Delta(x,y)\ni z\,(\neq x)$ に対しては $W(x,y)=W(x,z)$ となり，$\Delta(x,y)$

$=\varDelta(x,z)$をうる．したがってあと$\varDelta$の対称性を示せばよいが，$|\varDelta(x,y)|=|\varDelta(y,x)|$に注意すれば，$F_\Omega(W(y,x))\subseteq F_\Omega(W(x,y))$を示せば十分である．さらにこれは，有限群がSylow群で生成されることに注意すれば，結局つぎの命題を示せばよい．

命題　pを素数，Pを$W(y,x)$のSylow p-部分群とする．このとき，もしΩの或る元zに対して$P\le G_z$であれば，$W(x,y)$のSylow p-部分群Qで$Q\le G_z$を満たすものが存在する．

まず簡単なつぎの補題に注意する．

補題 1.6　Hを群，LとKをその部分群とし，$H\trianglerighteq L, H=LK$と仮定する．また，$P,Q$をそれぞれ$K,L$のSylow p-部分群で，$P\ltimes Q$ (i. e. $P\le \mathcal{N}_H(Q)$)を満たすとする．このとき，PQはLKのSylow p-部分群，$P\cap Q$は$L\cap K$のSylow p-部分群となる．またこれより$P\cap Q=P\cap L=K\cap Q$となる．

証明　PQはLKのp-部分群であるから，$PQ\cap L$はLのp-部分群でQをふくむ．QはLのSylow p-部分群であるから，$PQ\cap L=Q$．$|KL:PQ|=|KL:PL|\,|PL:PQ|=|K:K\cap PL|\,|L:PQ\cap L|=|K:P|\,|L:Q|/|K\cap PL:P|$となり，これは$p$と素．したがって$PQ$は$KL$のSylow p-部分群となる．$(P\cap L)\ltimes Q$より$(P\cap L)Q$はLのp-部分群．したがってQがLのSylow p-部分群なることより$P\cap L=P\cap Q$をうる．したがって

$$|K\cap L:P\cap Q|=|K\cap L:P\cap L|=|P(K\cap L):P|\not\equiv 0 \pmod{p}.$$

よって$P\cap Q$は$K\cap L$のSylow p-部分群．$K\cap Q=P\cap Q$はこれよりほとんど明らか．（補題の証明終）∎

定理1.5の証明にもどる．Pを命題の仮定を満たす$W(y,x)$のSylow p-部分群とする．$z=x$のときは命題は明らか．したがって$z\neq x$とする．もし$P\le W(x,y)$であれば，$Q=P$とすればよい．したがって$P\not\le W(x,y)$と仮定する．$W(x,z)\trianglelefteq G_{x,z}$，$P\le G_{x,z}$より，$W(x,z)$のSylow p-部分群Qで$P\ltimes Q$となるものが存在するが，このQが命題の条件を満たすこと，i. e. Qは$W(x,y)$のSylow p-部分群で$Q\le G_z$となることを示す．$Q\le W(x,z)$より，$Q\le G_z$は明らかである．$W(x,y)\underset{G}{\sim}W(x,z)$から$Q$の位数は$W(x,y)$のSylow p-部分群の位数と同じであるから，$Q\le W(x,y)$を示せばよいが，$Q\le W(x,z)$でかつ$W(x,z)\cap G_y\le W(x,y)$より，$Q\le G_y$なること，したがって$Q=Q_y$を示せば

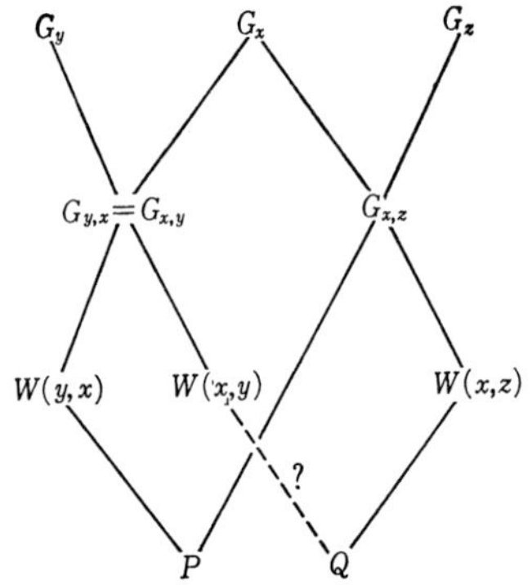

$P\le\mathcal{N}_G(Q)$

十分である．まず，$\mathcal{N}_G(P)\le G_y$．（∵　$y^\sigma\neq y$ となる $\mathcal{N}_G(P)$ の元 σ が存在したとすると

$$P\le W(y,x)\cap W(y^\sigma,x^\sigma)=W(y,x)_{y^\sigma}\cap W(y^\sigma,x^\sigma)_y\le W(y,y^\sigma)\cap W(y^\sigma,y)$$

となり，P は $W(y,y^\sigma)\cap W(y^\sigma,y)$ の Sylow p-部分群となる．一方，補題1.6より $P\cap W(x,y)$ は $W(y,x)\cap W(x,y)$ の Sylow p-部分群であるから，(G,Ω) の2重可移性に注意すれば，$|P|=|P\cap W(x,y)|$, i.e. $P\le W(x,y)$ となり仮定に反する．）つぎに $\mathcal{N}_Q(P)=Q_y$（∵　$P\ltimes Q\cap G_y=Q_y$ より PQ_y は p-群である．$PQ_y\le G_{y,x}$ より $PQ_y\ltimes W(y,x)\cap PQ_y=P$ となり $\mathcal{N}_Q(P)\ge Q_y$ をうる．他方，$\mathcal{N}_Q(P)=\mathcal{N}_G(P)\cap Q\le G_y\cap Q=Q_y$．よって $\mathcal{N}_Q(P)=Q_y$)．さて $Q_y\lneq Q$ と仮定しよう．$P\trianglelefteq PQ_y$ であるが $P\ntrianglelefteq PQ$ であるから $PQ\gneq PQ_y$ となり，$PQ\ni\sigma\notin PQ_y$ なる元 σ で，$(PQ_y)^\sigma=PQ_y$ を満たすものが存在する．$P\trianglelefteq PQ_y$ より $P^\sigma\trianglelefteq(PQ_y)^\sigma=PQ_y$ となり，$PP^\sigma\le PQ_y, P\le\mathcal{N}_G(P^\sigma)=\mathcal{N}_G(P)^\sigma\le G_{y^\sigma}$ をうる．ところが $\sigma\notin PQ_y=(PQ)_y=PQ\cap G_y$ より $\sigma\notin G_y$, i.e. $y^\sigma\neq y$ となり，したがって

$$P\le W(y,x)\cap G_{y^\sigma}\le W(y,y^\sigma)$$

をうる．同様に $P^\sigma\le\mathcal{N}_G(P)\le G_y$ より

$$P^\sigma\le W(y^\sigma,x^\sigma)\cap G_y\le W(y^\sigma,y)$$

となる．補題1.6より PP^σ は $W(y,y^\sigma)W(y^\sigma,y)$ の Sylow p-部分群となり，(G,Ω) の2重可移性に注意すれば，$W(y,x)W(x,y)$ の Sylow p-部分群の位数は $|PP^\sigma|$．$P\ltimes W(x,y)$ より $W(x,y)$ の Sylow p-部分群 Q_1 を $P\ltimes Q_1$ とえらぶことができるが，補題1.6より PQ_1 は $W(y,x)W(x,y)$ の Sylow p-部分群，

$P\cap Q_1=P\cap W(x,y)$ は $W(y,x)\cap W(x,y)$ の Sylow p-部分群となる．他方

$$P\cap Q_1=P\cap W(x,y)=P\cap W(x,y)\cap G_z\le P\cap W(x,z)$$
$$=P\cap Q\le W(y,x)\cap W(x,z)\cap G_y\le W(y,x)\cap W(x,y)$$

より $P\cap Q_1=P\cap Q$ となる．故に

$$|PP^\sigma|=|PQ_1|=|P|\,|Q_1|/|P\cap Q_1|=|P|\,|Q|/|P\cap Q|=|PQ|$$

となる．これは $PP^\sigma\le PQ_y\lneq PQ$ に矛盾する．(定理 1.5 の証明終)▌

1点の固定部分群の正規部分群を用いてデザインの具体的構成を与えよう．(G,Ω) を2重可移群，a を Ω の1点，N を G_a の正規部分群とする．$\Omega\ni x$ に対して $a^\sigma=x$ なる $\sigma\in G$ をえらぶと，$G_a\trianglerighteq N$ から N^σ は σ のえらび方によらず x により一意的に定まる．これを $N(x)$ と書く．定義から $\forall\tau\in G$ に対して $N(x)^\tau=N(x^\tau)$，$(N(x)_y)^\tau=N(x^\tau)_{y^\tau}$ となる．$\Omega-\{x\}\ni y$ に対して $y^{N(x)}$ および $F_{\Omega-\{x\}}(N(x)_y)$ はいずれも $(G_x,\Omega-\{x\})$ の非原始域であるから

(1.6)　　$\Delta_N(x,y)=\{x\}\cup y^{N(x)},\qquad \Gamma_N(x,y)=F_\Omega(N(x)_y)$

はいずれも (G,Ω) の非原始域写像となり，これに対して，デザイン $\boldsymbol{D}(\Delta_N)$，$\boldsymbol{D}(\Gamma_N)$ が構成される．$G_x\ni\sigma$ に対して

$$(N(x)_y)^\sigma\cap G_{x,y}\le N(x)\cap G_{x,y}=N(x)_y$$

となるから，$N(x)_y$ は $(G_x,G_{x,y})$-強閉な部分群となり，定理 1.5(の証明)から，Γ_N は対称，$\boldsymbol{D}(\Gamma_N)$ は $\lambda=1$ となるデザインである．

補題 1.7　Ω の任意の2点 x,y に対して

$$\mathcal{N}_{N(x)}(N(x)_yN(y)_x)=\mathcal{N}_{N(x)}(N(x)_y).$$

証明　$\mathcal{N}_{N(x)}(N(x)_yN(y)_x)\ni\sigma$ とすると，$N(x)_yN(y)_x=(N(x)_yN(y)_x)^\sigma=N(x)_{y^\sigma}N(y^\sigma)_x$．とくに $N(x)_{y^\sigma}\le G_{x,y}$ となり，$(N(x)_y)^\sigma=N(x)_{y^\sigma}\le N(x)\cap G_{x,y}=N(x)_y$．したがって $\mathcal{N}_{N(x)}(N(x)_yN(y)_x)\le\mathcal{N}_{N(x)}(N(x)_y)$ となる．$\mathcal{N}_{N(x)}(N(x)_yN(y)_x)\ge N(x)_y$ から，$|\mathcal{N}_{N(x)}(N(x)_yN(y)_x):N(x)_y|\ge|\mathcal{N}_{N(x)}(N(x)_y):N(x)_y|$ を示せばよい．$N(x)$，$N(x)N(y)_x$ はいずれも $\Delta_N(x,y)-\{x\}=y^{N(x)}$ 上に可移に作用し，1点 y の固定部分群はそれぞれ $N(x)_y$，$N(x)_yN(y)_x$ となる．Γ_N の対称性より，$N(x)_y$ と $N(y)_x$ の固定点集合は一致するから，$N(x)_y$ と $N(x)_yN(y)_x$ の $\Delta_N(x,y)-\{x\}$ における固定点集合をそれぞれ Ω_1,Ω_2 とすると，$y\in\Omega_1=\Omega_2$ となる．したがって Witt の定理(第3章定理 4.3)により $\mathcal{N}_{N(x)}(N(x)_y)$，$\mathcal{N}_{N(x)N(y)_x}(N(x)_yN(y)_x)$ はそれぞれ Ω_1,Ω_2 上に可移に作用し，その1点 y の固

定部分群はそれぞれ $N(x)_y$，$N(x)_yN(y)_x$ となる．故に

$$\begin{aligned}|\mathcal{N}_{N(x)}(N(x)_y):N(x)_y| &= |\mathcal{N}_{N(x)N(y)_x}(N(x)_yN(y)_x):N(x)_yN(y)_x| \\ &= |\mathcal{N}_{N(x)}(N(x)_yN(y)_x)N(y)_x:N(x)_yN(y)_x| \\ &= |\mathcal{N}_{N(x)}(N(x)_yN(y)_x):\mathcal{N}_{N(x)}(N(x)_yN(y)_x)\cap N(x)_yN(y)_x| \\ &\leq |\mathcal{N}_{N(x)}(N(x)_yN(y)_x):N(x)_y|.\end{aligned}$$

▌

§2　射影変換群の特徴づけ

置換群と有限幾何との関連についていままでいくつかの考察を行なってきたが，その1つの応用として射影変換群の置換群論的な特徴づけについての結果を紹介しよう．はじめに基本的な結果として

定理 2.1 (O'Nan)　(G,Ω) を2重可移群とする．Ω の1点 a の固定部分群 G_a が可換な正規部分群 $A(\neq 1)$ で $(A,\Omega-\{a\})$ が半正則でないようなものをふくめば，或る整数 $m\geq 2$ および素数の巾 q があって

$$PSL(m+1,q)\leq G\leq P\Gamma L(m+1,q)$$

となる．

証明　$(A,\Omega-\{a\})$ は半正則でないから，或る素数 p を位数とする A の元 σ で $\Omega-\{a\}$ 上に固定点をもつものが存在する．したがって，A の位数 p の元全体のつくる群は $\{1\}$ より大きく，A の特性部分群であることから G_a の正規部分群であり，$\Omega-\{a\}$ 上の置換群として半正則でない．故に A をはじめから或る素数 p についての基本可換群であると仮定してよい．A が p-群なること，および $\Omega-\{a\}$ 上に正則でないことから，A から§1の方法，i.e. (1.6) で定義される非原始域写像 Δ_A,Γ_A はいずれも自明でない．したがって，自明でないデザイン $\boldsymbol{D}(\Delta_A)=(\Omega,\mathfrak{B}_1)$，$\boldsymbol{D}(\Gamma_A)=(\Omega,\mathfrak{B}_2)$ が定義される．ここで

$$\mathfrak{B}_1=\{X\subset\Omega\,|\,X=\Delta_A(x,y),\ \ x,y(\neq)\in\Omega\}$$
$$\mathfrak{B}_2=\{X\subset\Omega\,|\,X=\Gamma_A(x,y),\ \ x,y(\neq)\in\Omega\}$$

である．§1で注意したように $\boldsymbol{D}(\Gamma_A)$ は $\lambda_{\Gamma_A}=1$ となるデザインである．以下，Δ_A,Γ_A を単に Δ,Γ で表わす．

(a)　$\Delta(x,y)\subseteq\Gamma(x,y)$．（∵　$\Delta(x,y)=\{x\}\cup y^{A(x)}$ であるから，$A(x)$ は $y^{A(x)}$ 上に可移に作用する．$A(x)$ は可換群であるから，$A(x)_y$ は $y^{A(x)}$ の各点を固定

する. i.e. $\Delta(x,y)\subseteq F_\Omega(A(x)_y)=\Gamma(x,y)$.) したがって, $\Gamma(x,y)\ni z(\neq x)$ とすると $\Gamma(x,y)=\Gamma(x,z)\supseteq\Delta(x,z)$ で $\Delta(x,y)\cap\Delta(x,z)=\{x\}$ または $\Delta(x,y)=\Delta(x,z)$ となることから, 或る整数 h があって $|\Gamma(x,y)|=1+h(|\Delta(x,y)|-1)$. $A(x)$ が $\Delta(x,y)-\{x\}$ 上に可移であるから, $|A(x):A(x)_y|=p^n$ とおくと $|\Delta(x,y)|=1+p^n$. したがって $|\Gamma(x,y)|=1+hp^n$ となる.

(b) $\Gamma(x,y)^{A(x)}=\Gamma(x,y)$. ($\because$ $A(x)\ni\sigma$ に対して $\Delta(x,y)^\sigma=\Delta(x,y)$. よって (a) より $\Gamma(x,y)\cap\Gamma(x,y)^\sigma\supseteq\Delta(x,y)$ となり, $\lambda_\Gamma=1$ より $\Gamma(x,y)=\Gamma(x,y)^\sigma$ となる.) したがって, $\Gamma(x,y)\ni\forall z$ に対して, つねに $\Gamma(x,y)^{A(z)}=\Gamma(x,y)$ となる. いいかえれば, $A(x)$ は x を通る $\boldsymbol{D}(\Gamma)$ のブロックをすべて固定する.

(c) $\Omega\ni x,y(\neq)$ に対して $A(x)\cap A(y)=\{1\}$. ($\because$ $A(x)\cap A(y)\ni\sigma$ とする. $\Gamma(x,y)=F_\Omega(A(x)_y)$ より $\Gamma(x,y)\ni z$ に対しては $z^\sigma=z$. $\Gamma(x,y)\not\ni z$ とすると, $z=\Gamma(z,y)\cap\Gamma(x,z)$ より $z^\sigma=\Gamma(z,y)^\sigma\cap\Gamma(x,z)^\sigma\underset{\text{(b)}}{=}\Gamma(z,y)\cap\Gamma(x,z)=z$. よって $\sigma=1$.)

(d) $A(x)\ni\sigma$, $\mathfrak{B}_2\ni B$ で $B^\sigma=B$ であれば, $B\ni x$ であるか, または σ が B のすべての点を固定する. ($\because$ B の或る元 y に対して $y^\sigma\neq y$ とする. $\Gamma(x,y)^\sigma\underset{\text{(b)}}{=}\Gamma(x,y)\ni y$, $y^\sigma(\neq y)$ より, $|\Gamma(x,y)\cap B|\geq 2$. $\lambda_\Gamma=1$ より $\Gamma(x,y)=B$.)

(e) $A(x)\ni\sigma$, $\mathfrak{B}_2\ni B$ で σ が B の或る 2 点 y_1,y_2 を固定すれば, σ は B のすべての点を固定する. ($\because$ $B^\sigma=B$ から (d) によって, σ は B のすべての点を固定するか, または $B\ni x$ となる. $B\ni x$ とすると $B=\Gamma(x,z)$, $z=y_1$ または y_2, となり, $\sigma\in A(x)_z$, $B=F_\Omega(A(x)_z)$ より主張をうる.) とくに, H を $|F_\Omega(H)|\geq 2$ を満たす $A(x)$ の任意の部分群とするとき, $F_\Omega(H)\ni a,b(\neq)$ に対して $\Gamma(a,b)\subseteq F_\Omega(H)$ となる.

Y を Ω の部分集合とし, これが条件

$$Y\ni a,b\Rightarrow\Gamma(a,b)\subset Y$$

を満たすとき, $\mathfrak{B}=\{X\subset Y\mid X=\Gamma(a,b),\ a,b(\neq)\in Y\}$ とおいてできる幾何構造 $(Y,\mathfrak{B})$ を (または, この幾何構造を考慮に入れた上で, 単に Y を), $\boldsymbol{D}(\Gamma)$ の**部分空間**とよび, $\boldsymbol{D}(\Gamma)_{|Y}$ と書く. とくに $|Y|\gneqq|\Gamma(a,b)|$ のとき, Y を**自明でない部分空間**であるという. この場合, $\boldsymbol{D}(\Gamma)_{|Y}$ は $\lambda=1$ である自明でないデザインとなることはほとんど明らかである.

(f) Y を $\boldsymbol{D}(\Gamma)$ の部分空間とすると, (i) $Y\ni x$ に対して $Y^{A(x)}=Y$, (ii)

$\langle A(x) \mid x \in Y \rangle$ は Y 上に可移に作用する．($\because$　(i) は $Y = \bigcup_{y \in Y-\{x\}} \Gamma(x, y)$ および (b) より明らか．(ii) $Y \ni a, b\,(\neq)$ とする．$(Y \supseteq)\Gamma(a, b)$ の元 x に対して $\Gamma(a, b)^{A(x)} = \Gamma(a, b)$ から，$B = \Gamma(a, b)$ は $\langle A(x) \mid x \in B \rangle$ の不変域となるが，これが可移であることがいえればよい．まず $G_{\langle B \rangle} \trianglerighteq \langle A(x) \mid x \in B \rangle$. (G, Ω) の2重可移性，および $\lambda_\Gamma = 1$ より $G_{\langle B \rangle}$ は B 上2重可移に作用する．$B \ni x$ に対して $A(x)$ の B 上の作用は自明でない，i. e. $A(x)_{|B} \neq 1$. したがって $\langle A(x) \mid x \in B \rangle_{|B} \neq 1$ となり，第3章定理3.6によって，これは B 上に可移に作用する.)

(g)　Y を $\boldsymbol{D}(\Gamma)$ の自明でない部分空間とする．$H = G_{\langle Y \rangle}$ とおき，H の元 σ, 部分群 K に対してその Y への制限を $\bar{\sigma} = \sigma_{|Y}$, $\bar{K} = K_{|Y}$ と表わす．このとき，$Y \ni x, y\,(\neq)$ に対して

(i)　$\overline{A(x)} \ni \bar{\sigma} \neq 1$ に対して $\mathcal{C}_{\bar{H}}(\bar{\sigma}) \leq \bar{H}_x$.

(ii)　$|\overline{A(x)} : \overline{A(x)}_y| \leq |\overline{A(x)}_y|$.

($\because$　(i) $\mathcal{C}_{\bar{H}}(\bar{\sigma}) \ni \bar{\tau}$ に対して $\overline{A(x^\tau)} = \overline{A(x)^\tau} = \overline{A(x)}^{\bar{\tau}} \ni \bar{\sigma}^{\bar{\tau}} = \bar{\sigma}$. 故に，$\bar{\sigma} \in \overline{A(x)} \cap \overline{A(x^\tau)}$. もし $x \neq x^\tau$ とすると (c) から $A(x) \cap A(x^\tau) = 1$ となり，$\bar{\sigma} \neq 1$ に矛盾．よって $\tau \in H_x$. (ii) Y は自明でないから，$\overline{A(y)}_x \neq 1$. $\bar{\sigma}$ を $\overline{A(y)}_x$ の元で単位元でないとする．$\overline{A(x)}$ から $\bar{H}$ への写像 f を $f(\bar{\tau}) = [\bar{\tau}, \bar{\sigma}]$, $\bar{\tau} \in \overline{A(x)}$, で定義する．補題1.7より $\mathcal{N}_{A(x)}(A(x)_y A(y)_x) = \mathcal{N}_{A(x)}(A(x)_y) = A(x)$. したがって，$[A(x), A(y)_x] \leq [A(x), A(x)_y A(y)_x] \leq A(x)_y A(y)_x \leq G_{x,y}$. 一方，$A(x) \trianglelefteq G_x$ より，$[A(x), A(y)_x] \leq A(x)$. 故に，$[A(x), A(y)_x] \leq A(x)_y$ となり，f は $\overline{A(x)}$ から $\overline{A(x)}_y$ への写像となる．$A(x) \ni \tau_1, \tau_2$ に対して $f(\bar{\tau}_1 \bar{\tau}_2) = [\bar{\tau}_1 \bar{\tau}_2, \bar{\sigma}] = \bar{\tau}_2^{-1} [\bar{\tau}_1, \bar{\sigma}] \bar{\tau}_2 [\bar{\tau}_2, \bar{\sigma}] =$ ($\overline{A(x)}$ が可換であることから) $[\bar{\tau}_1, \bar{\sigma}][\bar{\tau}_2, \bar{\sigma}] = f(\bar{\tau}_1) f(\bar{\tau}_2)$ となる．f は準同型写像となり，$|\overline{A(x)} : \mathrm{Ker}\, f| \leq |\overline{A(x)}_y|$. $\mathrm{Ker}\, f \ni \bar{\tau}$ とすると，$[\bar{\tau}, \bar{\sigma}] = 1$ であり，したがって $\bar{\tau} \in \overline{A(x)} \cap \mathcal{C}_{\bar{H}}(\bar{\sigma}) \leq \overline{A(x)} \cap \bar{H}_y = \overline{A(x)}_y$ となり，$\mathrm{Ker}\, f \leq \overline{A(x)}_y$. 故に $|\overline{A(x)} : \overline{A(x)}_y| \leq |\overline{A(x)}_y|$.)

(h)　$\Omega - \Gamma(x, y) \ni z$ とすると，$|A(x)_y : A(x)_{y,z}| = p^n$. ($\because$　(e) より $Y = F_\Omega(A(x)_{y,z})$ は $\boldsymbol{D}(\Gamma)$ の部分空間で，$Y \supsetneq \Gamma(x, y)$ より，自明でない．この Y への制限を考えると $\overline{A(x)} = A(x)/A(x)_{y,z}$, $\overline{A(x)}_y = A(x)_y/A(x)_{y,z}$ より $|\overline{A(x)} : \overline{A(x)}_y| = |A(x) : A(x)_y| = p^n$. したがって (g) より $p^n \leq |\overline{A(x)}_y|$. 一方，

$$|\overline{A(x)}_y| = |A(x)_y/A(x)_{y,z}| = |z^{A(x)_y}| \leq |z^{A(x)}| = p^n$$

となり，$|A(x)_y : A(x)_{y,z}| = p^n$ をうる.) したがってこれより，$|\overline{A(x)}| = p^{2n}$,

$|\overline{A(x)_y}|=p^n$ となる．

(i)　$\Omega-\Gamma(x,y)\ni z$ とし，$Y=F_\Omega(A(x)_{y,z})$ とおく．このとき，$\boldsymbol{D}(\Gamma)_{|Y}$ は Desargues の定理が成り立つ射影平面となる．(∵　$Y\ni x$ を通る $\boldsymbol{D}(\Gamma)_{|Y}$ のブロックの個数 r を計算する．まず，$Y-\{x\}\ni u,v$ に対して $\overline{A(x)_u}=\overline{A(x)_v}$，または $\overline{A(x)_u}\cap\overline{A(x)_v}=1$．実際，$v\in\Gamma(x,u)$ とすると，$\Gamma(x,u)=\Gamma(x,v)$ より $A(x)_u=A(x)_v$．また $v\notin\Gamma(x,u)$ とすると，(h) より $|A(x)_u:A(x)_{u,v}|=p^n$ となって $|A(x)_{u,v}|=|A(x)_{y,z}|$．一方，$A(x)_{u,v}\geq A(x)_{y,z}$ より $A(x)_{u,v}=A(x)_{y,z}$．故に $\overline{A(x)_u}\cap\overline{A(x)_v}=1$．またこの考察より，$Y-\{x\}\ni u,v$ に対して

$$\Gamma(x,u)=\Gamma(x,v)\Leftrightarrow A(x)_u=A(x)_v$$

となり，したがって

$$r=|\{H\leq A(x)\,|\,H=A(x)_u,\ u\in Y-\{x\}\}|$$

をうるが，$Y-\{x\}\ni u,v$ に対して $\overline{A(x)_u}=\overline{A(x)_v}$，または $\overline{A(x)_u}\cap\overline{A(x)_v}=1$ となることから

$$r\leq\frac{|\overline{A(x)}|-1}{|\overline{A(x)_y}|-1}=\frac{p^{2n}-1}{p^n-1}=p^n+1.$$

をうる．他方，Fisher の不等式(第 1 章定理 5. 2) より，$|\Gamma(x,y)|=hp^n+1\leq r$．故に $h=1$ となり，$|\Gamma(x,y)|=1+p^n=r$ をうる．したがって $\boldsymbol{D}(\Gamma)_{|Y}$ は $\lambda=1$ の自明でない対称デザイン，すなわち射影平面となる．$\boldsymbol{D}(\Gamma)_{|Y}$ のブロック $\Gamma(a,b)$ に対して，(f) により $\langle A(x)\,|\,x\in\Gamma(a,b)\rangle$ は $\Gamma(a,b)$ 上に可移に作用する．$\Gamma(a,b)\ni u,v\,(\neq)$ とすると，仮定より $\overline{A(u)_v}\neq 1$ で，したがって $\bar{\sigma}$ を $\overline{A(u)_v}$ の単位元でない元とすると，(b) より $\bar{\sigma}$ は $(u,\Gamma(a,b))$–elation である．したがって第 5 章定理 1. 22，定理 1. 31 により $\boldsymbol{D}(\Gamma)_{|Y}$ において Desargues の定理が成り立つ．)

(j)　$\boldsymbol{D}(\Gamma)\simeq\boldsymbol{P}_1(m,q)$，$\exists m\geq 2$，$\exists q=p^n$．(∵　$\Omega-\Gamma(x,y)\ni z$ に対して $\Omega=F_\Omega(A(x)_{y,z})$ のときは，(i) と第 5 章定理 1. 31 (または定理 1. 33) によって $\boldsymbol{D}(\Gamma)\simeq\boldsymbol{P}_1(2,q)$．$\Omega\supsetneq F_\Omega(A(x)_{y,z})$ のときは，$\boldsymbol{D}(\Gamma)$ は 3 次元以上の射影幾何となる．第 5 章定理 2. 4 より $\boldsymbol{D}(\Gamma)\simeq\boldsymbol{P}_1(m,q)$，$m\geq 3$.)

(k)　$G\leq\mathrm{Aut}\,\boldsymbol{P}_1(m,q)\,(=\boldsymbol{D}(\Gamma))$ より，射影幾何の基本定理(第 1 章定理 5. 15) によって $G\leq P\Gamma L(m+1,q)$．$PSL(m+1,q)\leq G$ を示すためには，移換が $PSL(m+1,q)$ の生成元であること (第 4 章定理 6. 1) から，G が射影幾何 $\boldsymbol{D}(\Gamma)$ のすべての移換をふくむことを示せばよい．(b) より $A(x)$ の元は $\boldsymbol{P}(m,q)$ の点 x を中

心とする移換となる(第4章定理6.1(4)). $\boldsymbol{P}(m,q)$ の点 x を中心とする移換全体のつくる群の位数は q^m であるから(第4章定理6.1(3)), $PSL(m+1,q)\leq G$ をいうためには $|A(x)|=q^m$ をいえばよい. これを m に関する帰納法で証明する. $m=2$ の場合は(h)より $(A(x)_{y,z}=1$ に注意すれば) $|A(x)|=q^2$ となる. よって $m\geq 3$ と仮定する. Y を $\boldsymbol{D}(\Gamma)=\boldsymbol{P}_1(m,q)$ の超平面とすると, $H=G_{\langle Y\rangle}$ は Y 上2重可移に作用する. (∵　超平面は(e)の意味で部分空間であるから, (f)により H は Y 上に可移に作用する. よって, $x\in Y$ に対して H_x が $Y-\{x\}$ 上に可移であることを示せばよい. $Y-\{x\}\ni u,v\,(\neq)$ とする. Y は部分空間だから $\Gamma(u,v)\subseteq Y$. もし $x\in\Gamma(u,v)$ とすると $A(x)$ は $\Gamma(u,v)-\{x\}=\Gamma(x,u)-\{x\}=\varDelta(x,u)-\{x\}$ 上に可移に作用する((i)の証明でみたように, $h=1$, i.e. $\Gamma(x,y)=\varDelta(x,y)$ に注意.) $x\in Y$ であるから(f)により $Y^{A(x)}=Y$. したがって, u,v は H_x の元でうつりうる. つぎに $x\notin\Gamma(u,v)$ とする. $\langle A(t)_x\,|\,t\in\Gamma(u,v)\rangle$ は(f)より $\Gamma(u,v)$ 上に作用する. $\Gamma(u,v)\ni t$ に対して, $\Gamma(u,v)\neq\Gamma(t,x)$ より, $A(t)_x$ の $\Gamma(u,v)$ 上の作用は自明でない. したがって(e)より $A(t)_x$ は $\Gamma(u,v)-\{t\}$ 上に半正則に作用する. これより, もし $\Gamma(u,v)$ が $\langle A(t)_x\,|\,t\in\Gamma(u,v)\rangle$ によって2つの不変域 T_1,T_2 に分れたとすると, $T_1\ni t_1$, $T_2\ni t_2$ とえらぶと, $|A(t_1)_x|\,\big|\,|T_1|-1$, $|A(t_2)_x|\,\big|\,|T_1|$, したがって $|T_1|\equiv 1\pmod p$. かつ, $|T_1|\equiv 0\pmod p$ となり矛盾. よって, $\Gamma(u,v)$ は $\langle A(t)_x\,|\,t\in\Gamma(u,v)\rangle\,(\leq H_x)$ の可移域となり, u と v は H_x でうつりうる. したがって, $H=G_{\langle Y\rangle}$ は Y 上2重可移に作用する.) さて, $Y\ni x$ に対して, $A(x)_{|Y}\,(\neq 1)$ は $H_{x|Y}$ の可換な正規部分群で $Y-\{x\}$ 上半正則でない. したがって, 帰納法の仮定より, $H_{|Y}\geq PSL(m,q)$, $|A(x):A(x)_Y|=q^{m-1}$ となる. G は $\boldsymbol{P}(m,q)$ の点集合上に可移であるから $|A(x)|$ は x によらず一定で, したがって超平面 Y と Y の点 x に対して $|A(x)_Y|$ は Y,x のとり方によらず一定である.

$A(x)$ の元 $\sigma\,(\neq 1)$ は x を中心とする移換であるから, σ は x をふくむ或る超平面上の点をすべて固定している. したがって $A(x)=\bigcup_{Y\text{は}x\text{をふくむ超平面}} A(x)_Y$ となる. $Y\neq Y'$ に対して $A(x)_Y\cap A(x)_{Y'}=1$ であり, $\boldsymbol{P}(m,q)$ の超平面で x をふくむものの個数は $q^m-1/q-1$ であるから,

$$|A(x)|-1=(|A(x)_Y|-1)(q^m-1)/(q-1).$$

$|A(x)_Y|=p^\beta$ とおくと, $|A(x)|=p^\beta q^{m-1}$ より

$$p^\beta q^{m-1}-1=(p^\beta-1)(q^m-1)/(q-1)$$

となり，$q+q^{m-1}p^\beta=p^\beta+q^m$．これより $p^\beta=q$．故に $|A(x)|=q^{m-1}p^\beta=q^m$ となる．▮

この定理の系として，直ちにつぎの定理をうる．

定理 2.2　(G,Ω) を n 次の 2 重可移群とする．H を G の部分群で Ω 上の作用が可移でなく，$|G:H|=n$，$F_\Omega(H)=\phi$ を満たすものとする．もし H が可解な正規部分群 $N\neq 1$ で $F_\Omega(N)\neq\phi$ なるものをふくめば，或る整数 $m(\geq 2)$ と素数の巾 q があって，$PSL(m+1,q)\leq G\leq P\Gamma L(m+1,q)$ となる．

証明　定理 1.1 より，(H,Ω) はちょうど 2 つの軌道をもつ．その 1 つを Λ とする．$\mathfrak{B}=\{X\subseteq\Omega\,|\,X=\Lambda^\sigma,\ \sigma\in G\}$ とおくと，$\boldsymbol{D}=(\Omega,\mathfrak{B})$ は対称デザインで $G\leq$ Aut $\boldsymbol{D}$ となる．第 1 章定理 5.9 により，$(G,\mathfrak{B})$ は 2 重可移で H は $\mathfrak{B}$ の 1 点 Λ の固定部分群となる．$H\trianglerighteq N$，$F_\Omega(N)\neq\phi$ より N は (H,Ω) の或る軌道の元をすべて固定するから，N の任意の元 σ は Ω 上に 2 個以上の固定点をもち，したがって第 1 章定理 5.10 によって σ は $\mathfrak{B}$ 上の置換と考えて 2 個以上の固定点をもつ．N の可解性より，N は可換な特性部分群 $N_0\neq 1$ をふくむが，N_0 は H の正規部分群でしかも $\mathfrak{B}-\{\Lambda\}$ 上半正則でなく作用する．第 1 章定理 5.10 より $(G,\mathfrak{B})$ は忠実(i.e. 置換群)であるから，定理 2.1 を適用することによって $PSL(m+1,q)\leq G\leq P\Gamma L(m+1,q)$ となる．▮

この定理はさらにつぎのように拡張される．

定理 2.3(伊藤昇)　(G,Ω) を n 次の 2 重可移群とする．H を G の部分群で Ω 上の作用が可移でなく，$|G:H|=n$，$F_\Omega(H)=\phi$ を満たすものとする．もし，(H,Ω) の或る軌道 Λ があって，(H,Λ) が忠実でないとすると，或る整数 $m(\geq 2)$ と素数の巾 q があって $PSL(m+1,q)\leq G\leq P\Gamma L(m+1,q)$ である．

証明　定理 2.2 の証明と同様に，$\mathfrak{B}=\{X\subseteq\Omega\,|\,X=\Lambda^\sigma,\ \sigma\in G\}$ とおくと，$\boldsymbol{D}=(\Omega,\mathfrak{B})$ は対称デザインで $G\leq$ Aut $\boldsymbol{D}$．H は $\mathfrak{B}$ 上の作用と考えたときの 1 点 Λ の固定部分群 $G_{\langle\Lambda\rangle}$ である．$K=H_\Lambda$ とおくと仮定より $1\neq K\trianglelefteq H$，$F_\Omega(K)\neq\phi$ であるから，定理 2.2 に注意すれば，K が巾零な特性部分群 $\neq 1$ をふくむことを示せば十分である．まず，K の元 $\sigma(\neq 1)$ の $\Omega-\Lambda$ における固定点は高々 1 つである．(実際，$\Omega-\Lambda\ni a$ で $a^\sigma=a$ とする．Λ' を a を通るデザイン $\boldsymbol{D}$ のブロックとすると，$\Lambda\cap\Lambda'$ と a を共にふくむブロックは Λ' のみで，したがって $\Lambda'^\sigma=\Lambda'$

となり，σ は a を通るすべてのブロックを固定する．これより，σ は a を通るすべての直線を固定し，したがって σ はデザイン $\boldsymbol{D}$ の中心的自己同型写像で a はその中心である．第1章定理5.12によって，中心的自己同型写像の中心はただ1つであるから，σ の $\Omega-\Lambda$ 上での固定点はただ1つである.）したがって，もし K の $\Omega-\Lambda$ 上の作用が半正則でないとすると，K は或る軌道の上で Frobenius 群として忠実に作用し，したがってその Frobenius 核 $(\neq 1)$ は第2章定理11.5により巾零な K の特性部分群となり，これは求める主張である．したがって，以下においては K は $\Omega-\Lambda$ 上に半正則に作用すると仮定する．

$|\Lambda|=h$, $|K|=l$ とおく．H の作用により Ω は2つの軌道に分れるから（定理1.1），第1章定理5.8から H の作用によって $\mathfrak{B}$ は2つの軌道に分れ，したがって $(H, \mathfrak{B}-\{\Lambda\})$ は可移となる．$H \trianglerighteq K$ より $(K, \mathfrak{B}-\{\Lambda\})$ は1/2-可移，したがって $(K, \mathfrak{B}-\{\Lambda\})$ の軌道はすべて同じ長さ $l_1 (\neq 1)$ をもち，$l_1 | l$ となる．$l=l_1 l_2$ とおく．K は Λ の各点を固定するから，Λ の点 a を通る Λ と異なるブロックの全体は $(K, \mathfrak{B}-\{\Lambda\})$ の不変域となり $l_1 | h-1$ となる．（$\boldsymbol{D}$ が対称デザインでブロック上の点の個数と，1点を通るブロックの個数が等しいことに注意する.）さて，第1章定理5.8から (K, Ω) と $(K, \mathfrak{B})$ の軌道の個数が等しいことから

$$h+\frac{n-h}{l}=1+\frac{n-1}{l_1} \tag{2.1}$$

をうる．$l=l_1$ とすると，この不等式から $l=l_1=1$ となり矛盾する．よって $l \neq l_1$ である．l を割り切る素数の1つを p とし，$l=p^r l'$, $l_1=p^{r_1} l_1'$, $l_2=p^{r_2} l_2'$, $(l', p)=1$, $l'=l_1' l_2'$, $r=r_1+r_2$ と分解し，$K(p)$ を K の Sylow p-部分群とする．Δ を $(K, \mathfrak{B}-\{\Lambda\})$ の軌道とし，s を $(K(p), \Delta)$ の軌道の個数とする．$K \trianglelefteq H$ に注意すれば s は Δ のえらび方によらず一意的に定まる．先と同様に $(K(p), \Omega)$ と $(K(p), \mathfrak{B})$ の軌道の個数の等しいことから

$$h+\frac{n-h}{p^r}=1+\frac{n-1}{l_1}s. \tag{2.2}$$

(2.1)，(2.2)から l_1 を消すと

$$(h-1)(s-1)=\frac{(n-h)(l'-s)}{l}. \tag{2.3}$$

(2.1)を変形して

$$h+\frac{n-h}{l}=\left(1+\frac{n-1}{l_1}=\right)1+\frac{l_2(n-h)}{l}+\frac{h-1}{l_1}$$

となり

$$\frac{(n-h)(l_2-1)}{l}=\frac{(h-1)(l_1-1)}{l_1}. \tag{2.4}$$

(2.3), (2.4)の辺々を乗じると

$$l_1(l_2-1)(s-1)=(l_1-1)(l'-s) \tag{2.5}$$

となり，これより $s\equiv 0 \pmod{l_1'}$ となる．$\varDelta$ の $K(p)$ の作用による軌道分解を $\varDelta=\varDelta_1+\cdots+\varDelta_s$ とし，$\varDelta_i\ni\varLambda_i$ とすると $|\varDelta|=l_1=|K:K_{\langle\varLambda_i\rangle}|$, $|\varDelta_i|=|K(p):K(p)_{\langle\varLambda_i\rangle}|$ であるが，

$$|K:K_{\langle\varLambda_i\rangle}|\,|K_{\langle\varLambda_i\rangle}:K(p)_{\langle\varLambda_i\rangle}|=|K:K(p)_{\langle\varLambda_i\rangle}|=|K:K(p)|\,|K(p):K(p)_{\langle\varLambda_i\rangle}|$$

より，$p^{r_1}\,\|\,|\varDelta_i|$. したがって，$|\varDelta_i|=p^{r_1}n_i$ とおくと，

$$l_1=|\varDelta|=\sum_{i=1}^{s}|\varDelta_i|=p^{r_1}\sum_{i=1}^{s}n_i,\qquad \forall n_i\geq 1$$

となる．故に $l_1'=\sum_{i=1}^{s}n_i\geq s$. したがって $n_1=\cdots=n_s=1$, $s=l_1'$ をうる．これと(2.5)より，

$$p^{r_1}(l_2-1)(l_1'-1)=(l_1-1)(l_2'-1) \tag{2.6}$$

をうる．$l\neq l_1$ より $l_2-1\neq 0$. もし $l_2'-1\neq 0$ とすると，$l_1>1$ より $l_1'\neq 1$ となり，(2.6)より

$$p^{r_1}\frac{p^{r_2}l_2'-1}{l_2'-1}=\frac{p^{r_1}l_1'-1}{l_1'-1}. \tag{2.7}$$

ところが，容易にわかるように

$$2p^{r_1}-1\geq\frac{p^{r_1}l_1'-1}{l_1'-1},\qquad \frac{p^{r_2}l_2'-1}{l_2'-1}\geq p^{r_2}$$

が成り立つから，これを(2.7)より $2p^{r_1}-1\geq p^{r_1}p^{r_2}$. よって $r_2=0$. したがって(2.7)より $r_1=0$, 故に $r=r_1+r_2=0$ となり矛盾．故に $l_2'-1=0$ となる．したがって(2.6)と $l_2-1\neq 0$ から $l_1'=1$ となり，$l'=l_1'l_2'=1$. 故に $K=K(p)$ となり K 自身が巾零となる．▌

あとがき

本書の執筆に際して参考とした成書・論文，また本書の中の主な定理の出所等を明らかにし，内容の不備をおぎないたい．

まず，次の[1]–[7]は本書の執筆全般にわたって参考とした．

[1] E. Artin : Geometric algebra (Interscience, 1957)

[2] P. Dembowski : Finite geometry (Springer, 1968)

[3] M. Hall : The theory of groups (Macmillan, 1959)

[4] B. Huppert : Endliche Gruppen (Springer, 1967)

[5] D. Passman : Permutation groups (Benjamin, 1968)

[6] H. Wielandt : Finite permutation groups (Academic Press, 1964)

[7] 永尾汎：群とデザイン(岩波書店，1974).

内容においては本書との直接の関係は少いが，最近の有限群の発展に関係する特色ある書物としては

[8] D. Gorenstein : Finite groups (Harper & Row, 1968)

[9] 伊藤昇：有限群論(共立出版，1970)

の2書をあげる．前者は有限単純群に関する最近の研究を理解する上での必読の書，後者は有限群の最近の発展の出発点ともいえるZassenhaus群の分類問題についての書物である．また近く鈴木通夫氏による成書の出版(岩波書店)が予定されているとのことである．なお最近の有限群研究の一般的解説としては，例えば

雑誌“数理科学”(ダイヤモンド社)1970年12月号，

雑誌“科学”(岩波書店)1974年9月号，

また，その専門的解説としては

雑誌“数学”(日本数学会，岩波書店)第27巻，第2号(有限群論国際シンポジューム特集)1975年

などを見られたい.

第1章§4における J. Dieudonné の方法による行列式の定義は[1](E. Artin), pp. 151–158, に見られる.

第2章の記述全般に対して[5](D. Passman)を参考とした. §11, '定理 11.5' は Frobenius の予想とよばれて長い間未解決であった問題であるが,

[10]　J. Thompson : Finite groups with fixed-point-free automorphisms of prime order, Proc. Nat. Acad. Sci., **45**(1959), 578–581

により解決されたもので, その後の有限群論の発展に大きな意味をもつものである. 本書の目標に対してもこの定理は本質的である.

第3章§6, '定理 6.1' は E. Galois による古典的な有名な定理である. これについて少し解説を加える. $f(x)=x^n+a_1x^{n-1}+\cdots+a_n$ を $\boldsymbol{Q}$ 上の n 次の多項式とし, n 次方程式 $f(x)=0$ の $\boldsymbol{C}$ における根の全体を $\{\theta_1, \cdots, \theta_n\}$ とする. $\theta_1, \cdots, \theta_n$ をふくむ最小の($\boldsymbol{C}$ の)部分体 K を $f(x)$ の最小分解体とよぶ. K から $\boldsymbol{C}$ の中への同型写像 σ に対して θ^σ もまた $f(x)=0$ の根となり, σ は必然的に K の自己同型写像となり $\{\theta_1, \cdots, \theta_n\}$ の置換をひきおこす. K の自己同型群(i. e. K の自己同型写像全体のつくる群)を多項式 $f(x)$ の Galois 群とよび $G_{f(x)}$ で表わす. $G_{f(x)}$ は $\{\theta_1, \cdots, \theta_n\}$ 上の(n 次の)置換群と考えられる. さて, 1次, 2次方程式の根はその方程式の係数から四則と巾根を用いて表わすことが出来る. すなわち

$$x+a=0 \quad \text{の根は} \quad x=-a,$$

$$x^2+ax+b=0 \quad \text{の根は} \quad x=\frac{-a\pm\sqrt{a^2-4b}}{2},$$

となる. 一般に, n 次方程式 $f(x)=0$ の根が $f(x)$ の係数から四則と巾根を用いて表わすことが出来るとき, $f(x)=0$ は代数的にとけるとよばれる. 3次, 4次方程式も代数的にとけることは古くから知られていたが, しかし5次(または5次以上)の方程式はもはや代数的にとけるとは限らない. これは N. H. Abel によって発見された有名な結果であるが, さらに E. Galois は与えられた n 次方程式 $f(x)=0$ が代数的にとけるための必要十分条件を見いだした. すなわち,

定理 $f(x)=0$ が代数的にとける $\Leftrightarrow G_{f(x)}$ が可解群.

対称群 S_n は $n\leq 4$ の場合は可解群となるが，$n\geq 5$ の場合は可解群でない(系5.11). E. Galois は n が素数のときに，n 次方程式 $f(x)=0$ が代数的にとける場合の $G_{f(x)}$ の具体的な構造を決定した．それが‘定理 6.1’である．これら N. H. Abel, E. Galois の仕事は 19 世紀の初期に行われ現代数学の古典ともいえるものであるが，最近その原論文についての邦訳・解説が出版された；

[11] 守屋美賀雄：アーベル・ガロア群と代数方程式(共立出版，現代数学の系譜 11, 1975).

また，この方面の解説に関しては

[12] 服部昭：初等ガロア理論(宝文館，1975)

も好著である.

素数次でない置換群については，‘定理 6.1’のようなみごとな結果は存在しない．一般に自然数 n を与えたとき，n 次の置換群 (G,Ω) をすべて求めるという問題は基本的であるが，しかしほとんど手のついていない問題である．たとえば，素数次の置換群に限ってこの問題を考えてみよう．‘定理 6.1’によって可解な置換群はすべてわかる．では可解でない素数次の置換群にはどんなものがあるであろうか？ いままでに知られているものとしては

1) S_p, A_p(ただし，$p\geq 5$),

2) $PSL(2,11)$ の 11 次の置換表現(第 4 章，定理 7.13),

3) Mathieu 群とよばれる 11 次および 23 次の 2 つの置換群 M_{11}, M_{23},

4) $(q^n-1)/(q-1)$，ただし q は素数の巾，が素数となる場合の射影空間上の置換群としての射影変換群 G(ただし，$P\Gamma L(n,q)\geq G\geq PSL(n,q)$),

がそのすべてであり，多分これらに限ると予想されているもののまだほとんどわかっていない．これはきわめて興味のそそられる問題である．ただ特別の場合について，最近，伊藤昇，P. Neuman 等により一連の仕事がなされている；

[13] N. Ito : Transitive permutation groups of degree $p=2q+1$, p and q being prime numbers, Bull. A. M. S., **69**(1963), 165–192, ほか.

[14] P. Neumann : Transitive permutation groups of prime degree, Bull. London Math. Soc., **4** (1972), 337–339

なお，この問題に関するくわしい解説と文献は

[15] 伊藤昇：素数次の置換群について，数学，15巻(1963-4)，129-140

に見ることが出来る.

§7の原始置換群に関する研究は，これからの問題としていろいろな試みがなされている．古典的な結果の多くは[6](H. Wielandt)に収録されている．‘定理7.9’，‘7.16’はいずれも

[16] C. C. Sims : Graphs and finite permutation groups, Math. Z., **95** (1967), 76-86

の結果である．そこではさらに‘定理7.16’において $m=6$ が起らないことが示されているが，さらに

[17] W. J. Wong : Determination of a class of primitive permutation groups, Math. Z., **99** (1967), 235-246

において，‘定理7.16’の仮定を満たす置換群のすべてが完全に決定されている．‘定理7.25’から‘定理7.28’まではすべて

[18] P. J. Cameron : Permutation groups with multiply transitive sub-orbits, Proc. London Math. Soc., (3) **25** (1972), 427-440

[19] Knapp : On the point stabilizer in a primitive permutation group, Math. Z., **133** (1973), 137-168

における結果であるが，これらをふくめてもっと多くのことがそこで述べられている．最近のsporadicな新単純群の発見とも関連して原始置換群については本書ではふれていない多くの研究が存在する．それらについての一般的解説は，たとえば

[20] 都筑俊郎・近藤武・木村浩・坂内英一：有限群論の現状，科学(岩波書店)1974年9月号，522-535

にくわしい.

第5章における主目標は‘定理1.34’の証明を与えることである．この定理はふつうOstrom-Wagnerの定理とよばれているこの方面の有名な結果で，はじめ

[21] T. G. Ostrom-A. Wagner : On projective and affine planes with transitive collineation groups, Math. Z., **71** (1959), 186-199

において‘定理1.33’の形で証明されたが，のちに

[22] A. Wagner : On finite affine line transitive plane, Math. Z., **89** (1965), 1–11

において‘定理1.34’の形に拡張された．‘定理2.4’は古くから知られている有名な定理である．‘定理3.3’は

[23] P. Dembowski–A. Wagner: Some characterization of finite projective spaces, Arch., Math., **11** (1960), 465–469

で与えられた．

第6章が本書の最終目標で，第5章までの多くの結果はこのために準備されたものである．

もともと面白い群の多くはそれぞれ特徴のある幾何的構造の自己同型群として現われる．群のどのような性質がその幾何的構造の特徴を反映しているかという問題は基本的な問題であり，この問題に関連していくつか面白い結果が得られている．第6章の‘定理2.1’，‘定理2.3’はいずれもこうした方向での美しい結果であり，それぞれ

[24] O'Nan : A characterization of $L_n(q)$ as a permutation group, Math. Z., **127** (1972), 301–314

[25] N. Ito : On a class of doubly, but not triply transitive groups, Arch. Math., **13** (1967), 564–570

における主定理である．本書では‘定理2.3’を‘定理 2.1’に帰着する形で証明をのべた．これらの定理はいずれも $n \geq 3$ に対しての $PSL(n, q)$ の特徴づけであるが，$n=2$ に対してのこの問題は Zassenhaus 群の分類問題として長い歴史があり，最終的には

[26] W. Feit : On a class of doubly transitive permutation groups, Illinois J. Math., **4** (1960), 170–186

[27] M. Suzuki : On a class of doubly transitive groups, Ann. of Math., **75** (1962), 105–145

[28] N. Ito : On a class of doubly transitive permutation groups, Illinois J. Math., **6** (1962), 341–352

によって完結している．とくにこの過程における鈴木単純群の発見は有限群研

究——とくに単純群の分類問題——の歴史において一時機を画したものである．この Zassenhaus 群の分類問題については先にあげた[9]（伊藤昇）にくわしくのべられている．なお，‘定理2.1’のつづきとして，O'Nan は

[29] O'Nan : Normal structure of the one-point stabilizer of a doubly transitive permutation group I, Trans. Amer. Math. Soc., **214** (1975), 1–42 および同 II, Trans. Amer. Math. Soc., **214** (1975), 43–74

において2重可移群の構造をくわしく調べている．

現在までに知られている単純群に限ってみても，2重可移群として表わされるものはごくわずかで，その大部分は2重可移群として表わすことは出来ない．したがって2重可移でない置換群について‘定理2.1’（または‘定理2.3’）に相当する結果を求めることは1つの問題である．たとえば，2重可移の置換群とならないもっとも簡単な単純群として，射影シンプレクティック群 $PS_p(2n, K)$ を考えよう．$PS_p(2n, K)$ は次のように定義される．K を可換体，A を K の元を成分とする $2n$ 次の正則な正方行列で ${}^tA=-A$ なるものとし，

$$S_p(2n, K) = \{X \in GL(2n, K) \mid {}^tXAX=A\}$$

とおく．$S_p(2n, K)$ は $GL(2n, K)$ の部分群となっていることは見易いが，これをシンプレクティック群とよぶ．$S_p(2n, K)$ のその中心（この場合 $\pm E$）による剰余群は（少数の例外を除いて）単純群となることが知られているが，これが射影シンプレクティック群とよばれる群 $PS_p(2n, K)$ である．$S_p(2n, K)$ は（$GL(2n, K)$ の部分群として）射影空間 $\boldsymbol{P}(2n-1, K)$ 上の作用となり，これより得られる置換群 $(PS_p(2n, K), \boldsymbol{P}(2n-1, K))$ は2重可移でなく階数3の置換群となる．D. G. Higman は階数3の置換群の研究の出発点となった有名な論文

[30] D. G. Higman : Finite permutation groups of rank 3, Math. Z., **86** (1964), 145–156

において，階数3の置換群として $PS_p(2n, K)$ を特徴づける問題に対して次の結果を与えた．

定理 (G, Ω) を階数3の置換群，$\Omega \ni a$ に対して G_a の軌道の長さが $1, q(q+1), q^3$，ただし q は2以上の整数，と仮定し，Δ を長さが $q(q+1)$ の (G_a, Ω) の軌道とする．もし

i) $|G_{\{a\}\cup\Delta}| \geq q$，または

ii) $|G_{\{a\}\cup\Delta}| \neq 1$ でかつ $q = p^r$ (p は素数，r は 2 の巾)

のいずれかが成り立てば

$$\mathrm{Aut}\, PS_p(4, q) \geq G \geq PS_p(4, q)$$

となる．

この定理についてはその後高次元の場合へ，さらに他の階数 3 の群——ユニタリー群，直交群——の場合への拡張が試みられている．たとえば

[31] T. Tsuzuku : On a problem of D. G. Higman, Hokkaido Math. J., **4** (1975), 300–302

[32] A. Yanushka : A characterization of the symplectic groups $PS_p(2m, q)$ as rank 3 permutation groups, Pacific J. Math., **59** (1975), 611–622

[33] W. M. Kantor : Rank 3 characterizations of classical geometries, J. of Algebra, **36** (1975), 309–313

最後にあげた Kantor の仕事においては次の論文が本質的である．

[34] F. Buekenhout–E. Shult : On the fundations of polar geometry, Geometriae Dedicate, **3** (1974), 155–170

索　引

せ

そ

た

ち

■岩波オンデマンドブックス■

有限群と有限幾何

1976年12月15日　第1刷発行
2017年12月12日　オンデマンド版発行

著　者　都筑俊郎（つづくとしろう）

発行者　岡本　厚

発行所　株式会社　岩波書店
〒101-8002　東京都千代田区一ツ橋2-5-5
電話案内　03-5210-4000
http://www.iwanami.co.jp/

印刷／製本・法令印刷

ISBN 978-4-00-730707-2　　Printed in Japan